国家应用型创新人才培养规划教材

涂料科学与制造技术

张爱黎　孙海静　主　编

中国建材工业出版社

图书在版编目(CIP)数据

涂料科学与制造技术 / 张爱黎，孙海静主编. --北京：中国建材工业出版社，2020. 10

ISBN 978-7-5160-2943-5

Ⅰ. ①涂… Ⅱ. ①张… ②孙… Ⅲ. ①涂料－生产工艺－高等学校－教材 Ⅳ. ①TQ630. 6

中国版本图书馆 CIP 数据核字（2020）第 109141 号

内 容 简 介

本书主要包括 14 章内容，分别为绪论、涂料性能与配方设计、涂膜的结构与性能、涂膜制造原理、涂料制造中的颜填料、涂料制造中的溶剂、涂料助剂、传统油漆的制造、醇酸树脂的生产、氨基树脂制造、环氧树脂与环氧酯树脂制造、聚氨酯树脂与涂料的制造、溶剂型丙烯酸树脂的制造、丙烯酸树脂乳液与乳胶漆制造等。

本书可作为高校化学类、应用化学类、化学工程与工艺类及材料类专业教材，也可供从事涂料制造与涂装工艺领域技术人员参考阅读。

涂料科学与制造技术
Tuliao Kexue yu Zhizao Jishu
张爱黎　孙海静　主　编

出版发行：中国建材工业出版社
地　　址：北京市海淀区三里河路 1 号
邮　　编：100044
经　　销：全国各地新华书店
印　　刷：北京雁林吉兆印刷有限公司
开　　本：787mm × 1092mm　1/16
印　　张：20. 75
字　　数：490 千字
版　　次：2020 年 10 月第 1 版
印　　次：2020 年 10 月第 1 次
定　　价：75. 00 元

本社网址：www. jccbs. com，微信公众号：zgjcgycbs

前言

涂料是在材料表面起装饰、保护、标志及实现导热、导磁、温控、伪装和隐形等各种功能的增值材料，在经济发展中起到越来越重要的作用，人才需求量增大。2018 年，高等学校新专业目录设置了“涂料工程”专业。

涂料制造涉及高分子树脂基料、有机溶剂、无机颜填料；涂装基材涉及金属、无机非金属材料和高分子材料；涂装涉及表面化学、流变学，涉及化学反应动力学与热力学等相关知识，包含了化学、物理、材料学各门学科的知识。

目前，涂料相关书籍丛书多、教材少、知识量大，但是专业课规定的学时数少。本书以应用型人才培养为目标，相关科学知识以理解、够用、会用为主，结合各种涂料制造实例，以构建涂料制造完整的知识体系、能力培养内容为主。本书主要内容包括涂料、涂装、涂层基本性质与性能，基本评价方法；涂料制造原理，配方与工艺设计原则方法；涂料四大组成成分（基料树脂、颜填料、溶剂、助剂）性质及其在涂料中所起的作用；运用化学、物理学、材料学等相关科学知识以解决涂料制造、运输、存储与使用过程存在问题的方法以及醇酸、环氧树脂基料与涂料的制造方法。特别是针对目前涂料发展趋势，本书内容包括了天然可再生原料涂料制造、高固体分、水性涂料制造。

本书适用于高校化学类、应用化学类、化学工程与工艺类、材料类专业学生，以及从事涂料制造与涂装工艺领域技术人员阅读。

本书由沈阳理工大学教师编写，其中第 1、8、9 章由张爱黎编写，第 2 章由张爱黎、高虹、孙杰编写，第 3、4 章由张爱黎、袁志华编写，第 5 章由高虹编写，第 6、7 章由付岩编写，第 10 章由谭勇编写，第 11、12 章由孙海静编写，第 13 章由谭勇、高虹、张爱黎编写，第 14 章由张爱黎、付岩、袁志华和孙海静共同编写。本书由张爱黎、孙海静主编，全书由张爱黎统稿。

限于时间和编者的能力，错误、不足之处欢迎读者批评指正。

编　者

2020 年 2 月

目录

第1章　绪论　1

1.1　涂料简介　……　2

1.1.1　涂料的组成　……　2

1.1.2　涂料的功能　……　3

1.2　涂料的分类与命名　……　3

1.2.1　涂料的分类方法　……　4

1.2.2　涂料的命名　……　7

1.3　涂料行业发展趋势　……　10

1.3.1　环保型涂料发展的障碍　……　10

1.3.2　环保型涂料发展趋势　……　11

第2章　涂料性能与配方设计　12

2.1　液态涂料基础性能　……　12

2.1.1　液态涂料的外观　……　12

2.1.2　涂料的状态及稳定性　……　13

2.1.3　涂料的其他基础性能　……　13

2.2　涂料涂装性能　……　14

2.2.1　涂料施工性能　……　14

2.2.2　涂装适应性　……　15

2.2.3　涂料干膜性能　……　15

2.3　涂膜性能　……　16

2.3.1　涂膜的力学性能　……　16

2.3.2　涂膜的耐物理变化性能　……　16

2.3.3　涂膜的耐化学药品性及耐腐蚀性能　……　17

2.4　涂料配方设计　……　17

2.4.1　基料的选择　……　17

2.4.2　颜填料、溶剂、助剂的选择　……　18

2.4.3　颜料的吸油量和颜料体积浓度　……　20

2.4.4　根据颜料体积浓度与比体积浓度进行配方设计　……　22

2.5　涂料配方设计与底漆、面漆配方设计实例　……　25

2.5.1　涂料配方设计原则与生产工艺　……　25

2.5.2　底漆配方设计与实例分析　……　26

2.5.3 面漆配方的设计与实例 …… 28

第3章 涂膜的结构与性能 31

3.1 涂膜的无定形结构 …… 31
3.1.1 基料树脂的无定形结构 …… 31
3.1.2 自由体积理论及涂膜制造中自由体积与黏度的变化 …… 32
3.1.3 基料树脂单体选择与玻璃化温度设计 …… 33
3.2 涂膜的装饰性 …… 35
3.2.1 涂膜的遮盖力 …… 35
3.2.2 光泽与雾影 …… 35
3.2.3 鲜映度 …… 36
3.2.4 消光 …… 36
3.2.5 闪光 …… 37
3.3 基料树脂的力学性质 …… 38
3.3.1 无定形聚合物结构与三种力学状态 …… 38
3.3.2 涂料基料的黏弹性与力学松弛 …… 39
3.4 涂膜的力学性质 …… 40
3.4.1 涂膜的强度 …… 40
3.4.2 涂膜的抗冲击性与柔韧性 …… 42
3.4.3 涂膜的展性 …… 42
3.4.4 涂膜的伸长与复原 …… 43
3.4.5 涂膜的耐磨性 …… 43
3.5 涂膜的附着力 …… 44
3.5.1 附着力的本质与增强附着力的办法 …… 44
3.5.2 各种基材表面附着力特点与增强办法 …… 45
3.6 涂膜的防腐蚀性能 …… 46
3.6.1 涂膜防腐蚀的概念 …… 46
3.6.2 完整涂膜的防腐蚀 …… 47
3.6.3 不完整涂膜的防腐蚀 …… 49

第4章 涂膜制造原理 51

4.1 涂料流动与黏度 …… 51
4.1.1 流动与黏度 …… 51
4.1.2 流动与涂膜形成 …… 53
4.2 涂膜制备原理 …… 55
4.2.1 物理成膜 …… 55
4.2.2 化学成膜 …… 57
4.2.3 涂料干燥方式与成膜 …… 58
4.3 涂膜制备中的热力学及动力学 …… 59
4.3.1 表面张力与流体流动 …… 59

4.3.2 涂料的润湿作用与接触角 …… 60
4.3.3 涂料在粗糙表面的润湿 …… 62
4.3.4 粗糙表面的动力学不润湿 …… 64
4.4 涂膜制造中表面张力导致的问题与解决办法 …… 65
4.4.1 流平 …… 65
4.4.2 流挂现象与解决办法 …… 66
4.4.3 缩孔与解决办法 …… 66
4.4.4 回缩与厚边 …… 67
4.4.5 起皱、橘皮和贝纳尔旋流涡 …… 68
4.5 低表面张力涂料的制造 …… 69
4.5.1 低表面张力涂料制造的意义 …… 69
4.5.2 降低涂料表面张力的途径 …… 69
第5章 涂料制造中的颜填料 71
5.1 光和涂膜的光学性质 …… 71
5.1.1 光反射与涂膜的光泽 …… 71
5.1.2 光折射与涂膜的遮盖力 …… 72
5.1.3 光的吸收与涂膜颜色 …… 73
5.1.4 光的散射和库贝尔卡-蒙克公式 …… 73
5.1.5 光的颜色与物质的颜色 …… 74
5.2 颜色的调配 …… 74
5.2.1 物体的颜色 …… 74
5.2.2 颜色的三属性 …… 75
5.2.3 颜色的调配 …… 76
5.3 涂料中颜填料的作用与分类 …… 78
5.3.1 颜料的性质与性能 …… 78
5.3.2 颜料类别 …… 80
5.3.3 纳米颜料 …… 83
5.3.4 填料 …… 84
5.4 涂料中的颜填料使用 …… 84
5.4.1 颜料的分散对色漆性能的影响 …… 85
5.4.2 颜填料的分散与稳定 …… 85
5.4.3 确定基料树脂与颜填料比例 …… 88
5.4.4 色漆配色 …… 89
5.5 涂料制造工艺 …… 91
5.5.1 涂料色浆制备 …… 91
5.5.2 色漆的制造工艺设计 …… 92
5.6 颜填料选用及使用不当对涂料的影响 …… 93
5.6.1 颜填料选用及使用不当导致涂料制造中出现的问题及解决办法 …… 93

5.6.2 颜填料选用及使用不当导致涂料贮存出现的问题和解决办法 …… 94
5.6.3 颜填料选用及使用不当导致涂膜表面问题及解决办法 …… 95

第6章 涂料制造中的溶剂 98

6.1 涂料用溶剂类型与特点 …… 98
6.1.1 石油溶剂及苯系溶剂 …… 98
6.1.2 萜烯类溶剂 …… 99
6.1.3 含氧有机溶剂 …… 99
6.1.4 其他类型溶剂 …… 100
6.1.5 涂料中的溶剂水 …… 101
6.2 溶剂的挥发性 …… 102
6.2.1 溶剂的挥发与挥发度测定 …… 102
6.2.2 涂料性能对溶剂挥发性要求与混合溶剂挥发 …… 106
6.3 溶剂的溶解力 …… 108
6.3.1 溶解度与溶解度参数 …… 108
6.3.2 高分子成膜物的溶解特点 …… 112
6.3.3 混合溶剂的溶解度参数与涂料中的应用（溶解力） …… 115
6.3.4 涂装中溶剂溶解力测试方法 …… 117
6.4 涂料的黏度与溶剂 …… 118
6.4.1 溶剂对涂料黏度的影响 …… 118
6.4.2 涂料的黏度 …… 120
6.5 溶剂导致的涂膜表面问题及解决办法 …… 120
6.5.1 溶剂挥发导致的起泡、爆孔以及起“痱子” …… 120
6.5.2 溶剂挥发过快导致的“泛白” …… 121
6.5.3 面漆溶剂与底涂树脂不匹配导致的“渗色”与“咬底” …… 122
6.6 溶剂与环境 …… 122
6.6.1 溶剂对环境的影响 …… 122
6.6.2 溶剂选用原则 …… 123

第7章 涂料助剂 125

7.1 湿润分散剂 …… 125
7.1.1 颜填料的润湿与分散 …… 125
7.1.2 润湿剂对颜填料的稳定机理 …… 127
7.1.3 润湿分散剂的选择 …… 127
7.1.4 常见颜填料的润湿分散剂与润湿性能评价 …… 129
7.2 消泡剂 …… 131
7.2.1 泡沫产生和稳定 …… 131
7.2.2 消泡、脱泡机理与消泡剂选用 …… 133
7.2.3 消泡剂的使用方法与消泡性能评价 …… 133
7.2.4 常用消泡剂与应用 …… 135

7.3 光泽助剂 …… 136
7.3.1 概述 …… 136
7.3.2 涂料光泽的影响因素 …… 137
7.3.3 常用消光剂及增光剂 …… 138
7.4 增稠剂 …… 139
7.4.1 增稠剂的作用 …… 139
7.4.2 增稠剂增稠机理 …… 140
7.4.3 增稠剂种类及增稠特点 …… 141
7.4.4 增稠剂的选择 …… 142
第8章 传统油漆的制造 144
8.1 松香 …… 144
8.2 大漆 …… 145
8.2.1 大漆的组成与性能 …… 145
8.2.2 大漆的种类与制备 …… 148
8.2.3 大漆的化学改性 …… 149
8.2.4 大漆成膜机理 …… 151
8.3 沥青漆 …… 152
8.3.1 沥青的组成与特性 …… 152
8.3.2 沥青漆的应用 …… 153
8.4 油漆制造中的植物油 …… 154
8.4.1 植物油简介 …… 154
8.4.2 常用植物油结构与性能 …… 156
8.4.3 植物油的精制、热炼及油酸制造 …… 159
8.5 油性涂料简介 …… 160
8.6 油基漆料和清漆制造 …… 161
8.6.1 漆料和清漆制造原料 …… 161
8.6.2 配方设计与分析 …… 164
8.6.3 油基清漆与漆料制造方法及质量控制 …… 166
8.7 油基清漆与漆料制造中的安全生产 …… 167
第9章 醇酸树脂的生产 169
9.1 生产醇酸树脂的主要原料 …… 170
9.1.1 有机酸与油 …… 170
9.1.2 多元醇 …… 171
9.1.3 催化剂与催干剂 …… 172
9.2 醇酸树脂制造原理与配方设计 …… 173
9.2.1 醇酸树脂制造的基本反应 …… 173
9.2.2 醇酸树脂配方设计基本原理 …… 174
9.2.3 醇酸树脂制造实例 …… 177

9.3 醇酸树脂的制备 …… 180
9.3.1 醇酸树脂的制造方法 …… 180
9.3.2 生产过程实例 …… 181
9.3.3 终点的控制 …… 184
9.4 影响制备醇酸树脂的各种因素 …… 185
9.4.1 原料影响 …… 185
9.4.2 制造工艺的影响 …… 186
9.4.3 其他影响因素 …… 186
9.5 醇酸树脂质量评价与安全生产 …… 187
9.5.1 醇酸树脂质量评价 …… 187
9.5.2 异常现象处理与安全生产 …… 188
9.6 醇酸调和漆 …… 189
9.7 水性醇酸树脂制造 …… 190
9.7.1 水性醇酸树脂 …… 191
9.7.2 水性醇酸树脂以及水性醇酸树脂涂料制造实例 …… 192
第10章 氨基树脂制造 194
10.1 氨基树脂制造主要原料 …… 194
10.2 涂料用氨基树脂制备原理 …… 196
10.2.1 丁醇醚化脲醛树脂制造原理 …… 196
10.2.2 丁醇醚化三聚氰胺树脂的制备原理 …… 197
10.2.3 甲醚化三聚氰胺树脂制造机理 …… 199
10.2.4 氨基树脂制造生产工艺 …… 200
10.3 三聚氰胺树脂制造的影响因素 …… 201
10.3.1 丁醇醚化三聚氰胺树脂制造的影响因素 …… 201
10.3.2 甲醇醚化三聚氰胺树脂制造影响因素 …… 204
10.4 氨基树脂的制造实例 …… 206
10.4.1 丁醚化脲醛树脂制造 …… 206
10.4.2 丁醇醚化三聚氰胺树脂制造 …… 207
10.4.3 异丁醇醚化三聚氰胺树脂 …… 208
10.4.4 苯代三聚氰胺甲醛树脂的制造 …… 210
10.4.5 六甲氧基三聚氰胺（HM3）树脂制造 …… 211
10.4.6 甲醚化脲醛树脂制造 …… 212
10.5 质量控制与安全生产 …… 213
10.5.1 质量指标 …… 213
10.5.2 制造中常见问题 …… 213
10.5.3 安全注意事项 …… 214
10.6 氨基树脂漆膜固化反应与涂料制造实例 …… 214
10.6.1 涂膜固化反应 …… 214

10.6.2 氨基-环氧热固性涂料制造实例 …… 215
10.6.3 氨基-醇酸热固性涂料制造 …… 216

第11章 环氧树脂与环氧酯树脂制造 218

11.1 制造原料 …… 219
11.1.1 环氧树脂的种类、性能与制造原料 …… 219
11.1.2 溶剂型环氧酯制造用原料 …… 223
11.2 制造原理 …… 224
11.2.1 环氧树脂制造原理 …… 224
11.2.2 环氧酯树脂制造原理 …… 226
11.2.3 环氧树脂与环氧酯树脂的固化 …… 227
11.3 环氧树脂与环氧酯树脂制造实例 …… 229
11.3.1 环氧树脂制造 …… 229
11.3.2 环氧酯制造方法 …… 231
11.4 影响环氧酯制造的因素与制造实例 …… 232
11.4.1 使用原料的影响 …… 232
11.4.2 制造工艺的影响 …… 234
11.4.3 环氧酯树脂涂料制造实例 …… 235
11.5 环氧酯树脂质量指标与安全生产 …… 236
11.5.1 质量指标 …… 236
11.5.2 安全生产 …… 236
11.6 水性环氧酯树脂制造 …… 237
11.6.1 水性环氧酯树脂简介 …… 237
11.6.2 水稀释型环氧水分散体树脂与制造实例 …… 237

第12章 聚氨酯树脂与涂料的制造 240

12.1 聚氨酯制造的原料 …… 241
12.1.1 多异氰酸酯 …… 241
12.1.2 含活性氢的化合物与树脂 …… 243
12.1.3 溶剂 …… 244
12.1.4 催化剂与其他助剂 …… 245
12.2 聚氨酯制造原理 …… 247
12.2.1 异氰酸酯基的活性与聚氨酯制造原理 …… 247
12.2.2 异氰酸酯基反应活性的影响因素 …… 249
12.3 双组分聚氨酯涂料制造 …… 249
12.3.1 双组分聚氨酯制造配方设计 …… 250
12.3.2 多异氰酸酯固化剂的制造实例 …… 252
12.3.3 羟基组分的制造 …… 257
12.3.4 双组分聚氨酯制造实例 …… 258
12.4 双组分聚氨酯涂料制造 …… 259

12.4.1 配方设计 …… 259
12.4.2 双组分聚氨酯涂料制造配方计算 …… 260
12.4.3 双组分聚氨酯涂料制造实例 …… 262
12.5 单组分湿固化聚氨酯树脂的制造 …… 263
12.5.1 反应原理与配方设计 …… 263
12.5.2 单组分聚氨酯制造实例 …… 264
12.6 水性聚氨酯 …… 265
12.6.1 水性聚氨酯的合成原料 …… 265
12.6.2 水性聚氨酯的合成实例 …… 265
第13章 溶剂型丙烯酸树脂的制造 268
13.1 丙烯酸树脂合成所用的原料 …… 268
13.1.1 单体分类、结构与性能 …… 268
13.1.2 引发剂 …… 273
13.1.3 溶剂和链调节剂 …… 274
13.2 溶剂型丙烯酸制造原理 …… 275
13.2.1 自由基聚合反应 …… 275
13.2.2 单体的自聚与共聚 …… 276
13.3 溶剂型丙烯酸树脂配方设计 …… 278
13.3.1 配方设计原则 …… 278
13.3.2 树脂基本特征计算与应用 …… 279
13.3.3 热固性丙烯酸树脂的交联反应 …… 281
13.4 影响丙烯酸树脂制造的因素 …… 281
13.4.1 单体以及单体加入方式的影响 …… 282
13.4.2 引发剂用量与加入方式的影响 …… 282
13.4.3 温度的影响 …… 283
13.4.4 其他影响因素 …… 284
13.5 丙烯酸树脂制造工艺、质量评价与安全生产 …… 286
13.5.1 丙烯酸树脂生产工艺 …… 286
13.5.2 质量控制 …… 287
13.5.3 安全生产 …… 287
13.6 溶剂型丙烯酸树脂制造实例 …… 288
13.6.1 热塑性丙烯酸树脂制造实例 …… 288
13.6.2 热固性丙烯酸树脂制造实例 …… 289
13.6.3 高固体分丙烯酸树脂制造 …… 291
第14章 丙烯酸树脂乳液与乳胶漆制造 295
14.1 丙烯酸树脂乳液制造用原料 …… 296
14.1.1 单体 …… 296
14.1.2 乳化剂 …… 297

14.1.3 引发剂 …… 299
14.1.4 分散介质水及分子量调节剂 …… 300
14.1.5 成膜助剂 …… 301
14.2 乳胶漆制造用原料 …… 301
14.3 丙烯酸酯乳液聚合机理与乳液稳定性 …… 302
14.3.1 丙烯酸酯乳液聚合机理 …… 302
14.3.2 丙烯酸酯乳液的稳定性 …… 304
14.4 丙烯酸酯乳液制造配方设计 …… 305
14.4.1 根据性能要求确定单体、单体用量以及比例 …… 305
14.4.2 乳化剂选择与配方用量 …… 307
14.4.3 引发剂的选择与配方用量 …… 308
14.4.4 制造工艺设计 …… 309
14.5 乳液聚合工艺与丙烯酸乳液制造 …… 309
14.5.1 常用乳液聚合工艺 …… 309
14.5.2 乳胶漆常用乳液的制造 …… 312
14.6 乳胶漆性能评价 …… 315
14.6.1 乳液基础性能评价 …… 315
14.6.2 乳液稳定性 …… 316
14.6.3 乳液聚合物的检验 …… 317
参考文献 …… 318

第1章 绪 论

涂料是一种可以用不同的施工工艺涂覆在物体表面，形成黏附牢固、具有一定强度、连续的固态薄膜的材料。这种膜通称为涂膜，又称漆膜或涂层，能够赋予物体以保护、美化或其他所需（如绝缘、防锈、防霉、耐热等）功能。因早期的涂料大多以植物油为主要原料，因此涂料在中国传统名称为油漆。

涂料经历了史前时代对天然成膜物质的应用，到18世纪涂料工业形成与19世纪的合成树脂涂料应用时期。中国是世界上使用天然成膜物质涂料最早的国家之一，最早涂料使用的原料是桐油和大漆。春秋时代我国人民掌握了熬炼桐油制造涂料的技术。战国时代能用桐油和大漆复配涂料。秦始皇兵马俑使用了彩色涂料，而汉代出土文物中发现了精美的漆器。古埃及人应用阿拉伯胶、蛋白等制备色漆，用于装饰，17世纪中叶，含铅油漆得到发展。明代，中国漆器技术达到高峰。17世纪以后，中国的漆器技术和印度的虫胶涂料逐渐传入欧洲。18世纪，涂料工业开始形成。亚麻仁油的大量生产和应用，促使清漆和色漆的品种迅速发展。1790年，英国创立了第一家涂料厂。涂料生产开始摆脱手工作坊的状态，很多国家相继建厂。19世纪中叶，涂料生产厂家直接配制适合施工要求的涂料，即调和漆。从此，涂料配制和生产技术才完全掌握在涂料厂手中，推动了涂料生产的规模化。1915年开办的上海开林颜料油漆厂是中国第一个涂料生产厂。19世纪中期，随着合成树脂的出现，形成了合成树脂涂料时期。1855年，英国人A. 帕克斯取得了用硝酸纤维素制造涂料的专利权，建立了第一个生产合成树脂涂料的工厂。1925年，硝酸纤维素涂料的生产达到高潮。杜邦公司制造的硝基纤维素为喷漆，为汽车提供了快干、耐久和光泽好的涂料，同时，酚醛树脂涂料广泛应用于木器家具行业。1927年，美国通用电气公司发明了用干性油脂肪酸制备醇酸树脂的工艺，醇酸树脂涂料迅速发展为主流的涂料品种，开创了涂料工业的新纪元。第二次世界大战结束后，合成乳液大力发展，聚醋酸乙烯酯胶乳和丙烯酸酯胶乳涂料开始使用，目前它们仍然是建筑涂料的最大品种。20世纪40年代，美、英、荷（壳牌公司），瑞士［瑞士（Ciba）化学公司］制造的环氧树脂涂料实现了防腐蚀涂料的突破。20世纪50年代初，聚氨酯涂料在联邦德国拜耳公司投入工业化生产。同时，美国杜邦公司开发的丙烯酸树脂涂料，逐渐成为汽车涂料的主要品种。1952年，又发明了乙烯类树脂热塑粉末涂料。壳牌化学公司开发了环氧粉末涂料。美国福特汽车公司1961年开发了电沉积涂料，并实现工业化生产。此外，1968年联邦德国拜耳公司首先在市场出售光固化木器漆。乳胶涂料、水溶性涂料、粉末涂料和光固化涂料，使涂料产品中的有机溶剂用量大幅度下降，甚至不使用有机溶剂，开辟了低污染涂料的新领域。随着电子技术和航天技术的发展，以有机硅树脂为主的元素有机树脂涂料迅速发展，在耐高温涂料领域占据重要地位。这一时期开发并实现工业化生产的还有杂环树脂涂料、橡胶类涂料、乙烯基树脂涂料、聚酯涂料、无机高分子涂料等品种。目前，涂料工业发展水平是国家现代化标志之一。

1.1 涂料简介

1.1.1 涂料的组成

涂料一般由四种基本成分组成：成膜物质、颜料、溶剂和助剂。无溶剂涂料中不包括溶剂部分。

1. 成膜物质 又称基料或粘结剂，是含有特殊官能团的合成树脂或天然成膜物质，经过溶解或熔融，涂覆到物体表面时，能够通过物理或化学变化，形成连续的、致密的、具有一定强度和功能的固体薄膜材料。成膜物是涂膜的主要成分，是涂料中的连续相，是构成涂料的基础，决定着涂料的基本特性。没有成膜物的表面涂覆物不能称为涂料。涂料成膜物中高分子材料包括天然高分子材料和合成高分子材料，常用天然及合成高分子材料见表 1-1。

表 1-1 涂料成膜物分类

天然高分子材料	有机高分子材料	天然树脂、天然橡胶、纤维素、虫胶、松香、硝化棉、松香衍生物
	无机高分子材料	石墨、云母、石棉等
合成高分子材料	有机高分子材料	酚醛、醇酸、聚酯、氨基、环氧树脂、聚氨酯、丙烯酸树脂等
	无机高分子材料	原硅酸乙酯、硅溶胶、碱性硅酸盐等

对成膜物质的要求有易于涂饰，干燥速度快，尽可能地减少涂饰次数，并能形成所要求的涂膜，与基材附着性好，且涂膜坚韧，对颜料的分散性好，涂膜光泽性好，色泽鲜明，保色性好，耐久性、耐候性优良，不易受污染，耐水性、耐药品性好等。

2. 颜料 颜料又称颜填料，包括着色颜料和体质颜料。着色颜料在涂料中起到着色和遮盖作用；体质颜料又称填料，无着色和遮盖作用，只起到功能和降低成本的作用。颜料是一种微细的无机或有机粉末，粒径范围为 0. 2 ~ 10μm。颜料不溶于它所分散的介质，其理化性质基本上不因分散介质而变化。颜料赋色，提供色彩和装饰性，同时改善涂膜的理化性能、提高漆膜的机械强度、附着力、防腐性能、耐光性、流变性能和耐候性及其他特殊性能，降低成本。颜料具有四个重要的技术指标，包括颜色、遮盖力、着色力和吸油量。

3. 溶剂 涂料用的溶剂是一些能溶解或分散成膜物质，使其具有流动状态，有助于涂膜形成的、易挥发的液体。涂料中溶剂可以溶解或稀释固体使高黏度的成膜物质溶解、分散在溶剂中，成为黏度适宜的流体，便于施工，并且溶剂还起到如下作用：①增加涂料贮存稳定性，防止凝胶；②减少桶内涂料表面结皮；③增加涂料对木材等表面的润湿性，提高涂层附着力；④改善涂层流平性，形成均匀涂层。

4. 助剂 涂料的辅助材料，用量很少，能改善涂料或涂膜的某些性能。在溶剂型涂料、水性涂料以及粉末涂料中，助剂都是不可或缺的成分，虽然添加量少，但它们对基料形成涂膜的过程与耐久性起着重要作用。现代涂料助剂主要有四大类：

（1）对涂料生产过程发生作用的助剂，如消泡剂、润湿剂、分散剂、乳化剂等；

（2）对涂料储存过程发生作用的助剂，如防沉剂、稳定剂、防结皮剂等；

（3）对涂料施工过程起作用的助剂，如流平剂、消泡剂、催干剂、防流挂剂等；

（4）对涂膜性能产生作用的助剂，如增塑剂、消光剂、阻燃剂、防霉剂等。

1.1.2 涂料的功能

1. 装饰功能 最早的油漆主要用于装饰，且常与艺术品相关。用色彩来装饰环境，伴随着人类社会整个发展过程。涂料色彩丰富，涂层既可以做到平滑光亮，也可以做出各种立体质感的效果，用于美化环境，提高人们的精神生活质量。

2. 保护功能 物体暴露在大气中，会受到氧气、水分、酸雨、风沙等侵蚀，物体表面涂层的存在，可以保护材料免受或减轻各种损害和侵蚀，保持物体表面的完整。如保护金属材料，尤其是钢铁，免受环境中腐蚀性介质、水分和空气中氧的侵蚀和腐蚀；保护木材免受潮气、微生物的作用而腐烂；保护塑料免受光和热的作用而降解，延长老化时间；避免混凝土受到风化或受化学品的侵蚀。

3. 标志功能 标志作用是利用色彩的明度和反差强烈的特性，引起人们的警觉，避免危险事故发生，保障人们的安全。在交通道路上，及工厂各种管道、设备、槽车、容器上，涂装不同颜色的涂料，以区分其作用和所装物的性质；电子工业的各种器件上涂装不同颜色的标志以辨别其性能；温致变色或者光致变色涂料利用涂料对外界条件的响应性不同，温度或者不同光线照射涂料表面，涂料颜色发生变化，以确定涂料使用温度或者照射光频率。有些公共设施，如医院、邮局、消防车、救护车等，也常用色彩来标示，方便人们辨别。

4. 特殊功能 具备特殊功能的涂料包括：电子工业的导电、导磁涂料；航空航天工业的烧蚀、温控涂料；军事上的伪装和隐形涂料等。涂料按照其功能大致分类如下：

（1）按力学功能分为耐磨涂料、润滑涂料等；

（2）按热功能分为耐高温涂料、阻燃涂料等；

（3）按电磁学功能分为导电涂料、防静电涂料等；

（4）按光学功能分为发光涂料、荧光涂料等；

（5）按生物功能分为防污涂料、防霉涂料等；

（6）按化学功能分为耐酸、碱等化学介质涂料。

1.2 涂料的分类与命名

涂料发展历史悠久，种类繁杂，根据长期形成的习惯有许多种分类及命名方法，至今难以统一。我国1981年颁布国家标准《涂料产品分类、命名和型号》（GB/T 2705—1981），1992年进行了修订和增补，即《涂料产品分类、命名和型号》（GB/T 2705—1992）。新颁布标准GB/T 2705—2003主要采用以涂料产品类型和涂料的用途为基础的分类方法。涂料全名由成膜物名称代码、基本名称、涂料特性和用途、型号等组成。本节学习（GB/T 2705—1992）和《涂料产品分类和命名》（GB/T 2705—2003）标准以及市场习惯命名，便于理解并兼顾习惯和通行标准的要求。

1.2.1 涂料的分类方法

1. 按成膜物成膜机理分类 按照成膜过程中是否发生化学反应分类，涂料可以分为热固性涂料和热塑性涂料。热固性涂料又称反应型或转换型涂料，即在成膜过程中伴有化学反应，一般形成网状交联结构，成膜物为热固型聚合物。根据发生反应的温度，涂料又分为在常温可交联固化涂料和高温固化反应涂料。热塑性涂料又称非转换型或溶剂挥发型涂料，是指成膜时溶剂挥发，成膜过程中未发生任何化学反应的涂料。非转换型涂料成膜物是热塑型聚合物，如硝基漆、氯化橡胶漆等。热固性涂料与热塑性涂料比较见表1-2。

表1-2 热固性涂料与热塑性涂料比较

性质	热塑性	热固性
涂刷黏度下的固体含量	低（20%～30%）	较高（50%～70%）
使用的主要溶剂	酯类、酮类，价格较高	烃类，价格较低
涂膜干燥的条件	可自然干燥，也可在高温下进行，条件要求不严	条件比较严格，可能要求特殊条件和催化剂可气干或烘干
涂膜的性质	对溶剂敏感，可重新溶解，损坏后易于修复。需用抛光的办法才能取得高光泽	漆膜不再可溶，修补困难，不需要抛光就可得到高光泽的漆面

2. 按成膜物质分类 GB/T 2705—1992按照成膜物品种分类，一般分为17大类，另外辅助材料一类，共18大类，见表1-3，辅助材料分类见表1-4。

表1-3 涂料成膜物18大类别分类

序号	代号（汉语拼音字母）	发音	成膜物质类别	主要成膜物质
1	Y	衣	油脂漆类	天然动植物油、清油（熟油）、合成干性油
2	T	特	天然树脂漆类	松香及其衍生物、虫胶、乳酪素、动物胶、大漆及其衍生物
3	F	佛	酚醛树脂漆类	纯酚醛树脂、改性酚醛树脂、二甲苯树脂
4	L	肋	沥青漆类	天然沥青、煤焦沥青、石油沥青
5	C	雌	醇酸树脂漆类	甘油（或季戊四醇等）醇酸树脂和各种改性醇酸树脂
6	A	啊	氨基树脂漆类	脲醛树脂、三聚氰胺甲醛树脂和各种改性氨基树脂
7	Q	欺	硝基漆类	硝基纤维素和改性硝基纤维素
8	M	模	纤维素漆类	醋酸纤维素、苄基纤维、乙基纤维、醋-丁纤维、羟甲基纤维
9	G	哥	过氯乙烯漆类	过氯乙烯树脂及改性过氯乙烯树脂
10	X	希	乙烯漆类	氯乙烯共聚树脂、聚醋酸乙烯及其共聚物、聚乙烯醇缩醛树脂
11	B	玻	丙烯酸漆类	丙烯酸、丙烯酸共聚及其改性树脂
12	Z	资	聚酯漆类	饱和聚酯、不饱和聚酯树脂
13	H	喝	环氧树脂漆类	环氧、改性环氧、脂肪族聚烯烃环氧树脂
14	S	思	聚氨酯漆类	加成物、预聚物及异氰脲酸酯多异氰酸酯
15	W	吴	元素有机漆类	有机硅、有机钛、有机铝、有机磷等元素有机聚合物

续表

序号	代号（汉语拼音字母）	发音	成膜物质类别	主要成膜物质
16	J	基	橡胶漆类	天然橡胶及衍生物，如氯化橡胶、合成橡胶
17	E	额	其他漆类	未包括以上所列的其他成膜物质，如无机高分子材料等
18			辅助材料	稀释剂、防潮剂、催干剂、脱漆剂、固化剂

国内现在也用这种方法命名，为书籍、文献以及企业沿用。

表1-4 辅助材料分类

序号	代号	名称	序号	代号	名称
1	X	稀释剂	4	T	脱漆剂
2	F	防潮剂	5	H	固化剂
3	G	催干剂			

3. 涂料品种分类新标准 根据涂料品种发展形势，我国有关部门组织制定和颁布了涂料品种的新的分类方法（GB/T 2705—2003），将涂料产品类型分为建筑涂料、工业涂料、通用涂料及辅助材料。主要内容列为该标准的附录A（规范性附录），见表1-5。GB/T 2705—2003是由GB/T 2705—1992发展而来，GB/T 2705—1992按照成膜物品种分类的，而17大类列在附表B.2其他涂料中，见表1-6。

表1-5 标准的附录A（规范性附录）分类方法

主要产品类型			主要成膜物类型
建筑涂料	墙面涂料	合成树脂乳液内墙涂料、合成树脂乳液外墙涂料、溶剂型外墙涂料、其他墙面涂料	丙烯酸酯类及其改性共聚乳液；醋酸乙烯及其改性共聚乳液；聚氨酯、氟碳等树脂；无机胶粘剂等
	防水涂料	溶剂型树脂防水涂料、聚合物乳液防水涂料、其他防水涂料	EVA、丙烯酸酯类乳液、聚氨酯、沥青、PVC泥或油膏、聚丁二烯等树脂
	地坪涂料	水泥基等非木质地面用涂料	聚氨酯、环氧等树脂
	功能性建筑涂料	防火涂料、防霉（藻）涂料、保温隔热涂料、其他功能性建筑涂料	聚氨酯，环氧、丙烯酸酯类，乙烯类，氟碳等树脂
工业涂料	汽车涂料（含摩托车涂料）	汽车底漆、汽车中涂漆、汽车罩光漆、汽车修补漆、其他汽车专用漆	丙烯酸酯类，聚酯，聚氨酯，醇酸，环氧、氨基、硝基、PVC等树脂
	木器涂料	溶剂型木器涂料、水性木器涂料、光固化木器涂料、其他木器涂料	聚氨酯、丙烯酸酯类，醇酸、硝基、氨基、酚醛、虫胶等树脂
	铁路、公路涂料	铁路车辆标识涂料、道路标志涂料、其他铁路、公路设施涂料	丙烯酸脂类，聚氨酯、环氧、醇酸、乙烯类
	轻工涂料	自行车涂料，家用电器涂料，仪器、仪表涂料，塑料涂料，其他轻工专用涂料	聚氨酯、聚酯、醇酸、丙烯酸酯类、环氧树脂
	船舶涂料	船壳及上层建筑物漆、船底防污漆、水线漆、甲板漆、其他船舶漆	聚氨酯、醇酸、丙烯酸酯类、环氧、乙烯类，酚醛、氯化橡胶、沥青等树脂

续表

主要产品类型			主要成膜物类型
工业涂料	防腐涂料	桥梁涂料、集装箱涂料、专用埋地管道及设施涂料、耐高温涂料、其他防腐涂料	聚氨酯、丙烯酸酯类、环氧、醇酸、酚醛、氯化橡胶、沥青、氯化橡胶、乙烯类、沥青、有机硅、氟碳等树脂
	其他专用涂料	卷材涂料，绝缘涂料，机床、农机、工程机械等涂料，航空、航天涂料，军用器械涂料，电子元器件涂料，以上未涵盖的其他专用涂料	聚酯，聚氨酯，环氧、内烯酸酯类，醇酸，乙烯类，氨基、有机硅、氟碳、酚醛、硝基等树脂
通用涂料及辅助材料	调和漆，清漆、磁漆、底漆、腻子、防潮剂、催干剂、脱漆剂、固化剂、其他通用涂料及辅助材料	以上无明确应用的	油脂、天然树脂、酚醛、沥青、醇酸等树脂

表 1-6　标准的附表 B. 2 其他涂料

主要成膜物质		主要产品类型
油脂漆类	天然动植物油、清油（熟油）、合成干性油等	清油、厚漆、调和漆、防锈漆、其他油脂漆
天然树脂漆类	松香虫胶、乳酪素，动物胶及其衍生物等	清漆、调和漆、磁漆、底漆、绝缘漆、生漆，其他天然树脂漆
酚醛树脂漆类	纯酚醛树脂、改性酚醛树脂、二甲苯树脂	清漆、调和漆、磁漆、底漆、绝缘漆、船舶漆、防锈漆、耐热漆、黑板漆、防腐漆、其他酚醛树脂漆
沥青树脂漆类	天然沥青、（煤）焦沥青、石油沥青等	清漆、磁漆、底漆、绝缘漆、防污漆、船舶漆、耐酸漆、防腐漆、锅炉漆、其他沥青漆
醇酸树脂漆	甘油醇酸树脂、季戊四醇醇酸树脂和其他类醇酸树脂、改性醇酸树脂	清漆、调和漆、磁漆、底漆、绝缘漆、船舶漆、汽车漆、木器漆、其他醇酸树脂漆
氨基树脂涂料	脲醛树脂、三聚氰胺甲醛树脂和各种改性氨基树脂	清漆、磁漆、绝缘、美术漆、闪光漆、汽车漆、其他氨基树脂漆
硝基漆类	硝基纤维素和改性硝基纤维素	清漆、磁漆、铅笔漆、木器漆、汽车修补漆、其他硝基漆
纤维素涂料	醋酸纤维素、苄基纤维、乙基纤维、醋-丁纤维、羟甲基纤维	清漆、磁漆、铅笔漆、木器、汽车修补漆、其他纤维素漆
过氯乙烯涂料	过氯乙烯树脂及改性过氯乙烯树脂	清漆、磁漆、机床漆、防腐漆、可剥漆、胶液、其他过氯乙烯树脂漆
乙烯树脂涂料	氯乙烯共聚树脂，聚醋酸乙烯及其共聚物、聚乙烯醇缩醛树脂	聚乙烯醇缩醛树脂、氯化聚烯烃树脂、其他类树脂漆
丙烯酸树脂料	丙烯酸、丙烯酸共聚及其改性树脂	清漆、透明漆、磁漆、汽车漆、工程机械漆、摩托车漆、家电漆、塑料漆、标志漆、电泳漆、乳胶漆、木器漆、汽车修补漆、粉末涂料、船舶漆、绝缘漆，其他内烯酸树脂类漆

续表

主要成膜物质		主要产品类型
聚酯树脂涂料	饱和聚酯、不饱和聚酯树脂	粉末涂料、卷材除料、木器漆、防锈漆、绝缘漆、划线漆、罐头漆、粉末涂料、其他环氧树脂漆
环氧树脂涂料	环氧树脂、环氧酯、改性环氧树脂	底漆、电泳漆、光固化液、船舶漆、绝缘漆、划线漆、罐头漆、粉末涂料、其他环氧树脂漆
聚氨酯涂料	聚氨（基甲酸）酯树脂	清漆、磁漆、木器漆、汽车漆、防腐漆、飞机蒙皮漆、车皮漆、船舶漆、绝缘漆、其他聚氨酯树脂漆
元素有机聚合物涂料	有机硅、有机钛、有机铝、有机磷等元素有机聚合物	耐热漆、绝缘漆、电阻漆、防腐漆、其他元素有机漆
橡胶涂料	天然橡胶及衍生物，如氯化橡胶、合成橡胶	清漆、磁漆、底漆、船舶漆、防腐漆、防火漆、划线漆、可剥漆、其他橡胶漆
其他漆类	无机高分子材料、聚酰亚胺树脂、二甲苯树脂等以上未包括的主要成膜材料	

4. 其他习惯分类法　习惯分类方法与涂料的命名密切相关。

涂料按溶剂分为有溶剂涂料（包括水性涂料和溶剂型涂料）和无溶剂涂料（包括粉末涂料、光敏涂料等）。

涂料按颜料分为无颜料的清漆、加颜料的色漆。

涂料按用途分为建筑涂料、汽车涂料、飞机涂料、船舶涂料、航空涂料、卷材涂料、罐头涂料、木器涂料、塑料涂料、纸张涂料、风力发电涂料、核电涂料、管道涂料、钢结构涂料、橡胶涂料、油墨等。

涂料按销售角度分为原厂（OEM）涂料和外售涂料。

涂料按施工顺序分为面漆（包括罩光漆）和底漆。底漆又分为封闭底漆、腻子或填孔剂、头道底漆、二道底漆等。

涂料按性能分为防腐蚀涂料、防锈涂料、绝缘涂料、耐高温涂料、耐老化涂料、耐酸碱涂料、耐化学介质涂料。

涂料按施工方法分为刷涂涂料、喷涂涂料、辊涂涂料、浸涂涂料、电泳涂料等。

涂料按功能分为不粘涂料、铁氟龙涂料、装饰涂料、防腐涂料、导电涂料、防锈涂料、耐高温涂料、示温涂料、隔热涂料、防火涂料、防水涂料等。

涂料按装饰效果分为表面平整光滑的平面涂料、表面呈砂粒状装饰效果的砂壁状涂料（如真石漆）、形成凹凸花纹立体装饰效果的复层涂料（如浮雕）。

涂料按在建筑物上的使用部位分为内墙涂料、外墙涂料、地面涂料、门窗涂料和顶棚涂料。

涂料按使用功能可分为普通涂料和特种功能性建筑涂料（如防火涂料、防水涂料、防霉涂料、道路标线涂料等）。

涂料按照使用颜色效果分为金属漆、本色漆（或称实色漆）、透明清漆等。

1.2.2　涂料的命名

1. 涂料的命名原则　涂料的全名由颜料或颜色名称、成膜物质名称和基本名称三部分组成。GB/T 2705—2003 中省略代码的要求，适应市场中自行编号的状况。例如，锌黄酚醛防锈漆，锌黄为颜料名称，酚醛为成膜物名称类别，防锈漆为基本名称。基本名称是指长期以来根据涂料组成、用途、施工顺序、功能等习惯命名的名称。涂料基本名称（GB/T 2705—1992）见表 1-7。

表 1-7 涂料基本名称代号

代号	基本名称	代号	基本名称	代号	基本名称	代号	基本名称
00	清油	16	锤纹漆	38	半导体漆	62	示温漆
01	清漆	17	皱纹漆	40	防污漆、防蛆漆	63	涂布漆
02	厚漆	18	裂纹漆	41	水线漆	64	可剥漆
03	调和漆	19	晶纹漆	42	甲板漆、甲板防滑漆	66	感光涂料
04	磁漆（面漆）	20	铅笔漆	43	船壳漆	67	隔热涂料
05	粉末涂料	22	木器漆	44	船底漆	80	地板漆
06	底漆	23	罐头器	50	耐酸漆	81	渔网漆
07	腻子	30	（浸渍）绝缘漆	51	耐碱漆	82	锅炉漆
08	水性涂料	31	（覆盖）绝缘漆	52	防腐漆	83	烟囱漆
09	大漆	32	（绝缘）磁漆	53	防锈漆	84	黑板漆
11	电泳漆	33	（黏合）绝缘漆	54	耐油漆	85	调色漆
12	乳胶漆	34	漆包线漆	55	耐水漆	86	标志漆，马路划线漆
13	其他水溶性漆	35	硅钢片漆	60	耐火漆	98	胶液
14	透明漆	36	电容器漆	61	耐热漆	99	其他
15	斑纹漆	37	电阻漆、电位器漆				

注：基本名称代号划分为 00 ~ 13 代表涂料的基本品种；14 ~ 19 代表美术漆；20 ~ 29 代表轻工用漆；30 ~ 39 代表缘漆；40 ~ 49 代表船舶用漆；50 ~ 59 代表特种漆；60 ~ 79 代表特种漆；80 ~ 99 代表其他类型用漆。

① 涂料与漆　从表 1-7 中看到，除 05 粉末涂料、08 水性涂料、66 感光涂料、67 隔热涂料外，基本名称中其他类型涂料仍采用“漆”一词，统称用“涂料”。

涂料基本名称，GB/T 2705—2003 附录 C（资料性附录）中比 1992 年版标准有所精炼，见表 1-8。

② 命名　涂料全名 = 颜料或颜色名称 + 成膜物质名称 + 基本名称。颜色名称为红、黄、蓝、白、黑、绿、紫、棕、灰等，有时再加上深、中、浅等词构成。若颜料对漆膜性能起显著作用，则用颜料名称代替颜色名称。成膜物质名称见表 1-3。若涂料中含有多种成膜物质，则选取起主要作用的一种成膜物质命名，必要时可选取两种成膜物质命名，其占主要地位者列在前面，例如环氧硝基磁漆。有专业用途或特殊性能产品，可在成膜物质后面加以说明，例如醇酸导电磁漆、白硝基外用磁漆。

③ 命名的其他规定　成膜物质名和基本名称之间，可插入词语标明专业用途和特性，例如白硝基球台磁漆、绿硝基外用磁漆、红过氯乙烯静电磁漆。烘烤干燥的漆，名称中（成膜物质名称和基本名称之间）都有“烘干”字样，例如银灰氨基烘干磁漆、铁红环氧聚酯酚醛烘干绝缘漆。如果名称中无“烘干”一词，则表明该漆是自然干燥，或者自然干燥、烘烤干燥均可。双（多）包装的涂料，在名称之后应增加“（分装）”字样，例如

Z22-1 聚酯木器漆（分装）。

表 1-8 附录 C（资料性附录）涂料基本名称

1. 清油	14. 斑纹漆、裂纹漆、橘纹漆	27. 车间（预涂）底漆	40. 铅笔漆	53. 电容器漆	66. 外墙涂料
2. 清漆	15. 锤纹漆	28. 耐酸漆、耐碱漆	41. 罐头漆	54. 示温漆	67. 防水涂料
3. 厚漆	16. 皱纹漆	29. 防腐漆	42. 木器漆	55. 半导体漆	68. 地板漆、地坪漆
4. 调和漆	17. 金属漆、闪光漆	30. 防锈漆	43. 家用电器涂料	56. 电缆漆	69. 锅炉漆
5. 磁漆	18. 防污漆	31. 耐油漆	44. 自行车涂料	57. 可剥漆	70. 烟囱漆
6. 粉末涂料	19. 水线漆	32. 耐水漆	45. 玩具涂料	58. 卷材涂料	71. 黑板漆
7. 底漆	20 甲板漆、甲板防滑漆	33. 防火涂料	46. 塑料涂料	59. 光固化涂料	72. 标志漆，马路划线漆
8. 腻子	21 船壳漆	34. 防霉（藻）涂料	47. （浸渍）绝缘漆	60. 保温隔热涂料	73. 汽车底漆、汽车中途漆、汽车面漆、汽车光漆
9. 大漆	22 船底防锈漆漆	35. 耐热（高温）涂料	48. （覆盖）绝缘漆	61. 机床漆	74. 汽车修补漆
10. 电泳漆	23. 饮水舱漆	36. 示温涂料	49. 扛弧(磁)漆、互感器漆	62. 工程机械用漆	75. 集装箱涂料
11. 乳胶漆	24. 油舱漆	37. 涂布漆	50. （黏合）绝缘漆	63. 农机用漆	76. 铁路车辆涂料
12. 水溶（性）漆	25 压载舱漆	38. 桥梁漆、输电塔漆及其他大型露天钢结构漆	51. 漆包线漆	64. 发电、输配电设备用漆	77. 胶液
13. 透明漆	26. 化学品仓漆	39. 航空航天用漆	52. 硅钢片漆	65. 内墙涂料	78. 其他未列出的基本名称

2. 涂料产品的型号 涂料产品的型号包括四部分。

① 成膜物质的命名代号，用汉语拼音字母表示，见表 1-3 涂料 18 大类别中的涂料代号。成膜物质名称可以简化，例如聚氨基甲酸酯简化为聚氨酯，环氧树脂简化为环氧，硝基纤维素（酯）简化为硝基。

多种成膜物，选取主要的一种命名，必要时可选取两种或三种，主要成膜物在前，次要成膜物在后，例如 J06-3 铝粉氰化橡胶醇酸底漆。

② 涂料的基本名称代号，用两位数字表示（表 1-7），表示涂料的基本品种、特性和专业用途，如清漆、磁漆、底漆、锤纹漆、罐头漆、甲板漆、汽车修补漆等。

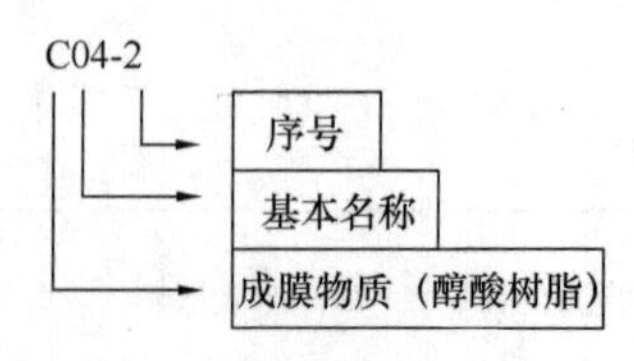

图 1-1 涂料编号示意图

③ 序号，用数字表示同类产品之间在组成、配比、性能和用途等方面的差别，并用半字线与第二部分代号分开，例如涂料产品型号为 C04-2，如图 1-1 所示。

④ 涂料用辅助材料分类和代号见表 1-4，其型号由一个汉语拼音字母和1~2位阿拉伯数字组成，字母与数字之间有半字线（读成“之”）。字母表示辅助材料类别代号。数字为序号，用以区别同一类辅助材料的不同品种。例如辅助材料 F-2，F 代表辅助材料防潮剂，2 代表序号。涂料产品型号与命名示例见表 1-9。

表 1-9 涂料产品型号与命名

产品型号	产品名称	产品型号	产品名称
Q01-17	硝基清漆	H36-51	中绿环氧烘干电容器漆
A05-19	铝粉氨基烘漆	S07-1	浅灰聚氨酯腻子（分装）
C04-2	红醇酸磁漆	H-1	环氧漆固化剂
G64-1	过氯乙烯漆	Q04-36	白硝基台球磁漆
A04-81	黑氨基无光烘干磁漆	H52-98	铁红环氧酚醛防腐底漆
X-5	丙烯酸稀释剂	H36-51	中绿环氧烘干电容器漆
Y53-31	红丹油性防锈漆	H－1	环氧固化剂

1.3 涂料行业发展趋势

进入 21 世纪，“节能、环保、资源、健康”成为热门话题。随着人们对环境问题的关注，对于涂料的污染和毒性问题也越来越重视。世界各国相继出台了相关的法律法规，对涂料的环保性提出了严格的要求。环保型涂料成为涂料行业未来的发展方向。

1.3.1 环保型涂料发展的障碍

涂料中存在有毒有害物质是环保型涂料发展的障碍。

1. 挥发性有机化合物 传统的溶剂型涂料，溶剂组成高达 50%。挥发性有机化合物 VOC（volatile organic compounds）一般指传统涂料使用的溶剂。美国联邦环保署定义为挥发性有机化合物是除 CO、CO_2、H_2CO_3、金属碳化物、金属碳酸盐和碳酸铵外，任何参加大气光化学反应的碳化合物。而世界卫生组织（WHO，1989）对总挥发性有机化合物（TVOC）的定义为，熔点低于室温而沸点为 50～260℃ 的挥发性有机化合物。1966 年美国洛杉矶首先制定了 66 法规，规定能发生光化反应的溶剂禁止使用，涂料固含量需要在 60% 以上。水性涂料中使用的乙二醇醚和醚酯类溶剂对人体有害禁用。在我国，国家环保总局最新发布的水性内墙涂料环境标志产品认证要求规定，VOC 不得高于每升 100g；北京市制定的《室内装饰装修涂料安全健康质量评价规则》，对 VOC 的要求是必须在每升 125g 以下。

2. 可溶性重金属 重金属指密度大于 4.5g/cm^3 的金属，如铅、镉、铬、汞等。油漆中一部分树脂、颜料或催干剂中会有可溶性重金属。人如果长期接触含有铅等重金属物体，可引发轻度神经衰弱综合征和消化不良症状，较重者则出现贫血及铅麻痹。1971 年，美国环保局规定，涂料中的铅含量不得超过总固体含量的 1%，1976 年提高到 0.06%，乳胶漆中有机汞含量不得超过总固体含量的 0.2%。

1.3.2 环保型涂料发展趋势

涂料工业向节省资源、能源，减少污染、有利于生态平衡和提高经济效益的方向发展。高固体涂料、水型涂料、粉末涂料和辐射固化涂料的开发，是其具体趋势。

1. 水性涂料制造 在水性涂料中，乳胶涂料占绝对优势。此外，水分散体涂料在木器、金属涂料领域的技术及应用发展很快。水性涂料成膜机理和施工应用的研究，水性聚氨酯涂料等水性涂料开发研究，是水性涂料重要的发展方向。

2. 粉末涂料制造 在涂料工业中，粉末涂料属于发展最快的一类。粉末涂料无溶剂、100% 地转化成膜、具有保护和装饰的综合性能，因其具有独有的经济效益和社会效益而获得飞速发展。

3. 高固体分涂料研制 在环境保护措施日益强化的情况下，高固体分涂料有了迅速发展。采用脂肪族多异氰酸酯和聚己内酯多元醇等低黏度聚合物多元醇，可制成固体分高达 100% 的聚氨酯涂料。该涂料各项性能均佳，施工性好。用低黏度 IPDI 三聚体和高固体分羟基丙烯酸树脂或聚酯树脂配制的双组分热固性聚氨酯涂料，其固体含量可达 70% 以上，且黏度低，便于施工，室温或低温可固化，是一种非常理想的高装饰性高固体分聚氨酯涂料。

4. 光固化涂料的制造 光固化涂料也是一种不用溶剂、节省能源的涂料，最初主要用于木器和家具等产品的涂饰，目前在木质和塑料产品的涂装领域开始广泛应用，市场潜力大。

第2章　涂料性能与配方设计

涂料性能首先指涂料在未使用前的性能，即涂料处于原始状态时具备的性能，包括涂料贮存中的各方面性能和质量。其次是指涂料涂装时具备的性能，即涂料施工性能，指该涂料适应的涂装方法、涂装条件、固化方法及固化性能，成膜过程中的流平、流挂等成膜性能。最后是指涂膜性能，包括涂膜的装饰性、耐蚀性、标志性，以及各种功能等。随着涂料的迅速发展、检测技术的完善，表征涂料性能的项目逐步增多，现代涂料的表征逐步接近涂料的实际性质。本章主要介绍涂料的原始性能、涂装性能和涂膜基本性能以及部分性能检测标准。值得注意的是，涂料性能的测试方法需根据具体产品性能要求，查阅不同标准，根据相应标准进行测试。涂料制造、涂装与涂层制备中涉及的相关物理、化学分析，制造中出现的问题和相应解决办法，将在后续章节中介绍。

涂料的配方设计需要满足市场需求，根据成本原则和性能原则进行设计，在满足性能的前提下降低成本，或者说低成本下能够满足功能需要。用户要求的是涂膜性能，液态涂料性能与涂装性能是实现涂膜性能的必要条件。同时设计时必须注意到，涂料是半成品，由涂料制备的涂膜是由高聚物基料与颜填料组成的复合材料，涂膜不能够独立存在，涂膜性能与基材性能需匹配。

不含颜填料的涂料称为清漆，大多数是高分子溶液产品，少数是分散体；色漆是颜填料在溶液或分散液中的分散体；粉末涂料是固-固分散体。本章针对清漆和色漆特点进行配方设计的学习。

2.1　液态涂料基础性能

2.1.1　液态涂料的外观

1. 颜色　涂膜吸收照射其上的部分波长光波，反射到人的眼睛的光波颜色即人看到的涂膜颜色。颜色的深浅可以综合反映出产品的成分和纯度，也直接影响其成膜性能及使用范围。

清漆和清油，颜色越浅越好，但真正水白透明无色的清漆很难达到，多数清漆都带有微黄色。色漆要求呈现的颜色应与其颜色名称一致、纯正均匀，在日光照射下经久不褪色。颜色的测定不仅是产品的一项质量指标，也是某些原材料和半成品的控制项目。透明液体（如清漆、清油、漆料及稀释剂）颜色深浅程度的测定方法有标准色阶法和罗维朋比色法。

2. 透明度　透明度是物质透过光线的能力。透明度可以表明清漆、清油、漆料及稀释剂等是否含有机械杂质和悬浊物。在涂料制造、存储、运输及施工各环节中，杂质的混入、树脂的互溶性、催干剂的析出以及水分的渗入等都会影响产品的透明度。外观浑浊而不透明的产品将影响涂膜的光泽和颜色。

作为罩光用的清漆，需要能把底层的颜色和纹理清晰地显现出来，因此清漆应具有足够的透明度，清澈透明，没有杂质和沉淀物。透明度检测方法有目测法和仪器法。

2.1.2 涂料的状态及稳定性

制造以及购进涂料时，应该抽样检测产品在容器中的状态，并进行贮存稳定性的检查。

1. 容器中状态检查 液体涂料要检查的项目有结皮情况、分层现象、颜料上浮、沉淀结块等。样品经搅拌后沉淀物易搅起、颜色上下一致、产品呈均匀状态者为合格。

2. 贮存稳定性检查 贮存稳定性是指涂料产品在正常的包装状态和贮存条件下，经过一定的贮存期限后，产品的物理性能或化学性能所能达到原规定使用要求的程度。对贮存稳定性的检测按国家标准 GB/T 6753.3—1986《涂料贮存稳定性试验方法》进行，见表2-1。

表2-1 涂料贮存稳定性试验方法（GB/T 6753.3—1986）

方法名称	自然环境条件贮存	人工加速条件贮存
试验条件	温度：23±2℃。时间：6~12月	温度：50±2℃。时间：30d
操作简介	将待试样品取3份分别装入容积为0.4L的标准压盖式金属漆罐中。1. 原始试样在贮存前检查；2. 贮存性试验	
检查项目	结皮、腐蚀和腐败味，分为6个等级；涂膜上颗粒、胶块及刷痕，评定标准分6个等级；沉降程度检查；黏度变化检查	
结果表示	通过/不通过	

3. 结皮性 涂料在贮存过程中，其表面逐渐出现一层由固体向半固体过渡的一层膜称为涂料的结皮。结皮不但会改变涂料组分比例，影响成膜性能，还会引起涂料的其他各种弊病，造成施工质量的下降。

2.1.3 涂料的其他基础性能

1. 涂料的密度 密度是在规定的温度下单位体积液体的质量，以 g/cm^3 表示，是各种物料鉴定、表征和质量控制的关键性质之一。密度量度用于检测涂料质量，主要是控制产品包装容器中固定容积的质量，同时可在生产中发现配料有否差错、投料量是否准确。在检测产品遮盖力时，可了解施工时单位容积能涂覆的面积等。如果密度不在规定值之内，就可以判断涂料质量出现了问题。

2. 涂料的细度 细度又称为研磨细度，主要用来检测色漆或漆浆内颜料颗粒大小，或分散均匀程度，以微米表示。通过测定细度以控制涂料产品的内在质量。底漆与面漆要求的细度不同，面漆的细度一般要求 20~40μm，底漆或防锈漆的细度可大一些，一般为 40~60μm。细度越小的面漆，其涂膜就越平整光滑。

3. 涂料的黏度 涂料的黏度又叫涂料的稠度，是指流体内部产生的阻碍其相对流动的一种特性。黏度值越大，液体在发生流动时受到的内部阻力越大。不同涂装方法要求有不同的涂料黏度，如手工刷涂、高压无气喷涂、淋涂、辊涂，要求涂料黏度高些，而空气喷涂法要求涂料黏度较低。

黏度是测定漆料中聚合物分子量大小的可靠方法。聚合物分子量大，涂料黏度大，并且黏度在很大程度上影响着涂料的其他性能。制漆过程中黏度过高，会产生胶化；黏度过低则会使应加的溶剂无法加入。同样，在涂料施工时，黏度过高会使施工困难，涂膜流平性差，黏度过低会造成“流挂”及其他弊病。涂料生产过程以及使用过程中需要测定涂料黏度。液体涂料的黏度检测方法很多，分别适用于不同的品种。对透明清漆和低黏度色漆以流出法为主；对透明清漆还可采用落球法和气泡法。对高黏度色漆则通过测定不同剪切速率下的应力的方法来测定黏度。

4. 涂料的不挥发分 涂料的不挥发分也称固体分，是指物料在规定的试验条件下挥发后得到的残余物（包括树脂、颜料、增塑剂等），是涂料生产是否正常的质量控制项目之一，它的含量高低对形成的涂膜质量和涂料使用价值有着直接关系。一般固体分低，涂膜薄，光泽差，保护性欠佳，施工时易流挂。通常油基清漆的固体分应为45% ~50%。固体分用质量分比表示。不同漆种固体分含量如下：

聚氨酯漆为40% ~ 50%，挥发性硝基漆为15% ~ 20%，无溶剂型不饱和聚酯漆和光敏漆为100%。

涂料固体分含量可按下式测定：

$$\text{固体分含量} = \frac{\text{干漆膜样板质量} - \text{样板质量}}{\text{涂漆后样板质量} - \text{样板质量}} \times 100\%$$

固体分与黏度互相制约，当黏度一定时，通过对不挥发分的测定，可以定量地确定涂料内成膜物质含量的多少，正常的涂料产品的黏度和不挥发分总是稳定在一定的范围内。通过这两项指标，可将漆料、颜料和溶剂（或水）的用量控制在适当的比例范围内，以保证涂料既便于施工，又有较厚的涂膜。

5. 涂料的抗冻融性 涂料的抗冻融性又称低温稳定性，主要用于对以合成树脂乳液为基料的水性涂料的评价。若在经受冷冻、融化若干次后仍能保持原有性能，则具有冻融稳定性。其可按GB/T 9268—2008测定。

2.2 涂料涂装性能

2.2.1 涂料施工性能

涂料施工性能是指涂料施工的难易程度。液体涂料施工性良好一般是指涂料易于进行刷涂、喷涂、浸涂或刮涂等涂装，得到的涂膜流平性良好，重涂性能好，不出现流挂、起皱、缩边、渗色或咬底等现象，干性适中、易打磨。由于对涂料施工性能的考查是根据实际施工的效果，因此在评定时存在着主观因素，应同时采用标准样品比较。

1. 流平性 流平性是指涂料在施工后，其涂膜由不规则、不平整的表面流展成平坦而光滑表面的能力。涂料的流平性在刷涂时可以理解为涂膜上刷痕消失的过程，喷涂时则可以理解为漆雾粒痕消失的程度。涂膜的流平是重力、表面张力和剪切力的综合效果，与涂料的组成、性能和施工方式等有关。

2. 流挂性 在垂直面施工时，从涂装至固化这段时间内，由于湿膜向下移动，造成涂膜厚薄不匀、下部形成厚边的现象，称为流挂。流挂可由整个垂直面上涂料下坠而形成似幕帘状的涂膜外观，称为帘状流挂；也可由局部裂缝、钉眼或小孔处的涂料的过量，造成不规则的细条状下坠，称为流注或泪状流挂。通过流挂性测定，可检验涂料配方是否合理，施工方法是否正确。

3. 多组分涂料的混合性和使用寿命　多组分涂料施工时需按规定比例混合各组分。涂料的混合性与使用寿命指各组分混合后的均匀程度及混合后可使用的最长时间。混合性和使用寿命是多组分涂料特有的重要施工性能，组分混合后最好能很快混合均匀，不需要很长的熟化时间；混合好的涂料要有较长的使用寿命，即涂料在使用期间性能不发生变化（如变稠、胶化等），以保证所得涂膜质量一致。

混合性“合格”是指将组分按产品规定的比例在容器中混合，用玻璃棒进行搅拌，很容易呈均匀的液体。使用寿命“合格”是指将组分按产品规定的比例在容器中混合成均匀液体后，按规定的使用寿命条件放置，达到规定的最低时间后检查其搅拌难易程度、黏度变化和凝胶情况，并将涂制样板放置一定时间后与标准样板做对比，涂膜外观无变化或缺陷产生。

2.2.2　涂装适应性

涂装适应性指产品施涂于底材上不致引起不良效果的性能。底材可以是未涂漆的、未经特殊处理过的、涂过漆的或涂过漆并经老化的材料。试验可在实验室或施工现场进行，以评定施涂的色漆或色漆体系相互之间的适应性。按 ISO 4627：1981（《色漆和清漆、漆与被涂覆表面相容性的评定、试验方法》）规定的方法，以规定的涂膜厚度将待试产品或产品体系施涂于标准板和规定的底材上，干燥（或烘烤）至规定时间，与涂过漆的标准板比较涂膜外观的不均匀性、颜色、光泽以及附着力等项目。

2.2.3　涂料干膜性能

1. 干燥性能　涂料干燥性能分为表干、实干和完全干燥。涂料涂于底材后，由能流动的湿涂层转化成固体涂膜的时间即干燥时间，它表明涂料干燥速度的快慢。干燥性能的影响因素包括环境温湿度、涂层厚度、通风条件、涂料品种等。依据干燥的变化过程，干燥习惯上分为表面干燥、实际干燥和完全干燥三个阶段。由于涂料的完全干燥所需时间较长，故一般只测定表面干燥（表干）和实际干燥（实干）两项。涂料干膜性能在涂料完全干燥后达到最佳，因此干膜性能测试常常在涂膜实干并养护后进行。具体要求见相应标准。

2. 涂膜厚度　在涂料生产、检验和施工过程中，涂膜厚度是一项重要指标。涂料某些物理性能的测定及耐久性等某些专用性能的试验，均需要把涂料制成试板，在一定的膜厚下进行比较；在施工应用中，如果涂装的涂膜厚薄不匀或厚度未达到规定要求，会对涂层性能产生大的影响。目前测定涂膜厚度有各种仪器和方法，选用时应考虑测定涂膜的应用场合是实验室还是现场，底材是金属、木材还是玻璃，表面状况是平整还是粗糙，是平面还是曲面，以及涂膜状态（湿、干）等因素，这样才能合理使用测试仪器和提高测试的精确度。

3. 遮盖力　将色漆均匀地涂刷在物体表面上，使其底色不再呈现的能力称为遮盖力。

涂膜对底材的遮盖力主要取决于涂膜中的颜料对光的散射和吸收的程度，也取决于颜料和漆料两者折射率之差。对于一定类型的颜料，要获得理想的遮盖力，颜料颗粒的大小和它在漆料中的分散程度也很重要。同样质量的涂料产品，遮盖力高的，在相同的施工条件下可比遮盖力低的产品涂装更多的面积。

2.3　涂膜性能

涂膜性能包括涂膜的基本物理性能，其中有表观性能及光学性能、力学性能和重涂性、打磨性等应用性能；耐物理变化性能，如对光、热、声、电等的抵抗能力；耐化学药品性能，包括涂膜对各种化学品的抵抗性能和防腐蚀性能以及耐久性能等。涂膜性能的检测在底材的涂膜上进行。

2.3.1　涂膜的力学性能

1. 硬度　指为涂膜抵抗诸如碰撞、压陷、擦划等力学作用的能力，也可以理解为涂膜表面对作用其上的另一个硬度较大的物体所表现的阻力。这个阻力可以通过一定质量的负荷作用在比较小的接触面积上。测定涂膜抵抗包括碰撞、压陷或擦划等造成的变形能力而表现出来硬度的测试方法较多，目前常用的主要有三种：摆杆阻尼硬度法、划痕硬度法和压痕法。三种方法表达涂膜不同类型的阻力，代表不同的应力-应变曲线。

2. 耐冲击性　指涂膜在重锤冲击下发生快速形变而不出现开裂或从金属底材上脱落的能力。它表现了被试验涂膜的柔韧性和对底材的附着力。

3. 柔韧性　指涂膜随其底材一起变形而不发生损坏的能力。当涂于底材上的涂膜受到外力作用而弯曲时，所表现的弹性、塑性和附着力等的综合性能称为柔韧性。涂膜的柔韧性由涂料的组成所决定，它与检测时涂层变形的时间和速度有关。

4. 杯突试验　杯突试验是评价色漆、清漆及有关产品的涂层在标准条件下使之逐渐变形后，其抗开裂或抗与金属底材分离的性能。

5. 磨光性　指涂膜经特制的磨光剂磨光后，呈现平坦、光亮表面的性质。一般以光泽度（%）表示。目前主要用于硝基漆、过氯乙烯漆等。

6. 耐码垛性　耐码垛性指单层涂膜或复合涂膜体系在规定条件下充分干燥后，在两个涂膜表面或一个涂膜表面与另一种物质表面在受压的条件下接触放置时涂膜的损坏能力，或称耐叠置性、堆积耐压性。因为涂漆后的被涂物件经常是多个码放在一起，涂膜承受相当大的压力，涂膜不能因此发生粘连或破损，这是实际过程中对涂膜性能的要求。

2.3.2　涂膜的耐物理变化性能

涂膜在使用过程中除了受外力作用外，光、热、电的作用也会使涂膜的强度、外观等发生变化。根据产品需要，检测涂膜对这些因素的抵抗力。

1. 回黏性　涂膜的回黏性是指涂膜干燥后，因受一定温度和湿度的影响而发生黏附的现象。

2. 保光性　指涂膜在经受光线照射下能保持其原来光泽的能力。

3. 耐黄变性　涂料的涂膜在使用过程中经常会发生黄变，甚至有的白漆标准样板在阴暗处存放过程中也会逐渐地产生黄变现象。

4. 耐热性　指涂膜对高温的抵抗能力。由于许多涂料产品使用于温度较高的场所，因此耐热性是这些产品的涂膜的重要技术指标。若涂层不耐热，就会产生气泡、变色、开裂、脱落等现象，使涂膜起不到应有的保护作用。

5. 耐寒性　指涂膜对低温的抵抗能力。特别是用于检测水性涂料在寒冷的气温环境条件下，涂膜能否保持原有的力学性能。

6. 耐温变性　指涂膜经受高温和低温急速变化情况下，抵抗被破坏的能力。通常的检测方法是在高温保持一定时间后，再在低温放置一定时间，如此经过若干次循环，最后观察涂膜变化情况。

2.3.3　涂膜的耐化学药品性及耐腐蚀性能

1. 耐水性　指涂膜对水的作用的抵抗能力，即在规定的条件下，将涂漆试板浸泡在水中，观察其有无发白、失光、起泡、脱落等现象以及恢复原状态的难易程度。

2. 耐盐水性　指涂膜对盐水侵蚀的抵抗能力。可用耐盐水性试验判断涂膜的防护性能。

3. 耐石油制品性　指涂膜对石油制品（汽油、润滑油、溶剂等）侵蚀的抵抗能力。

4. 耐化学试剂性　指涂膜对酸碱盐及其他化学药品的抵抗能力。

5. 耐溶剂性　指涂膜对有机溶剂侵蚀的抵抗能力。

6. 耐家用化学品性　耐家用化学品性又称污染试验或耐洗涤性，指涂膜经受皂液、合成洗涤剂液的清洗（以除去其表面的尘埃、油烟等污物）而保持原性能的能力。涂膜接触到这类物品，如果被沾污留有痕迹或受到侵蚀，都将影响涂料的装饰和保护作用。

7. 耐化工气体性　指涂膜在干燥过程中抵抗工业废气和酸雾等化工气体作用而不出现失光、丝纹、网纹或起皱等现象的能力。在工业大气的环境中，空气中含有大量的工业废气和酸雾等化工气体，尤其对化工厂及其临近地区所使用的设备、构件、管道、建筑物等危害更为严重。在这些地区所使用的涂料要具有一定的耐候性和较高的抵抗这些化工气体腐蚀性的能力。

2.4　涂料配方设计

本章2.1~2.3节中分别学习了液体涂料的基本性能、涂装性能，以及涂膜的基本性能。对于用户而言，最终需要涂膜的各种性能满足使用要求；对于涂料配方设计者而言，涂料原料的选择、配方设计与制造工艺设计是实现涂料性能的基础。一般涂料配方设计包括基料、颜填料、溶剂和助剂的选择，固含量确定，颜基比确定，各组分比例设计，以及涂料基本配方的确定。

2.4.1　基料的选择

基料树脂是涂料的关键成膜物质，在涂料中既起到粘结剂的作用，又起到部分功能作用，不能被其他成分所替代。不同类型的基料树脂结构、质量对涂料性能有着重要作用。基料的选择，应根据涂膜性能、施工性能要求，并结合基料树脂的原料来源、性能及成本等各项指标进行均衡考虑。

1. 根据基料基本特性进行选择 基料不同，其性质、性能不同。必须了解基料本身性质，在配方设计开始进行基料选择时即做出正确判断和选择。如酚醛树脂、TDI 聚氨酯树脂，以及醇酸树脂一般不用于制造无色透明清漆，这是因为酚醛树脂泛黄严重，TDI 聚氨酯树脂在光照下黄变，而醇酸树脂制备时温度高，难以得到无色透明清漆。环氧树脂常用作金属涂装时的底漆，是因为环氧树脂与金属底材附着力好，耐化学药品性好。但由于环氧树脂耐紫外线性能差，外用容易粉化，不用作面漆。面漆使用丙烯酸树脂，光亮、丰满，饰面性好，保光保色性好，但丙烯酸树脂热黏冷脆，用作外墙涂料常用有机硅改性，以提高其耐候性。氟碳树脂漆由于其 C-F 键键能大，不容易被紫外线破坏，表现出超常的耐候性，常用作外墙涂料。

2. 基料相对分子质量与浓度的选择 基料相对分子质量过小，涂膜的力学性能、光学性能差；相对分子质量过大，则组成的漆料对颜料的湿润性能差，制漆贮存稳定性差。配方设计时需考虑使用的基料相对分子质量。基料溶解或者分散在溶剂中，基料树脂的浓度对制备的涂料黏度有较大影响，浓度大，黏度大，进而影响涂料的涂装性能，因此配方设计中需要考虑基料的浓度。

3. 基料反应活性的选择 基料中官能团的存在使基料具有一定的反应活性，可以用来制造热固性涂料，同时有利于提高涂膜的附着力。如酸值高的基料对颜料的湿润性好，易于研磨分散，涂膜的附着力好。但是酸值过高会影响漆液的贮存稳定性、制漆性能及和某些颜料搭配使用的适应性。当色漆配方中使用活性颜料时，如 ZnO、红丹、锌粉和铝粉等，必须注意漆料的酸值，否则基料与颜填料反应肝化。

4. 涂膜耐水、耐油、耐酸碱、耐溶剂、耐化学品性能对基料的要求 一般涂料涂膜都有隔绝水汽的作用，尤其作为防止金属锈蚀的涂层，其所用漆基更以不透水、不皂化为佳，以防止水分和盐类渗入引起金属锈蚀。各种涂料中作为耐油性能要求高的油罐漆，在配方设计时，选择基料应考虑有良好的耐油性和耐水性，同时对油料质量没有影响，且有良好的物理机械性能，施工简便，能常温干燥，溶剂毒性小。

5. 涂膜耐候性对基料树脂的要求 长期户外使用的涂膜应具有保持良好的光泽，防止颜料粉化的能力。漆基的耐候性能大多取决于成膜物对高温和低温的稳定性。涂膜在大气中曝晒，紫外线照射是促使涂膜发生理化性能的变化、涂膜发生形变、应力收缩的原因。涂膜实际老化破坏的结果表现在起泡、脱层、起皱、龟裂、粉化、变色、失光、剥落等方面。耐候性好的基料树脂：①基料对紫外线吸收能力大；②基料中助剂在大气中的蒸发、移动少；③基料中亲水性或水溶性成分少。由于涂膜里的水的扩散，透过涂膜的水会相应地发生渗透效应，产生的压力将会使涂膜变形，引起涂膜起泡或从底层上脱落下来。室外用涂料，基料选择应注意各项指标的协调、和颜料的适当搭配以及其应用的环境条件。一般在实验室通过人工加速老化试验进行初选配方。

6. 成本 性能和成本的综合考虑决定着产品的应用价值，配方设计时在满足技术性能要求的前提下，需要尽量降低产品的原料成本。

2.4.2 颜填料、溶剂、助剂的选择

第 5 章颜填料、第 7 章助剂中要详细讲述颜填料和助剂，本节只选择部分性质、性

能，概述其作用和选择依据。

1. 颜填料　颜料是涂料的重要组成部分，涂料的诸多性能均与颜填料性能有直接关系。在涂料配方设计时，颜料品种及用量的选择通常涉及颜色、遮盖力、湿润性和分散性、密度、耐光性和耐候性、耐热性和耐化学药品性。

配方设计需要满足用户指定涂层颜色要求。设计者需要掌握颜料的特性，例如，紫棕色由氧化铁红加炭黑调配而成，但是必须使用带有紫色相的氧化铁红，黄色相的氧化铁红不能配制出标准的紫棕色。

设计中需考虑选择遮盖力强的颜料。颜料的遮盖力是指在一种物体上涂覆色漆后，涂膜中的颜料能够将被涂覆的表面遮盖的能力。遮盖力强，能实现薄涂、高遮盖，满足涂层高装饰和降低成本的要求。

颜料的润湿和分散性直接影响色漆的生产效率、能量消耗、研磨漆浆的稳定性、漆液的流动性等涂膜的表面状态。因此设计中需选择湿润性与分散良好的颜料，即颜料与漆料的亲和性好，颜料颗粒能在漆料中均匀分布的颜料。

同时，配方设计时需要考虑涂层的特殊功能要求，如设计户外用色漆配方时，选用耐光性、耐候性符合要求的颜料。耐高温涂料需考虑颜料的耐热性，即颜料在烘烤聚合成膜过程中或涂膜直接接触热源时，所能耐受的最高温度等。

2. 填料的选择　涂料用填料实际上是属于低折射率的白色颜料，大部分是天然产物和工业副产品。一般具备以下特性：①折射率小，一般为 1.45 ~1.70；②大部分为碱性颜料，pH 值为 6 ~8，少量为中性；③均为白色或无色粉末，填料的遮盖力低，并往往有消光效应，在最高光泽的配方中常略去不用；④价格低。

一般情况下，由于考虑到粒子形状，添加较大量填料的涂料是可能的，而不透明性没有损失。如在涂料的配方中，如果填料的粒度接近二氧化钛的粒度，由于粒子的间隔增强了散射力，在颜料用量为 10%（体积分数）时，保持了二氧化钛的不透明性，但颜料用量为 20% ~30% 时，散射力所下降。

填料可研磨到极细粒径，如市场上的填料可达 1800 目。方解石和合成级的细碳酸钙均可作为填料，它们在广大 pH 值范围内并不引起“放气”。一个碳酸钙的高浓度颜料分散体和 <325 目的高岭土/丝云母水分散体混合并干燥后形成优越的抗附聚颜料。超细粉可以作为涂料增稠剂使用。

3. 溶剂的选择　溶剂是涂料中的挥发物部分，主要作用是使成膜物树脂分散或溶解，从而控制液态涂料的黏度，提高施工应用性能。由于溶剂会从涂膜中蒸发，所以它在控制和改善膜干燥速度及流动特性方面均有显著作用。因此，合理地选择溶剂或混合溶剂，可以控制涂料配方的成本，保证配方符合有关环境、安全防火和工业卫生法规的要求。

挥发性是选择溶剂的关键因素。溶剂的挥发速率快慢之间必须取得平衡才能得到理想的溶剂配方。不仅要考虑最初挥发速率，还要考虑中间阶段和最终阶段的挥发速率，因其挥发速率会对涂膜的干燥时间、流平、流挂、条痕、针孔和缩孔等涂膜性能产生影响。最后，当溶剂挥发到大气中之后，残留溶剂对成膜物结构的定向排列程度和性能也有不同程度的影响。

溶剂的溶解力和分散力是溶剂选择的重要指标。判断溶剂对聚合物溶解力的强弱，一般可以通过观察一定浓度溶液及漆料的形成速度或观测溶液、漆料的黏度来决定。溶解力越强，溶解速度越快，溶液的黏度一般也越低。测定溶剂稀释比值的方法，即溶剂可以容忍非溶剂的加入量多少判断，加入的越多，则其溶解力越强。测定溶液或者漆料的稳定性或溶液适应温度变化的能力也能够判断所用溶剂的溶解能力大小。溶解力强的溶剂所配制的溶液、漆料在贮存中不会析出不溶物，也不分层，而且黏度变化甚微。

4. 助剂的作用和选择 助剂是色漆配方中不可缺少的重要组分，但是需要注意以下几点：

① 助剂的副作用 几乎所有的助剂在发挥其相应功能的同时，都有一定的副作用，如防止结皮剂会影响干率，触变型防沉剂会影响流平性和光泽等，使用不当会带来不良后果，故用量需恰当。生产中可以采取措施，如使用甲乙酮肟时，先用二甲苯将其稀释成40% ~50%的溶液，以避免使用时甲乙酮肟局部浓度过高。使用低浓度的溶液加料可以减少相对误差。国外企业在自动包装线上将防结皮剂溶液加在包装桶漆液表面，既可防止副作用，又能节省助剂。

② 了解助剂的具体使用要求 在配方或工艺规程中予以明确规定。如低黏度硅油，只能配成1%溶液在色漆中使用，否则起不到防浮色发花作用。防止结皮剂和催干剂一定要分别加入漆液，即前一种助剂搅拌均匀后再加入另一种助剂，否则两者的作用都会下降。

③ 助剂的选择 助剂的选择需具体问题具体分析。如分散剂往往对特定的颜料甚至采用特定的研磨分散设备时才能充分发挥作用。防结皮剂要根据基料选择不同品种，流平剂选用硅烷类会影响涂膜的附着等。

④ 实验验证 使用助剂纳入色漆配方时，需要通过实验证明后，最终选择助剂品种及用量。

2.4.3 颜料的吸油量和颜料体积浓度

2.4.1及2.4.2节中分别介绍了涂料配方设计中基料、颜填料、溶剂和助剂的选择要求。本节学习配方设计中颜填料和基料的比例。早期涂料工业采用颜基比描述涂料配方中颜料的含量。由于涂料中所使用的各种颜料、填料和基料的密度相差甚远，颜料体积浓度更能科学地反映涂料的性能，故涂料的颜料体积浓度成为表征涂料最重要、最基本的参数。因此，选定原料后，基料与颜填料用量、比例的设计常常通过颜料体积浓度（PVC）来确定。随着新基料、助剂等的开发与应用，应用比体积浓度对于配方设计更有帮助。

1. 颜料的吸油量（*OA*） 颜料的吸油量是指规定的试验条件下，一定质量的颜料形成均匀团块所需精制亚麻仁油的最小质量。在100g颜料中，逐滴加入精制亚麻油，并随时用刮刀仔细压研，初加油时颜料仍然保持松散状态，但最后可使全部颜料粘结在一起成球，若继续加油，体系即变稀，此时所用的油量为该颜料的吸油量（*OA*）。颜料的吸油量可按下式计算：

$$OA = \frac{\text{亚麻油量}}{100\text{g 颜料}}$$

达到吸油量时，油除了用于填充颜料粒子间隙外，还在颗粒表面形成一层吸附层。颜料表面吸满了油，颗粒间空隙也充满了油，再加油，颜料黏度要下降。乳胶以及加有颜料的溶剂型涂料是一个分散体系，这种体系的黏度和溶液不同，可以用门尼公式进行解释：

$$\ln\eta = \ln\eta_0 + \frac{K_e V_I}{1 - \frac{V_I}{\phi}}$$

η 为涂料黏度；η_0为外相黏度，如乳胶中水相的黏度，色漆中树脂溶液黏度；K_e为爱因斯坦因子，和分散体的形状有关，分散体为球形时，为 2.5，其形状变化，数值也变化；V_I为分散体（内相）在体系中所占的体积分数；ϕ 为堆积因子，当分散体为大小相等的球体时，无论球体大小，其值都是 0.639，大小不同时，其值增大。V_I 为颜料体积与吸附层体积之和，当 V_I 和堆积因子相同时，即 $V_I = \phi$，体积黏度达到最大，若继续加油，V_I 即下降，总黏度下降。

颜料粒子越细，分布越窄，吸油量越高。黏度与颜料密度、颜料颗粒内的空隙和形状有关。

2. 颜料体积浓度（*PVC*）

① 颜基比　颜料（包括填料）与粘结剂的质量比称颜基比。颜基比计算涂料配方中的颜料和基料比例，其计算方法简单，仍具备一定参考价值。在很多情况下，可根据颜基比制定涂料配方，表征涂料的性能。

面漆的颜基比为（0.25～0.9）∶1.0，而底漆的颜基比为（2.0～4.0）∶1.0，室外乳胶漆颜基比为（2.0～4.0）∶1.0，室内乳胶漆颜基比为（4.0～7.0）∶1.0。具有高光泽、高耐久性的涂料，不宜采用高颜基比配方，特种涂料或功能涂料则需根据实际情况采用合适的颜基比。

② 颜料体积浓度（*PVC*）与临界颜料体积浓度（*CPVC*）　颜料体积浓度指干膜中颜料所占体积百分数。涂料的颜料体积浓度是表征涂料最重要、最基本的参数。基料加入颜料，基料被颜料粒子吸附，同时颜料粒子表面空隙中的空气逐渐被基料取代，随着基料不断加入，颜料粒子空隙不断减少。颜料体积浓度（*PVC*）可按下式计算：

$$PVC = \frac{V_{颜料}}{V_{颜料} + V_{基料}}$$

基料完全覆盖了颜料粒子表面且恰好填满全部空隙时的颜料体积浓度定义为临界颜料体积浓度，用 *CPVC* 表示。

吸油量和颜料的 *CPVC* 具有内在的联系。吸油量实际是 *CPVC* 时的吸油量，可通过下式换算：

$$CPVC = \frac{1}{1 + \frac{OA \cdot \rho}{93.5}}$$

ρ 为颜料的密度；93.5 为亚麻油的密度。

通过测试颜料的吸油量和密度可以计算颜料的临界颜料体积浓度。也可以通过涂料在临界颜料体积浓度处的突变，判断临界颜料体积浓度（*CPVC*），两者互相验证。

3. 乳胶漆的临界颜料体积密度（*CPVC*）　乳胶漆的临界颜料体积浓度，用 *LCPVC* 表示，以与溶剂型涂料的临界颜料体积浓度区别。乳胶漆是聚合物乳胶粒和颜料在水连续相中的分散体系，其成膜机理与溶剂型涂料不同。溶剂型涂料成膜过程中颜料间的空隙自然被基料充满，乳胶漆成膜前乳胶粒子也可能聚集在一起，也可能和颜料混杂排列，而且在成膜过程中发生形变，最后成膜时需要更多的乳胶粒子方能够填满颜料空隙，因此乳胶

漆的 *CPVC* 总是低于溶剂型涂料的 *CPVC*。乳胶漆常用颜填料种类和用量见表 2-2。

表 2-2　乳胶漆常用颜填料种类和用量（南美）

钛白粉	碳酸钙	高岭土	滑石粉	石英	硅藻土	其他/重晶石、长石、硅灰石、云母
30%	21%	16%	9%	9%	8%	7%

影响乳胶漆 *CPVC* 的主要因素有乳胶粒子的大小和分布、聚合物的玻璃化温度和成膜助剂的种类及用量。乳液乳胶粒子粒径 0. 15μm，钛白粉乳胶粒子粒径 0. 25μm，高岭土乳胶粒子粒径 2μm，碳酸钙乳胶粒子粒径 5μm。粒度较小的乳胶粒子容易运动，易进入颜料粒子之间与颜料粒子较紧密地接触，因此，较小粒度的乳胶漆具有较高的 *CPVC*。

玻璃化温度（T_g）的高低直接影响成膜过程中乳胶粒的塑性形变和凝聚能力，乳胶粒子的 T_g 越低，越容易发生形变，使颜料堆砌得较紧密，因此 T_g 低的乳胶漆有较高的 *CPVC*。

成膜助剂可促进乳胶粒子的塑性流动和弹性形变，能改进乳胶漆的成膜性能，它对临界颜料体积浓度值的影响比较复杂，还与乳液的 T_g 和粒度有关。一般存在一个最佳的成膜助剂用量，在此用量下，*CPVC* 最大。成膜助剂的用量过多，会使乳胶粒产生早期凝聚或凝聚过快等现象，从而使聚合物的网络松散，导致 *CPVC* 降低。

当乳胶粒径减小时，*LCPVC* 可以上升一点，因为乳胶此时比较容易挤在颜料之间。当温度升高，或加有成膜助剂时，*LCPVC* 可以上升，因为这时乳胶在成膜时，流动性好，容易浸入颜料空隙。

2. 4. 4　根据颜料体积浓度与比体积浓度进行配方设计

1. 临界颜料体积浓度与涂膜性能　*CPVC* 对涂膜性能有很大影响。当 *PVC* > *CPVC* 时，颜料粒子得不到充分的润湿，在颜料与基料的混合体系中存在空隙。当 *PVC* < *CPVC* 时，颜料以分离形式存在于基料树脂中，*PVC* 在 *CPVC* 附近变化时，涂膜的性质将发生突变，如图 2-1 ~ 图 2-3 所示。因此，*CPVC* 是涂料性能的一项重要表征，也是进行涂料配方设计的重要依据。

PVC 增大时，涂膜内颜料体积增大，表面的平滑度下降，因此光泽度下降，漆膜遮盖力增强。当 *PVC* 达到 *CPVC* 以后，若再增加，涂膜内开始有空隙，此时漆的透过性大大增强，防腐性能明显下降，防污能力也变差。

涂膜内有空气，会增加光的散射，使漆膜遮盖力迅速增强，着色力也增强；但和强度有关性能因涂膜内出现空隙而明显下降。*PVC* > *CPVC* 的特点可加以利用，如顶棚漆，不易沾污，也不需要擦洗，强度不一定要求很高，这时可使 *PVC* 超过 *CPVC*，使遮盖力增强，以便充分利用“空气”这个最便宜的颜料。

对于墙壁用涂料，应使 *PVC* 低于 *CPVC*。某些底漆的 *PVC* 一般应大于 *CPVC*，这样可使面漆的漆料渗入底漆的空隙以增加面漆与底漆间的结合力。

2. 比体积浓度　随着涂料的发展，新颜料、基料特别是助剂的应用，配方设计时仅仅考虑颜料体积浓度是不全面的。涂料配方设计的重要参数还有 *PVC* 与 *CPVC* 的比值。*PVC*/*CPVC* 称为比体积浓度 Δ，即：

$$\Delta = PVC/CPVC$$

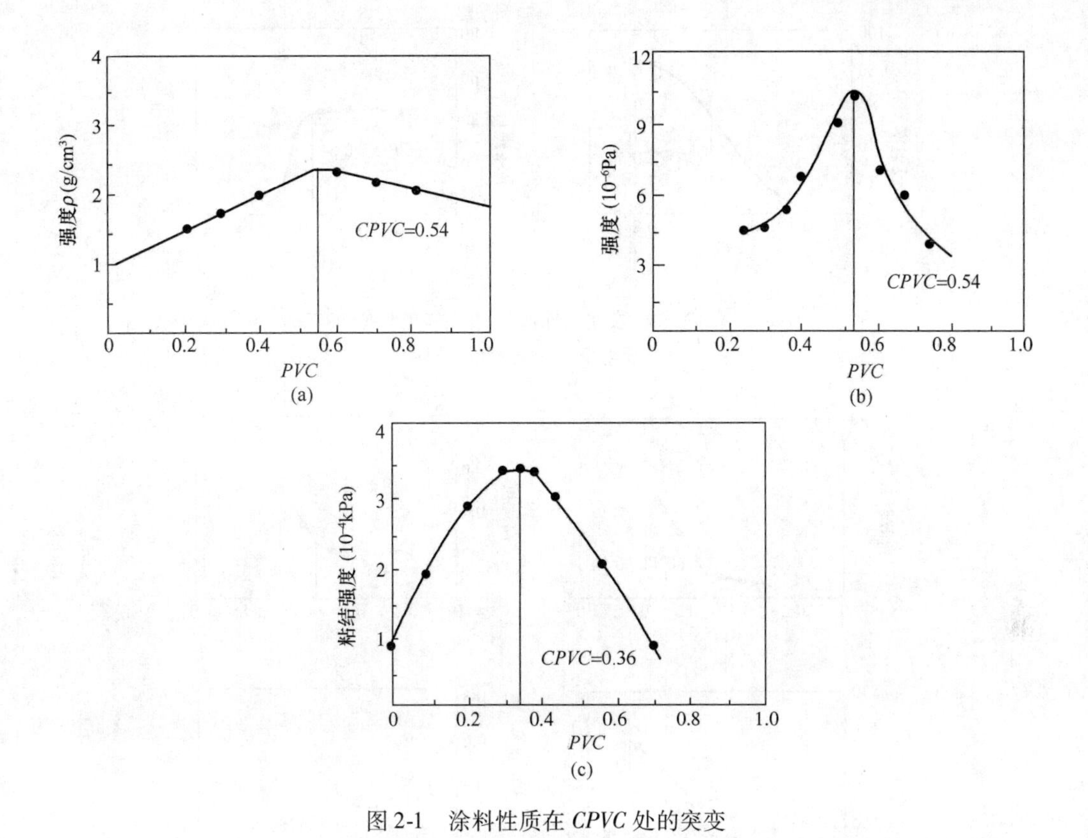

图 2-1　涂料性质在 *CPVC* 处的突变

（a）密度；（b）强度；（c）粘结强度

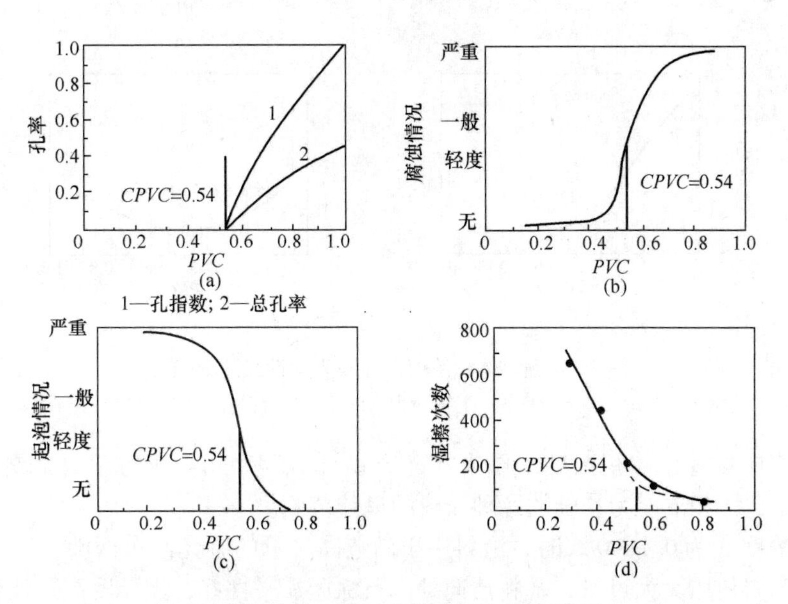

图 2-2　颜料体积浓度对涂膜渗透性能的影响（一）

（a）孔率；（b）腐蚀情况；（c）起泡情况；（d）湿擦系数

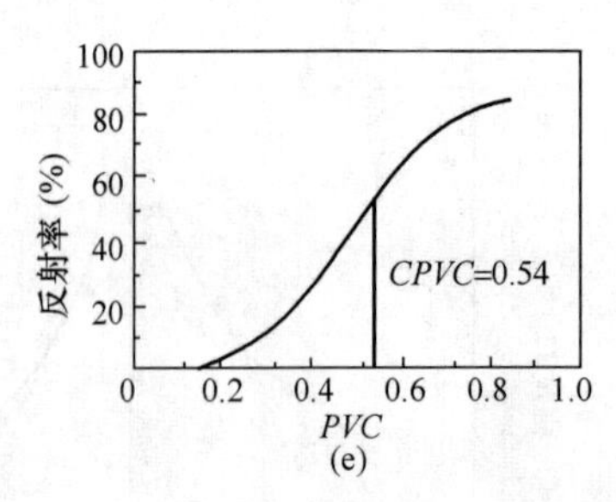

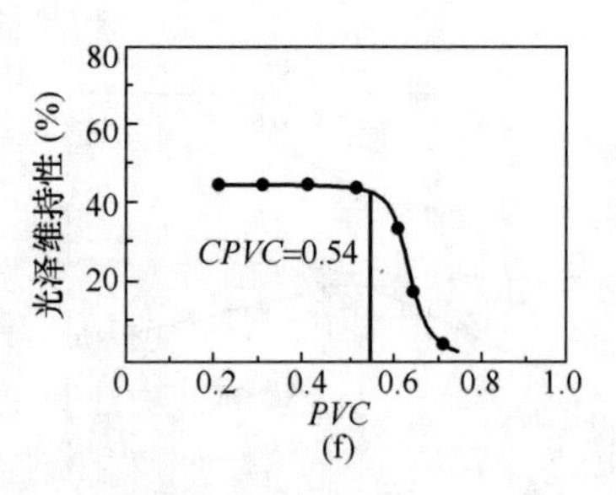

图 2-2 颜料体积浓度对涂膜渗透性能的影响（二）

（e）反射率；（f）光泽维持性

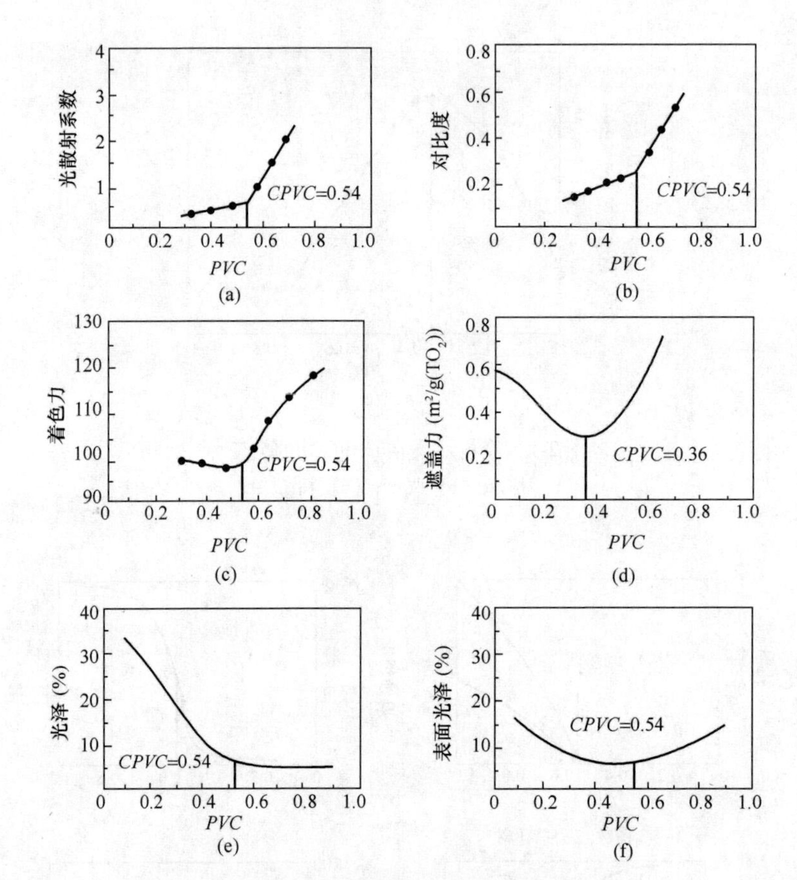

图 2-3 颜料体积浓度对涂膜光学性能的影响

（a）光散射系数；（b）对比度；（c）着色力；（d）遮盖力；（e）光泽；（f）表面光泽

在配方中应重视比体积浓度，作为在配方设计原则和指导配方设计和分析的依据。图 2-4 列出了比体积浓度为基础的各种涂料的最佳范围。

比体积浓度 Δ 为 0.1～0.5 时，涂料用于制造高质量的有光汽车面漆、工业用漆和民用漆，保证基料树脂大大过量，基料流向外部，涂膜流平性好，光泽度高；比体积浓度 Δ 为 0.5～0.8 时，用于制造半光的建筑用漆；比体积浓度在 1.0 左右时，制造平光内外墙涂料，但是有时也采用加入消光剂和高吸油量的填料进行消光，可以利用低 Δ 时的涂膜性能，降低涂膜的渗透性；保养底漆的 Δ 为 0.75～0.90 时，金属保护底漆可以有较好的

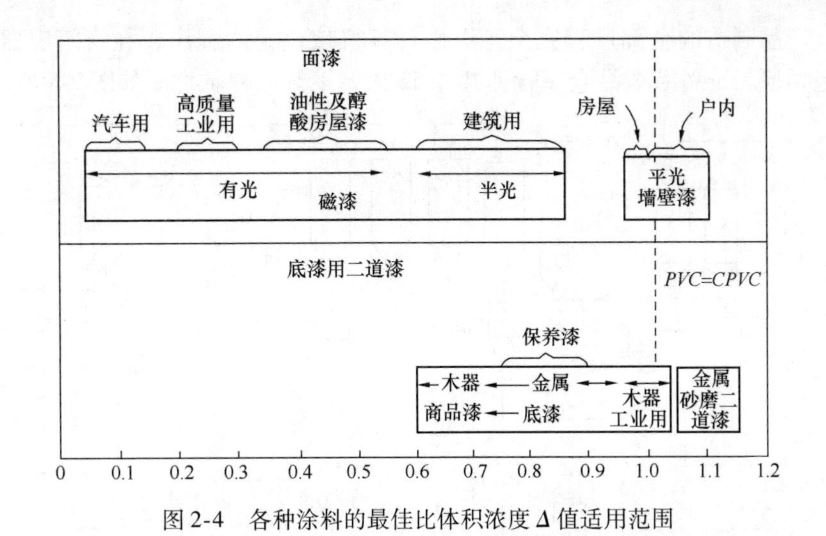

图 2-4　各种涂料的最佳比体积浓度 Δ 值适用范围

防锈和防气泡性能；制造顶棚漆，$\Delta>1$，而对于需砂纸打磨的底漆，比体积浓度为 1.05 ~ 1.15，打磨容易，涂层对砂纸有较少的黏滞力。

2.5　涂料配方设计与底漆、面漆配方设计实例

2.1 ~ 2.4 节讲述了配方设计中原料要求以及配方中基料与颜填料的比例要求。本节学习涂料配方设计基础以及举例说明底漆与面漆的配方设计。

2.5.1　涂料配方设计原则与生产工艺

1. 涂料配方设计原则　涂料配方设计的根本原则是满足市场需求。其中一个设计原则是成本原则：根据市场要求拟订。先确定涂料的市场销售价→确定色漆目标成本→确定涂料原料成本→确定涂料基础配方→确定涂料生产配方。另一个设计原则是功能原则：根据市场要求的涂料功能确定涂料质量成本→拟订涂料基础配方→确定涂料生产配方→确定市场销售价。在拟订涂料配方时需要兼顾涂料的功能—用户要求—经济效益三者间的关系。

根据市场要求的涂料性能，选择能够满足涂料性能的基料，选择合适的颜料，确定基本颜色的调配，确定填料比例，降低成本和增强涂料性能。确定涂料固含量，选择溶剂和助剂等其他成分。确定颜料体积浓度或者颜基比，先将基料树脂制成 50% 的溶液，在实验室制小样，将颜填料与部分树脂液研磨，制备色浆，分散到规定细度，最后将剩余的漆基调入，混合搅拌均匀，经过过滤即可得到初步样品。按照涂料性能要求，对样品进行全面的质量性能检测。

涂料基础配方设计中不仅需要考虑多种原材料性能间的相互影响，还需要考虑生产工艺以及涂装不同的基材、施工环境等因素，考虑到基础配方与企业生产的区别。

2. 全自动、全封闭、连续化涂料生产工艺　据文献介绍，欧洲某公司全密闭、连续化、自动化溶剂型涂料生产线，以单班生产计，年产量为 2 万吨，其中 60% 为乳胶漆，40% 为溶剂型醇酸树脂漆，产品的 80% 为白色漆，另外 20% 用以制备各种彩色漆。因此，该工厂还在另外地方配套生产 400t/a 的着色剂。全部工艺流程中，将各种原料储存

入仓以后，产品制造的全部过程完全可以由计算机依设定的程序，在密闭容器内自动进行。全厂包括原料准备及成品仓库管理共计 52 人。工艺流程示意图如图 2-5 所示。

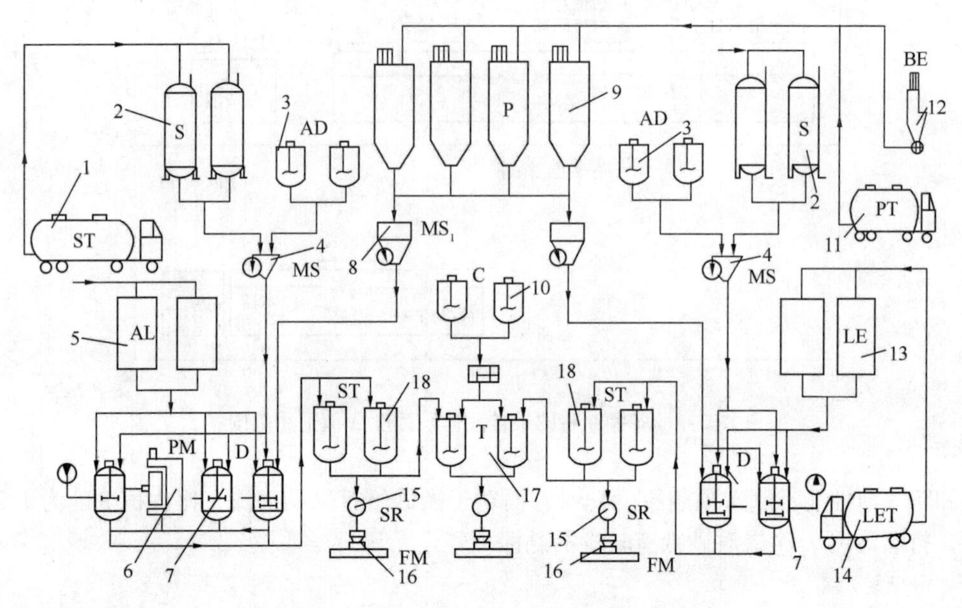

图 2-5　全自动化色漆生产工艺流程示意图

1—溶剂槽罐车；2—溶剂储罐；3—助剂储罐；4—电子秤；5—溶剂型树脂储罐；6—砂磨机；7—密闭式配料预混合罐；8—粉料计量秤；9—颜（填）料储槽；10—着色剂储罐；11—颜（填）料散装运车；12—袋装粉料倒袋机；13—乳液储罐；14—乳液运输罐车；15—振动筛；16—灌装机；17—调色罐；18—调漆罐

2.5.2　底漆配方设计与实例分析

底漆是涂装设计整个配套系统中连接面涂层与底材的重要涂层。要求底漆对底材的表面，包括金属、木制品、塑料表面等有很牢固的附着力，与上层面漆有很好的结合力。要求底漆本身要有很好的机械强度，使整套涂层很牢固地附着在基材上，并抵抗外来的冲击、弯曲、磨损等的破坏。

1. 底漆用基料　在溶剂型底漆配方中，要求所用漆基对金属表面有很好的湿润性能，成膜后有很理想的机械强度。酚醛、环氧、聚氨酯等基料都具备这些基本性能，可用于生产不同类型的底漆。

环氧树脂是理想的底漆基料。环氧树脂中含有脂肪族羟基、醚键及非常活泼的环氧基。羧基和醚键的极性使得环氧树脂分子和相邻表面之间产生静电引力，环氧基与金属基材作用能增强对金属的附着能力，并且环氧树脂固化时，没有副产物产生，不会产生气泡，而且收缩性小。常用的环氧树脂底漆基料类型有脂肪酸改性环氧树脂、聚酰胺和胺固化剂环氧树脂等。

酚醛树脂的耐水性好，故被企业广泛使用，其主要类型有纯酚醛树脂和松香改性酚醛树脂，大多用于制备油性漆料。干性油改性酚醛树脂对被涂面的附着力强，用它作为基料制底漆时附着力好，是一种通用型的底漆基料。其他类型的底漆，应根据用途选择专用的基料。例如在木制品或塑料表面就需要设计一种增强底漆或称为过渡层底漆，然后涂配套底漆，否则会影响底漆的附着力。

2. 底漆用颜填料　金属底漆中使用的着色颜料首先应具备一定的防锈性，对金属有钝化作用，其次是具有良好的遮盖力和制漆稳定性。底漆颜色一般以铁红色、灰色、黑色和黄色为多。在颜色上以能和所配套的面漆区别明显为宜。因此，底漆所用着色颜料品种不多。常用的有锐钛型钛白粉、氧化锌、含铅氧化锌、铁红、炭黑等。除防锈底漆外，在专用底漆中也使用锌铬黄、锶铬黄等防锈颜料。氧化铁红是底漆中用量最多的颜料，这是因其遮盖力和着色力强，吸油量不高，呈中性且价格较低。在底漆中使用的填充料有滑石粉、硫酸钡、碳酸钙、云母粉和硅灰石等，云母粉、滑石粉的针状和纤维结构能增强底漆的抗冲击强度和附着力；硫酸钡和碳酸钙可以增强底漆对部件表面的沉积性和渗透性。为改善底漆的贮存稳定性和施工性能，有的在底漆中加入气相二氧化硅。

3. 底漆配方的设计　底漆颜填料的选择和颜料体积浓度（*PVC*）的确定与底漆漆膜的光泽及颜料的临界体积浓度（*LPVC*）有关。底漆漆膜的光泽以半光为宜。如果底漆光泽过大，会影响和面漆的结合；反之，无光漆膜容易吸收面漆树脂而减弱面漆的光泽。如果底漆配方中 *PVC* 值超过半光漆的 *PVC* 值，涂膜会呈无光表面：若低于半光漆的 *PVC* 值，则涂膜光泽会高于半光漆。各种颜料和填充料的粒子形状、粒子聚集情况、粒子团的分散情况等也会影响底漆的光泽和性能。因此，底漆配方拟订时，要考虑底漆光泽的同时，还要考虑 *CPVC* 临界点漆膜多种性能的变化，以保证底漆涂膜的综合性能；同时要考虑底漆的贮存稳定性、施工性能及质量成本。在选用颜料和填料时，用料不要过于简单。实际上，每种底漆配方中往往选用几种颜料和填料配合使用，特别是消光剂的搭配，以发挥各自特点。根据颜料的临界体积浓度 *CPVC* 值范围，底漆的 *PVC* 值应控制为 40% ~ 55%，一般底漆光泽控制为 20% ~30%，相当于半光漆涂膜的光泽。

底漆中着色颜料与填料需具备合理配比。从原则上讲，着色颜料的加入量以满足一道漆能盖底为准，而多余的颜料体积可用填充料来补充，达到半光涂膜为止。底漆所用颜料一般有铁红、铁黑、锌黄、氧化锌、立德粉量白等，这些颜料的遮盖力除锌黄外均较强。在底漆中选用的填料品种有滑石粉、硫酸钡、轻碳酸钙等。每种颜料所选用的填料品种和体积比也有差异，如果用硫酸钡时，可以多用些，而用轻体碳酸钙时，则应少用为宜。因此，在底漆中选用填料时，应尽量采取多品种搭配使用的方法，充分发挥各自的特性，提高底漆的综合性能。但每种填料的缺点也会影响底漆的性能，如轻质碳酸钙的含水率高于 2% 时会导致底漆的贮存稳定性下降，过多地加入填料会产生难以搅起的沉淀。底漆品种中，二道底漆的颜料体积浓度值略高于一般底漆，而低于腻子的 *PVC* 值，通常控制为 50% ~60%。

例 2-1　铁红酯胶底漆制造（表 2-3）

表 2-3　制造配方

原料名称	用量（%）	原料名称	用量（%）
酯胶底漆料（固体分 55%）	30.5	环烷酸钴（3%）	0.09
氧化铁红	15.0	环烷酸锌（3%）	0.35
滑石粉	15.0	200 号油漆溶剂油	9.06
轻质碳酸钙	13.0	合计	100
含铅氧化锌	5.0	配方 *PVC* 值	50
沉淀硫酸钡	12.0		

配方分析：①酯胶底漆料含有羟基（—OH ）和羧基（—COOH），对金属表面有很好的湿润性能，用以制得的底漆对底材附着力较好，且成膜后有理想的机械强度。②着色颜料选为氧化铁红，其遮盖力好，价低，对金属表面有一定的钝化作用。由于该产品遮盖力指标规定≤60g/m^2，依据配方每100g底漆含氧化铁红15g，即60g底漆中含有氧化铁红9g，而氧化铁红的遮盖力为6～8g/m^{2}即可，因此配方中着色颜料含量能满足一道涂覆完全遮盖底面的要求。③含铅氧化锌可以提高涂膜的防锈性能且不易使含油的漆料明显增稠，其用量5%是允许用量5%～15%的低限。④体质颜料为沉淀硫酸钡和轻质碳酸钙，沉淀硫酸钡可提高涂膜坚实性，轻质碳酸钙可以防止涂膜起泡，增加防霉性能并可以降低成本。填料加入后总的颜料体积浓度为50%，涂膜呈现半光毛面，有利于与其上面涂层的结合，增强了涂膜的附着力，抗冲击强度和耐弯曲性能。⑤环烷酸盐为混合催干剂的应用可以促进底面协同干燥。⑥200号油漆溶剂油用于漆液黏度调整，是油脂类成膜物的适宜溶剂。

2.5.3 面漆配方的设计与实例

1. 面漆配方设计特点 面漆是色漆配套涂层中直接暴露于表面的一种。通常要求其配方体系具有颜色鲜艳、遮盖力强、光泽适宜且保光保色性好等特点，户外用面漆需耐候性良好。面漆分为有光、半光和无光三种类型。影响面漆颜色和光学性质的是基料成膜物以及颜料。涂料基料不同，涂膜光泽不同。面漆配方中主要使用着色颜料，从有光磁漆、半光磁漆到无光磁漆，颜料成分逐渐增加。可用*PVC*来表示涂料中面漆的光泽，一般涂膜光泽随*PVC*值的增大而降低，有光漆*PVC*值为15%～25%，半光漆*PVC*值为30%～40%，无光（亚光）漆*PVC*值为35%～50%。

2. 有光面漆 有光漆应选用遮盖力强、分散性好的、颜色鲜艳，符合指定色彩的着色颜料或颜料组合纳入配方着色颜料。油脂漆、天然树脂漆和酚醛树脂面漆中使用少量体质颜料，如沉淀硫酸钡和滑石粉等。合成树脂漆中一般不用体质颜料。过去半光漆和无光漆因需要消减光泽，以增大配方中填充料的方法增大PVC值，达到消光的效果。现在已逐步选用消光颜填料或消光助剂的办法，使涂膜与制漆性能的综合指标得到提高和改进。使用体质颜料消光，材料成本低；使用消光剂消光，半光或亚光涂膜细腻，质感舒服，需视要求具体考虑。用以消光的体质颜料一般有滑石粉、轻质碳酸钙、沉淀硫酸钡、碳酸镁、硅土、沉淀或气相二氧化硅等。消光剂一般有经表面处理的二氧化硅气溶胶或聚乙烯蜡等。通过加入体质颜料的办法消光，颜料体积浓度和面漆涂膜光泽的对应关系则随着成膜物种类及颜料的品种而不同。就一种成膜物而言，要求面漆的光泽越低，颜料体积浓度也越高。

3. 无光面漆 在无光漆配方中可以用较多的填料以达到规定的*PVC*值，常用填料有碳酸镁、轻质碳酸钙、重质碳酸钙、滑石粉等，也有用气相二氧化硅及硅酸铝的。按照颜料体积浓度*PVC*值的原则，选用相同的颜料和填料，只在用量差别较大的*PVC*值范围时，才能对涂膜光泽有明显的影响。如果使用混合填料，在加大*PVC*值时，混合后填料*CPVC*值的有所变化，但不是各种混合填料*CPVC*值的简单相加。因为混合填料的吸油量和分散性会与其单独使用时有差别。一般情况是使用混合填料比单独使用一种填料更利于改善涂膜的外观、光泽及其他性能。

4. 制造工艺　色漆制造工艺在第5章中需要进一步学习。白醇酸磁漆制造工艺示意流程图如图2-6所示。

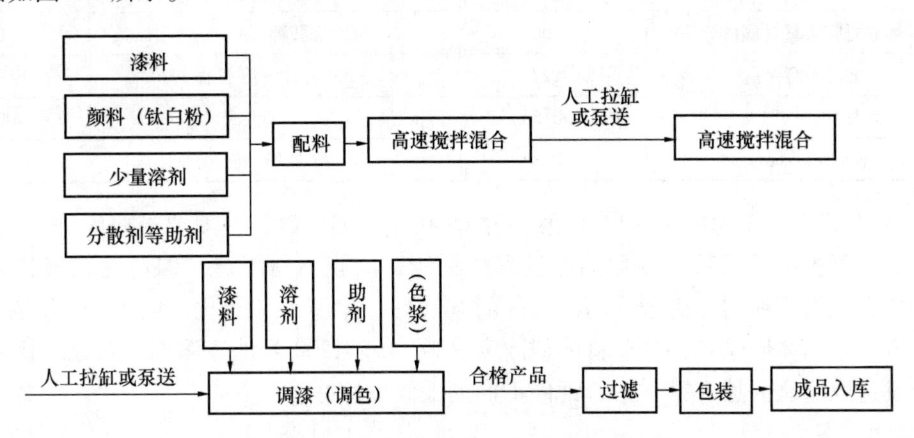

图2-6　白醇酸磁漆制造工艺示意流程图

例2-2　白醇酸中涂漆

① 制造配方（表2-4）

表2-4　制造配方

原料名称	用量（%）	原料名称	用量（%）
长油度醇酸树脂漆料（固体分75%）	22.1	环烷酸铅（24%）	0.33
金红石型钛白	21.8	环烷酸钴（6%）	0.17
沉淀硫酸钡	29.5	200号油漆溶剂油	15.1
云母粉	5.5	合计	100
碳酸钙（经表面处理的）	5.5	配方*PVC*值	48

② 配方分析　例2-2白醇酸中涂漆（二道底漆）配方是下面例2-3配方白醇酸有光磁漆的配套应用。配方中选用长油度醇酸树脂做成膜物，易于与醇酸树脂磁漆配套，并且对底漆的附着力好。

着色颜料选用的金红石型钛白使涂膜具有遮盖力，便于在复合涂膜达到所要遮盖力的情况下，面漆有足够的光泽，且与面漆配合使用耐候性也较好。其余颜料分用沉淀硫酸钡、云母粉补足，提高了涂膜的硬度和坚实性，以及获得较好的封闭性能。由于中涂漆颜料分较高，配方中选用占颜料总量5.5%的经表面处理的碳酸钙，以防止颜料沉淀结块，使用时容易搅起。该配方颜料体积浓度为48%，若需转化为颜料更高些的产品，可将树脂分减少，增加体质颜料，着色颜料加量不变。催干剂的加入可促进涂膜干燥。200号油漆溶剂油对长油度醇酸树脂有很好的溶解力，挥发速度适宜，用以调整漆液黏度。

例2-3　白醇酸有光磁漆

① 制造配方（表2-5）

表 2-5 制造配方

原料名称	用量（%）	原料名称	用量（%）
长油度醇酸树脂漆料（固体分70%）	60	环烷酸钙（4%）	1.0
金红石型钛白	27	200 号油漆溶剂油	10.8
环烷酸铅（24%）	0.86	合计	100
环烷酸钴（6%）	0.34	配方 *PVC* 值	14

② 配方分析　作为可以在户外使用的醇酸树脂有光磁漆，一般要求白度好、光泽高、耐候性好。配方中选用长油度豆油改性醇酸树脂，涂膜不易泛黄，保色性较好，装饰性好。使用金红石型钛白粉遮盖力高，户外耐候性好，涂膜不易老化。因为是高光泽磁漆，所以配方中未用体质颜料，且颜料体积浓度仅为14%。200 号油漆溶剂油对成膜物溶解力强，挥发速度适宜。加入铅、钴、钙催干剂催干效果良好。

第 3 章　涂膜的结构与性能

涂膜是无定形高分子聚合物与颜填料的混合物，没有纯物质具备的那种明确的、有规律的结构和性质之间的联系。研究涂膜的结构与性能间的规律，需要了解无定形高分子结构、有机以及无机颜填料结构，及其对涂膜性能所做的贡献；同时因为涂膜性能与基材密切相关，研究还需要了解基材的性质与性能。本章学习以无定形高分子树脂作为涂膜的性质，并且与附着在基材上的实际漆膜的性能联系，研究其摩擦、冲击、拉伸等力学性能，光学装饰性能与涂膜的耐蚀性能，研究影响涂膜附着力的因素以及漆膜的防护性能。

3.1　涂膜的无定形结构

3.1.1　基料树脂的无定形结构

涂膜是固体，不是晶体，结晶度高的高分子聚合物不适合做涂膜基料。

1. 固体与晶体　固体是指“具有一定体积和形状的物质”。晶体是由大量微观粒子，比如原子、离子、分子等按一定规则有序排列的，具有确定晶格结构的物质。晶体有固定的熔点，当温度高到某一点便立即熔化。晶体一定是固体，但是固体不一定是晶体。

液态涂料或者粉末涂料受热在基材表面流动，固化一层坚韧的固体薄膜，这层坚韧的薄膜是由高分子基料树脂与颜填料、助剂组成的固体。这种固体薄膜的形成，只是液态涂料或者粉末涂料受热熔化流动，在基体表面铺展的结果，在某种意义上只是流动的速度发生了变化，固态的涂膜可以看作流动性非常小的流体，没有确定的晶格结构。涂膜与玻璃等固体具有无定形结构，没有固定的熔点，从软化到熔化有一个较大的温度范围。

2. 涂料基料树脂的特点　基料树脂为具有一定平均相对分子质量及相对分子质量分布的无定形结构高分子聚合物。具有明显结晶作用的聚合物不适合用作涂料基料，因为结晶度高的聚合物中同时存在有结晶区和非结晶区，不同区域折射率不同，导致涂膜的透明性变差。同时，明显结晶作用会使聚合物的软化温度提高，软化范围变窄。而在一个较大温度范围内逐渐软化的性质对烘漆来说是很重要的，它能使涂膜易流平而不会产生流挂。基料具有明显结晶作用会使聚合物不溶于一般溶剂，只有极强的溶剂才有可能使结晶性显著的聚合物溶解，在某些情况下，甚至强极性溶剂也无效。因此在制备涂料基料时，需要采取适当的工艺，使制备的树脂成为无定形结构高分子，降低其结晶性。

同时作为涂料成膜物质的高分子树脂应具备合适平均相对分子质量。平均相对分子质量太大，树脂不融不溶，不能在基材表面具有流动性，不具备成膜的基本要求，而平均相对分子质量太小，力学性能差，各种功能性作用差。而较窄的平均相对分子质量分布也是涂料制造需要的。

3. 无定形聚合物的玻璃化温度（T_g）　无定形结构聚合物与晶体或者高结晶度的聚

合物状态随温度变化不同。随着温度升高，定形结构聚合物比容（单位质量的体积）升高，但到某一温度的时候比容增加不明显，但聚合物尚未熔融，只是质地变软呈弹性，称此点为玻璃化温度（T_g）。而晶体随温度变化，比容变化不大，温度升高到某一点后，比容突然升高，晶体熔化，称为熔点。晶体有明确的熔点，无定形聚合物在温度达到 T_g 后上升到高弹态，黏流态熔化。

3.1.2 自由体积理论及涂膜制造中自由体积与黏度的变化

1. 自由体积理论 自由体积理论由 Fox 和 Fory 提出。自由体积理论认为液体或固体物质的体积由两部分组成，即分子占据的体积和以空穴形式分散于这个物质中的未被分子占据的自由体积。只有存在足够自由体积即空穴时，分子链才能进行各种运动。当聚合物冷却时，自由体积逐渐减少，当自由体积减少到一定程度时，它不能够再容纳链段的运动，链段运动的冻结导致玻璃化转变发生。所以玻璃化转变温度 T_g 是自由体积达到某一临界值的温度。在该温度下自由体积已不能提供足够的空间容纳链段的运动。自由体积理论定义和解释了无定形聚合物的玻璃化温度，Zeno Wicks 应用自由体积理论解释了涂料制造中的许多现象。

关于自由体积的概念存在若干不同定义，而玻璃化温度 T_g 的测定非常困难，它和测量时加热或冷却速度有关，所得的数据差异较大，在阅读文献时需注意。

2. 涂料中自由体积与黏度的关系 由自由体积理论可知，液体的流动未受到外力作用时，分子或分子链段不断进行布朗运动，即可在分子间的空穴中跳跃，一旦加上外力，跳动按力的方向进行，这种带有方向性的跳动累积的综合结果便是流动。黏度是抵抗这种流动作用的量度。液体涂料在基材表面流动、润湿和铺展，在固化成膜过程中，黏度增加，抵抗涂料流动的力量增大，自由体积减小。

涂料中的黏度和自由体积的关系，即和玻璃化温度及 $T-T_g$ 的关系。T 为涂料使用时温度，T_g 为涂料的玻璃化温度。用 WLF 方程表示：

$$\ln\eta_{(T)} = \ln\eta_{(T_g)} - \frac{A(T-T_g)}{B+(T-T_g)}$$

$\eta_{(T)}$ 和 $\eta_{(T_g)}$ 分别是涂料在温度 T 和 T_g 时聚合物黏度，A 和 B 为常数，$A=40.2$，$B=51.6$。

因为 $\eta_{(T_g)}=10^{12}\,\mathrm{Pa\cdot s}$，因此上式可以改成

$$\ln\eta_{(T)} = 27.6 - \frac{40.2(T-T_g)}{51.6+(T-T_g)}$$

液态涂料能够在基材表面润湿和铺展，使用温度要大于玻璃化温度，使涂料中的基料树脂以及溶剂有足够的自由体积运动。随着溶剂挥发或者温度降低，涂料黏度逐渐增加，自由体积减小，$T-T_g$ 减小。当 $T-T_g\approx55℃$ 时，涂膜呈触干状态，$T-T_g$ 进一步减小，$T-T_g\approx25℃$，即自由体积继续减小时，涂料呈实干状态，而涂膜呈玻璃态时，$T-T_g\leqslant0$。

即涂料中涂膜触干和实干是黏度大小的反映，也是自由体积的反映，因而和 $T-T_g$ 有关。对应关系是：触干，$T-T_g\approx55℃$；实干，$T-T_g\approx25℃$；玻璃态，$T-T_g\leqslant0$。若室温涂装，涂装温度 T 即室温不变，涂装过程中，由触干到玻璃态坚韧固体的过程中，玻璃化温度 T_g 不断变大，$T-T_g$ 逐渐变小，$T-T_g\leqslant0$ 达到玻璃态。热熔性或者粉末涂料 T_g 不

变，T为加热熔融时的温度，温度较高，涂料在基材表面铺展后，温度降低时，自由体积减小，$T-T_g \leqslant 0$，涂料达到玻璃态成膜。

3.1.3 基料树脂单体选择与玻璃化温度设计

基料树脂的玻璃化温度对于液体涂料和粉末涂料都是重要的性能指标之一。玻璃化温度太高，涂膜硬而脆，不适合做涂膜基料，而玻璃化温度太低，涂膜软而黏，同样不适合做涂膜基料。选择合适的制造单体进行配方设计是涂膜制造中需要考虑的问题。

1. 树脂结构 T_g 以及相对分子质量　T_g是树脂链段从冻结到运动的转变温度，而树脂的链段运动是通过单键的内旋转即高分子链通过改变其构象来实现的，所以凡是影响高分子链柔性的因素都会影响T_g。

（1）结构的影响　①基料树脂主链越柔顺，T_g越低，主链越僵硬，T_g越高。如硅氧键和碳碳键相比，硅氧键容易转动，所以聚硅氧烷玻璃化温度较低。②树脂侧链增加或者侧链刚性基团增加，T_g升高。如聚乙烯T_g为－100℃和聚丙烯的T_g为－10℃相比，聚丙烯增加的甲基使其T_g提高了90℃；而聚苯乙烯T_g 100℃，与聚乙烯相比，苯环的存在，使聚苯乙烯的T_g提高了200℃。③主链上有孤立双键的柔性好，玻璃化温度低。如天然橡胶$T_g=-73$℃，使它在零下几十度仍有良好的弹性。分子间作用力大T_g高，如结构中有氢键。聚辛二酸丁二酯T_g为－57 ℃，尼龙－66的T_g为57 ℃。

（2）其他结构因素的影响　①基料树脂制造中需控制树脂的平均相对分子质量，随着平均相对分子质量增加，T_g增大，但是当聚合物平均相对分子质量为25000～75000时，T_g变化很小。在基料树脂制造中，在同一相对分子质量的情况下，相对分子质量的分布对树脂的应用影响非常大，分布太宽往往不能用于涂料。制造高固体涂料时，相对分子质量分布窄是重要的。而平均相对分子质量太大，树脂不融不溶，T_g太高，不能做涂料基料。②T_g随着交联点密度的增加而增加。随着交联点密度的增加，高聚物的自由体积减小，分子链的活动受约束的程度也增加，相邻交联点之间的平均链长减小，阻碍了分子链段的运动，使T_g升高。但是轻微交联对T_g影响不大，在某一程度上，交联度稍有上升，T_g会急剧上升，因此在基料树脂制造中注意温度的控制，避免聚合物凝胶。③由于微晶的存在，使非晶部分链段的活动能力受到牵制，一般结晶聚合物的T_g要高于非晶态同种聚合物的T_g。

2. 树脂共聚以及使用增塑剂、溶剂调整基料树脂的 T_g

（1）多种单体共聚调整基料树脂T_g　由不同组分构成的聚合物均匀体，其玻璃化温度可由其多组分的玻璃化温度加合而成。当纯的均聚物T_g或高或低时，常常加入第二组分，使之共聚，共聚物的玻璃化温度适宜制造涂膜。

$$\frac{1}{T_g}=\frac{w_1}{T_{g1}}+\frac{w_2}{T_{g2}}+\cdots+\frac{w_n}{Tg_n}$$

式中，T_g为共聚物玻璃化温度，T_{g1}、T_{g2}、T_{gn}分别为各组分均聚物的玻璃化温度，以绝对温度计算，w_1、w_2、w_n为各组分所占的质量分数。

例3-1　需要甲基丙烯酸甲酯与丙烯酸丁酯共聚物在室温时可达到实干的程度，问BA和MMA在聚合物中的比例各应为多少？（已知：BA和MMA的T_g分别为－56℃，105℃）。

解：设W_1、W_2分别是BA与MMA在共聚物中的质量分数，$W_2=1-W_1$，

$$\frac{1}{T_g} = \frac{w_1}{-56+273} + \frac{1-w_1}{105+273}$$

实干要求　　　　　　　$T - T_g \leqslant 25℃$

令　　　　　　　　　　$T - T_g = 25℃$

于是　　　　　　　　$(25+273)K - T_g = 25K$，$T_g = 273K$

代入上式：　　　　$\frac{1}{273} = \frac{w_1}{217} + \frac{1-w_1}{378} = \frac{217+161w_1}{217 \times 378}$

$W_1 = 0.52$（BA）　$W_2 = 0.48$（MMA）

此时丙烯酸丁酯为52份，甲基丙烯酸甲酯为48份。

（2）使用增塑剂调整 T_g　增塑剂是相对分子质量低的不易挥发的化合物，与大分子量树脂相比，玻璃化温度低，在涂料制造中，起到降低聚合物链的相互作用，提高链段运动的作用。增塑剂分为内增塑和外增塑两种。外增塑使用增塑剂，内增塑指通过增塑剂与树脂共聚降低 T_g。内外增塑的比较见表3-1。

增塑剂使玻璃化温度下降的原因：①隔离作用。增塑剂的分子比聚氯乙烯（PVC）小得多，活动比较容易，并且为链段提供活动所需要的空间，即把聚合物分子链隔开，增塑剂的用量越多，这种分子链之间的隔离作用越大。②屏蔽作用。增塑剂上的极性基团与PVC上的氯原子相互吸引，减小了PVC分子之间氯与氯的相互作用，相当于把氯基团遮盖起来，故称为屏蔽作用。

表3-1　内增塑与外增塑的比较

内增塑	外增塑
增塑部分和涂膜是一体的，不会失去	增塑剂可以逸出，因此膜易老化，另外会损坏附着力，乳胶漆中，往往利用可挥发的增塑剂（助成膜剂）来帮助成膜
共聚单体价格往往比较高	可以选用不同种类、不同量的增塑剂并可进行组合
共聚单体量过高时，机械性能受影响	增塑剂的用量较内增塑的小，原聚合物的性质损失较少

（3）使用溶剂降低基料树脂的 T_g　溶剂也具有玻璃化温度，同样可以降低聚合物的玻璃化温度。不同的是溶剂易挥发，测量比较困难，同时溶剂的分子量也远远小于增塑剂，因此其 T_g 很小。当聚合物溶于溶剂时，溶液的玻璃化温度是聚合物的 T_g 和溶剂的 T_g 加合。溶剂的玻璃化温度见表3-2。

表3-2　溶剂的 T_g

溶剂	T_g（K）	溶剂	T_g（K）	溶剂	T_g（K）
乙二醇	154~155	正丙基苯	122~128	乙醇	97~100
环己醇	150~161	正丁基苯叔烷	119	甲醇	96~110
叔丁基苯	140	甲苯	113~117	丙酮	94
正己基苯	137~140	丁醇-1	111~118	3-甲基己烷	88
水	136~139	氯甲烷	99~103	甲基环己烷	85~87
正丁基苯	125~130	丙醇	98		

思考题：聚氯乙烯（PVC）的 T_g 为81℃，与甲苯和甲基乙基酮配成溶液，当PVC质量分数为20份，甲苯和甲基乙基酮各占40份时，其溶液 T_g 为 -100 ℃，25 ℃时黏度为0.1Pa·s左右，可以用来涂装。问甲基乙基酮的玻璃化温度是多少？

热塑性涂料使用的树脂基料的平均相对分子质量大，需使用更多的溶剂去降低树脂的 T_g，因此热塑性涂料的固含量低，而且常常使用强溶剂。

3.2　涂膜的装饰性

涂膜的颜色是涂膜最重要的装饰性能之一，决定涂膜颜色的是照射光、物质本身性质以及我们的眼睛。光源不同，发出光照射在涂膜上，涂膜有选择地吸收了部分波长的光，呈现其反射的其余波长的光。人们观察到的涂膜的颜色是涂膜反射光的颜色，但是人的眼睛对各种光的敏感程度不同，判断是有差别的。因此涂膜的颜色不只是涂膜自身的属性，而且受到光源、周围环境以及观察者的影响，也受到材料表面状态的影响。涂膜的颜色在第5章颜料中详细讲述。

3.2.1　涂膜的遮盖力

涂料遮盖力是指把色漆均匀涂布在物体表面，使其底色不再呈现的最小用漆量。涂膜对基材的遮盖分两种情况：其一为涂膜吸收照射在其上的光线，使其不能达到底部，看不到基材，比如加有炭黑的黑漆；其二为光在颜料和成膜物之间的散射，使光不能达到底部，比如白色漆，因此也看不到基材表观。对于大部分涂料来说，吸收和散射可同时起作用。

如果涂膜中的颜料不吸收光，其折光率又和成膜物相同，涂膜为透明状，无遮盖力，可以看到基材的颜色和形状。涂料的遮盖力用遮盖单位面积所需要的最小用漆量，或遮盖住底面所需的最小涂膜厚度表示。遮盖力的大小与如下因素有关：

① 涂膜对光的吸收和对光的散射能力。

② 颗粒细度：细度越大，遮盖力越强，但颗粒大小等于光的波长的一半为极限，此情况下光将穿透颗粒而不被折射，颗粒将变得透明。遮盖力与对射在上面的光的吸收能力有关，吸收越强，遮盖越好。比如炭黑全吸收射来的光，是高遮盖力颜料。遮盖力与颜料和成膜剂的折光率之差有关，差越大，遮盖力越强。

③ 颜料不同：遮盖力最大粒径的大小不同。红色颜料粒子直径为550～530nm，绿色颜料粒子直径为500～530nm（遮盖力最大），白色颜料粒子直径为400～700nm。

④ 用量：颜料的比例与遮盖力有关。遮盖力大，用量小。在涂饰中比例不是一成不变的。

3.2.2　光泽与雾影

1. 基本概念　光泽对于装饰性涂料来说是一项重要指标。光泽是涂膜表面把投射其上的光线反射出去的能力，反射光量越大，则光泽越强。镜面反射方向的反射光称为镜面反射光。非镜面方向的反射光称为扩散反射光。对光泽高低的感知判断取于反射率，即反射光强度与扩散光强度的比值。

雾影是高光泽涂膜由于光线照射而产生的漫反射现象。雾影只有在高光泽下产生，且光泽必须在90以上（用20法测定）。评价涂料时，雾影值应在250以下，仪器测试范围为0～250。涂料厂生产的高光泽涂料雾影值应定在20以下，否则涂膜雾影很大，将严重影响高光泽涂膜的外观，尤其对浅色漆影响更为显著。

2. 光泽的测定 国内通常用光泽计以不同的角度测定相对的反射率来判断光泽。即将平行光以一定的角度投射到表面上，测定由表面以同样角度反射出的光，即镜面反射光。以60°测量，按60°光泽计测量的结果，将涂料分为高光泽（70%以上）、半光泽或中光泽（70%～30%）、蛋壳光（30%～6%）、蛋壳光-平光（6%～2%）、平光（2%以下）。

3. 影响光泽的因素

① 漆面的平滑度 如果是镜面，反射最强，若表面凸凹不平，则会发生漫反射，削弱了反射角方向的光强。涂膜中浮在表面的颜料会影响平面的光滑度。颜料的含量、粒径、分布、相对密度等对涂膜有重要的影响。涂料要有很好的流平性，颜料体积浓度不能高，粒子不能过细，相对密度不能过小。

② 涂膜分子结构 当表面有相同的平滑度时，光泽的高低和涂膜分子的性质有关，特别是和成膜物的克分子折光度 R 有关。

$$R = \frac{N^2 - 1}{N^2 + 1} \cdot \frac{M}{d}$$

式中，M 为相对分子质量，d 为密度，N 为折光指数，R 为克分子折光度。

R 值反映分子结构的特征。R 值越大，光泽越高。含有不饱和键的 R 值大，共轭结构的 R 值更高。所以醇酸树脂涂料的光泽高于干性油，苯丙涂料光泽高于乙丙涂料，不饱和聚酯涂料具有很高的光泽。涂料配方中多种组成的相容性要好，成膜物应选择较高克分子折光度的聚合物。

3.2.3 鲜映度

鲜映度是涂膜反映影像的清晰程度。鲜映度是光泽、表面光滑的一种综合指标，能较好地表征光学装饰性。鲜映度测量原理如图3-1所示。

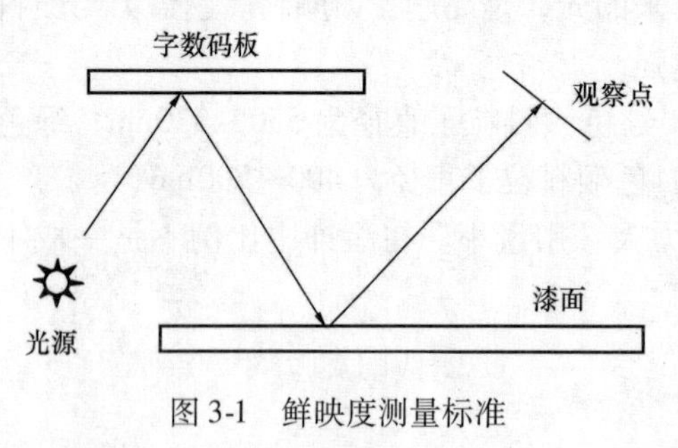

图3-1 鲜映度测量标准

光源发出一定强度的光照射到字数码板上，反射到被测漆面上，再反射至观察点，观察者通过目镜观察漆面的字码，通过对字码的辨别测得鲜映度等级。

鲜映度分为0.1、0.2、0.3……1.0、1.2、1.5、2.0共13个等级（称DOI值）。在每个值的旁边印有几个数字，随DOI值的升高，印的数字越来越小，肉眼越难分辨。在观察点能清晰读取数字旁的最高DOI值为被测漆面的鲜映度。

3.2.4 消光

亮光涂料色泽鲜艳、明亮，深受消费者的喜爱。但是高光泽的亮光涂料成膜后反光严重，对眼睛有害。随着审美观念越来越倾向于休闲、时尚和个性化，人们对具有柔和外观的低光泽涂料需求增大，所以设计师们必须考虑如何生产具有消光性能的涂料。

1. 影响光泽的因素　多种因素影响涂膜的光泽。

（1）涂膜表面的粗糙度　物体表面光泽和物体表面的粗糙程度紧密相关。光线射到物体表面上时，一部分会被物体吸收，另一部分会发生反射和散射，还有部分会发生折射。物体表面粗糙度越小，则被反射的光线越多，光泽度越高。相反，假如物体表面凹凸不平，被散射的光线增多，导致光泽度降低。

（2）涂膜的成膜过程　涂料涂刷后，通过溶剂的挥发而固化成膜。涂膜的形成过程对涂膜表面的粗糙程度和光泽至关重要。在湿膜阶段，溶剂的挥发速率受溶剂在涂膜表面的扩散速率控制，当溶剂的各组分挥发速率差别不大时，有可能得到高光泽的表面；当溶剂的各组分在湿膜阶段的挥发速率差别较大时，会使聚合物分子倾向于卷曲甚至析出，变成大小不一的颗粒或团状物，涂膜表面呈现出凹凸不平。在干膜阶段，溶剂的挥发速率主要受溶剂在涂层中的扩散速率控制，也会对涂膜表面的粗糙程度产生影响。此外，在涂膜的形成过程中，随溶剂的挥发，涂膜会变薄并收缩，涂料中的一些悬浮的重粒子就会在涂膜表面重新排列，造成涂膜表面的不平整。

（3）颜料的粒度和分布　涂料中颜料的颗粒大小和粒度分布是影响涂膜光泽的重要因素之一。颜料颗粒直径小于0.3μm，可以获得高光泽的涂膜。分散在涂料中的颜料颗粒在制成一定厚度的涂膜并干燥后，仅有最上层的颜料颗粒局部上突，颗粒直径小于0.3μm的颜料所造成的涂膜表面粗糙度不会超过0.1μm。当颜料的平均颗粒直径为3～5μm时，可以得到消光效果较好的涂膜。

颜料的体积浓度（*PVC*）、颜料的分散性以及涂膜表面结构和表面反射特性等因素也会影响涂膜表面的光泽。随着颜料的*PVC*增大，涂膜表面的光泽度先是降低，在颜料的极限体积浓度（*CPVC*）处出现极小值，然后伴随着*PVC*的增大，光泽度也变大。当颜料种类和用量确定后，颜料分散得越好，涂膜表面的光泽度越高。

2. 消光　消光就是采用各种手段，破坏涂膜的光滑性，增大涂膜的表面微观粗糙度，降低涂膜表面对光线的反射。消光有物理消光和化学消光两种方式。

物理消光指加入消光剂、金属皂、蜡、消光树脂、体质颜料（如硅藻土、高岭土、气相SiO_2无机填充型）等，使涂料在成膜过程中表面产生凹凸不平，增大对光的散射和减少反射。化学消光是靠在涂料中引入一些接枝物质（如聚丙烯）或基团来获得低光泽。

3.2.5　闪光

闪光涂料具有极好的装饰效果。闪光涂层给人们晶莹透明、闪烁发光、醒神悦目、富丽华贵的感觉。

闪光涂料由成膜物、透明的彩色颜料（或染料）和金属闪光颜料及溶剂等组成。闪光颜料有铝、钼、锌和不锈钢等片状粉末，但常用的是铝粉。

涂料涂布在基材上，金属片可在溶剂挥发过程中定向地平行排列。闪光涂料中颜料是透明的，只能吸收非本色的光，不发生反射。金属片有很强的反射光能力，在入射光照射下，以不同角度反射到漆面的光程不同，有的经金属片多次反射射到表面，有的仅经过一次反射，使得不同方向的光强不同。俯视时反射光明亮但彩度不饱和，因为光程短，光吸收量低，射出的光含白光成分多；侧视，反射出来的光较弱，但彩度饱和鲜艳，因光程

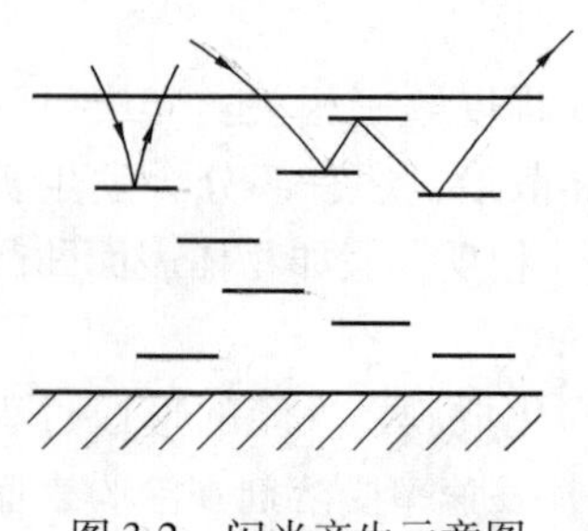

图 3-2 闪光产生示意图

长，光的吸收量高，射出的光含白光成分低，这种现象称为金属闪光效应或随角异色现象。和一般的高光泽漆面不同，后者一般是俯视时颜色较暗（因入射角小），侧视时明亮（入射角大）（图 3-2）。

当使用规整的人工片状珠光颜料代替金属片时，由于颜料表面的干涉效应可以得到极强的随角异色效应。不同角度不仅有颜色的明度、饱和度的变化，而且有色相的变化，因此很难确定涂料的颜色，具有变幻莫测的色彩变化。

3.3 基料树脂的力学性质

涂膜会受到各种力的作用，如摩擦、冲击、拉伸等，因此要求涂膜具有必要的力学性能。涂膜的力学性能测试只能具体评价材料性能的优劣，不能给出涂膜力学性能的规律、特点及涂膜结构之间的关系。

应用聚合物材料学的知识有助于了解和总结涂膜力学性能。材料的力学性质指材料对外力作用响应的情况。材料在外力作用下，其几何形状和尺寸所发生的变化称应变或形变，通常以单位长度（面积、体积）所发生的变化来表征。材料在外力作用下发生形变的同时，在其内部还会产生对抗外力的附加内力，以使材料保持原状，当外力消除后，内力就会使材料恢复原状并自行逐步消除形变。当外力与内力达到平衡时，内力与外力大小相等，方向相反。单位面积上的内力定义为应力。应力除以应变即为弹性模量。弹性模量是材料刚性的一种表征。弹性模量可视为衡量材料产生弹性变形难易程度的指标，其值越大，材料发生一定弹性变形的应力也越大，即材料刚度越大，则在一定应力作用下，发生弹性变形越小。

3.3.1 无定形聚合物结构与三种力学状态

无定形聚合物没有明确的晶格结构，受热条件下，由固态到液态的过程是一个逐渐软化的过程。无定形聚合物三种状态和温度关系如图 3-3 所示。

1. 玻璃态 温度较低情况下，分子运动的能量很低，不能克服单键内旋转的位垒，链段被冻结，只有小运动单元（侧基、链节、支链）能运动，因此不能实现构象转变，即链段运动的松弛时间为无穷大，大大超过实验测量的时间范围。此时受外力时，链段运动被冻结，只能使链的键长和键角发生微小的改变。

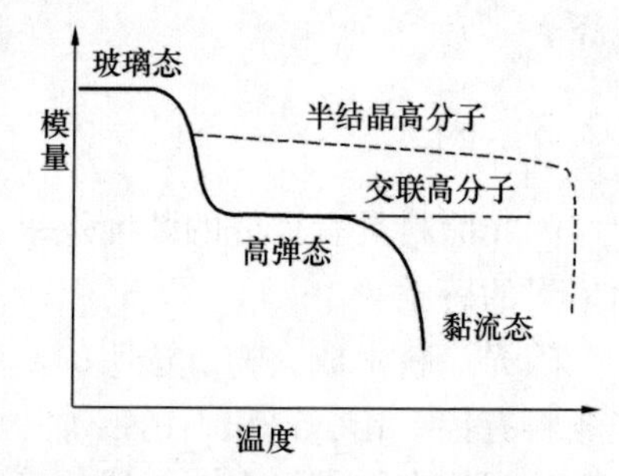

图 3-3 无定形高分子材料三种状态和温度关系

玻璃态聚合物的宏观表现为受力后聚合物形变很小，形变与所受的力大小成正比，当外力除去后，形变立刻恢复，这种力学性质叫胡克型弹性，又称普弹性。非晶高聚物处于普弹性的状态叫玻璃态。

2. 高弹态 随着温度 T 提高，虽然整个分子的移动不可能，但是当 $T=T_g$ 时，分子热运动的能量足以克服内旋转的位垒，链段开始运动，可以通过单键的内旋转改变构象，甚至可以使部分链段产生滑移。即链段运动的时间 t 减少到与实验测量时间同一个数量级时观察到链段运动的宏观表现——玻璃化转变，聚合物进入高弹态。

当聚合物受到拉伸力时，分子链通过单键的内旋转和链段运动改变构象从蜷曲状态到伸展状态，宏观上表现为很大的形变，当外力撤去时，又恢复到原来状态，宏观上表现为弹性回缩，这种受力后形变很大而且恢复的力学性质高弹性，是非晶高聚物处在高弹态下特有的力学特征。

3. 黏流态　温度继续升高，不仅链段运动的松弛时间变短了，而且整个分子链移动的松弛时间缩短到与实验观察的时间同一个数量级，高聚物在外力作用下会发生黏性流动，它是整个分子链发生滑移的宏观表现，是不可逆的变形即外力去掉后形变不能恢复。非晶高聚物的三种力学状态的特征：

$T_b < T < T_g$ 玻璃态，具有普弹性，运动单元为侧基、支链、链节。模量高（10^9 ~ 10^{10} Pa）、硬度高，形变小而可逆。

T_g ~ T_f 高弹态，具有高弹性，运动单元为链段。模量小（10^5 ~ 10^7 Pa），形变大而可逆，变化较迟缓。

$T_d > T > T_f$ 黏流态，具有黏流性，运动单元为整链。模量更低，形变大而不可逆。

3.3.2　涂料基料的黏弹性与力学松弛

一个理想的弹性体，当受到外力后，平衡形变是瞬时达到的，与时间无关；一个理想的黏性体，当受到外力后，形变是随时间线性发展的；而高分子材料的形变性质是与时间有关的，这种关系介于理想弹性体和理想黏性体之间，因此高分子材料常被称为黏弹性材料。涂料基料即为具有黏弹性的高分子材料。

聚合物的力学性质随时间的变化统称为力学松弛，高分子材料受到外部作用的情况不同，可以观察到不同类型的力学松弛现象，包括蠕变、应力松弛、滞后现象和力学损耗等。

1. 蠕变　蠕变指在一定的温度和较小的恒定外力（如拉力、压力或扭力等）作用下，材料的形变随时间的增加而逐渐增大的现象。从分子运动和变化的角度来看，蠕变过程包括下面三种形变（表 3-3）。

表 3-3　蠕变过程中的三种形变与结构

普弹形变	材料受外力作用，分子链内部键长和键角立刻发生变化，形变量很小
高弹形变	分子链通过链段运动逐渐伸展，形变量比普弹形变大得多，与时间成指数关系
黏性流动	分子间没有化学交联的线形聚合物，还会产生分子间的相对滑移，称黏性流动

蠕变与温度和外力有关。温度过低，外力太小，蠕变很小而且很慢，在短时间内不易觉察；温度过高、外力过大，形变发展过快，也感觉不出蠕变现象；在适当的外力作用下，通常在聚合物的 T_g 以上不远，链段在外力作用下可以运动，但运动时由于内摩擦力较大，只能缓慢运动，则可观察到较明显的蠕变现象。

聚合物材料受力时间延长，蠕变增大。主链刚性强，分子运动性差，外力作用下蠕变小。交联也使蠕变程度减小，结晶类似交联作用，使蠕变减小。

2. 应力松弛　应力松弛指在恒定温度和形变保持不变的情况下，聚合物内部的应力随时间增加而逐渐衰减的现象。例如橡胶松紧带开始使用时感觉比较紧，用过一段时间后越来越松。也就是说，实现同样的形变量，所需的力越来越少。

应力松弛对于涂料成膜有着重要的实际意义。涂料溶剂挥发，黏度增大，在固化成膜的过程中应力来不及完全松弛，冻结在涂膜内。这种残余内应力在涂膜的长期存放和使用中慢慢松弛，从而引起涂膜翘曲、变形甚至开裂。

应力松弛和蠕变反映了聚合物分子运动的三种情况。聚合物开始被拉长，分子处于不平衡的构象，要过渡到平衡的构象，也就是链段顺着外力的方向运动以减少或消除内部应力，如果温度很高，远远超过 T_g，或如常温下的橡胶，链段运动时受到的内摩擦力很小，应力很快就松弛，甚至可以快到几乎觉察不到的地步。如果温度太低，比 T_g 低得多，如常温下的塑料，虽然链段受到很大的应力，但是由于内摩擦力很大，链段运动的能力很弱，应力松弛极慢，不容易被觉察。只有在玻璃化温度附近的几十摄氏度范围内，应力松弛现象比较明显。

3. 滞后现象与力学内耗 滞后现象指聚合物在交变应力作用下，应变落后于应力的现象。当外力不是静力，而是应力大小呈周期性变化的交变力时，应力和应变的关系就会呈现出滞后现象。

例如，自行车行驶时橡胶轮胎的某一部分一会儿着地、一会儿离地，因而受到的是一个交变力。在这个交变力作用下，轮胎的形变也是忽大忽小地变化。形变总是落后于应力的变化，这种滞后现象的发生是由于链段在运动时要受到内摩擦力的作用。当外力变化时，链段的运动跟不上外力的变化，所以落后于应力，有一个相位差 δ。相位差 δ 越大，说明链段运动越困难。

高聚物受到交变力作用时会产生滞后现象，上一次受到外力后发生的形变在外力去除后还来不及恢复，下一次应力又施加了，以致总有部分弹性储能没有释放出来。这样不断循环，那些未释放的弹性储能都被消耗在体系的自摩擦上，并转化成热量放出。由于发生滞后现象，在每一循环变化中作为热损耗掉的能量与最大储存能量之比称为力学内耗。

4. 时温等效原理 从分子运动的松驰性质可知，同一力学松驰现象，既可在较高的温度下、较短的时间内观察到，也可以在较低的温度下、较长时间内观察到。因此，升高温度与延长时间对分子运动是等效的，对聚合物的黏弹性也是等效的，这就是时温等效原理。

5. 动力学松弛 聚合物受到应变应力作用，如木器涂膜受到膨胀与收缩的反复作用。在应力的作用下，相应的形变也会有周期性变化。当应力的变化和形变相一致时，没有滞后现象，每次形变所做的功等于恢复原状时取得的功，没有功的消耗。如果形变的变化落后于应力的变化，发生滞后现象，则每一循环变化中就要消耗功，称为动力学损耗，有时称为内耗。

3.4 涂膜的力学性质

3.4.1 涂膜的强度

聚合物受拉伸力作用伸长，在拉伸至断裂发生之前的应力-应变曲线称为拉伸曲线，曲线的终点是材料断裂点，即材料强度。

基料树脂的强度　树脂的强度比金属低得多，一般为20～80MPa，比强度比金属的高。而聚合物制造中产生的结构缺陷，如裂纹、杂质、气泡、空洞和表面划痕等，导致其实际强度仅为其理论值的1/200。影响聚合物强度的主要结构因素如下：

① 高分子链极性。极性大或形成氢键能显著提高强度。

② 主链刚性。主链刚性大，强度高，但是链刚性太大，会使材料变脆。

③ 分子链支化程度。支化程度增加，降低抗拉强度。

④ 分子间交联。分子间适度进行交联，提高抗拉强度；但交联过多，因影响分子链取向，反而降低强度。

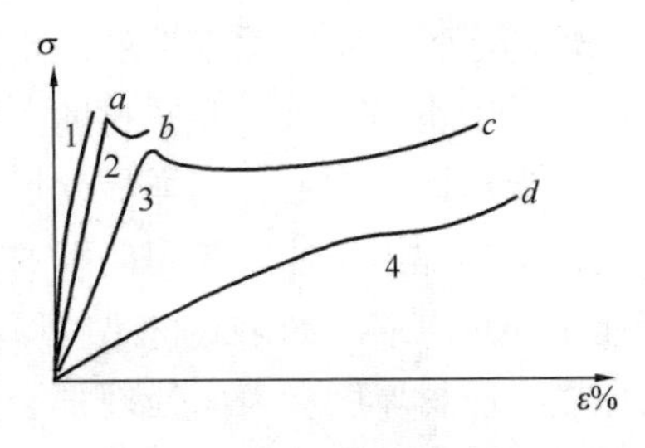

图3-4　应力-应变曲线

a、b、c、d点分别在线1、2、3、4上

玻璃态聚合物被拉伸时，典型的应力-应变曲线如图3-4所示，在曲线上有一个应力出现极大值的转折点b，叫屈服点，对应的应力称屈服应力；在屈服点之前，应力与应变基本成正比，经过屈服点后，即使应力不再增大，但应变仍保持一定的伸长；当材料继续被拉伸时，将发生断裂，材料发生断裂时的应力称断裂应力，相应的应变称为断裂伸长率。从应力-应变曲线可以获得被拉伸聚合物的信息聚合物的屈服强度。

聚合物的杨氏模量是线1的斜率，聚合物的断裂强度（b点强度），聚合物的断裂伸长率（b点伸长率），聚合物的断裂韧性（曲线下面积）屈服机理（表3-4）。

表3-4　应力-应变曲线中各转折点意义

a	弹性极限，OA模量，发生普弹性形变
b	应力极大值，屈服强度
	b点前脆性断裂
	b点后韧性断裂，强迫高弹形变，链伸展，出现较大形变
b	断裂点，断裂应力或抗张强度

线1～3为典型玻璃态，线4为高弹态聚合物拉伸曲线（表3-5）。

表3-5　不同温度下应力-应变关系

线1	温度远远低于T_g，应变不到10%，硬而脆
线2	$T_b < T < T_g$，总应变不超过20%，硬而强
线3	T稍低于T_g，表现强韧性质，有很大形变
线4	处于高弹态，链可自由运动，低外力可大形变，低模量大形变，有很高的断裂伸长率

材料破坏有两种方式，可从拉伸应力-应变曲线的形状和破坏断面形状来区分。脆性破坏的特点是试样在出现屈服点之前断裂，断裂表面光滑；韧性破坏的特点是试样在拉伸过程中有明显屈服点和颈缩现象，断裂表面粗糙。

为得到强而硬的聚合物材料，聚合物分子不应是柔性的。由于在玻璃态发生强迫高弹性形变要求分子链段运动比较容易，柔性聚合物在玻璃态分子间堆积紧密，要使其链段运动需要很大外力，甚至超过材料的强度，这与为了使材料具有很好的高弹性质是不同的，高弹体要求分子有很好的柔性链结构。

3.4.2 涂膜的抗冲击性与柔韧性

冲击强度是高速冲击条件下的耐断裂性，表现了漆膜的柔韧性和对底材的附着力。当漆膜受到外力作用而弯曲时，弹性、塑性和附着力等的综合性能称为柔韧性。涂膜的柔韧性由涂料的组成所决定，与检测时涂层变形的时间和速度有关。耐冲击性和后成型性也是柔韧性的一种反映。柔韧性的测定方法为，通过涂膜与底材同时弯曲，检查漆膜破裂伸长情况，其中也包括涂膜和底材的界面作用。冲击强度试验测试方法为，重物坠落到置于样板上的半球面压头上，使样板变形。将重物逐渐升高直至漆膜开裂，如果漆膜向上直接受压头冲击，称为正冲。漆膜向下的，称为反冲。反冲条件比正冲条件严酷，因为反冲是伸展而正冲是压缩。如果底材足够厚，不因受冲击而变形，则几乎任何漆膜都能通过。涂膜的厚度、底材厚度和表面处理都会影响冲击强度的结果，因而需要标准化。在应力-应变曲线上，冲击强度也和断裂功有关，但相应的应力-应变曲线应该是高速条件下的曲线。图 3-5 所示为不同应变速度下的应力-应变曲线。高抗冲击的聚合物膜依赖于将能量吸收和转化的情况，因为内耗是将机械能转化为热能的一种量度，内耗越大，吸收冲击能量越大，所以内耗也是抗冲击性的一种重要量度。

漆膜一般是在玻璃态区内使用的。在冲击试验中，漆膜形变速度很大，只有分子链柔顺的聚合物处于高弹态时，才有较好的抗冲击性，应力松弛速度是通过冲击强度测试的关键。

3.4.3 涂膜的展性

涂膜在加工时，即使受到很大的形变，不致断裂，也不至于过分减薄。在加工时，不仅有拉伸力，还有压缩力，而且位置不同，受力也不同。涂膜处于硬玻璃态，温度 T_b 以下，断裂伸长很小，涂膜是硬而脆的，在加工中必然脆裂。涂膜在高弹态，温度 T_g 以上，尽管有很大的伸长，在外力撤除后有很大的回弹力，但涂膜很软。理想情况是，涂膜处于软玻璃态温度 T_b 以上和温度 T_g 以下，在外力作用下有相当大的伸长，而且这种形变可以保留下来。即涂膜有一定的延展性，涂膜表现出硬和韧的性质。

聚合物处于硬玻璃态，即使脆折温度下，断裂伸长很小，涂膜是硬而脆的，在加工中必然脆裂。涂膜在高弹态，尽管有很大的伸长，在外力撤除后有很大的回弹力，但涂膜很软。理想情况是，涂膜处于软玻璃态，即处于脆折温度以上和玻璃态温度以下，在外力作用下有相当大的伸长，而且这种形变可以保留下来。即涂膜有一定的延展性，涂膜表现出硬和韧的性质。将 T_g 和 T_b 之差除以 T_g 所得的值 q 作为展性高低的衡量标准。

$$q = \frac{T_g - T_b}{T_g}$$

聚甲基丙烯酸甲酸（PMMA）和聚苯乙烯（PS）玻璃化温度很接近，但 T_b 相差很大，PMMA 具有更好的加工性质。在金属表面的涂料，如卷钢涂料，一般都不是热塑性的，而是交联型的，因此设计配方时需要注意共聚物交联度的大小对于 T_g 和 T_b 的影响，即对脆性和展性的影响。

3.4.4 涂膜的伸长与复原

伸长与复原性质对木器涂料是一项重要评价。木器涂膜必须能随木器的吸水膨胀而伸长，又能随木器的干燥收缩而复原。通常伸长不够可引起涂膜沿木器纹理方向产生裂纹。另外，如果伸长后的涂膜不能随木器的收缩而恢复，则可产生皱纹。

如果涂膜处于软玻璃态，即有展性的状态，它在木器膨胀时，可因强迫高弹形变而有较大的伸长，这种形变，如前所述，是链段运动引起分子取向的结果，外力撤除后，不能完全复原，即使对其加反方向的力，即收缩时的力，也不可能复原。如果涂膜处于 T_g 以上的高弹态，可有很高的伸长率，由于形变发生在链段可以自由运动的情况下，撤除外力，特别是有反向收缩作用时，形变易于恢复。另外，当木器膨胀引起的涂膜形变被长期保持时，由于力学松弛，应力可逐渐减小。木器的膨胀与收缩的速度不同，涂膜的断裂情况也不同。最低的应力-应变曲线是在极慢的应变速度下测定的，可以认为此曲线是和时间无关的平衡线。随着应变速度的增加，断裂伸长也逐渐增加，最后可达一个最大值；应变速度再高时，断裂伸长又减少，断裂点的轨迹形成扇形曲线（图3-5）。

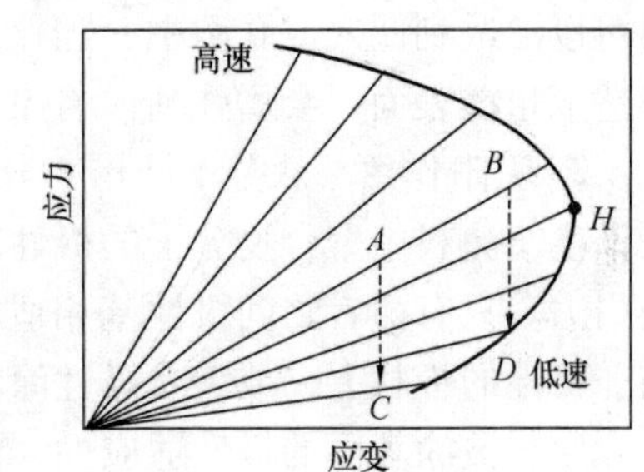

图3-5 不同应变速度下的应力-应变曲线

如果形变以某一恒定速度到达 *A* 点然后保持形变不变，由于应力松弛，应力逐渐下降，直至到达与底部曲线相交的 *C* 点，由于 *C* 点不在断裂扇形曲线上，因此聚合物材料不会断裂。但如果应变不是在 *A* 点，而是发展到 *B* 点，当固定应变时，应力在一定时间后可降至 *D* 点，即与断裂扇形曲线的交点，此时聚合物便会断裂。

木器的涂膜最好是处于高弹态，特别是 T_g 转变区附近，因此一般木器漆涂膜的 T_g 应低于室温。

3.4.5 涂膜的耐磨性

磨损深入膜层，擦伤只涉及浅表，深度一般小于0.5μm，但可使外观变差。磨损和擦伤是漆膜使用中经常碰到的两个问题，如啤酒罐外壁的漆膜必须抗铁路运输时的相互摩擦，汽车涂料最后一道罩光清漆需要具备耐摩擦性，耐擦伤性也是地坪以及透明塑料涂料的重要要求。

涂膜的耐磨性与漆料的摩擦系数、脆性、弹性有关。涂料中以聚氨酯涂料的耐磨性为最好，可能是因为聚氨酯分子间可形成氢键的缘故。聚氨酯分子间可形成氢键，受低应力时，氢键的行为类似交联而降低了受溶剂的溶胀。受较高应力时，氢键脱开而使分子伸长不致断裂共价键。当应力释放时，分子松弛，新的氢键形成。聚氨酯涂料可用于地坪的耐磨蚀层以及作为航天器的面漆。

耐磨性也和摩擦系数大小有关，涂料中加入石蜡或含氟表面活性剂也可降低表面张力，从而降低摩擦系数，增加耐摩擦性。涂料中大颗粒也可以增加耐摩擦性。

3.5 涂膜的附着力

3.5.1 附着力的本质与增强附着力的办法

涂膜的附着力指涂膜与被涂物表面结合在一起的坚牢程度。漆膜附着力形成的本质就是涂膜与被涂物基材表面的机械结合、物理吸附、形成氢键或者共价键以及树脂间的扩散作用。

1. 机械结合力 机械附着取决于被涂板材的性质（粗糙度、多孔性）以及所形成的涂膜强度；化学附着是指涂膜和板材界面处涂膜分子和板材分子的相互吸引力，它取决于涂膜和板材的理化性质。如木材、纸张、水泥以及有底漆的表面不仅粗糙，而且多孔，涂料可以渗透到凹穴或孔隙中，固化后把涂膜和基材连接在一起。通过机械打磨、喷砂等手段造成粗糙表面，会增强基体与涂层间的机械附着力。

2. 吸附作用 从分子结构、分子的极性及分子相互作用力的观点来看，涂膜的附着力产生于涂料中聚合物分子的极性基定向，以及与被涂物表面极性分子极性基之间的相互吸引力。只有两者之间极性基相适应，才能得到附着力好的涂膜；反之，极性好的涂料涂在非极性的板材上，或者非极性涂料涂在极性的板材上，都得不到附着力良好的涂膜。增强涂膜与被涂表面的极性适应性，能够提高涂膜与基材的吸附作用。为了使极性基团良好结合，要求聚合物分子具有一定的流动性，让聚合物分子更好地湿润基材表面，使聚合物的极性基接近于被涂表面的极性基。当两者分子之间的距离变得非常小时（1nm 以内），极性基之间由于范德华力、化学亲和力、氢键等内聚力的综合作用达到附着平衡。

涂膜与被涂表面任何一方的极性基减少，都将导致涂膜附着力的下降，如基材板面存在污物、油脂、灰尘等，降低了基材表面的极性，会引起附着力的降低。涂膜中极性点的减少，也会降低附着力。前处理可以除掉表面污物，重新获得极性表面，增大附着力。

3. 化学键结合 涂膜与基体的物理吸附作用很容易被空气中的水取代，而化学键的强度比范德华力造成的物理吸附强。基料树脂上有羧基、羟基、氨基等极性基团时，容易与基材表面氧原子形成氢键，也可以与金属基体发生化学反应而增强附着力。但是极性点减少，同样会造成附着力下降。例如氨基醇酸漆烘干成膜时，醇酸树脂的—OH 与氨基树脂中的—CH_2OH 进一步交联而不断被消耗，造成了附着极性点的不断减少，这是氨基醇酸漆烘干后附着力降低的一个重要原因。涂膜中极性点的减少，既可能缘于涂料中不同组分之间的交联反应，也可能因为聚合物分子内的极性基自行结合而引起。常用硅烷偶联剂水解后的羟基与无机被涂物表面以及涂料发生化学反应，增加了附着力。

4. 涂膜的内聚力与热膨胀系数 同类物质分子之间的内聚所引起的力，称为内聚力。涂层内聚力越大，附着力越差。涂料在干燥过程中，随着溶剂的挥发、交联程度的增大，成膜物质分子之间的内聚力增大，涂膜产生收缩现象，最终导致涂膜附着力的降低。可以通过采取降低涂膜内聚力的方法来达到提高附着力的目的。常用措施：①降低涂层的厚度，减小内聚力，提高涂膜对基材的黏附强度。②涂料中添加适当颜料，降低涂膜内聚力，改善涂膜在底材上的附着性，提高涂膜的附着力。这是色漆比清漆的附着力普遍要好的重要原因。

涂膜与基材热膨胀系数的差异也影响涂膜的附着性能。随着温度条件的变化，一切材料均会发生不同程度的体积收缩和膨胀。当涂料涂布于基材表面时，由于热胀冷缩的影响，涂料与被涂表面之间的粘结点将遭到不同程度的破坏。从总体上看，涂膜的热膨胀系数要明显大于基材的热膨胀系数，所以在温度变动时，涂膜的膨胀或收缩程度都比板材大，从而引起涂膜的相应变形，产生皱纹、龟纹等，降低涂膜的附着力。涂料的热膨胀系数越小，涂膜的附着力越好，例如环氧树脂热膨胀系数比其他树脂小，所以环氧树脂涂膜的附着性好。

5. 涂料对基材的润湿性 涂膜的附着力产生于涂料与被涂基材表面极性基之间的相互引力，而这种极性基之间相互引力的产生是以涂料对被涂基材表面的良好湿润为前提的。由于涂料对被涂基材表面的湿润状况取决于涂料的表面张力，因此，降低涂料的表面张力才能提高湿润效率，增强涂膜对基材表面的附着力。涂料对基材的润湿是通过涂料的流动来实现的，因此，涂料在应用中必须呈现很好的流动态，即使粉末涂料也必须达到流动态才能达到涂膜对基材良好附着的目的。一般而言，涂料湿润得不好，界面接触就小，附着力就差；反之，涂料湿润得好，界面接触就大，附着力就好。

涂料中有低分子量的物质或者助剂，比如硬脂酸盐、增塑剂等存在时，它们会在涂层和被涂物之间产生弱的界面层，影响漆液对基材的润湿性，降低附着力。此外，基材表面黏附有水、灰尘、酸、碱等杂质时，也会引起涂膜与基材间弱界面层的出现，防碍漆液对基材的润湿作用，减少极性点，导致涂膜附着力下降。

3.5.2 各种基材表面附着力特点与增强办法

1. 金属底材涂料附着力 用量最大的金属底材是钢材，包括不锈钢、镀锌板，还有各种铝合金、铜合金底材等。金属底材的机械强度高，坚硬致密，热膨胀率较高，热导率、电导率高，表面张力很高。实际涂装中遇到的底材表面千差万别。钢材表面会氧化或电化腐蚀生成氧化铁，而铝和锌表面生成较为致密的氧化层，有很好的保护作用，但机械破损或化学介质侵蚀氧化层后会引起腐蚀。

磷化钝化层对涂层附着力的促进作用的机理尚未可知，但至少高表面张力的无机表面及可渗透的晶体结构有利于涂料的润湿、渗透和附着。通常铝合金表面有致密氧化铝层，但表面抛光后导致涂层附着困难。不锈钢是最难进行表面处理的金属底材之一。既难氧化也难转化的不锈钢表面，可以采用打磨或浅喷砂方法提高其表面粗糙度以改进涂料附着力。最常用、最有效的预处理金属底材的方法是喷砂。

近年来低处理表面用涂料发展很快。低处理表面指带一定程度的锈、湿气、油污等干扰涂料附着和引起后续腐蚀的弱介质表面。通过涂料配方调整，改进其与底材的附着力。

2. 木材表面涂料附着力特点 天然木材主要由纤维素、木质素、天然树脂、多糖及蛋白质等组成。由于树种、生长环境乃至部位不同，其结构、成分组成、多孔性和密度、含水率、表面张力、内聚强度等差别很大。富含羟基的纤维素结构提供高极性和形成氢键结合力基础。但是高的含水率将破坏涂层的附着力。在保证涂料对底材的润湿前提下，表面的多孔性有利于涂料的渗透填充而促进涂料的附着，同时填充多孔粗糙的表面也是涂层装饰性的要求。

从软木到硬木，其致密性、密度和内聚强度差别很大，它们与涂层的刚性匹配很重要。涂层在成膜过程中及使用环境变化时产生的应力如果不能适当耗散，可能引起附着缺陷。木材疖子或结疤是富含松脂的部位，涂料难以附着，也不挂色，应预先用松节油和溶剂处理，或者采用碱液处理。木材预先干燥并保持合理水分含量后，通常采用砂纸打磨达到要求的平整度，必要时经过氧化氢或次氯酸钠溶液漂白，再经过底涂、上色等过程进行表面处理。

3. 混凝土底材表面附着力 混凝土是水泥、砂石填充料与水经充分的水化反应形成的以水合硅酸盐为主体的结构材料。清洁混凝土表面是高表面张力的无机表面，对溶剂型和水性成膜物（丙烯酸树脂、环氧、聚氨酯、氯化聚烯烃、聚脲、不饱和聚酯等）具有良好的附着力。混凝土的表面特征为高碱性、多孔性和高含水率（$<10\%$），低机械强度，吸收空气中二氧化碳产生的碳化层、抹浆层等弱介质层，以及混凝土上各种油污、灰尘和风化层等不利于涂料附着。最常用、最有效的方法是浅喷砂处理，在除去表面弱介质层的同时达到一定的粗糙度要求。也有采用稀酸（1%～5%乙酸或盐酸）对其表面进行处理的工艺。机械加工车间等被油脂严重污染的混凝土地面，经喷砂处理后还应用洗涤剂彻底除油并采用低处理表面用涂料封闭才能达到适当的附着要求。

4. 塑料底材上涂料的附着力 塑料属于聚合物底材。化学结构、分子量大小和构型、结晶程度等不同的各种塑料，是表面状况最具多样性的底材之一。与其他底材相比，塑料底材最突出的特征为表面能低，一般为$(15\sim40)\times10^{-3}$N/m，例如，聚乙烯（PE）、聚丙烯（PP）属于典型的难附着底材。塑料表面机械强度低，有韧性，不适宜喷砂、打磨。且塑料不耐温，T_g 在100℃左右。电晕、等离子、化学氧化、紫外线照射等方法可促进其表面氧化，产生羧基、—C—O 基等极性基团，而表面活性剂处理可对其表面改性从而改进对涂料的附着。选择对于热塑性塑料底材具有一定溶胀能力的溶剂体系，溶胀的塑料表面有利于与成膜物大分子之间的互相缠绕而促进涂层附着。

3.6 涂膜的防腐蚀性能

除装饰作用外，颜料能够显著改善涂膜的性能和功能，如提高涂膜对被涂表面的黏着力，提高涂膜机械强度，防腐能力，耐温、耐水、耐油和抗老化性能等，这些就是涂膜的防护性能。对金属，尤其是对钢铁而言，最重要的是涂膜的防腐蚀性能。涂膜的防腐蚀性能是由高分子树脂和颜料共同实现的。本节学习涂膜防腐蚀的机理，耐蚀涂料对高分子树脂基料、颜料的要求，以及工业上常用涂膜防腐蚀的措施。

为防腐蚀，钢铁涂漆前需要喷砂或制备化学转化层；然后涂底漆，底漆涂膜提供基本的腐蚀控制；底漆层与面漆层之间为中涂层，中涂层与面漆层通过减少氧气和水分的通透量，提高防腐蚀效果；面漆赋予涂膜光泽、户外耐久性和耐磨性等性能。

3.6.1 涂膜防腐蚀的概念

1950年以前，人们普遍认为涂层靠屏蔽作用来保护钢铁，阻止水和氧气到达钢铁表面，但后来的研究发现，涂膜的渗透性足够高，通过涂膜的水和氧气的速率高于裸钢腐蚀时消耗的水和氧气的速率，即涂膜的屏蔽作用不能解释涂膜保护的有效性。

Funke 通过研究，提出湿附着力的概念。水透过涂膜时，能够置换钢铁表面上涂膜占据的一些位置，这时涂膜对钢铁表面呈现的是湿附着力。如果这种湿附着力小，就使涂膜从钢铁表面起泡脱落。如果这种湿附着力足够大，在钢铁表面不发生位移，就能够保护钢铁不受腐蚀。因此涂膜的防腐蚀重要的是达到高水平的湿附着力。另外，低的透水性和透氧性也有助于防腐蚀，因为它们可以延迟湿附着力的丧失。

完整的涂膜可以通过提高涂膜的湿附着力和降低涂膜的透水性和透氧性来保护金属。但在有些场合下，由于其他设计要求，涂膜不能完全覆盖钢铁表面，或者涂膜由于机械损伤或其他因素，服役期内涂膜会破裂。因此涂膜的防腐蚀分为完整涂膜的防腐蚀和不完整涂膜的防腐蚀两个方面。

3.6.2 完整涂膜的防腐蚀

1. 涂膜的湿附着力 起屏蔽作用的底漆要具有优异的湿附着力，而且这种底漆要彻底地渗进金属表面的微细缝隙。提高涂膜的湿附着力，可以着重从以下几个方面进行。

① 涂装前必须清洁钢铁表面，除去任何油污和盐。钢铁表面最好进行磷化处理，生成磷酸盐膜，随后进行电泳涂底漆，涂膜表现出优异的湿附着力。

② 要求涂膜完整性好，否则腐蚀会从涂膜缺损处开始。涂料黏度要尽量低，采用慢挥发和慢交联的涂料，以保证涂料在液态下停留足够长的时间，完全浸入工件表面的微孔。如果可能，尽量采用烘烤底漆。

③ 湿附着力要求涂层不仅强力地吸附在工件表面，且水透入涂膜时不被水解吸附。烘烤底漆通常防腐蚀较好，因为在较高温度下，树脂分子有更多机会在钢铁表面取向。氨基能够促进湿附着力，不易在钢铁表面被水排挤走。磷酸酯基也可以促进湿附着力，环氧树脂的磷酸能够提高涂膜的附着力。

④ 树脂的抗皂化性要好。因为吸氧腐蚀在阴极产生氢氧根离子 OH^-，pH 值甚至会达到14，催化诸如酯类基团的皂化，降低涂膜的湿附着力。酰胺基团比酯类基团的耐水解（即耐皂化性）好。环氧树脂的湿附着力和抗皂化性好，环氧酯底漆比醇酸底漆表现出更大的抗皂化性，环氧—胺和环氧/酚醛底漆抗腐蚀性好，但环氧/酚醛底漆需要高温固化。

⑤ 涂膜中应避免残留水溶性组分，否则易引起涂膜起泡。涂膜的残留溶剂若有亲水性溶剂，这种溶剂与干涂膜不相溶，作为分离相保留下来，导致涂膜起泡。底漆中不宜有氧化锌，氧化锌与水和二氧化碳发生反应，生成微溶于水的氢氧化锌和碳酸锌，导致涂膜起泡。

2. 影响涂膜通透性的因素 降低涂膜通透性，可以提高漆膜的湿附着力，了解影响涂膜通透性的因素，可以有效降低涂膜的通透性。

① 涂膜的玻璃化温度 T_g 的影响　涂膜无缺陷时，水和氧气经过自由体积空穴透过涂膜。温度高于 T_g，自由体积增加，水和氧气的透过速率增大，因此防腐蚀涂膜的 T_g 要高于服役环境的温度。气干型涂料的 T_g 不能远高于室温，因为环境的温度 T 小于 T_g 时，涂膜中的官能团扩散速度太慢，固化交联反应速度也很慢，此类涂料的防腐蚀性能有限。烘漆经过烘烤干燥后，涂膜的交联密度增大，使涂膜的 T_g 较高，可以获得较好的耐腐蚀性。

② 主要成膜物质的影响　树脂上有盐类基团，如水溶性涂料的羧酸铵盐，高聚物链上有聚环氧乙烷、有机硅树脂等亲水性较强的链节时，水的透过性高，不能配制高性能的气干型涂料。

氯乙烯和偏氯乙烯的共聚物、氯化橡胶、过氯乙烯等水的透过性很低，用于配制防腐蚀面漆。氟碳聚合物的水透过率低而且润湿性好，含羟基的偏氟乙烯用含异氰酸酯基团的组分占据交联，仅一道的涂膜也具有良好的防腐蚀性能。

③ 颜料　提高颜料含量能降低涂膜的渗透性，提高防腐蚀性能，因为氧和水分子不能穿过颜料颗粒，颜料体积浓度增加，则透过性减少，但若 *PVC* 超过 *CPVC*（临界颜料体积浓度），涂膜中有空隙，有助于水和氧透过涂膜。底漆的 *PVC* 比 *CPVC* 稍低点，以降低氧气和水分的渗透性，形成比较粗糙的表面，可以提高面漆对底漆的附着力。

片状颜料像羽毛一样，平行于涂层表面排列，能大幅度降低水和氧的透过率。云母、滑石粉、云母氧化铁、玻璃鳞片、金属都是片状颜料。铝粉广泛应用于海水、大气腐蚀性场合；强酸强碱性场合用玻璃鳞片、云母氧化铁、不锈钢片和镍片。玻璃鳞片需要用硅烷处理，通常用于贮槽衬里，用于外壁的不多。不锈钢片和镍片价格较高。

④ 多道涂覆　采用功能不同的底、中、面漆层，同一种涂层一次施工不能太厚，这样能提高涂膜的防腐蚀性能。

底漆对底材需要彻底地渗透，涂膜的湿附着力要好，而且要保证覆盖全面、完整。多道施工底漆是为了确保整个金属表面完全被涂覆。因为底涂膜不能太厚，一般为 0.2μm，甚至薄到 10nm 也可以，底涂膜厚，产生收缩应力，损害涂膜的湿附着力。底漆彻底固化之前用施工面漆来提高层间附着力。面漆要能使涂膜的透过性达到最小，厚涂膜阻碍水和氧到达金属表面，但涂膜弯曲时不能开裂，要有足够的力学性能。气干重防腐蚀涂膜的厚度可达 400μm 以上。

施工达到一定的厚度时，最后的溶剂挥发能引起涂膜收缩产生裂纹，这种微观缺陷能延伸过涂膜，到达底材表面。若涂膜足够厚，就到不了底材，能显著降低水和氧通过。

多层涂装时，单层涂层厚度低于产生缺陷的厚度，因此，涂膜内部没有缺陷，比相同厚度的单层涂层的保护性更好。烘烤涂膜也不易产生这类缺陷，烘烤能够保证涂膜中的溶剂彻底挥发，常见的烘漆即使涂膜较薄，也具有很好的防腐蚀效果。

3. 涂料的漆基　双组分环氧—胺底漆具有良好的附着力和优异的耐皂化性。环氧胺涂料耐乙酸或类似有机酸的性能不是很好。乙酸能溶入涂膜，胺的存在促进了这一效应，尤其是当交联密度不足的时候。酚醛环氧树脂具有较高的平均官能度，而且通常比双酚基丙烷（BPA）的耐有机酸性更好。环氧—胺涂料应用于海洋重防腐环境、腐蚀性贮槽衬里、贮油罐内壁涂料。环氧煤焦沥青漆有突出的抗水性，而且价格较低。环氧—聚酰胺涂料还可用于水下施工。

卤化聚合物用作面漆的基料，它们的潮气和氧气渗透性较低。氯化橡胶耐皂化，干燥快，在我国大量用于船舶、港湾结构等重防腐蚀场合。过氯乙烯比氯化橡胶膜致密，耐化学腐蚀性优良，但分子结构比氯化橡胶规整，附着力差，必须有配套底漆，而且固含量低。由于它们没有交联，因此保留了对溶剂的敏感性，不适用于炼油厂和化工厂。

双组分聚氨酯涂料能低温固化，固化后涂膜有很好的耐溶剂性，被越来越多地采用，尤其用于要求耐磨性的场合。潮气固化聚氨酯也可以应用。醇酸涂料的耐皂化性能和户外耐久性较差，但以醇酸为基料的涂料通常具有较低的成本和中等程度的 VOC 释放。由于它们的表面张力较低，所以用醇酸做基料的涂料在施工期间不易形成涂膜缺陷，也有使用。

3.6.3 不完整涂膜的防腐蚀

1. 抑制阴极脱层 涂膜被穿透，水和氧到达露出的钢铁表面，腐蚀就开始。如果底漆的湿附着力不够，水在涂膜下爬进，涂膜松脱，面积越来越大，这称为阴极脱层。阴极脱层的一个特例是丝状腐蚀。如果湿附着力在局部尺度上有波动，腐蚀的细丝在涂膜下随机地蔓延发展，但其丝迹永不与另一丝交叉。这些腐蚀的细丝通常自擦伤的边缘起，丝的头沿最差湿附着力的方向增长。丝头部之后的氧将亚铁离子氧化，生成氢氧化铁沉淀，使金属表面钝化。含颜料的涂膜下难以见到丝状腐蚀。

要抑制阴极脱层，就要求涂膜的湿附着力好、抗皂化性好，而且涂膜中要有颜料。

2. 含钝化颜料的底漆 钝化颜料在阳极区使金属表面钝化，促进形成屏蔽层，这些颜料必须具有某种最低限度的水溶性。若水溶性太高，则颜料从涂膜浸出太快，限制其防腐蚀的有效时间。要使颜料有效，则涂膜必须容许水透过以便溶解颜料。所以采用钝化颜料的涂料暴露于潮湿条件会导致起泡。这些颜料宜用于这样的场合：涂膜破损后要重点保护底材，而不太关注涂膜起泡。

红丹（Pb_3O_4）中含有2%～15%的PbO，自19世纪中期起就用作钝化颜料。油性红丹底漆用作气干底漆，涂覆于生锈油腻的钢铁表面上。当钢铁表面不能清洗时，特别适合选用油性红丹底漆，因为即使在有油污的钢铁表面，干性油也能润湿并附着在上面，而且干性油的黏度很低，可以在钢铁表面的铁锈和尘粒之间渗透，但红丹由于毒性限制，只能用于一些特殊场合。

铬酸盐颜料作为钝化颜料被广泛应用。铬酸根离子在低浓度时会加速腐蚀，作为钝化剂要求有最低的临界浓度，25℃时，CrO_4^{2-}为10^{-3}mol/L。锌黄的溶解度为1.1×10^{-2}mol/L，广泛用于底漆。四水碱式锌黄溶解度为2×10^{-4}mol/L，溶解度较低，应用于磷化底漆。铬酸锶的溶解度为5×10^{-3}mol/L，正好合适，用于底漆，特别是乳胶底漆，而水溶性更大的锌黄会引起贮存稳定性问题。铬酸锶因为不含结晶水，耐热可达540℃，应用于烘漆或耐温漆中。

可溶性铬酸盐类对人致癌，在某些国家已被禁用。人们开发了毒性较低的钝化颜料，其中磷酸锌和磷酸铝应用较广。磷酸锌的成分是$Zn_3(PO_4)_2\cdot2H_2O$，微溶解生成二价磷酸根，与在阳极区的Fe^{2+}反应，生成沉淀$Zn_2Fe(PO_4)_2\cdot4H_2O$，引起阳极极化。Zn^{2+}与阴极区的OH^-生成难溶的$Zn(OH)_2$，引起阴极极化。磷酸锌中引进Al^{3+}，能加快水解速度，磷酸锌防腐漆的*PVC*不宜太高，耐蚀性与锌黄或红丹防锈漆相当。

同样道理，磷酸铝也采用锌、硅改性提高防腐蚀性，因为三聚磷酸盐$(P_3O_{10})^{5-}$的络合能力强，在钢铁表面生成致密钝化膜而阻止腐蚀。磷硅酸钙和钡、硼硅酸钙和钡在应用场合增加，还有碱式钼酸锌和钼酸锌钙、偏硼酸钡等钝化颜料。

底漆基料中醇酸的成本较低，而且容易润湿油腻的表面，但耐皂化性能欠佳。环氧-胺底漆具有很好的耐皂化性和良好的湿态附着力。环氧酯的成本和性能介于两者之间。苯丙乳液和偏氯乙烯/丙烯酸乳液中的聚合物耐皂化，用作底漆基料时需要提高湿附着力，最好的方法是在乳液的树脂上引进氨基。丙烯酸2-（二甲氨基）乙酯、甲基丙烯酰胺乙基乙烯基脲作为共聚单体，可在乳液聚合物中引入氨基。醇酸、环氧酯或其他改性干性油乳化后加入乳胶涂料，也可提高湿附着力，因为施工后，乳胶颗粒破裂，醇酸、环氧酯等树脂能渗入钢材表面的缝隙。环氧酯比醇酸更具水解稳定性，具有更好的防腐蚀性。

喷砂处理过的钢材上有水时，立刻会产生锈蚀，称作闪锈。用乳胶漆会发生闪锈，加入2-氨基-2-甲基-烷-1醇（AMP）之类的胺，以及硫醇取代的化合物可防止闪锈。与钢材表面许多缝隙的尺寸相比，乳液颗粒要大得多，不能渗透到缝隙，需要用钝化颜料。钝化颜料的多价离子浓度要足够低，使乳液的贮藏稳定性不会受到影响，但又要高到足以起到钝化膜作用，在乳胶漆中可采用铬酸锶，也可用磷酸锌、锌—钙的钼酸盐以及硼硅酸钙。

桥梁维护涂料可用乳胶底漆，也用无机富锌底漆，都用乳胶面漆。有些体系经户外曝晒5年后性能仍然很好。要求施工温度必须在10℃以上，且相对湿度在75%以下。

3. 富锌底漆的阴极保护 富锌底漆的作用类似镀锌钢铁，它的锌粉含量按体积计通常超过80%，远超过*CPVC*，这样才能保证锌粉颗粒之间以及锌粉颗粒与钢铁之间的良好接触，而且涂膜是多孔的，容许水进入，形成腐蚀电池，锌作为牺牲阳极，产生$Zn(OH)_2$和$ZnCO_3$以填塞空隙，与残存的锌一起形成了屏蔽层。

富锌底漆分为无机的、有机的和水性的。无机富锌底漆的基料是正硅酸四乙酯与限量的水反应生成的预聚物，溶剂是乙醇或异丙醇，因醇有助于保持贮存稳定性。通常还加有其他的挥发较慢的醇类，使涂膜较好地流平。涂装后，醇挥发掉，空气中水分完成低聚物的水解，产生聚硅酸膜，由于锌粉表面存在氧化锌，会部分转化为锌盐。

当无机富锌底漆施工之后，交联受相对湿度的影响。在较低湿度，尤其是当温度比较高的时候，耐磨性之类的性能会受到不良影响。如果必须在热天施工，施工后必须马上对涂层进行喷水雾养护。无机底漆通常比有机底漆能更好地提供保护底材。在海岸环境下，无机底漆大概服役6年，与使用3年的有机底漆相当。

有机富锌底漆中的基料通常是环氧树脂。由于这种有机底漆能更好地容忍除油不彻底的底材，喷涂方便，且与一些面漆有较好的相容性。水性富锌底漆的基料是硅酸钾、钠和/或锂同硅溶胶分散体的混合物，该漆在海洋环境中的石油和天然气生产设施上性能良好，像溶剂型富锌漆一样有效。

富锌底漆上需要面漆层以减低锌粉腐蚀，保护其不受物理损伤，改进外观，但面漆的漆料黏度不能太小，否则渗透进入富锌底漆涂膜的孔，显著降低锌粉颗粒之间以及锌粉颗粒与钢铁之间的导电性，降低防腐蚀效果。

通常可先喷涂一层非常薄、挥发快的面漆，使溶剂从薄涂层中快速挥发，涂层的黏度迅速上升，封闭住孔穴。同时封闭孔穴能使厚层面漆施工时基本不发生针孔和起泡。薄层漆需要着色，能够使喷涂者施工时知道是否完全覆盖，由于锌表面有碱性的氧化锌、氢氧化锌和碳酸锌，与底漆接触的面漆必须抗皂化，可采用双组分聚氨酯、乙烯系或氯化橡胶料。有时在富锌底漆上施工环氧中涂层，接着是聚氨酯面涂层。

乳胶漆涂膜具有较高的潮气和氧气渗透性，没有基料渗入孔穴，是富锌底漆上理想的第一道涂层，由于耐皂化的要求，要采用偏氯乙烯/丙烯酸酯共聚物乳液作为乳胶漆的基料。偏氯乙烯也降低了潮气对这种涂膜的渗透性，而面漆要求渗透性越低越好，还可以通过采用片状颜料使渗透性进一步降低。

第 4 章　涂膜制造原理

本章学习涂料在基材表面流动、润湿和铺展；干燥下的各种成膜机理，成膜中的热力学与动力学影响，以及制造中表面张力引起的涂膜问题与解决办法。

4.1　涂料流动与黏度

流变学是研究流体流动和变形的科学。由于涂料涂装的过程中，一定要经过流体这个阶段，涂料的流变性能对涂料的生产、贮存、施工和成膜有很大的影响，最终会影响涂膜性能。研究涂料的流变性对涂料的体系选择、配方设计、生产、施工，提高涂膜性能具有指导意义。

4.1.1　流动与黏度

1. 流体流动模型　流动由不同类型的外力引起，有剪切力和拉伸力，对于涂料而言，剪切流动最重要。在涂料的生产、贮存、施工和成膜过程中，所受到的力可以分为纯剪切、拉伸剪切和简单剪切等，其中主要是简单剪切，当涂料受到简单剪切做单向层流，层间有速度差。在流体模型中，液体被看作多层液层堆积的长方体，它们充满在两块平行板之间，底板固定，其余各层可以移动。牛顿流体简单流动平板模型的定量关系图（图 4-1）。

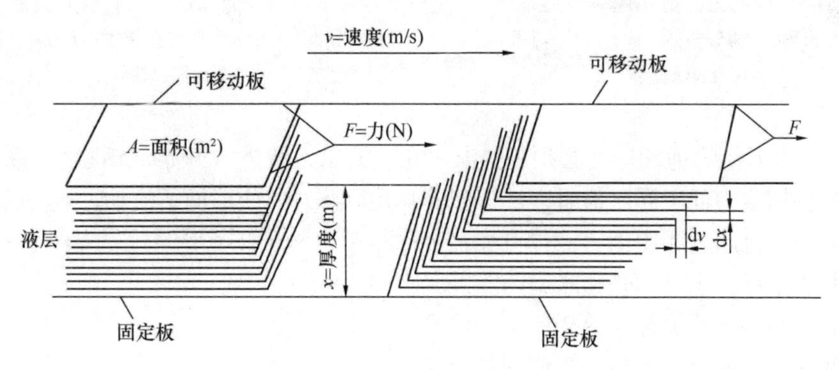

图 4-1　牛顿流体简单流动平板模型的定量关系图

液体在剪切力 F 的作用下以一定的速度差 dv 做平行流动，单位面积所受的力（F/A）称为剪切力（τ），单位为 Pa。

速度梯度（dv/dx）称为剪切速率，用 D 表示，$D=\frac{dv}{dx}$，单位为 1/s。

剪切力与剪切速率的比值称为黏度（η），$\eta=\tau/D$，单位为 Pa · s（泊），常用单位为 mPa · s 或者 cP（厘泊）。剪切应力、剪切速率和黏度构成流变学的三个要素。

2. 流体类型 流体按大类可以分为牛顿型流体和非牛顿型流体。

（1）牛顿型流体 一定温度下保持一定的黏度，并且在剪切速率变化时，黏度保持恒定的流体是牛顿型流体。水（黏度0.001Pa·s）、溶剂、矿物油和某些低相对分子质量树脂溶液都是牛顿型流体。牛顿流体的流动和黏度特性曲线如图4-2所示。

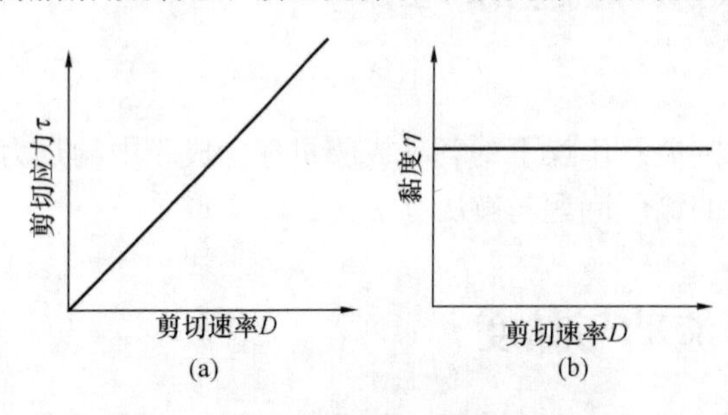

图4-2 牛顿流体的流动和黏度特性曲线
（a）流动特性曲线；（b）黏度特性曲线

（2）非牛顿型流体 涂料产品很少是牛顿型流体。黏度随剪切速率变化的流体称为非牛顿流体，非牛顿型流体又分为剪切速率依存型和时间依存型。剪切速率依存型是指流体的流动行为随剪切速率的变化而变化，包括假塑型、胀流型和触变型。时间依存型是指一定剪切速率下流体随时间而变化的流动特性。实际中的涂料大多数是触变型流体。黏度随着剪切速率的增加而减少时称为假塑性流体。黏度随着剪切速率的增加而增加时称为膨胀型流体，如图4-3、图4-4所示。

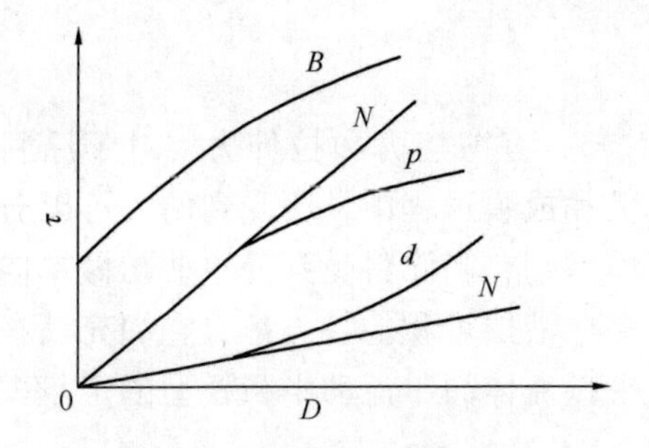

图4-3 剪切力与剪切速率的关系
N为牛顿型流体；p为假塑型流体；d为膨胀型流体；
B为宾汉流体

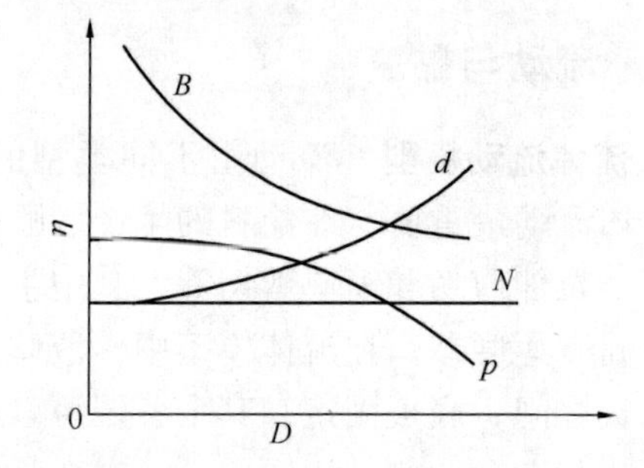

图4-4 剪切速率与黏度的关系
N为牛顿型流体；p为假塑型流体；d为膨胀型流体；
B为宾汉流体

从图4-3中看到，剪切应力必须超过某一最低点A，液体才开始流动，A点称为屈服值或塑变点。剪切应力低于屈服值时，液体如同弹性固体，仅变形而不流动，通常称为宾汉流体。剪切应力一旦超过屈服值，液体开始流动，可以是假塑型，也可以是膨胀型的。

涂料大多是假塑型流体。希望制造的涂料具有触变性，是触变性流体。当假塑型流体的流动行为与其历史有关，即对时间有依赖时，称触变性流体。即触变性流体的黏度与剪切历程有关，经受剪切的时间越长，其黏度越低，直到某一下限值。一旦释去剪切力，黏度又回升，由于原始结构已遭破坏，必须经过一定的时间才能恢复到原始值。触变性起因是在静止时体系内有某种很弱的网

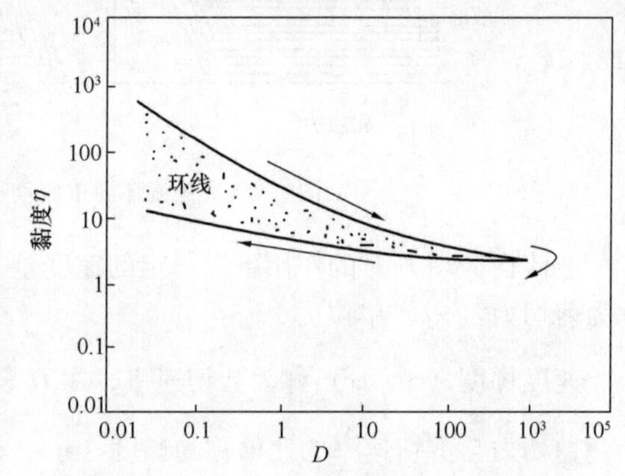

图4-5 触变性流体剪切速率与流体的关系

状结构形成，在剪切力作用下被破坏，一旦力被撤去，网状结构即恢复。

触变性流体在涂料中能起到很好的作用，如在高剪切速率（刷涂）时，涂料黏度低，可方便地涂刷并使涂料有很好的流动性，当静止或刷涂后，低剪切速率时，涂料具有较高的黏度，防止流挂和颜料的沉淀。

4.1.2 流动与涂膜形成

用于刷涂的液体涂料黏度为0.1~0.3Pa·s，涂料流动成膜过程中，随着溶剂挥发，黏度不断增大，达到触干时涂膜的黏度为10^3Pa·s，实干时涂膜的黏度为10^8Pa·s，玻璃态时涂膜的黏度为10^{12}Pa·s。涂料涂装时需要涂料在被涂基材表面具有合适的黏度，涂料的黏度与基料树脂有关，与溶剂有关，与颜填料和助剂有关。

涂料的黏度可用穆尼（Mooney）公式定性地解释。

$$\ln\eta = \ln\eta_0 + \frac{K_e V_I}{1 - \dfrac{V_I}{\phi}}$$

K_e为爱因斯坦因子，分散体系为球形时，其值为2.5；V_I为分散体（内相）在体系中所占的体积分数；ϕ是堆积因子，当分散体大小相同时的球体时，其值为0.639。此公式只有在分散体是刚性的粒子，并无相互作用的情况下适用。

穆尼公式中的η与分散体（外相）黏度有关，增加外相黏度，即基料树脂黏度可增加体系的黏度。穆尼公式中的η与分散粒子的大小、形状和含量有关。分散体（内相）的体积增加时，因外相黏度不变，总的体系黏度增加。乳胶粒子受剪切力作用时发生变形，此时ϕ值增加，K_e值减少，黏度下降。涂料中的颜料外面都吸附有一层树脂，像一个弹性体，在剪切力作用下同样可以变形，使η有所下降。当外力撤去时，又可以恢复原状，体系η恢复。

1. 涂料外相黏度和聚合物溶液的相对分子质量

（1）聚合物溶液的黏度　聚合物溶液的黏度即涂料外相的黏度。黏度随树脂基料的浓度增高而增加，到达一定浓度时，η变化更为剧烈，该浓度称为临界浓度。在临界浓度以前为树脂的稀溶液，在临界浓度以后为浓溶液。临界浓度随相对分子质量的增加而降低。稀溶液中同浓度聚合物溶液在良溶剂中η比在不良溶剂中高；中到高浓度溶液不良溶剂的溶液η高。良溶剂指溶剂分子与聚合物分子链段间的吸引作用大于聚合物链段间的吸引作用的溶剂。聚合物分子链在溶剂中伸展。不良溶剂指聚合物链段间的吸引作用大，聚合物分子链在溶剂中呈卷缩状态。当两种作用力相等时称θ溶剂。

一般是温度升高，聚合物溶液黏度下降，但黏度和浓度以及相对分子质量等因素的影响都是复杂地交织在一起的。当聚合物溶液浓度达到一定程度或温度降低时，溶液失去流动性，称为冻胶。

（2）聚合物的相对分子质量与相对分子质量分布　高分子化合物由不同相对分子质量的大分子混合物组成。不同实验方法可以测定不同的相对分子质量。如光散射方法可以测定重均分子量，冰点降低、渗透压等依数性方法可以测定数均分子量，而黏均相对分子质量由黏度法测定。

聚合物相对分子质量大，涂膜有更好的力学性能，但是太大，不融不溶，失去流动性，不能用作涂料。

相对分子质量分布是基料树脂的另一个性能指标。相对分子质量分布 *MWD* 用重均相对分子质量和数均相对分子质量的比值表示。

$$MWD = \overline{M}_w / \overline{M}_n$$

相对分子质量及分布影响涂料性能和涂料配方的设计。*MWD* = 1，均匀分布；接近 1（1.5 ~ 2），分布较窄；远离 1，分布较宽。例如，聚甲基丙烯酸甲酯为主体的丙烯酸热塑性涂料配方设计中，应用黏度下有最高的固体分，涂膜有最好的保光性。涂料固体分高，应用黏度下聚合物相对分子质量需要低，而涂膜保光性好需要树脂相对分子质量要高，高固体分要求的低相对分子质量与高保光性要求的高相对分子质量是矛盾的。实验证明，平均相对分子质量约 90000 为宜，超过 90000，保光性变化不大。在平均相对分子质量相同情况下，相对分子质量分布窄涂料性能好。

2. 颜填料的研磨与分散　从穆尼公式中看到，涂料黏度与分散粒子的大小、形状有关。

研磨使颜填料粒子颗粒变小，粒子越细小，所吸附的树脂的量越多，使内相体积 V_I 大大增加。同时颜料吸附的树脂提供了变形的可能性，同样增大了内相体积 V_I。因此，在体积相同时，粒子越细，黏度越大。

乳胶或涂料发生絮凝时，黏度可以大大上升，其原因也是因内相 V_I 增加的结果。在一个絮凝的大粒子中，含有很多小粒子。小粒子之间被外相液体所填满，这些外相的液体成为内相体积的一部分，V_I 增加了，于是体系黏度上升。当搅拌破坏絮凝粒子使其重新分散时，涂料黏度又可下降。

3. 典型涂料的剪切速率与黏度　涂料在制备、贮存、施工和成膜阶段经受不同的剪切速率的作用。分散过程中搅拌下的剪切速率为 $10^3 \sim 10^4 s^{-1}$，而器壁经受到的剪切速率只有 $1 \sim 10 s^{-1}$，物料放出后，剪切速率立即下降到 $10^{-3} \sim 0.5 s^{-1}$ 的范围，颜料有可能沉降下来。在施工中，刷涂、喷涂或辊涂的剪切速率至少在 $10^3 s^{-1}$ 以上，甚至达到 $10^5 s^{-1}$；施工后，剪切速率立即下降到 $1 s^{-1}$ 以下。为此，涂料总被设计和配制成非牛顿流体，以满足性能要求。以涂料生产、施工中剪切速率的对数为横坐标、以黏度为纵坐标做图描述涂料的流变性能，图 4-6 表示三种典型涂料在不同剪切速率下的黏度变化情况。

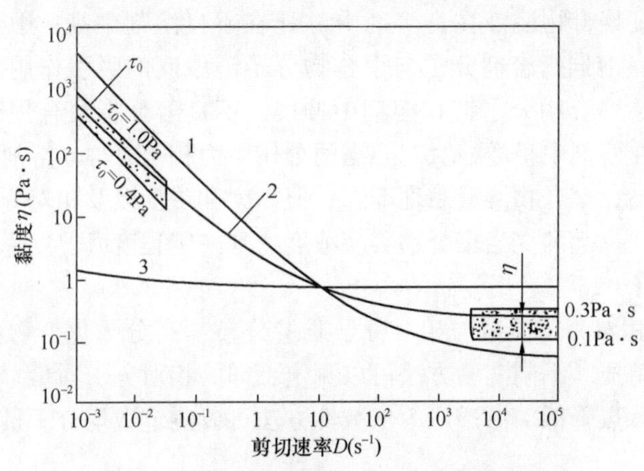

图 4-6　典型涂料的剪切速率与黏度的关系

涂料1配方不合理，它在施工时黏度过低，施工后黏度过高，导致流平性较差。涂料2表示的涂料配方较合理，低剪切速率下该涂料的屈服值τ_0为0.4～1Pa，保证涂料有较好的贮存稳定性以及施工后的流平性，不致产生过多的流挂。而高剪切区该涂料的黏度为0.1～0.3Pa·s，从而确保涂料有较好的施工性能。涂料3的配方也不合理，施工时黏度过高，会产生刷涂拖带现象；施工后黏度过低，从而产生过多的流挂。

在高剪切速率区，涂料的流动行为主要受基料、溶剂和颜料的影响；在低剪切速率区，涂料的流动行为主要由流变剂、颜料的絮凝性质和基料的胶体性质所决定。

当涂料施工后，不可避免地产生条痕，如果流平得很快，条痕就能够消失，流平过程的推动力是涂料的表面张力。当涂料在垂直底材表面上施工时，由于重力作用，涂料会向下流动，过度地向下流动会造成涂料的流挂。在涂料制造中希望有最好的流平性和最低的流挂性，降低涂料的黏度有助于流平，却也加速流挂；增加涂层的厚度有助于流平，又导致流挂。目前的研究表明，只有具有合理屈服值的假塑性涂料体系，才能同时满足上述要求。

4.2 涂膜制备原理

涂料覆盖于基体表面后，由液体或疏松固体粉末状态转变成致密完整的固体薄膜的过程，称为涂料的干燥或固化。涂料固化成膜主要依靠物理作用或化学作用实现，按固化机理可分为非转化型和转化型两大类。非转化型涂料，如挥发性涂料和热塑性粉末涂料等，通过溶剂挥发或熔合作用，能形成致密的涂膜；转化型涂料，即热固性涂料，必须通过化学作用才能形成固态膜，因此涂料成膜机理不同。目前，红外光谱、原子力显微镜、动态热机械分析、差示扫描量热分析、透射电镜、扫描电子显微镜、小角度中子散射、直接无辐射能量转移、动态二次离子质谱、激光共聚焦荧光显微技术等已经广泛用于成膜过程。比如透射电镜可以观察涂膜形态研究胶乳成膜过程，差示扫描量热分析可以测定树脂的玻璃化温度以及研究固化动力学确定固化工艺，原子力显微镜可在立体三维上观察涂膜的形貌。

4.2.1 物理成膜

非转化型涂料通过物理成膜制造，物理成膜方式包括有机溶剂挥发成膜、热熔成膜和乳胶成膜。

1. 溶剂挥发成膜 溶剂挥发成膜是可塑性涂料的成膜方式。一般聚合物只有在较高相对分子质量下才会表现出较好的物理性质，但相对分子质量高，玻璃化温度也高，为使其可以涂布，必须使用足够的溶剂将体系的玻璃化温度降低，使$T-T_g$的值大到足够使溶液可以流动和涂布。在涂布后溶剂挥发，即能形成的固体薄膜，常温下挥发性涂料表干很快，多采取自然干燥或低温强制干燥。常见的挥发性涂料有硝基涂料、过氯乙烯涂料、热塑性丙烯酸树脂涂料和沥青树脂涂料等。溶剂挥发成膜分为三个阶段：阶段Ⅰ：表面溶剂挥发；阶段Ⅱ：内部溶剂扩散至表面挥发；阶段Ⅲ：残留溶剂扩散挥发。溶剂挥发成膜机理如图4-7所示。

2. 热熔成膜 热塑性粉末涂料和热塑性非水分散涂料必须升高温度以增加$T-T_g$

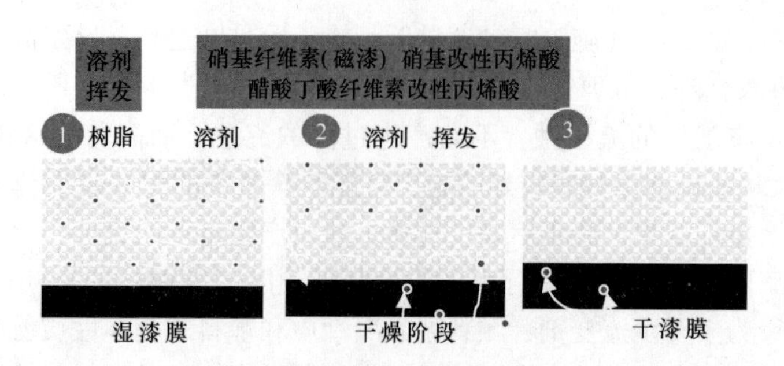

图 4-7 溶剂挥发成膜机理

(即增加自由体积)，聚合物基料流动并且树脂颗粒融合，高分子碳链缠结在一起，流动的聚合物在基材表面成膜后冷却，才可得到固体涂膜，这种成膜方式即热熔成膜。

3. 乳胶成膜 乳胶是通过乳液聚合制备，特点是其黏度与聚合物的相对分子质量无关。因此，当固含率高达50%以上时，即使相对分子质量很高也有较低的黏度。乳胶漆在涂布以后，随着水分的蒸发，聚合物粒子互相靠近、发生挤压变形，颗粒间界面逐渐消失，聚合物链段相互扩散，由粒子状态的聚集变成分子状态的凝聚形成连续均匀的涂膜。乳胶是否能成膜与乳胶本身的性质特别是它的玻璃化温度和干燥的条件有关。乳胶漆成膜大致分为三个阶段：

首先，乳液中水分挥发，当乳胶颗粒占胶层的74%体积时，乳胶颗粒相互靠近而达到密堆积状态，水和水溶性物质充满在乳胶颗粒的空隙之间。其次，水分继续挥发，聚合物颗粒表面吸附的保护层被破坏，间隙越来越小，形成毛细管，毛细管力的作用迫使乳胶颗粒变形，当毛细管力高于聚合物颗粒的抗变形力，颗粒间产生的压力随着水挥发增多，压力变大，乳胶颗粒逐渐变形融合，直至颗粒间的界面消失。最后，水分挥发造成的压力使乳胶粒中的分子链扩散到另一颗粒分子链中时，聚合物链段的扩散逐渐形成连续均匀的乳胶涂膜。

乳胶粒子能否成膜还取决于乳胶粒子本身，如果乳胶粒子是刚性的，具有很高的玻璃化温度，即使有再大的压力，它们也不会变形，更不能相互融合。粒子间的融合需要聚合物分子的相互扩散，这便要求乳胶粒子的玻璃化温度较低，使其有较大的自由体积供分子运动，扩散融合（又称自黏合），通过这种作用最终可以使粒子融合成均匀的薄膜并将不相融合的乳化剂排出表面。因此，乳胶成膜取决于由表面张力引起的压力，又取决于粒子本身有较大的自由体积，如果成膜时温度为 T，乳胶粒子的玻璃化温度为 T_g，$T-T_g$ 必须足够大，否则不能够成膜。

在乳胶粒子融合以后，涂膜中水分子通过扩散逃逸，释放非常缓慢。一般乳胶涂料的表干时间在2h以内，实干时间约24h，干透则需2周。成膜助剂从涂膜中的挥发速度按乙二醇单乙醚、乙二醇单丁醚、乙二醇醚醋酸酯、乙二醇、二乙二醇单丁醚依次递减，乙二醇单甲醚蒸发太快，在达到干膜前便完全逸失，乙二醇醚醋酸酯则基本上全部分布于树脂相中，这两种助剂在干膜阶段对蒸发的影响较小。乙二醇单丁醚则趋向于在水相和树脂相中分配，水蒸发受其蒸发率的影响。乙二醇的存在使之形成一个连续的膨胀亲水网状结构，使极性成膜助剂易于扩散逃逸。但乙二醇比丙二醇更趋吸湿性，涂膜干透较慢，添加丙二醇的乳胶漆膜在几周以后保留极少的水或成膜助剂，不至于对涂膜产生不利影响。

4.2.2　化学成膜

可溶或可熔的低相对分子质量的聚合物涂覆在基材表面后，在加温或其他条件下，分子间发生反应使相对分子质量进一步增加或发生交联而成坚韧涂膜的过程称为化学成膜。这种成膜方式是热固性涂料（包括光固化涂料、粉末涂料、电泳漆等）共同的成膜方式。涂料的化学成膜方式可以按照高分子聚合机理，以连锁聚合反应成膜和逐步聚合反应成膜两种形式成膜。

1. 连锁聚合反应成膜　现代涂料的连锁聚合反应成膜方式有以下三种。

① 氧化聚合：原始的以天然油脂为成膜物质的油脂涂料，以及以后出现的含有油脂组分的天然油脂涂料、酚醛树脂涂料、醇酸树脂涂料和环氧树脂涂料等都是依靠氧化聚合成膜的。氧化聚合属于自由基链式聚合反应。由于所含油脂组分大多为干性油，即混合的不饱和脂肪酸的甘油酯，通过氧化聚合这种自由基链式聚合反应，最后可形成网状大分子结构。油脂氧化聚合的速度与其所含亚甲基团数量、位置和氧的传递速度有关。利用钴、锰、铅、锆等金属促进氧的传递，可加速含有干性油组分涂料的成膜。

② 引发剂引发聚合：不饱和聚酯涂料是典型的依靠引发剂聚合成膜的涂料。不饱和聚酯树脂含有不饱和基团，当引发剂分解产生自由基后，作用于不饱和基团，产生链式反应而形成大分子的涂膜。不饱和聚酯化学成膜机理如图 4-8 所示。

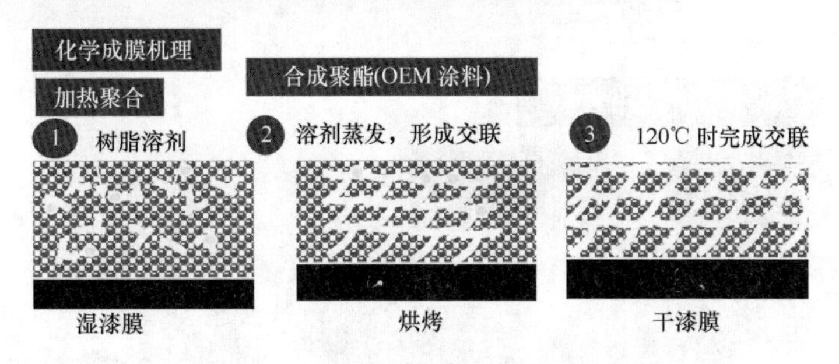

图 4-8　不饱和聚酯化学成膜机理示意图

③ 能量引发聚合：一些以含共价键的化合物或聚合物为成膜物质的涂料可以通过能量引发聚合形式而形成涂膜。由于共价键断裂需要较大能量，现代涂料采用了紫外光和辐射能引发作为能量引发的主要形式。以紫外光引发成膜的涂料通称光固化涂料。利用电子辐射成膜的涂料通称电子束固化涂料。电子具有更大的能量，能直接激发含有共价键的单体或聚合物生成自由基，在以秒计的时间内完成加聚反应，从而使涂料固化成膜。

2. 逐步聚合反应成膜　依据逐步反应机理成膜的涂料，它们的成膜物质多为分子链上含有可反应官能团的低聚物或预聚物，其成膜形式有缩聚反应、氢转移聚合和外加交联剂固化三种。其中，干性油和醇酸树脂通过和氧气的作用成膜，氨基树脂与含羟基的醇酸树脂、聚酯和丙烯酸树脂通过醚交换反应成膜，环氧树脂与多元胺交联成膜，多异氰酸酯与含羟基低聚物间反应生成聚氨酯成膜，及光固化涂料通过自由基聚合或阳离子聚合成膜等。

4.2.3 涂料干燥方式与成膜

涂料成膜需要溶剂挥发，黏度增大，由液态变成固态，这个过程称为干燥。成膜质量的好坏与干燥方式有极大的关系。涂膜的干燥（固化）方法可分为自然干燥、加热干燥和照射固化三种。

1. 自然干燥 自然干燥指在常温下呈自然状态干燥，俗称自干或气干。因涂膜是放置在大气中常温下干燥，所以自然干燥仅适用于挥发型涂料、自干型涂料和触媒聚合型涂料。涂膜自干速度与气温、湿度和风速等有关，一般是气温越高、湿度越低，自干条件就越好，还要保持空气清洁，进行适度的换气。在湿度高、通风差和黑暗的场所，干燥变慢。

2. 加热干燥 加热干燥有两种：一种是只能靠加热使涂膜固化，即不加热涂料不能固化，称为烘干；另一种是指本来能自然干燥的涂料，加热是为了促进干燥，缩短干燥时间，称为强制干燥。

按温度划分，加热干燥可分为低温（100℃以下）、中温（100～150℃）和高温（150℃以上）。强制干燥一般采用低温（100℃以下），适用于硝基漆、醇酸树脂漆等涂膜的干燥，靠加热来缩短干燥时间。硝基漆加热干燥的条件为60～80℃下10～30min，醇酸树脂漆为90～110℃下30～60min。低温干燥还适用于受热变形的木材和塑料等的涂装干燥（图4-9）。

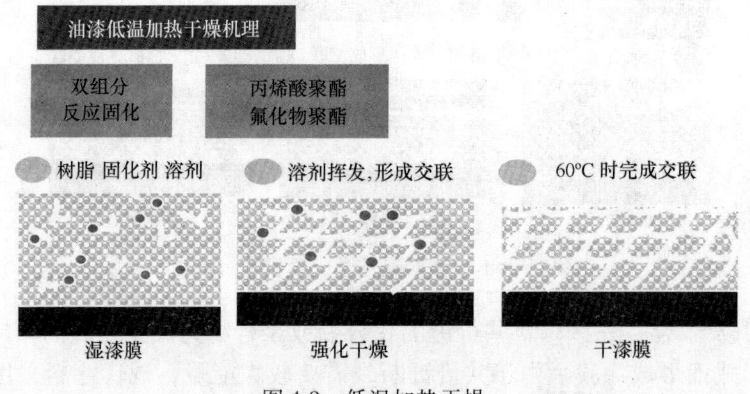

图4-9 低温加热干燥

烘干一般采用中温和高温干燥。某些涂料在自然干燥和强制干燥下不能得到坚固的涂膜，必须加热到规定条件，成膜的树脂分子间才能交联聚合固化。热固性氨基醇酸树脂涂料、热固性丙烯酸树脂涂料就属于这种烘烤型涂料，经短时间烘干就能得到坚硬且附着力良好的涂膜。烘干温度和烘干时间等条件，取决于被烘干的涂料类型、被烘干物的热容量和加热方式等因素。金属制品用烘漆的烘干条件一般为100～180℃下20～50min，环氧树脂系、有机硅树脂系涂料多数需要在200～300℃高温下烘干。在制定烘干规范时要考虑热容量大的被烘物升温慢的特点，一般烘干时间应从被烘干物升到预定的温度算起。

涂膜烘干时，除应遵守涂膜干燥的基本条件外，还应注意以下几点：

（1）除粉末涂料和电泳涂层外，溶剂型涂料的湿涂膜在烘干前应有一定的晾干时间，使湿涂膜有一定展平机会和使其内部的溶剂大部分挥发掉，以减轻“橘皮”以及防止产生“针孔”和“起泡”等弊病，尤其在烘干腻子涂层时更应充分晾干。晾干时间一般为常温放置5~20min，腻子涂层一般为30min以上。

（2）在进行氧化聚合型涂料（如油改性醇酸树脂、酚醛树脂等系涂料）烘干时，不宜立即进入高温，要从低温徐徐升到规定的温度，反之易产生“针孔”和“起皱”等弊病。

（3）应注意烘干室内温度的均匀性，严防烘不干、烘干不均匀和过烘干等现象。因为只有完全固化的涂膜才具有优良的机械强度、附着力、硬度和耐各种介质的性能，未干透的涂膜性能显著下降，过烘干涂膜的机械强度也显著下降，变脆和失去附着力。在多层涂装场合需经数次加热的，也应注意过烘干现象。

（4）规定的温度不是炉内温度，而是指涂层表面温度和金属底材的温度。

（5）炉内溶剂蒸汽、涂料在烘干过程中的分解物和由燃料生成的气体，应迅速排向炉外。

（6）供给面漆的晾干室和烘干室的空气，应经过过滤、净化。

3. 辐照固化　辐照固化是指靠照射紫外线和电子束等特殊能量源使涂膜固化的涂膜干燥法。该法使用时无论是在自干场所，还是在烘干室内，都要设置通风装置，使在干燥过程中从涂膜挥发出来的溶剂不超过一定浓度，以防溶剂蒸汽爆炸或影响涂膜质量。

（1）光固化法：当用特定波长的光照射含有光敏剂的光固化涂料的涂膜后，光敏剂发生分解，产生活性的自由基，随即引发聚合反应，在极短的时间内使涂膜硬化。因通常采用波长为300~450mm的紫外线，故又称为紫外线固化。一般工业生产线上使用高压水银灯和紫外线荧光灯。

（2）电子束固化法：用电子束作为能量源照射涂膜后，在1~2s内就完成干燥固化，是目前最快的固化方式。其固化机理是靠高能量的电子束照射，使涂膜的分子内产生活性基团，从而发生聚合反应、高分子化而固化干燥。不是任何涂料都能采用此法固化，现在主要用于不饱和聚酯树脂的无溶剂涂料，以及环氧树脂或多异氰酸酯的丙烯酸酯无溶剂涂料等。

4.3　涂膜制备中的热力学及动力学

4.3.1　表面张力与流体流动

1. 表面张力与表面自由能　构成物体的分子在表面上所受的力与内部所受的力不同。内部分子所受的力是对称的、平衡的。而在表面上的分子仅受本体内分子的吸引，而无反向的平衡力，这就是说，它受到的是拉入物体内部的力。结果将表面积缩小。将体系的表面能降至最小的这个力就是“表面张力”。或者说，液体有自动收缩的趋势，使液体表面自动收缩的力即是表面张力。维持液体成膜，需要有与液面相切的力f作用于液膜上。表面张力大小与f相等，方向相反。

$$f=\gamma\times l\times 2$$

γ为表面张力系数，单位为N/m，表示垂直通过液面上任意长度与液面相切的收缩表面的力。表面张力系数通常简称表面张力。表面张力也可看作表面自由能，即维持液体成膜所需要的能量。表面张力f是液体的基本物理性质，一般在0.1N/m以下，随着温度的上升而降低，表面活性剂加入水中，可大大降低f。

2. 流体流动 由于球形能以最小的表面积包容最大的体积，因此表面张力的作用会使液体缩成球形。同理，表面张力会推动不平的液面流动到平滑的液面，因为平滑的表面比粗糙的表面与空气有更小的界面积，表面趋于平滑也使表面自由能下降。这种流体的流动的目的是尽量降低液体的表面积。

当两种不同表面张力的液体相互接触，低表面张力的液体将流向高表面张力的液体并将其覆盖，以使总的表面自由能降低。这种流动称作“表面张力差推动的流动”。

4.3.2 涂料的润湿作用与接触角

基材表面上一种流体被另一种流体所代替称为基材的润湿，如固体基材表面的气体被液体涂料所代替。润湿作用分三类，即沾湿、浸湿和铺展。

1. 沾湿 液体与固体接触过程也是液-气界面和固-气界面变为液-固界面的过程，称为沾湿。如涂料液滴附着在基材表面，涂料与基材的液-固表面要取代基材和空气的固-气表面、液态涂料与空气的液-气表面。其中自由能变化是

$$\Delta G = \gamma_{SL} - (\gamma_{SG} + \gamma_{LG})$$

W_a称为黏附功，若$W_a > 0$，此过程可进行。

若上述过程的固体改为液体，则可得另一公式，即

$$\Delta G = 0 - (\gamma_{LG} + \gamma_{LG}) = -2\gamma_{LG}$$

令

$$W_c = -\Delta G$$

W_c称为内聚功，反映液体自身结合的牢固度，是液体分子间作用力大小的表征。

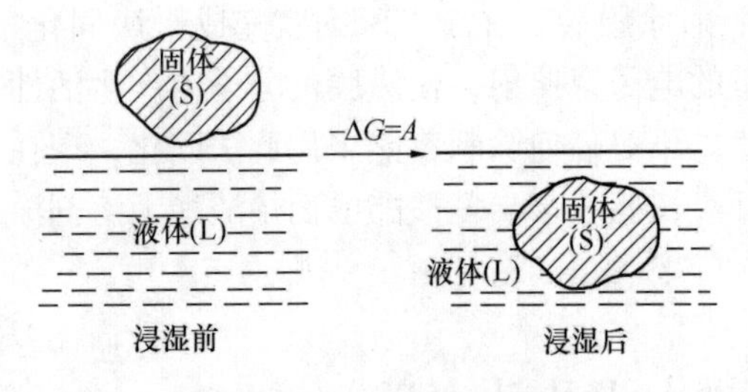

图4-10 固体浸湿示意图

2. 浸湿 颜料置入漆料的过程是固体浸入液体的过程，即颜填料的固-气界面变为固-液界面的过程，这个过程称为浸湿，如图4-10所示。该过程自由能变化如下：

$$\Delta G = \gamma_{SL} - \gamma_{SG}，令 -\Delta G = W_i$$

W_i称黏附张力，若$W_i > 0$，则固体可被浸湿。

3. 铺展 指液体在基材表面均匀扩散。

涂料涂于基材时，涂料流动，以新形成的固-液界面和液-气界面代替原先固体基材和空气的固-气界面，液体涂料表面扩展附着在基材上。图4-11为液体在固体表面铺展示意图。涂料能够在基材表面铺展，是实现涂料功能的前提。

$$\Delta G = (\gamma_{SL} + \gamma_{LG}) - \gamma_{SG}，令 -\Delta G = S$$

用S表示铺展系数，若$S > 0$，在恒温恒压下液体可在固体表面自动展开。若式中采用黏附功和内聚功概念，

$$S = \gamma_{SG} - \gamma_{SL} + \gamma_{LG} - 2\gamma_{LG} = W_a - W_c$$

即固液黏附力大于液体内聚力时，液体可自行铺展，凡能铺展的必能沾湿与浸湿。

4. 接触角 固体表面张力常数常难以测定，涂料能否润湿基材，常用接触角作为标

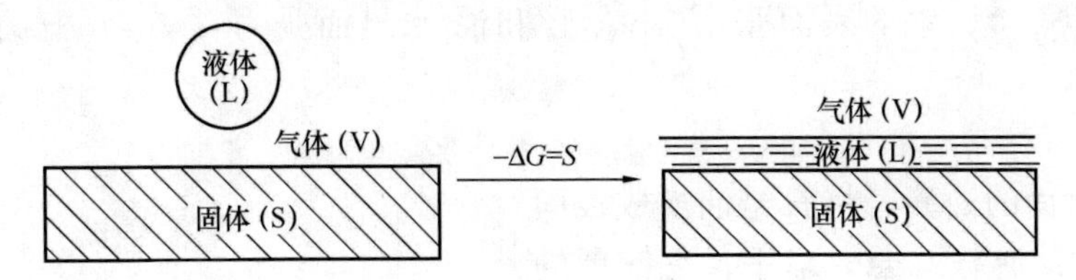

图 4-11　液体铺展示意图

准。液体在基体表面，在液体、基材固体和空气的三相交界处，在液体中量得的角称为接触角，以 θ 表示。例如常见的液体和固体接触，会形成界面夹角，其接触角如图 4-12 所示。接触角是衡量液体对固体润湿程度的一个标志。

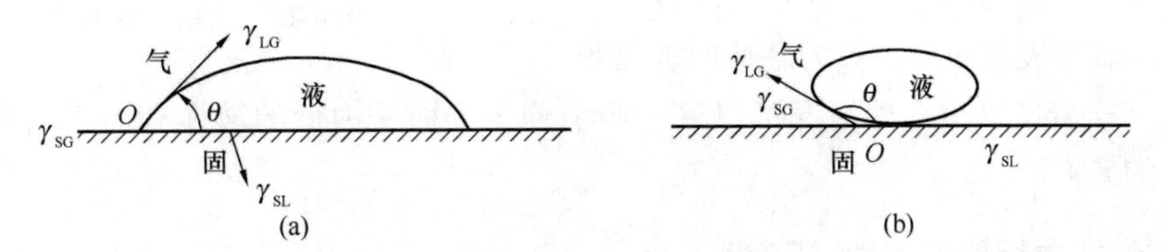

图 4-12　接触角示意图

（a）润湿式；（b）不润湿

当液滴在固体表面上平衡时，平衡接触角与固-气、固-液、液-气界面自由能之间关系用杨氏方程表示：

$$\gamma_{SG} - \gamma_{SL} = \gamma_{LG}\cos\theta$$

式中，γ_{LG} 为液体、气体之间的界面张力；γ_{SG} 为固体、气体之间的界面张力；γ_{SL} 为固体、液体之间的界面张力；θ 为固体、液体之间的接触角。

将含接触角的润湿方程用于上述各式，可得

$$W_a = \gamma_{LG}(1 + \cos\theta)$$

$$W_i = \gamma_{LG}\cos\theta$$

$$S = \gamma_{LG}(\cos\theta - 1)$$

Dr. A. Capelle 等指出，润湿效率 $BS = \gamma_{固-气} - \gamma_{固-液}$，即

$$BS = \gamma_{液-气}\cos\theta$$

由此得出，接触角大小可以衡量各种润湿情况。接触角越小，润湿效率越高。

当 $\theta \leqslant 180°$ 时，可沾湿；当 $\theta \leqslant 90°$ 时，可浸湿；当 $\theta \leqslant 0°$ 时，可铺展。习惯上以 $\theta = 90°$ 为标准，称 $\theta > 90°$ 为不润湿，$\theta < 90°$ 为可润湿。θ 越小，润湿越好，$\theta = 0$ 或不存在，可铺展。固体表面的润湿和其表面能相关，一般有机物及高聚物为低能表面，不易为水润湿，而氧化物、硫化物、无机盐等为高能表面，易被润湿。

式中表明：配方固定后，降低基料黏度和使用润湿剂来降低颜料和基料之间的界面张力，以缩小接触角，可以提高润湿效率，但基料黏度的降低有一定限度，所以使用润湿剂是常用的手段。

涂料应用过程中不仅汲及液体在固体表面的铺展，有时也汲及液体在液体表面上的铺展。液体在液体表面上的铺展可做如下分析：

将一滴液体石蜡滴在水面上，就形成一个油滴，好像一个凸透镜镶在水面上，这是油

的表面张力（γ_{OG}）、水的表面张力（γ_{WG}）和油-水界面张力（γ_{OW}）三力平衡的结果（图4-13），即

$$\gamma_{WG} = \gamma_{OG}\cos\theta_1 + \gamma_{OW}\cos\theta_2$$

图4-13 水面的油滴若将石蜡油换成表面张力小的油类，油珠就会变扁平，它铺展的条件也是铺展系数大于零。

$$S_{ow} = \gamma_{WG} - (\gamma_{OG} + \gamma_{OW}) > 0$$

若两层液体间可以混溶，则不存在界面张力，此时铺展系数可以写为

$$S_{ab} = \gamma_b - \gamma_a$$

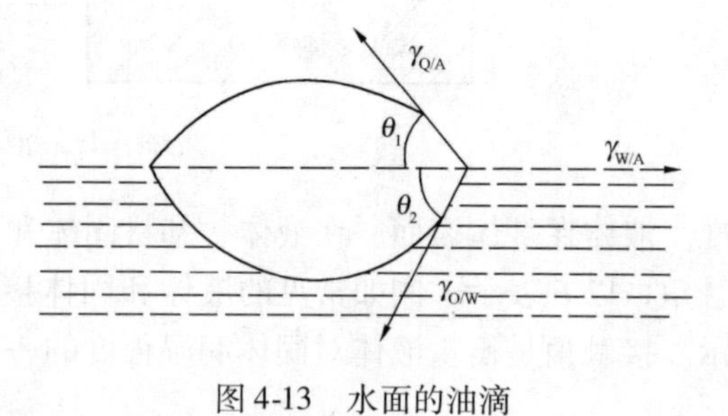

图4-13　水面的油滴

γ_a为液滴的表面张力，γ_b为底液的表面张力，凡$\gamma_a<\gamma_b$皆能铺展。此情况可以进一步引伸为表面张力低的液体有向表面张力高的液体铺展的倾向。

4.3.3　涂料在粗糙表面的润湿

1. 粗糙表面　杨氏方程反映了表面化学组成对接触角的影响，但忽略了表面微观形貌对接触角的影响，因此仅适用于光滑表面。杨氏方程中的接触角是指在平滑表面上的接触角，可称为本征接触角。液体表面在正常情况下是平滑的，或经过流动可达到平滑，所有表面均要保持最小表面积，这是液体最终取得平滑的原因。但固体不同，固体表面常常是粗糙的，而且这种粗糙是被固定的，一般以i表示其粗糙程度：

$$i = A_i/A_L$$

A_i为真实表面积，A_L为A_i的投影面积，即理想的几何学面积。

液体，$i=1$；固体，$i\geqslant1$。

当固体为非平滑表面时，其润湿性能有很大的变化，对光滑表面得到的各个公式应予以校正。

2. 校正后的杨氏方程　设固体投影面积为单位面积1，i等于A_i为实际面积，a为液体与固体的实际接触面积，由于粗糙表面中的孔隙并不能被液体所充满，所以一般$a<i$。$a=i$，表示液体与固体表面完全接触；$a=0$，则完全不接触，如图4-14所示。

当固液接触面积为a时，气-液界面的面积是$(i-a)/I$，

$$W_a = \frac{a}{i}[(\gamma_{SG} - \gamma_{SL}) + \gamma_{LG}]$$

$$W_i = \frac{a}{i}\left[(\gamma_{SG} - \gamma_{SL})i - \gamma_{LG}\frac{(i-a)}{a}\right]$$

$$S = \frac{a}{i}\left[(\gamma_{SG} - \gamma_{SL})i - \gamma_{LG}\frac{(2i-a)}{a}\right]$$

W_a为黏附功，W_i为黏附张力，S为铺展系数。

当界面完全接触时，即$a=i$时，可得

$$W_a = i(\gamma_{SG} - \gamma_{SL}) + \gamma_{LG}$$

$$W_i = i(\gamma_{SG} - \gamma_{SL})$$

$$S = i(\gamma_{SG} - \gamma_{SL}) - \gamma_{LG}$$

用本征接触角来表示液体对固体的润湿情况时，也需加以校正，推导后得下式：

$$W_a = \gamma_{LG}(1 + i\cos\theta)$$

$$W_i = \gamma_{LG} i\cos\theta$$

$$S = \gamma_{LG}(i\cos\theta - 1)$$

3. 粗糙表面的润湿 液体涂料在粗糙表面润湿示意图如图4-14所示。由校正后的杨氏方程可知，当本征接触角 $\theta < 90°$时可自发润湿；当本征接触角$\theta > 90°$时，涂料能否沾湿取决于基材表面的粗糙度，当 i 值很高时，便不能沾湿，因为式中 $i\cos\theta$ 有可能大于 -1，即 $W_a < 0$，涂料不能沾湿表面。当本征接触角 $\theta < 90°$时可自发浸湿，$\theta > 90°$、$W_i > 0$ 时，不能浸湿。

一定的粗糙度可诱导本征接触角 $\theta < 90°$的液体铺展。

例如：某液体在基材表面本征接触角 θ 为 60°，为了使该液体在基材表面铺展，前处理使基材粗糙度 i 为2，则该液体能在基材表面铺展。

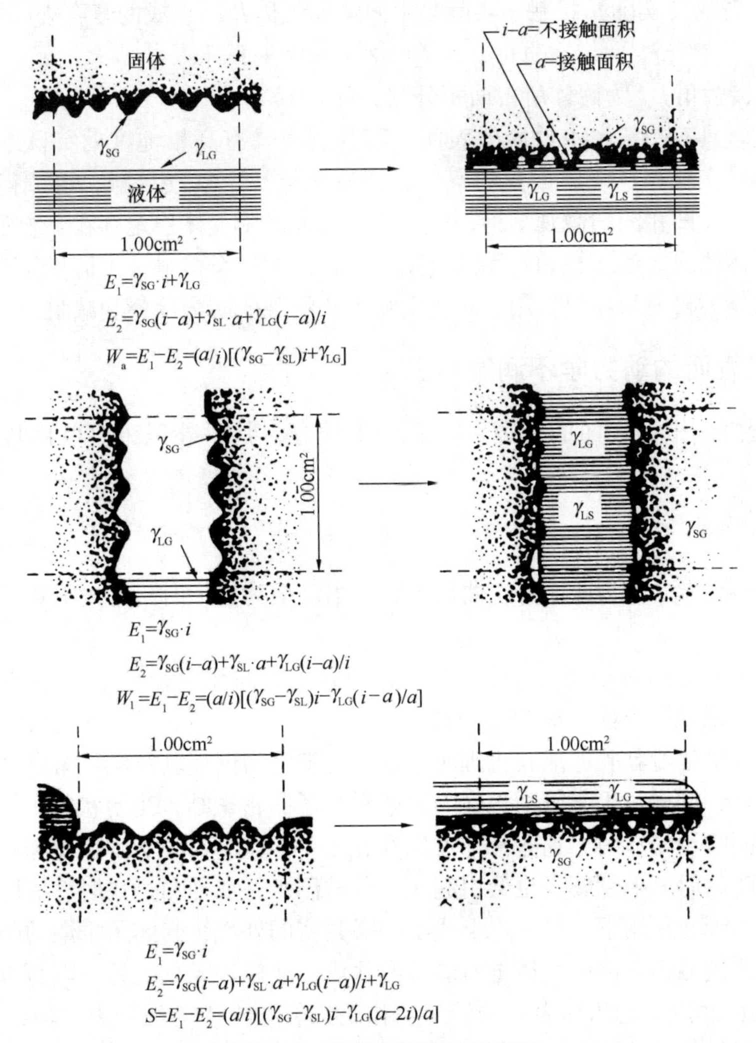

图4-14 粗糙表面润湿示意图

验证，因为：$S = \gamma_{LG}(i\cos\theta - 1) = \gamma_{LG}(2 \times \cos 60° - 1) = 0$

所以，该液体能够在这种粗糙度的表面铺展。

4. 荷叶效应 本征接触角 $\theta < 90°$时，为疏水表面，而接触角大于150°时，称为超疏水表面，不仅疏水而且疏油，即双疏表面。天然的荷叶；芸苔表面仅为一般的蜡覆盖，但与水的接触角可达160°，表现超疏水的性质，称为荷叶效应，原因是具有极高的粗糙度。

通过杨氏公式了解荷叶效应

$$\cos\theta = (\gamma_{SG} - \gamma_{SL})\ \gamma_{LG}$$

将粗糙度 i 引入公式，$\cos\theta' = i(\gamma_{SG} - \gamma_{SL})\ \gamma_{LG}$

θ'为在粗糙度表面上的接触角，表示为 $\cos\theta' = i\cos\theta$

当液体在平滑表面上的接触角大于90°时，i 增加时，θ'逐渐增大，直至获得超疏水表面或双疏表面。

在粗糙表面上的液滴不一定能充满所有沟槽，在液体状态下可能有空气存在，即有 $a < i$ 的情况。

$a < i$ 时，表观（实际）接触角实际是由固体和气体共同组成的复合表面的接触角，

$$\cos\theta' = f_s(1 + \cos\theta) + 1$$

θ'为表观接触角，f_s为固体所占面积分数，即 a/i。

据此公式，具有一定亲水性质的表面，若其表面具有高粗糙度的特殊纳米级微观结构，可使表面稳定地存在一定面积的空气，使液体与一定空气接触，也可得到超疏水表面。如纳米尺寸凸凹相间的微观结构，由于凹面可以吸附气体稳定存在，宏观上相当于有一层稳定的气体薄膜，使涂料和水无法直接和基材表面完全接触，表面呈超双疏性。超双疏性涂料可以作为自清洁涂料，用于防止生物生长的舰船防污涂料和减阻涂料。

4.3.4 粗糙表面的动力学不润湿

1. 毛细管力 粗糙表面的缝隙可以看作毛细管，其内外压力差可用拉普拉斯公式计算：

$$\Delta p = \gamma_{LG}\left(\frac{1}{r_1} + \frac{1}{r_2}\right)$$

Δp 为压力差，r_1、r_2为曲面的主曲率半径。当液面为球形时，可按下式计算：

$$\Delta p = 2\gamma_{LG}/r$$

如果液面为一个凹面，则 r 是负值。从式中看到，曲率半径越小，Δp 越大，这种力就是发生毛细管现象的原因，称为毛细管力。

在4.2.1节中学习乳胶漆成膜机理时学过，毛细管力促使乳胶粒子紧密接触，最后导致胶粒间的融合；同样，毛细管力也会导致颜料粒子紧密聚结，当粉状粒子被液体弄潮湿或大气的水汽凝结于粉体时，这些液体可聚在粒子间的缝隙中，从而形成很大的聚集力。在液体中分散颜料时，毛细管力也会引起颜料分散困难，如加料过快时，成团的颜料外层被润湿，在毛细管力作用下，这一层形成了一层紧密的外壳，封闭了干燥的颜料，使之不能进一步与液体接触，壳内的气体也不能排出并成为液体进入核的另一阻力。

2. 粗糙表面润湿 把粗糙表面的缝隙当作毛细管，由于毛细管力，液体或漆料可以较快地被吸入颜料粒子的间隙或者基材上的细小缝隙，其速率大小与间隙的大小（即半

径 r)、液体或漆料的表面张力 γ、接触角及渗透深度 l 有关。黏度为 η 的流体流过半径为 r、长度为 l 的毛细管所需的时间 t 可按下式计算：

$$t=\frac{2\eta l^2}{r\gamma_{LG}\cos\theta}$$

因为各种有机液体的表面张力相差不大，在毛细管尺寸一定时，润湿时间取决于 η 和接触角 θ。低黏度液体可很快润湿这些孔隙，高黏度液体则需要很长时间，如果在润湿完成前即失去流动性，那么就会形成动力学不润湿。比如常温固化的涂料，如果黏度大，则容易造成动力学不润湿，烘漆由于温度高、η 低，润湿良好。为了减少动力学不润湿的情况，外相黏度不能太高，因此涂料制造中需选用良溶剂。

4.4　涂膜制造中表面张力导致的问题与解决办法

涂膜制造中液体涂料的表面张力对干膜形成具有重要意义。液体涂料表面张力不当，会造成涂料干膜表面不流平、流挂、回缩与缩孔、起皱、橘皮等表面缺陷。本节主要讲述涂膜制造中由于表面张力问题导致的表面缺陷与解决办法。由于颜填料、溶剂选择不当导致的涂膜问题在后续章节中讲述。

4.4.1　流平

1. 涂料的流平性　涂料施工后，液体涂料在基材上润湿和铺展，形成平整、光滑、均匀的涂膜。涂膜能否达到平整、光滑的特性，称为流平性。实际上，常常得不到平整光滑的涂膜。如刷涂时出现刷痕、滚涂时产生滚痕、喷涂时出现橘皮，干燥过程中出现缩孔、针孔、流挂等现象，这些现象都称为流平性不良。流平性不良降低了涂料的装饰和保护功能。涂料流平性差，肉眼便可看出涂层表面不平。流平过程的推动力是涂料的表面张力，它使涂层表面收缩成最小表面积的形状，从而使涂层从凹槽、刷痕或皱纹变成平滑表面。基于条痕模型理论的涂料流平性讨论如图4-15所示。

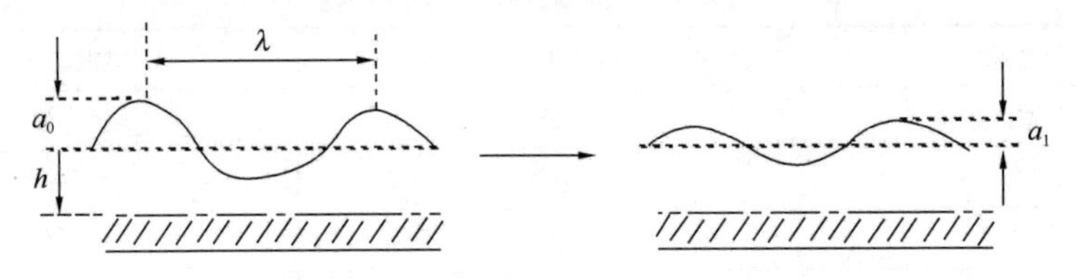

图4-15　涂料流平条痕模型示意图

图4-15中可见刷痕为一个波形，涂层平均厚度为 h，刷痕幅度为 a，控制刷痕的线性尺寸为波长 λ，刷痕剖面的周边曲线按正弦波剖面处理。当 $2a_0$ 低于 $1\mu m$ 时，肉眼看不出差别，此时称涂膜是平的。

流平性用 Orchard 公式评价：

$$\Delta t=\lg\frac{(a_0/a_t)\lambda^4\eta}{226\gamma h^3}$$

式中，γ 为表面张力；a_0 为起始时的振幅；a_t 为时间 t 时的振幅；Δt 为流平到 a_t 时所需的时间。该式的物理意义是，流平时间与流平次数成正比。式中，就是振幅每发生一次减小的变化值，如果 a_0、a_t差值越大，流得越平，相当于流平次数越多。

由式中看到，γ 表面张力低时，Δt 小，但是涂料表面张力一般在（2.5～5.5）×10^{-2} N/m，改变表面张力对流平无明显效果，而且会带来不利影响。涂层厚度 h 和波长 λ 对流平效果有显著影响，而涂层厚度和波长受涂装工艺控制。另外，在施工后的干燥过程中，随着溶剂的挥发，涂料黏度升高，涂层由液态逐渐转变为固态，可在涂料配方中添加少量高沸点溶剂，延长涂料表面开放时间，可以提高涂膜的流平性。

乳胶漆的流平性较差：一是在低剪切力下黏度高；二是当刷涂于多孔基材时，外相可以迅速进入空隙中，而乳胶粒子不能进入小孔，增加体系黏度，比如木材表面的涂装；三是乳胶漆中水挥发到一定程度时，乳胶粒子碰到一起立刻形成半干的结构，也有害流平。

2. 改善涂料的流平性方法 降低涂料与基材之间的表面张力，使之具有良好的润湿性，并且不致与引起缩孔的物质之间形成表面张力梯度；调整溶剂蒸发速度，降低黏度，改善涂料的流动性，延长流平时间，可以改善涂料的流平性；薄涂，即在涂膜表面形成极薄的单分子层，以提供均匀的表面张力，使表面张力趋于平衡，也可以改善流平性，避免因表面张力梯度造成表面缺陷。

4.4.2 流挂现象与解决办法

与涂料的流挂现象不同，涂料流平的推动力为涂料的表面张力，与重力无关，因此顶棚上涂料同样可以流平。流挂的产生源于重力。当涂料涂布于一个垂直面时，由于重力，涂料有向下流动的倾向，轻则形成泪痕，重则形成挂幕，上薄下厚，称流挂现象。流挂是由重力因素引起的流动。黏度是抗拒流动的量度，是防止流挂的因素。流挂的速度公式：

$$V = \frac{\rho g x^2}{2\eta}$$

式中，ρ 为涂料密度；g 为重力加速度常数；x 为涂层厚度。从公式中看到，黏度大、涂层薄，流挂速度小。控制流挂主要是控制黏度，因为涂层厚度是由遮盖力和干膜性能决定的，不能因为控制流挂就降低涂层厚度。涂料的黏度对其应用性能的影响见表 4-1。

表 4-1 涂料对流变性的要求

对涂料要求	剪切力情况	要求黏度（η）
颜料沉降速度要慢	低	高
上刷要好	中等	中等
不易溅落	低	高
容易涂刷	高	低
抗流挂	低	高
流平好	低	低

流挂的产生与涂料中选用的稀释剂、施工方法、涂装所处的环境均有一定的关系。从表 4-2 中看到，某些性能对黏度的要求是矛盾的，涂料制造中需要控制涂料的流变性，平衡各种性能。

4.4.3 缩孔与解决办法

1. 缩孔 指涂膜上形成的不规则的、有如碗状的小凹陷，使涂膜失去平整性，常以一滴或一小块杂质为中心，周围形成一个环形的棱（图4-16）。从流平性的角度而言，它是一种特殊的“点式”的流不平，产生于涂膜表面，其形状从表现可分为平面式、火山口式、点式、露底式、气泡式等。

缩孔形成的关键是涂膜表面产生表面张力梯度：一方面由于涂料干燥过程中溶剂的蒸发产生表面张力梯度；另一方面是涂膜中的颗粒、液滴等低表面的张力物质的存在导致表面张力梯度。如果涂膜周围及内部有粒子或液滴等污染物存在，当它们流动到涂膜表层时，污染物的表面张力低，就会形成表面张力梯度，涂料中各组成物质分散不均匀也会形成表面张力梯度。由于表面张力梯度的形成，粒子或液滴的表面张力比湿涂膜低，所以涂料在表面上径向地向外流动。由于湿涂膜黏度高，被污染物首先要克服黏度的阻滞作用，拖动表层以下的涂料。若湿膜较厚，里层的涂料会移动到表面补充而消除缩孔，若湿膜较薄，里层的涂料量不足以补充，就形成了缩孔。缩孔的形成还取决于涂料本身的流动性，当涂膜上形成表面张力梯度时，流体由一点向另一点流动，若流动量大，就会形成露底缩孔。要减少缩孔，就应使涂料流动性减小，要求涂膜薄、黏度高以及适当的表面张力的梯度，尽量使表面张力均匀。

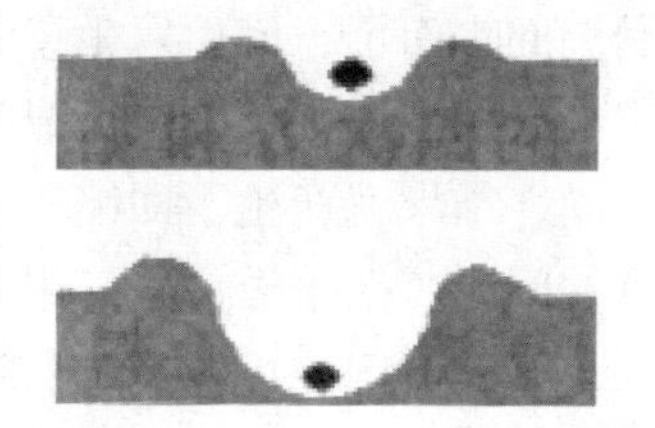

图4-16　缩孔

2. 缩孔产生的原因　缩孔产生的原因归纳起来有以下几种情况，在涂料制造和使用中需要加以注意：

（1）涂料本身的原因　①涂料对底材的湿润性差；②涂料或稀释剂中混入油类、水分或其他杂质。

（2）涂装工艺原因　①被涂物面的洁净度差，尤其在长期放置后的、被导致缩孔物质污染过的和干打磨后的被涂物表面，在涂装前又未充分除净的场合；②涂装用压缩空气中的油、水未除净；③作业中被擦布和手套等二次污染的被涂面；④湿打磨和水冲洗后未烘干，被涂面的水分未除净；⑤过度光滑的油漆层上或含有硅油添加剂的面漆层上再进行修补涂漆；⑥烘干室排气不充分或循环热风被污染。

（3）涂装环境原因　车间空气洁净度差，有尘埃和喷溅物，或有其他类涂料喷雾、有机硅化物污染源等。同时，高温多湿或气温过低的环境下，或涂料与被涂物温差大的场合，都会导致涂料缩孔。

4.4.4　回缩与厚边

1. 回缩　表面张力较高的涂料涂于表面张力低的底材上，涂料将不能润湿该底材，所以表面张力试图将湿膜拉成球状。同时涂料溶剂挥发，黏度增大，在被拉成球之前，黏度已高到使流动停止，会形成不均的漆膜，有些地方薄，有些地方厚。这种行为称为回缩。

有油污的钢材上涂漆常会造成回缩。在塑料上更常见，在未完全去除脱模剂的塑料件上涂漆会回缩。将表面张力高的面漆涂到低表面自由能底漆上，也会导致回缩。含有硅油或氟碳表面活性剂的涂膜上再涂漆时也易回缩。如果赤手接触底涂膜，然后涂较高表面张力面漆时，由指印留下的油污可能会将湿膜推开，这种类型的回缩“复印”了底材上低表面张力区的图形，称为“透印”。

涂膜含有会快速趋向高极性底材表面的表面活性剂分子时，也会造成回缩。即使涂布涂料的表面张力比底材的表面自由能低，但比湿膜中的表面活性剂趋向在底材表面后的底材表面自由能要高。表面活性剂的极性基与底材缔合，长的非极性尾部就变成涂料必须去润湿的表面了，因而发生了回缩。假如，为了矫正橘皮现象而加入过量的硅油，那些不溶解部分的聚二甲基硅氧烷成为小液滴而移向底材表面，并展布其上形成涂料不能润湿的新表面，结果就产生了回缩或缩孔。少量的硅油能解决某些缺陷，但稍微过量就会造成更严重的问题。据报道，聚二甲基硅氧烷中的较高分子量部分在许多涂料中是不溶解的。另外，其他助剂也可能造成涂料回缩。

高固体分涂料比常规涂料的表面张力高，因为要达到高固体分，必须用较低分子量的树脂，这就会增大极性官能团的浓度，如羟基或羧基的浓度，所以表面张力一般会较高。为给出最低黏度，所用的溶剂也是表面张力较大的，所以高固体分涂料回缩问题更大。

2. 厚边 涂膜在边上最厚，稍离边处比平均的涂膜薄。从遮盖力上来看，对比非常明显。这是因为在边上空气流最大，溶剂挥发最快，导致树脂浓度增大和温度降低，从而使表面张力增大，引起邻近的低表面张力的湿膜流过来，覆盖边上表面张力较高的涂料。

4.4.5 起皱、橘皮和贝纳尔旋流涡

1. 起皱 起皱是指涂膜表面皱成许多小丘和小谷。皱纹的形成是湿膜表层黏度已很高而底层仍然有一定的流动性所致。这是由于溶剂在表层挥发得快，在底层挥发得慢。也可能是由于表层交联比底层快，底层溶剂的后挥发或后固化造成的收缩，这种收缩将表层拉成皱纹样。厚膜比薄膜更易起皱，因为发生反应速度和溶剂挥发差别的机会随厚度增加而增大。

2. 橘皮和贝纳尔旋流涡 指湿膜未能充分流动形成的似橘皮状的痕迹。橘皮现象形成的原因是贝纳尔旋流涡。

涂料在干燥过程中，随着溶剂的蒸发，在涂膜表面形成较高的表面张力，并且黏度增大，同时，溶剂的蒸发吸收热量导致温度下降，造成内外表面之间的温差及表面张力、黏度不同。当表面张力不同时，将产生一种推动力，使涂料从底层向上层运动。当上层溶剂含量降低时，较多溶剂的底层就往表面散开。随着溶剂蒸发，黏度增大，流动速度缓慢。流动的涂料在重力作用下向下沉。同时，又由于里、表层之间表面张力的不同，再一次使流动的涂料向上运动。当表面再一次散开时，物质将再一次受到重力的影响并下沉。这种下沉、向上、散开的流动运动将反复进行，直到其黏度增长到足以阻止其流动时为止，此时里、表层的表面张力差也趋于消失。

这种流动运动的反复进行，造成局部涡流，称为贝纳尔旋流涡（图 4-17）。按照 Helmholtz 流动分配理论，这种流动形成边与边相接触的不规则六角形的网络，旋涡状小格中心稍稍隆起，如果涂料的流动性差，干燥后就留下不均匀的网纹或条纹，称为橘皮现象。

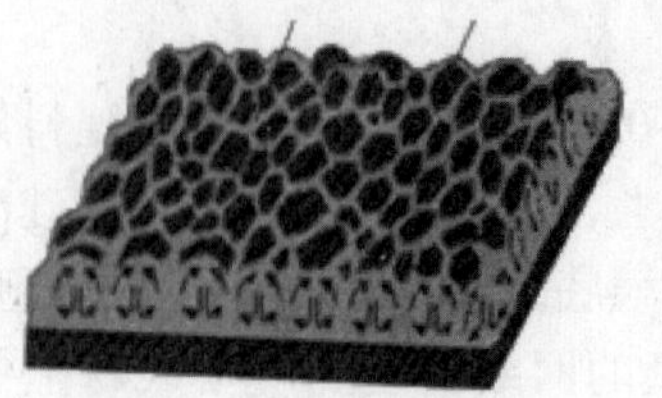

图 4-17 贝纳尔旋流涡

起皱最常遇到的情况是在配方不妥当或施工不适当的交联的涂料中。例如，用二甲氨基乙醇不起皱时，用三乙

胺却起皱了。橘皮指涂膜表面形成许多半圆形突起物（如橘皮）的弊病。其原因是施工时喷涂不当，低沸点溶剂太多，急剧挥发；黏度大，来不及流平等。防治方法是采用高沸点的溶剂，也可适当调整喷涂施工条件和施工方法。

4.5 低表面张力涂料的制造

4.5.1 低表面张力涂料制造的意义

涂料制造与涂装过程中，树脂溶液和制造的液体涂料具有低的表面张力是有益的。

① 有利于对颜料的湿润以及颜料在漆料中的分散，提高色漆制造研磨分散效率，有利于漆浆的稳定。

② 有利于涂膜对底材的湿润，因此便于涂膜的流平和提高涂膜对底材的附着力。

③ 高固体分涂料的表面张力对其喷涂时的雾化性能的影响比涂料黏度的影响更重要。由于低表面张力的液体涂料喷涂时容易断裂和雾化，所以容易获得满意的喷涂效果。

④ 解决与表面张力有关的某些涂膜病态，例如陷穴缩孔和镜框效应。当涂料喷涂于表面沾污的底材上时会产生陷穴。这是由于类似灰尘和油污的污染物，通常都比周围表面的表面张力低些，因此，当涂料涂于该表面上时，沾污物就会溶于涂料，使这部分涂料的表面张力降低，而表面张力低处的涂料会向附近表面张力高的地方流动，周围涂料增加，中间形成陷穴。镜框效应也是由类似原因造成的。这是由于溶剂自底材的四周边缘或弧形表面上的挥发速率比底材平面上的涂膜中的溶剂挥发速率快，随着固体分的提高，表面张力增加得也快。那么，底材平面上表面张力低的涂料就会移向边缘，使那里的涂膜增厚，而形成“镜框效应”。通常，最大限度地降低高固体涂料的表面张力，可以使上述涂膜病态得到缓解。

4.5.2 降低涂料表面张力的途径

选择低表面张力溶剂是降低漆料及涂料表面张力的途径之一。涂料配方中的成膜物——高分子聚合物的表面张力比较高，一般为32~61mN/m，聚合物的临界表面张力见表4-2。而各类溶剂的表面张力相对比较低，为18~35mN/m。在涂料用有机溶剂中，其表面张力增大的顺序是：脂肪烃<芳香烃<酯<酮<醇醚及醚酯<醇，各类溶剂的表面张力范围参见表4-3。

表4-2 聚合物的临界表面张力

聚合物	表面张力（mN/m）	聚合物	表面张力（mN/m）
聚甲基丙烯酸正丁酯	32	聚甲基丙烯酸甲酯	41
聚醋酸乙烯酯	36	环氧树脂	47
聚氯乙烯	39	尿素-甲醛树脂	61
三聚氰胺树脂	39		

表4-3　各类溶剂的表面张力范围

溶剂类型	表面张力（mN/m）	溶剂类型	表面张力（mN/m）
醇类	21.4～35.1	乙二醇醚酯类	28.2～31.7
酯类	21.2～28.5	脂肪烃	18.0～28.0
酮类	22.5～26.6	芳香烃	28.0～28.5
乙二醇醚类	26.6～34.8	水	72.7

含有大量溶剂的传统涂料，表面张力值都比较低。例如，典型的汽车涂料的表面张力约为26mN/m，传统的聚酯磁漆表面张力为31.5mN/m，所以传统涂料容易在底材表面润湿和铺展。表面张力相当低的底材（如聚乙烯、聚丙烯塑料等）才会遇到底材湿润问题。但是，涂料表面张力随着其固体分的增加而增高，合成树脂涂料，特别是高固体分涂料，其表面张力比较高，而溶剂比例降低，以有限的溶剂将树脂溶液的表面张力降低到尽量低的限度，需要严格地选择溶剂的表面张力。如表4-4所示，以低表面张力的溶剂配制成涂料就可以获得比较低的表面张力。

表4-4　含颜料丙烯酸/三聚氰胺涂料的表面张力（0.34kg溶剂/L涂料）

溶剂	溶剂的表面张力（mN/m）	涂料的表面张力（mN/m）	溶剂	溶剂的表面张力（mN/m）	涂料的表面张力（mN/m）
IBIB	23.2	26.5	Extasolve EE 醋酸酯	28.2	32.0
甲基戊基酮	26.1	29.5	二甲苯	28.0	31.5

所以，在选择溶剂组成色漆配方时，除考虑前面所论述的溶解力、黏度、挥发速率等因素外，溶剂的表面张力也是一个重要的因素。在平衡各项因素的前提下，应当尽量选用低表面张力值的溶剂。表4-5为一些溶剂的表面张力。

表4-5　溶剂的表面张力*

名称	表面张力（mN/m）	名称	表面张力（mN/m）	名称	表面张力（mN/m）
甲醇	22.55	甲基丙基甲酮	24.1	醋酸正丙酯	24.2
乙醇	22.27	二异丁基酮	22.5	醋酸异丙酯	21.2
丙醇	23.8	甲基异戊酮	25.8	醋酸丁酯	25.09
异丙醇	21.7	甲基戊基甲酮	26.1	醋酸异丁酯	23.7
正丁醇	24.6	二异戊基酮	24.9	醋酸戊酯	25.68
异丁醇	23.0	环己酮	34.5	醋酸异戊酯	24.62
仲丁醇	23.5	二丙酮醇	31.0	乳酸丁酯	30.6
丙酮	23.7	苯	28.18	Ektasolve E 醋酸酯	28.2
二氯甲烷	28.12	甲苯	28.53	Ektasolve DB 醋酸酯	30.0
丁酮	24.6	间二甲苯	28.08	硝基苯	43.35
甲基异丁基酮	23.9	醋酸乙酯	23.75	硝基乙烷	31.0
二甘醇乙醚	31.8	1，1，1－三氯甲烷	25.56		

*表中表面张力除标注的外皆为20℃时数据。

第 5 章　涂料制造中的颜填料

涂料的质量与各种功能与涂料中的颜填料密切相关。本章主要学习涂料中颜填料的性质、性能；颜填料的选择；颜填料在涂料中所起的功能作用；颜填料与基料树脂的配比设计；颜填料选用或者使用不当对涂料制造、贮存和使用中造成的问题和解决办法。

5.1　光和涂膜的光学性质

光照射在涂膜表面，被涂膜透射、折射、反射、散射以及吸收，决定了涂膜的颜色、涂膜对底材的遮盖等光学性质。

5.1.1　光反射与涂膜的光泽

1. 光的反射　光传播到不同物质的分界面时，有一部分被反射，仍在原来的物质中传播。这种现象就是光的反射。反射光线、入射光线、法线在同一平面上，反射光线和入射光线分居在法线两侧，反射角等于入射角。即“三线同面，法线居中，两角相等”，这个规律称为光的反射定律。光的反射如图 5-1 所示。反射光强与入射光强的比 R 称为反射率。

$$R = \frac{I}{I_0}$$

光投射在一个光滑的表面上进行的反射称为镜面反射，如图 5-2 所示。光投射在一个粗糙的表面，在不同方向上反射，称为漫反射，漫反射面凹凸不平，平行光入射，反射光线却向各个方向射出，能从不同方向看到反射光，且不耀眼。光的漫反射如图 5-3 所示。

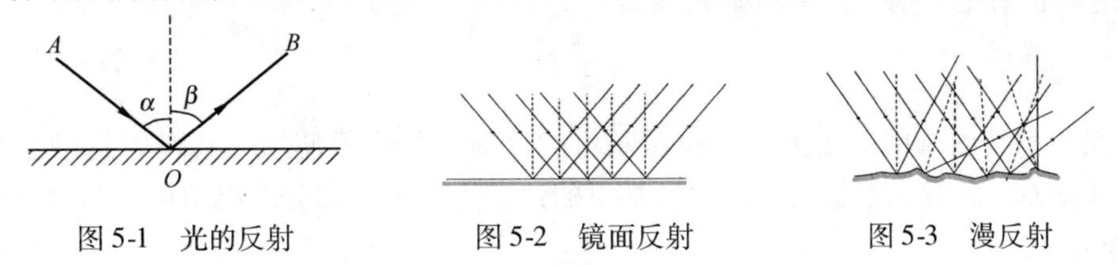

图 5-1　光的反射　　图 5-2　镜面反射　　图 5-3　漫反射

进入介质到达底部的光会产生二次反射，照射到介质的小颗粒会发生散射，散射和二次反射的光又从介质表面射出。将从反射角以外的所有从表面射出的光的和，称为扩散反射光。如果一束平行光照射在一种玻璃或其他结构的材料上时，光线在其中经过折射反射后，反射光线仍然可按照原有光源方向平行地反射回来，这种反射称为回归反射。

反射率 R 大小与物质性质有关，与入射角有关。当入射角接近 90°时，R 接近 1；当入射角接近 0°时，与物质的折射率 n 有关，反射率计算如下：

$$R = \left[\frac{n_2 - n_1}{n_2 + n_1}\right]^2$$

酚醛树脂的折射率为1.54，空气的折射率约为1，当光线照射在酚醛树脂涂膜上时，其反射率：

$$R=\left[\frac{n_2-n_1}{n_2+n_1}\right]^2=\left[\frac{1.54-1}{1.54+1}\right]^2=\left[\frac{0.54}{2.54}\right]^2$$

反射率很低，即光线大部分进入介质。

2. 涂膜的光泽 涂膜的光泽是涂膜表面把投射其上的光线向镜面反射出去的能力，反射光量越大，则光泽越高。入射光照射在光滑平整的涂膜表面，平行光入射，平行光反射，只能从某个方向看到反射光，涂膜光亮。漆膜反射光强度不仅与表面形貌有关，还和入射角大小有关。使用光泽计，以不同的角度测定相对的反射率来判断光泽。即将平行光以一定的角度投射到表面上，测定由表面以同样角度反射出的光。

以60°测量，按60°光泽计测量的结果，将涂料分为：

高光泽涂料，70%以上；

半光泽或中光泽，70%～30%；

蛋壳光，30%～6%；

蛋壳光－平光，6%～2%；

平光，2%以下。

这里光泽百分数是将样板与一个标准版比较得到的相对值。人们对光泽高低的感知判断取决于反射率以及反射光强度与扩散光强度的比值，实测的光泽数据与人们视觉对光泽高低评价不一定吻合。

5.1.2 光折射与涂膜的遮盖力

1. 光的折射率 一束光投射到一个光滑物体表面时，一部分光反射，另一部分光会进入物体内部，但行进方向发生偏折，这种现象叫作光的折射。光的折射规律：当光从空气斜射入水（或玻璃）中时，折射角小于入射角；当光从水（或玻璃）斜射入空气中时，折射角大于入射角。将入射角 i 和折射角 r 正弦之比 n 称折射率。真空中各种介质的折射率称为绝对折射率。空气的折射率大约是1。

$$n=\frac{\sin i}{\sin r}$$

2. 光折射与涂膜的遮盖力 涂膜对基材的遮盖力与涂膜使用的基料树脂以及颜填料的折射率有关。折射率差越大，涂膜对基材的遮盖力越大。部分涂料用树脂与颜填料的折射率见表5-1。

表5-1 部分涂料树脂与颜填料的折射率

原料名称	折光率	原料名称	折光率	原料名称	折光率
空气	1.00	立德粉	1.84	聚脂树脂	1.50
水	1.33	氧化锌	2.02	丙烯酸树脂	1.51～1.54
油	1.48	硫化锌	2.37	聚乙烯树脂	1.59
树脂	1.55	钛白粉（锐）	2.55	聚苯乙烯树脂	1.52
碳酸钙	1.53	钛白粉（金）	2.73	聚氯乙烯树脂	1.55
二氧化硅	1.55	醇酸树脂	1.54	酚醛树脂	1.54

涂料用树脂折射率不超过 1.55。

5.1.3　光的吸收与涂膜颜色

若物质对各种波长 λ 的光的吸收程度几乎相等，即吸收系数 a 与 λ 无关，则称为一般吸收。在可见光范围内的一般吸收意味着光束通过物质后只改变强度，不改变颜色。例如空气、纯气体、无色玻璃等物质都在可见光范围内产生一般吸收。若物质对某些波长的光的吸收特别强烈，则称为选择吸收。

对可见光进行选择吸收，会使白光变为彩色光，绝大部分物体呈现颜色，都是其表面或体内对可光进行选择吸收的结果。有色的不透明物体只反射与它本身相同颜色的光，而其他颜色的光都被它吸收。

5.1.4　光的散射和库贝尔卡-蒙克公式

1. 光的散射　当光束通过均匀的透明介质时，从侧面难以看到光。但当光束通过不均匀的透明介质时，则从各个方向都可以看到光。介质的不均匀性使光线朝四面八方发散，这种现象称为光的散射。如太阳光从窗外射进室内，从侧面可以看到光线的径迹，就是因为太阳光被空气中的灰尘散射。

光散射的实质是质点分子中的电子在光波的电场作用下强迫振动，成为二次光源，向各个方向发射电磁波，这种波称为散射光。光散射是全方位的，得到的是漫射光。入射光和散射光之比称为散射率，见下式。

$$I/I_0 = e^{-SCl}$$

S 为散射系数，取决于体系性质，即粒子大小、分布及介质的折光指数差等；C 为微粒含量，l 为介质厚度，C 值并非越高越有利于散射。折光指数差与相对散射率关系如图 5-4 所示。散射率和两相的折光指数之差有关，差越大散射率越大。当涂膜中的颜料与聚合物的折光系数相同时，散射率为 0。

散射率和介质中微粒大小和分布有关，粒子太大或太小都不能发生散射，每一种物体都有最佳粒径。散射率还与微粒在介质中的含量和介质厚度有关。

2. 库贝尔卡-蒙克公式　对于某一涂膜达到其遮盖力，即增加漆膜的厚度不再增加遮盖时，涂膜的反射率、散射率和吸收率之间关系可用库贝尔卡-蒙克（Kabelka-Munk）公式表示：

$$\frac{K}{S} = \frac{(1 - R)^2}{2R}$$

K、S、R 分别为漆膜的吸收系数、散射系数和反射率。

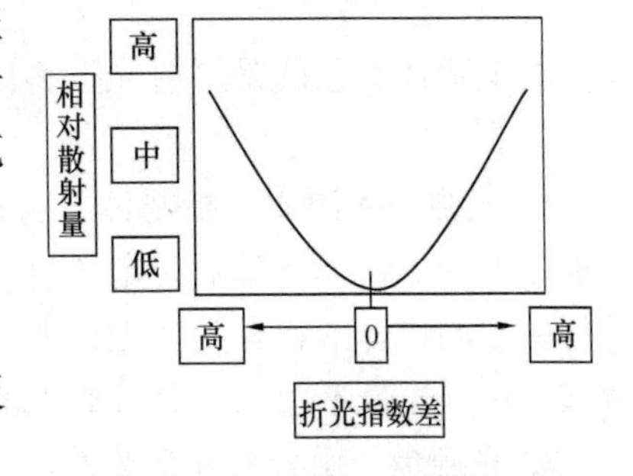

图 5-4　折光指数与散射率关系

计算机配色基本原理就是利用 Kubelka - Munk 理论，找出配方与按配方混合后颜料反射率间的关系，经过计算，找出颜料配比与颜色之间的关系。

5.1.5 光的颜色与物质的颜色

可见光是波长为400～700nm的电磁波。我们看到的大多数光是由许多不同波长的光组合成的。如果光源发出的光由单波长组成，就称为单色光源。大多数光源发出的光由不同波长组成，只有极少数光源是单色的，每个波长的光具有自身的强度。太阳的白光由各种色光组合而成，见表5-2。

表5-2 光的波长与颜色

光的波长（nm）	光的颜色	三原色	三辅色
395～430	紫		
430～490	蓝	蓝440	
490～505	青		青
505～570	绿	绿550	
570～595	黄		黄
595～625	橙		
625～680	红	红650	
			品（红紫）

物质的颜色是视觉系统对可见光的感知结果。人的视网膜有对红、绿、蓝敏感程度不同的三种锥体细胞，对不同频率的光感知程度不同，对不同亮度的感知程度也不同。自然界中的任何一种颜色都可以由R、G、B 3种颜色值之和来确定，以这三种颜色为基色构成一个RGB颜色空间，基色的波长分别为700nm（红色）、546.1nm（绿色）和435.8nm（蓝色）。

5.2 颜色的调配

5.2.1 物体的颜色

决定物体颜色的是照射光、物质本身性质以及我们的眼睛。光源、对象和人是颜色的三要素。

1. 光源 光源通常指物体本身能发光，能发出一定波长范围的电磁波的物体。对象指物体本身，物体能反射一定的色光，物质对光的作用取决于其微观结构，即分子结构，但也和它的物理形状有关。人指人的眼睛，不同人对光的感觉可能不同。一般人对绿光最敏感，对红光最不敏感，而且对光的感觉和心理作用有密切关系。

2. 光源色 由各种光源发出的光，光波的长短、强弱、比例性质的不同，形成了不同的色光，称为光源色。光源色是影响、决定物体色彩的重要因素。

太阳光是最重要的自然光源。时间的推移以及天气发生变化都会直接影响物象的色彩。除了太阳光之外，还有其他各种光源，例如灯光，比阳光弱得多，而且所含的可见光比例也和阳光不同。一般白炽灯发出的光常偏红、黄色光，而日光灯发出的光则偏蓝色光。

3. 物体的固有色　在同样阳光照耀下，各种物体呈现出不同的色彩，这是物体对可见光所做的不同反射的结果。不同物体，对照射其表面的光线，有吸收一部分、反射一部分的选择功能，反射出来的那部分光线进入人的视觉器官，就是看到的物体本身的色彩，称为物体的固有色。

透明物体的颜色是它能透过色光的颜色。有色的透明物体只透过与它本身相同颜色的光，而其他颜色的光都被它吸收。不透明物体的颜色跟它被反射的色光的颜色相同，吸收跟物体颜色不同的色光。有色的不透明物体只反射与它本身相同颜色的光，而其他颜色的光都被它吸收。白色的物体反射所有颜色的光，黑色的物体吸收所有颜色的光。

环境色或称条件色，指物体在不同光源与环境下所呈现的色彩变化。物体总是处在某种具体环境之中，随着光源及具体环境的变化，都会使物体的固有色受到一定的影响。将白色的物体放置于红色、黄色与蓝色的衬布上，便可以看到物体的固有色白色明显受到衬布色彩的影响而呈红、黄、蓝等色成分，光线越强，影响越大。

5.2.2　颜色的三属性

颜色的三属性是指构成颜色的基本要素，即色相、明度和彩度。对颜色的区别先以红、黄、绿等色相的差别来区分，再以明暗来区分，如明红色或暗红色，以明度之尺度将颜色区别如鲜红、暗红等。

1. 色相　色相指色彩的相貌，是区别色彩种类的名称。光谱上的红、橙、黄、绿、蓝、紫等六色，通常用来作为基础色相。基础色相中尚有无数的种类存在于其间，例如红色系中有紫红、橙红，绿色系中有黄绿、蓝绿等色彩。光谱上的色光带成条状，秩序分明。从红到紫不断渐变，排成圆圈的图案就是“色相环”。白、黑等无彩色是没有色相的。在色相环上正对的颜色就是这种颜色的“补色”，比如正对着红色的，就是蓝绿色。用力盯着红色看一段时间再突然把视线移动到一张白纸上，眼前就会浮现出蓝绿色。这种现象叫作“补色残像现象”，出现的补色也叫作“心理补色”。补色的绘画工具、颜料、墨水等，同普通的颜色混合，就会显现出灰色，这叫作“物理补色”。

色相环上的红、橙、黄等颜色会令人感到温暖，被称为暖色；相反地，令人感到寒冷的就称为冷色，比如蓝色系的颜色。处于中间位置的绿色、紫色被称为中性色。

色相是颜色的光谱特性，对应一定的波长。色相是颜色的基本因素。

2. 明度　明度指色彩的明暗程度，即色彩深浅差别。明度指颜色的亮度，不同的颜色具有不同的明度。物体的明暗程度不同，是因为物体所反射色光的光量有差异。反射光量越多，明度越高，反之明度越低。

色彩的明度差别包括某种颜色的深浅变化以及不同色相之间存在着明度的差别。将某一种色相加入白色或黑色，色彩就会明亮或灰暗。色料颜色的明度取决于混色中白色和黑色含量的多少。例如：粉红、红、深红、暗红都是红色，但一种比一种深，这种称为色彩深浅变化。

以纯净的红色，依次以等差的量加入白色，使其纯度降低，便得到从灰到艳的各种纯度色彩，这种称为色相的明度差别。例如黄色就比蓝色的明度高，在一个画面中安排不同明度的色块可以帮助表达画作的感情，如果天空比地面明度低，就会产生压抑的感觉。

任何色彩都存在明暗变化。黄色明度最高，紫色明度最低，绿、红、蓝、橙的明度相近，为中间明度。另外，在同一色相的明度中存在深浅的变化，如绿色中由浅到深有粉绿、淡绿、翠绿等明度变化。

3. 饱和度 也称为纯度或彩度。饱和度是指颜色的鲜艳度，即色彩的纯净程度，表示颜色中有色成分的比例，有色成分比例越大，则色彩纯度越高，有色成分比例越小，则纯度越低。

可见光谱的各种单色光是最纯的颜色，为极限纯度。当把一种纯净颜色加入白或黑，结果使颜色相应降低了彩度，或趋向柔和或趋向沉重。当掺入的色达到很大的比例时，由人眼看来，原来的颜色将失去本来的光彩，而变成掺入颜料的颜色。

有色物体色彩的纯度与物体的表面结构有关。如果物体表面粗糙，其漫反射作用将使色彩的纯度降低；如果物体表面光滑，那么，全反射作用将使色彩比较鲜艳。

4. 色立体 将色相、明度、彩度以三坐标轴所构成之关系图即成色立体。成色立体的模式是将黑配置于下端，白配置于最上端，中心轴表示明度的层次，其间配置灰色，此中心轴也称无彩轴。以此无彩轴为中心的圆周上配置色相，依次排列红、橙、黄、黄绿、绿、蓝绿、蓝、蓝紫、紫、紫红，形成了色相环或色轮。孟塞尔色环如图5-5所示。相同色相的颜色，根据明度及彩色之顺序，配置于一平面者称为“等色相面”，在等色相面内，彩度越高者即高彩度者，配置于离无彩轴越远。

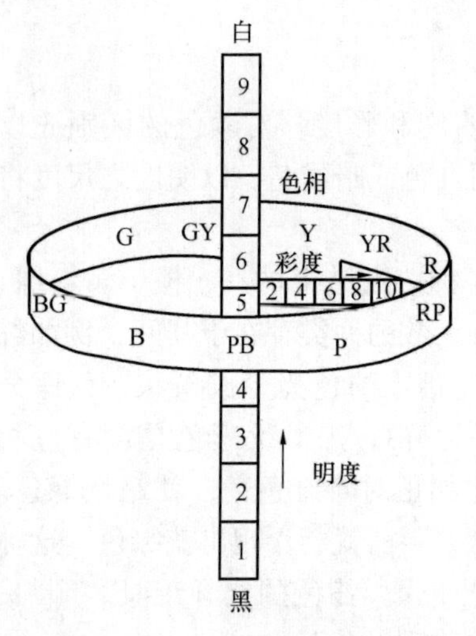

图5-5 孟塞尔色环

三属性的色相、明度、彩度，各具备其独立的性质。例如，对于相同的色相，相同明度的点有彩度的变化，相同彩度之处有明度的变化。因此，色彩的三属性相互间不存在比例关系。

5.2.3 颜色的调配

混合不同颜色的光波以形成白光的方法称加色法；使用颜料来减少光波称减色法。

1. 加色法 波长不同的色光照射在物体上，各种物体反射出来的色光的波长也不相同，人眼所见的颜色是一定波长范围内的色光所能呈现的颜色，如蓝色是波长为450～500nm的颜色。这种蓝色的色相、明度和纯度都很标准。如用两个不同颜色的光照射在同一点上，则反射回来的色光，刺激人的眼睛，可见到这种色光的颜色比单一色的可见色光色彩更鲜艳明亮。

以颜色相加能获取更多不同明亮度的混合颜色。如电子光枪发出红、绿、蓝三种色光。借由这三种色光，计算机屏幕可制作出完整的光谱，即RGB色系。在RGB系统中，可以透过混合三原色的方式做出一个光谱。混合任意两个原色，就会产生三个次原色：青、洋红、黄。将光的三原色加在一起就可以做出白光。红色和青色为互补色，相加可得白色，加色法配色图如图5-6所示。

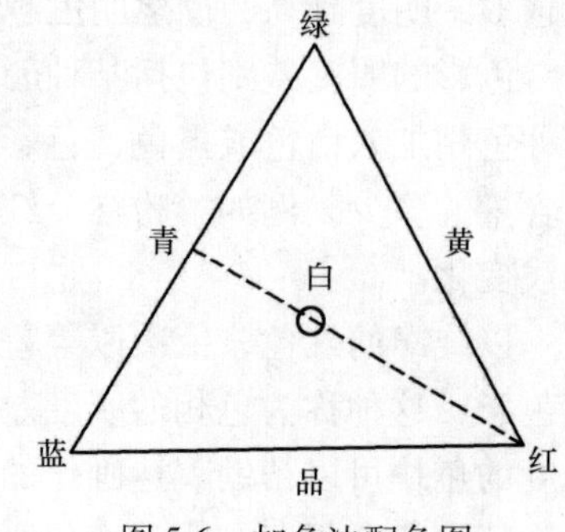

图5-6 加色法配色图

2. 减色法配色 物体中的色素可以吸收某些色光，

反射不能吸收的色光，从而呈现反射色光所赋予物体的颜色。色料也是如此，几种色料混调后得到的一种复合颜色，是吸收了用来调整这种颜色的其他几种原色，而且降低了色料本来很亮的色相、明度和彩度，就是说，不同程度地减低了色相、明度和纯度。这种色料配色法称为减色法配色。如白光通过黄、品红、青三层颜色时，可将红、绿、蓝三原色全部减去，什么光也不能透过，可得黑色。减色法原理如图 5-7 所示。

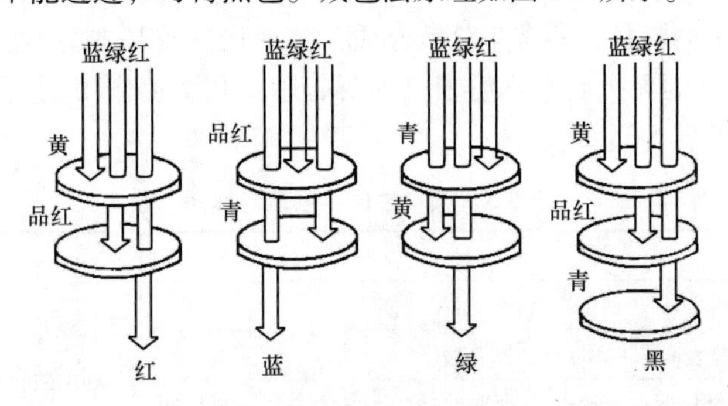

图 5-7　减色法原理图

涂料中颜料配色是减色法配色。将研磨得很细的等量标准青颜料和黄颜料混合，这两种颜料分别吸收各自的色光，剩下的是青颜料和黄颜料都不吸收的光，即绿光，得到绿色颜料。

混合配色遵循减色法原理，其三原色是黄、青、紫，它们的互补色是蓝、红、绿。所谓补色即两种色光按一定比例混合得到白色色光，红色的补色是青色，黄色的补色是蓝色，绿色的补色是紫色。

减色法混合的结果归纳如下：

黄色 = 白色 – 蓝色

紫色 = 白色 – 绿色

青色 = 白色 – 红色

黄色 + 紫色 = 白色 – 蓝色 – 绿色 = 红色

黄色 + 青色 = 白色 – 蓝色 – 红色 = 绿色

紫色 + 青色 = 白色 – 绿色 – 红色 = 蓝色

黄色 + 紫色 + 青色 = 白色 – 蓝色 – 绿色 – 红色 = 黑色

色彩学上称间色与三原色之间的关系为互补关系，称为互补色，意思是指某一间色与另一原色之间互相补足三原色成分。例如，绿色是由黄加蓝而成，红色则是绿的互补色，橙色是由红加黄而成，蓝色则补足了三原色。如果将互补色并列在一起，则互补的两种颜色对比最强烈、最醒目、最鲜明：红与绿、橙与蓝、黄与紫是三对最基本的互补色。邻近色则正好相反，邻近色之间往往是你中有我、我中有你。比如：朱红与橘黄，朱红以红为主，里面略有少量黄色；橘黄以黄为主，里面有少许红色。同类色则比邻近色更加接近，它主要指在同一色相中不同的颜色变化。例如，红颜色中有紫红、深红、玫瑰红、大红、朱红、橘红等种类。

5.3　涂料中颜填料的作用与分类

5.3.1　颜料的性质与性能

颜料是一种细小的颗粒，不溶于分散介质，其理化性质基本上不因分散介质而变化。它一般是0.2～10μm的无机或有机粉末，主要起遮盖和赋色作用。颜料的主要性质、性能及涂料中的作用见表5-3。

表5-3　颜料性质、性能与作用

性质		性　能	作　用
装饰性	颜色	着色作用	利用颜料的色调、明度、彩度赋予涂层色彩，遮盖瑕疵，降低成本
	遮盖力	遮盖被涂表面，不露底色，遮盖瑕疵	
	着色力	以其本身色彩影响整个混合物的颜色。着色力大，颜料用量少	
	消色力	白色颜料的着色力，指白色颜料抵消其他颜料色光的能力	
物理性质	大小	最佳粒径为光线在空气中波长的1/2，即0.2～0.4μm	增加涂层强度，影响涂层的耐蚀能力、遮盖力及涂料黏度、流变性、涂料润湿分散性能及增强涂层附着力、消光性能等
	形状	球状、粒状、针状（杆状）或片状等	
	密度	体积指堆积体积，密度是堆积密度。密度小有利于降低成本	
	润湿分散性	颜料与漆料的亲和性以及在漆料中均匀分布性能	
化学性质	反应性	活性官能团具有化学反应活性	改善涂层的耐候性、耐热性等性能以及特殊功能
	耐候性	颜料耐受大气腐蚀的能力	
	耐热性	颜料在烘烤成膜或涂膜接触热源时，所能承受的最高温度	
	毒性	含铅、铬、镉颜料及有机颜料的毒性	

1. 装饰性　涂料的装饰性主要指赋色和遮盖作用。

（1）遮盖力　是指色漆涂膜中，颜料能够遮盖被涂表面，使其不露底色的能力。遮盖力对于色漆制造是个重要的经济指标，遮盖力强的颜料，用量少，却可以达到覆盖底层的效果。遮盖力用遮盖单位面积所需最小用漆量（g/m^2）或遮盖底面所需最小涂膜厚度表示。

影响颜料遮盖力的因素包括颜料的晶型结构、折射率、对光的散射能力和吸收能力等。①晶型结构不同，遮盖力不同，金红石型TiO_2的折射率比锐钛型TiO_2大，所以金红石型TiO_2的遮盖力高于锐钛型TiO_2。②颜料的吸光能力强，遮盖力就高。如炭黑，几乎能全部吸收入射光，用很少量的颜料就能遮盖住底色。③颜料遮盖力的光学本质是颜料和周围介质的折射率之差。当颜料的折射率小于或等于周围介质的折射率时，颜料没有遮盖力；当颜料的折射率大于周围介质折射率时，颜料具有遮盖力，并且差值越大，遮盖力越大。如果颜料的折射率大于基料，遮盖力好。树脂的折射率均小于1.55，无机颜料的折射率大，如钛白（2.72）、铁红（3.6），遮盖力好。④一般来说，颜料越细，遮盖力越大。颜料的粒径为0.2μm时遮盖力最大，粒径小于可见光波长的一半时，遮盖力反而下降。⑤颜料分散性越好，遮盖力越大。⑥颜料的体积浓度也影响遮盖力，当 *PVC* 为 30% 时，遮盖力最大，浓度过高则遮盖力降低。

（2）着色力和消色力　着色力是某种颜料和另一种颜料混合后形成颜色强弱的能力。着色力是控制颜料质量的一个重要指标。决定颜料着色力的主要因素是颜料的分散度，分散得越好，着色力越强。色漆的着色力随着漆的研磨细度增大而增强。着色力与遮盖力没有直接关系，例如透明颜料着色力很强，但遮盖力很低。消色力是用来判断白色颜料着色力的指标，是指白色颜料抵消其他颜料色光的能力。

2. 物理性质　颜填料总是以粉末状聚集在一起，其颜色、密度、折光率等物理性质影响着涂膜性能。

（1）颗粒大小与形状　颜料通常是不同粒径的混合体，颜料的最佳粒径一般应为光线在空气中波长的1/2，即0.2～0.4μm。大于此值，颜料的总表面积减少，对光线的总散射能力减少；小于此值，颜料将失去对光线的散射能力。

颜料颗粒的形状不同，其堆积和排列也不同。颜料颗粒的形状影响颜料的遮盖力和流变性等。如片状颜料有栅栏作用，能减少空气和水的穿透，而杆状颜料增强作用好，有利于下道涂层的黏附，但降低涂层的光滑度和光泽。

（2）相对密度　指单位体积内所含颜料的质量。体积指堆积体积，相对应的密度是堆积密度。密度越小的颜料越有利于降低成本，因为颜料的作用是以体积为基础的。金红石型钛白粉密度为4.1g/cm^3，而铅白为6.16g/cm^3，前者比后者遮盖力好。体质颜料一般密度都比较小。

（3）吸油量　指100g颜料，逐滴加入精制亚麻油，并用刮刀仔细压研至颜料由松散状态正好转变成团状黏联体时油的质量。或者测量在烧杯中用玻璃棒搅拌到能挂在玻璃棒上往下滴的糊状的耗油量作为吸油量。颜料吸油量是色漆标准配方时决定颜基比和确定色漆研磨漆浆中颜料和漆料比例的重要参数。

（4）渗色性　红漆底层上涂白漆，成了粉红色，是因为白漆中的溶剂溶解了一部分红漆中的颜料，这种现象称为渗色。红色有机颜料最容易渗色，而且与溶剂有密切关系。

（5）颜料的润湿性、分散性　颜料的润湿性是指颜料与漆料的亲和性。分散性指颜料颗粒在漆料中均匀分布的能力。选用润湿性和分散好的颜料，是缩短研磨漆浆分散时间获得高精度研磨漆浆的途径之一。颜料的润湿性、分散性直接影响色漆的生产效率、能量消耗、研磨漆浆的稳定性、漆液的流动性。

3. 化学性质　指颜料的化学反应活性，包括耐光老化性、耐候性、化学稳定性、耐热性、耐水性、毒性等。

（1）耐光老化与耐候性　耐光老化性指颜料耐受紫外线破坏的能力。许多颜料在光作用下会褪色，发暗或色相变坏。涂膜的色泽必须耐久，最好能保持到涂膜本身破坏为止。耐候性是指颜料耐受大气腐蚀的能力。日晒、酸雨、水汽以及其他介质的侵蚀，颜料化学组成会发生一定变化。有机颜料会褪色，无机颜料会变暗，更为严重的是颜料成分变化后，会导致涂膜的老化，使涂膜破坏。耐光老化与耐候性是衡量颜料应用于户外用色漆适用性的重要指标。

颜色的耐光性是根据标准方法将其制成涂膜，经过天然或人工日晒进行测定的，耐光性评级分为1～8级，8级最好，1级最劣。一般采用加速实验设备测定其耐候性。

（2）化学稳定性　化学稳定性指颜料的反应活性。如氧化锌用于高酸值树脂，与树脂反应生成皂，使树脂通过金属锌交链，贮存过程中黏度大增，产生“肝化”。含铅颜料与大气中 H_2S 反应生成黑色 PbS，涂膜发暗。

（3）耐热性　耐热性指色漆中颜料在烘烤聚合成膜过程中或色漆涂膜直接接触热源时，所能承受的最高温度。在高温烘漆中，颜料需要足够的耐热性。

（4）耐水性　颜料的耐水性是保持其不受水侵蚀的能力。耐水性差的颜料用于溶剂色漆时，会导致涂膜质量下降、涂膜防腐蚀能力下降和造成涂膜剥落。颜料分子结构中亲水基团的存在、水溶盐含量偏高或水溶性表面处理剂的包覆，都会造成耐水性不良。

（5）毒性　很多颜料都有毒性，如镉、铬等重金属盐的毒性，红丹的毒性等。含铅、铬、镉等元素的色漆使用性能较好，但由于其毒性限制，应用无毒害颜料取代。有机颜料大多也有毒性，选择时应予注意。

5.3.2　颜料类别

1. 颜料的分类　按来源分类，颜料可以分为天然颜料、人造颜料；按化学成分可分为无机颜料和有机颜料。无机颜料即矿物颜料，其化学组成为无机物，大部分品种化学性质稳定，能耐高温、耐晒，不易变色、褪色或渗色，遮盖力大，但色调少，色彩不如有机颜料鲜艳。目前仍以使用无机颜料为主。有机颜料是有机化合物所制成的颜料，其颜色鲜艳、耐光耐热、着色力强、品种多，随其不断发展，应用逐渐增多。

2. 颜料的主要品种

（1）白色颜料　包括钛白粉和锌钡白等。钛白粉（TiO_2）是白色固体或粉末状的两性氧化物。自然界存在三种晶格结构：金红石四方晶体、锐钛矿四方晶体、板钛矿正交晶体。钛白粉由于其高折射率，是白色颜料中着色力与遮盖力最强的一种，白度纯白，具有很高的着色力与遮盖力。TiO_2是世界上最白的东西，1g TiO_2可以把450多立方米的面积涂得雪白，比常用的白颜料锌钡白还要白5倍，是调制白油漆的最好颜料。金红石型和锐钛型 TiO_2折光率分别为2.76和2.55，因此遮盖力相差很大，金红石型价格高、用量少，锐钛型价格低、遮盖力差，但是锐钛型更白。金红石型 TiO_2有更好的耐候性。锐钛型 TiO_2在紫外区有较强吸收，可催化聚合物老化。在紫外光作用下，锐钛型 TiO_2可和 O_2形成电荷转移络合物 CTC，CTC 和单线态氧和水反应生成自由基，都可以引起聚合物老化。

锌钡白（$ZnS \cdot BaSO_4$）是硫化锌和硫酸钡的混合物，又称立德粉，折射率为1.9～2.3，遮盖力仅次于钛白粉，但耐酸与耐光性差，多用于室内。增加 ZnS 用量，遮盖力增加，但耐酸性差。铅白（碱式碳酸铅）白铅粉白色粉末，有毒，国外已经禁用，400℃时分解，有良好的耐候性、附着力，但与含有 H_2S 的空气接触时，因生成 PbS 而由白变黑。锑白（Sb_2O_3）为白色晶体粉末，受热时显黄色，冷却后重新变为白色或灰色。

（2）黑色颜料　主要介绍炭黑、铁黑和苯胺黑。炭黑的主要成分是碳，由碳氢化合物经高度碳化而制成，是最细、着色力与遮盖力最好的颜料。炭黑的耐光性好，对酸、碱等化学药品及高温作用都很稳定，吸油量较高。缺点是吸潮性大，会使干燥速度减慢和黏度增大。生产工艺、粒径、结构和表面化学性质直接影响涂料的黑度、流变性和光泽等性能。铁黑（Fe_3O_4）带有永久磁性，遮盖力和着色力均良好。商品苯胺黑，作为有机颜料出售，其商品有油溶苯胺黑、醇溶苯胺黑等，着色力强，分散能低，吸光性能强，颜色稳固性能好。在涂料中粘结性强，该颜料还能产生消光效果。

(3) 彩色颜料　彩色颜料中的无机颜料具有较好的耐候性、耐光性、耐热性和着色性，是用量最大的彩色颜料，缺点是色谱不全，且有些有毒性。

无机彩色颜料用得最多的是氧化铁颜料。氧化铁黄（铁黄）：FeO（OH）或 $Fe_2O_3 \cdot xH_2O$，色光从柠檬黄到橙黄都有。着色力几乎与铅铬黄相等。耐光、耐大气影响、耐污浊气体以及耐碱性都非常强。耐酸性差，特别是能被浓热的强酸溶解。氧化铁红（铁红）Fe_2O_3：天然氧化铁红颜色为橘红至深棕，多用于廉价涂料。合成氧化铁红纯度高，着色力很高，应用广泛。铁红耐热、耐碱性好，不耐强酸，能吸收紫外线，赋予涂膜良好的耐光性，遮盖力仅次于炭黑。

有机颜料品种比无机颜料多，颜色鲜艳，色谱齐全，但是对热、光不稳定，易渗色。现在使用最多的是酞菁系颜料和偶氮颜料。也有许多有机颜料是沉淀在无机物上的，称为色淀。偶氮类有机颜料，色泽鲜艳，遮盖力好，耐光、耐水、耐油性好，易溶于芳烃溶剂，耐溶剂性差。

① 红色颜料　甲苯胺红不溶于水，稍溶于油，易溶于乙醇，是一种单偶氮红颜料。其耐光耐热，耐酸耐碱，有较强的着色力。大红粉别名3132等，艳红色粉末，色光鲜艳，着色力和遮盖力强，耐晒性、耐酸性、耐碱性优异，有微弱渗色问题。

② 黄色颜料　联苯胺黄，淡黄色粉末，有红相、绿相两种。不溶于水，微溶于乙醇，遇浓硫酸为红光橙色，稀释后呈棕光黄色沉淀，在浓硝酸中为棕光黄色。耐晒黄，是略带有红光的柠檬黄颜料，分子式为 $C_{17}H_{16}O_4N_4$，具有纯净的黄色，亮度高，着色力比铬黄高4~5倍。耐旋光性好，耐热、耐酸、耐碱、耐腐蚀性好，无毒，但耐溶剂性较差，可代替铅铬黄用于常温干燥的涂料。锶黄即铬酸锶，艳丽的柠檬黄颜料，具有较高的耐旋光性，高温下较为稳定，质地松软，容易研磨，不会渗色，但着色力及遮盖力均较低，在水中溶解度较小，在无机酸中能完全溶解，遇酸分解，价格高，仅用于特殊需要的色彩和耐光、耐热涂料，如乙烯类树脂压片或织物涂层。铅铬黄（$PbCrO_4$）也称铬黄，其主要成分是铬酸铅，颜色因制造条件与成分不同介于柠檬色与深黄色之间。铬黄具有较高的遮盖力、着色力，遇 H_2S 气体颜色会变暗，是底漆、面漆应用较多的一种黄色颜料。

③ 蓝色颜料　群青是最常用的蓝色无机颜料，是最古老和最鲜艳的蓝色颜料，无毒害、环保，有较好的亲水性，易被酸的水溶液破坏。群青蓝只能在高温下融化，不能溶解于一般的有机或无机溶剂硅酸铝的配合物，色调艳丽，是其他蓝色无法调配的。蓝色清晰而带有红光，是无机颜料中色彩较为鲜明的一种蓝色颜料，有优良的耐碱性、耐热性、耐酸性、耐高温性、耐腐蚀性气体等，在日光下不变色，特别是与白色颜料和耐久黄配色时更为明显，适用于耐化工气体和耐酸雾的涂料。酞菁蓝色泽鲜艳、着色力强、耐光、耐化学腐蚀的蓝色颜料。酞菁颜料的发现被认为是“颜料化学的转折点”，铜酞菁蓝是这个体系中的主要颜料之一，由于产品容易制备，遮盖力强，不褪色，不溶于烃、醚、醇等溶剂，不会渗色，大量用于涂料工业。

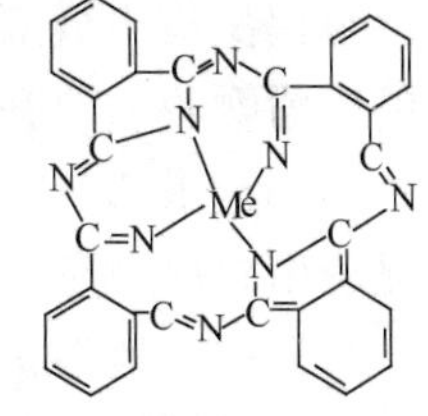

酞菁络合物

④ 绿色颜料　酞菁蓝四个苯环上的氢原子被卤素原子取代后可得到一系列不同颜色的颜料。酞菁绿一般含14~15个氯原子，外观为黄光绿色粉末，色光鲜艳，着色力强，不溶于水、乙醇和有机溶剂，耐光性为7~8级，耐热性≤200℃。铬绿（Cr_2O_3）为暗绿

色调，具有耐光和耐腐蚀的特点，在高于1000℃的温度下也能稳定存在。普鲁士绿（铅铬绿，$PbCrO_4 \cdot KFe[Fe(CN)_6]$）遮盖力好，高pH值时不稳定，暴露空气中颜色会变深。锌绿颜色鲜艳，耐旋光性强，不耐酸碱，着色力、遮盖力差，但比铬绿耐久性好，无毒，遇硫不变色，适于室内外用涂料。钴绿带黄的绿色颜料，色彩不鲜艳，耐光、耐热、耐稀酸，为国画颜料。颜料绿-B是一种橘红色调的有机绿色颜料，是包含酸性基团和金属盐的反应性颜料，这种蓝绿色颜料遮盖力、耐碱性和耐热性好。孔雀绿是一种三苯甲烷有机颜料，孔雀绿和它的磺化衍生物（宝石绿）都具有好的耐旋光性和耐腐蚀性。

（4）金属颜料　主要有锌粉、铝粉、不锈钢片和黄铜粉等。锌粉可以用于富锌防腐蚀底漆。不锈钢片与金粉，用于涂料能赋予涂膜较好的硬度和抗腐蚀性。黄铜粉又称金粉，含少量铜和锌的合金，很容易和酸反应，一般用于室内装饰。铝粉分为漂浮型和非漂浮型两种。漂浮型用于防腐蚀涂料的面漆，非漂浮型铝粉，表面张力较高，不能漂浮于表面，但在涂膜下层可平行定向排列，主要用于金属闪光漆。

漂浮型铝粉在基料中能形成连续不断的漂浮薄膜，能反射阳光和紫外线的照射，隔绝水分的穿透，增强漆漠的耐水性。铝粉遇酸即会缓慢产生氢气，与酸性基料生产涂料时会使涂料变暗，甚至完全失去光泽。铝粉涂料容易结底，所以应随用随调。非漂浮型铝粉制备的漆颜色光泽很低，是制造锤纹漆必不可少的颜料。片状铝粉用着色颜料进行处理，可得到有色铝粉。从不同角度看，涂料会呈现出不同颜色。有色铝粉颜料具有很好的遮盖力、亮度和耐候性，遮盖力比云母珠光颜料好。因此，用在汽车涂料中可以使涂层极薄，并像镜面一样平整、光亮。

铝粉易在空中飞扬，遇火星易发生爆炸，为了安全，常在铝粉中加入35%的200号溶剂汽油调成浆状，以粉状和浆状供应。浮型铝粉是在湿法球磨制造工艺中采用饱和脂肪酸做润滑剂，脂肪酸被吸附在铝粉表面，使其疏水和亲油而形成的，当形成涂膜时，溶剂挥发，铝粉上浮且平行分布于涂膜表面，形成连续的保护层。非浮型铝粉是采用油酸做润滑剂，均匀地平行分布于整个涂膜。非浮型铝粉颜料可使用各种溶剂，而浮型铝粉颜料为获得好的漂浮性，只能用非极性溶剂，而且需要高表面张力的脂肪族或芳香族溶剂，如松香水、二甲苯、甲苯、高闪点的石脑油，而醇类和酮类极性溶剂使其漂浮性下降。为防止水分与铝反应生成氢气，应严格控制涂料中的水分，使其在0.15%以下。水性涂料中应用的铝粉颜料需要在铝粉颗粒上包覆无机或无机-有机膜，防止铝与水发生反应。铝粉颜料呈细小光滑的鳞片状，浮型的外观可有平光、银白到像镀铬膜一样的高亮度，非浮型的可显现出金属质感，并具有不同程度的闪烁性和色彩变化。

铝粉在一般保护性涂膜中可均匀平行排列达12层之多，片与片之间又被基料所封闭，这样的涂膜结构完全可屏蔽外界气体、水分、光线等对底材的侵蚀，因而具有长久的保护作用。铝粉颜料不透明，对可见光、红外光和紫外光都有很高的反射率（全反射率高达75%～80%），有保温、隔热的作用。铝粉的不透明以及本色呈灰色，使它具有显著的减色效应，能使所加入的透明彩色颜料的颜色因饱和度下降而发灰、发暗。

铝粉颜料用量最大的三种涂料是屋顶涂料、海洋涂料和保护涂料。屋顶涂料和海洋涂料多用浮型铝粉颜料，因反射紫外线和红外线能力强而延长涂料寿命，对光和热具有高反射性和耐腐蚀性。保护涂料可用浮型铝粉颜料，也可用非浮型铝粉颜料。装饰性涂料用非浮型铝粉颜料，利用其随角异色等光学效应。

（5）珠光颜料　最主要的品种是 TiO_2 包覆的鳞片状云母。光线照射其上，可发生干涉反射，一部分波长的光线可强烈地反射，另一部分是透过，部位不同，包覆膜的厚度不同，反射光和透过光的波长不同，因而显出不同的色调，可赋予涂料珠光色彩。除云母外，珠光颜料还有碱式碳酸铅、氧氯化铋等。

珠光颜料是具有珍珠光泽的颜料，其光柔和、深邃、带有彩虹色。天然珠光颜料是从鱼鳞中提取的，用于化妆品。人工合成的有云母系、氯氧化铋系和碱式碳酸铅系珠光颜料。其中云母系珠光颜料因无毒、具有优异的性能而应用广泛。云母的化学成分是 $K_2O \cdot 3Al_2O_3 \cdot 6SiO_2 \cdot 2H_2O$，由云母矿石研磨成细粉后，漂去杂质，过滤、干燥即成。云母系珠光颜料由在规定三维几何尺寸（径厚比约 50）的透明云母片上，沉积一层或多层具有高折射率并且呈透明状态的珠光膜而成。珠光膜透明，而且大多由极细的纳米级粒子致密排列而成。因珠光膜有很高的折射率，与云母形成折射率差。当入射的白光照在珠光颜料上时，入射光分解为反射色光和透射色光，产生干涉色，所以珠光颜料又称干涉型颜料。

当 TO_2 珠光膜的光学厚度在 100 ~ 140nm 时，其反射色为银白色，在白背景色上几乎看不到透射色光。随着 TO_2 珠光膜光学厚度的增大，在 200 ~ 370nm 时，除反射出不同的反射色光外，还透射出较强的透射色光，形成明显的干涉色，称为干涉型珠光颜料。因能焕发出像雨后彩虹那样的彩色光，故又称彩虹型珠光颜料。在干涉型珠光颜料上再沉积一层吸收光的珠光膜，如 Fe_2O_3，就形成具有双颜色效应组合颜料。这种珠光颜料呈明亮的金色，着色力强，遮盖力也得到改进。云母上直接包覆 Fe_2O_3 的珠光颜料具有铜色或青铜色。

（6）发光颜料　包括荧光颜料、磷光颜料、自发光颜料和反光玻璃微珠。荧光颜料是指光线照射时会发出荧光的颜料。荧光颜料一般用于荧光涂料。荧光颜料在阳光照射下发出的荧光颜色要求和荧光颜料选择反射光的颜色（即本色）相一致，这样涂层的反射光实际是反射光和荧光的叠合，因此显得鲜艳醒目。荧光颜料通常是由有机荧光染料和树脂相混合而形成的固溶体粉末。荧光颜料的浓度不能太高，否则可能发不出荧光。

5.3.3　纳米颜料

颜料尺寸达到 1 ~ 100nm 时，称纳米颜料。其主要成分为纳米 TiO_2、纳米 SiO_2、纳米 TiO_2、纳米 ZnO、纳米 $CaCO_3$、纳米 Fe_2O_3、纳米碳管、纳米金属。纳米颜料分为结构型纳米颜料（用于提高涂料涂膜的力学性能，如硬度、强度、抗冲击性及耐磨性）和功能性纳米颜料（包括抗静电涂料、防污涂料、吸波涂料及抗菌防沾污涂料等）。

1. 纳米 TiO_2　纳米 TiO_2 粒径为 10 ~ 50nm。尺寸小于可见光波长，对光不产生散射，因此没有遮盖效力，呈透明状。但纳米 TiO_2 的吸收蓝移，对紫外光吸收大大增加，在阻挡紫外线、透过可见光以及安全性方面具有一般原料所不具备的优良特性和功能。

纳米 TiO_2 的透明性和防紫外线能力高度统一，在防晒护肤、轿车面漆、高档涂料、油墨等方面获得了广泛的应用。抗菌材料纳米 TiO_2 广泛应用于抗菌地砖、抗菌陶瓷卫生设施等以及建筑用抗菌砂浆、抗菌涂料。但值得注意的是，TiO_2 的纳米粒子具有可遗传毒性。

2. 纳米 SiO_2　纳米 SiO_2 是极其重要的高科技超微细无机新材料之一，因其粒径很小，比表面积大，表面吸附力强，表面能大，化学纯度高，分散性能好，热阻、电阻等方面具有特异的性能，具有优越的稳定性、增稠性和触变性。

5.3.4 填料

填料又称惰性颜料、体质颜料、增量剂，指不具有着色力与遮盖力的白色和无色颜料，如大白粉（碳酸钙）、滑石粉（硅酸镁）等。这些填料的折射率多与油和树脂接近，将其放入漆中也不阻止光线的透过，但能增加涂膜的厚度和体质，增加涂膜的耐久性。惰性颜料多与着色力强的着色颜料配用制造色漆，或在施工时用于调配填孔剂与腻子。

钡白（$BaSO_4$）由氯化钡和硫酸钠沉淀法制得，用于底漆有增强作用。碳酸钙（$CaCO_3$）分为重质碳酸钙和轻质碳酸钙。重质碳酸钙又称大白粉，是天然石灰石粉末，细度和颜色不如轻质碳酸钙。轻质碳酸钙又称沉淀碳酸钙，是由人工加工制成。其质量纯、颗粒细、体质轻，遮盖力和着色力也高。硅酸钙由硅酸钠和钙盐溶液用沉淀法制备，粒子极细，可用于消光剂、增稠剂，由于其水溶液为碱性（pH=10），可用作钢铁防腐蚀底漆。滑石粉（$3MgO \cdot 4SiO_2 \cdot H_2O$）是天然水合硅酸镁矿粉，可用 $Mg_3H_2(SiO_3)_4$ 表示。粉碎磨细的滑石粉形状各异，主要是片状，具有疏水性。在溶剂型涂料中容易使用且价格低，用量很大，在水性涂料中则易絮凝。

常用填料见表5-4。

表5-4 常用填料

类别	序号	名称
碱土金属盐类	1	硫酸钡（重晶石粉）
	2	碳酸钙（老粉、大白粉）
	3	硫酸钙（石膏粉）
硅酸盐类	1	硅酸镁（滑石粉）
	2	高岭土（瓷土）
二氧化硅	1	石英粉
	2	硅藻土

硅石是由石英砂加工得到的细粉，主要用于填缝剂等填料。气相二氧化硅由四氯化硅水解制备，化学性能稳定，粒子细，表面积大，平均直径为7~40nm，广泛用于消光、增稠、改性流变性等。骨料为用于建筑涂料的粒径很大的填料，一般粒径为0.1~2.5mm。骨料分为两类：天然碎石渣或砂石，着色碎石渣或砂。聚烯烃和聚四氟乙烯及蜡等也可作为颜料，称为塑料颜料。它们加在涂料中可改善涂膜抗损坏性、光滑性、防水性、防尘性以及抗压黏性等。它们还具有较好的消光能力，特别是聚丙烯的微细粉末。聚四氟乙烯粉末的表面能和摩擦系数都很低，同时改善涂料的防水和耐磨性能。

5.4 涂料中的颜填料使用

大多数涂料均含有一种以上颜料。颜料在其制造过程中，最初形成的粒子称为初级粒子，粒度为5nm~1μm，能轻易地分散到漆料中。但初级粒子在加工过程中，尤其是干燥时，会相互粘结成聚集体，聚集体之间或聚集体与初级粒子之间还可以通过边、角之间的粘结形成附聚物。通常附聚物分子之间的吸引力要弱得多，粘结不那么牢固，比较容易分散；但聚集体由于分子吸引力较大，粘结比较牢固，较难分散。涂料制造中使用颜填料首先要完成颜填料的分散。

5.4.1　颜料的分散对色漆性能的影响

颜料的分散是制备色漆的关键步骤，颜料分散的优劣直接影响涂料的质量以及生产效率。“分散良好”指体系中每个颜料颗粒处于完全解除絮凝状态，即每个颜料颗粒都由一薄层漆基或溶剂所包裹。然而，实际上难以实现。颜料的分散更为重要的是要使过大的颜料附聚团粒的百分率尽可能降低。颜料分散质量可影响许多重要的涂料性能。

1. 颜料分散对色漆光泽的影响　如果颜料得到最佳分散，就可直接提高光泽度。原则上，光泽是由漆基性能决定的。添加的颜料只能对光泽起到不利的影响，如果颜料未得到最佳分散，则某些颜料附聚团粒将对表面平整度起到不利影响，造成光的漫反射而降低表现光泽。

2. 颜料分散对色漆“耐性”的影响　“耐性”指涂膜的耐候性与耐化学药品性。涂膜的耐候性和耐化学性主要由选择的漆基所决定。颜料粒子分散不充分也会降低耐性。凸出表面的颜料粒子提供了化学药品和气候因素的攻击点。反之，如果正确选择的颜料得到最佳分散，仅能对涂料体系耐性加以改进，例如，通过反射（TiO_2）或吸收紫外辐射（氧化铁红）来改进耐候性。适当的颜料或填料如果得以最佳分散也能改进漆基的耐化学性。

3. 颜料分散对色漆贮存稳定性的影响　涂料体系的贮存期很大程度上取决于颜料分散的质量。当体系中有过多比率的粗颜料粒子时，颜料粗粒沉淀造成涂料不稳定，贮存期变短。

4. 颜料分散对色漆颜色、颜色强度、透明度和遮盖力的影响　所有这些性能在很大程度上取决于所用的颜料表面即“最佳分散”。颜料的完全分散，可导致遮盖力增加，使调色色浆的色强度更大；而在透明性颜料的情况下，可使透明度更好。对于所有的颜料而言，颜料的完全分散可使该颜色的色调和“色纯度”完全展现。一些颜料（如咔唑紫或酞菁蓝）在很大程度都由颜料分散的质量决定。

5.4.2　颜填料的分散与稳定

1. 颜料的分散　涂料工业中使用的绝大多数颜料不溶于水或基本不溶于水和油，但可以被水或油润湿，并能均匀地分布于其中。颜料在漆料中的分散过程是由润湿、机械化解聚集和稳定化三个阶段所组成。润湿和解聚集主要通过设备来完成，但还不足以得到稳定的分散体系，当剪切力消除时，又可能重新附聚或凝聚，因此必须加入分散剂以稳定分散的颜料粒子。

（1）润湿　颜料生产时经历了高温焙烧时的粒子熔结、烘干、水分挥发过程，其间会出现粒子的粘结。在包装运输的过程中，又会出现受潮、受压，造成涂料生产时使用的颜料已不完全是原始颗粒，而是原始颗粒、附聚体和聚集体的混合物。附聚体是原始颗粒以其一边、多边或多角结合在一起，而聚集体是原始颗粒以其多面结合或生成在一起的大颗粒。

色漆生产时，必须将这些附聚体或聚集体以机械作用恢复或接近原始颗粒状态，这也为颜料在色漆中的充分分散创造了条件。接近或恢复原始颗粒的颜料粒子以其大表面积的形式暴露在涂料中并得到润湿。颜料分散润湿中，涂料取代颜料表面水分和空气并形成颜料表面覆膜的过程叫作润湿。

（2）研磨与分散　颜料粒子间的范德华力，常使颜料微粒聚集成为聚集体，因此需要研磨，用剪切力使颜料聚集体分散开。分散指借用机械作用将颜料分散，是将颜料中的附聚体、聚集体还原成原始颗粒状态。黏度与剪切力成正比，黏度越高，需剪切力越大，对研磨分散越有利；但黏度不能太高，黏度太高会使研磨电动机负荷太大。涂料中的研磨主要是剪切力。当剪切速率一定时，剪切力与黏度成正比。

因此颜料黏度高，剪切力大，对研磨有利，但研磨设备的电动机的负荷能力决定体系的最高值，所以黏度不能太高。

（3）稳定　得到稳定化的颜料分散体系才是色漆生产的最终目的。由于分散后的颜料仍有聚集倾向，即会发生絮凝现象。絮凝使涂料的遮盖力和着色力下降。为避免涂料絮凝，稳定颜料微粒，可采用电荷保护和立体保护两种办法。

① 电荷稳定作用　电荷保护是加一些表面活性剂或无机分散剂，使颜料微粒表面带电荷，即在表面形成双电层，利用相反电荷的排斥力，使粒子保持稳定。

② 立体保护作用　又称熵保护作用。立体保护是加一些聚合物使颜料微粒表面形成吸附层，当吸附层达到一定厚度（8～9nm）时，吸附层间即产生排斥力，使微粒不致聚集。聚合物产生的吸附层有多个吸附点，可以此下彼上，不会脱离颜料，吸附层厚度可达50nm，保护作用好。

如果体系中只有溶剂，因为吸附层太薄，排斥力不够，不能使粒子稳定。若在溶剂型漆中加一些长链的表面活性剂，表面活性剂的极性基吸附在颜料上，非极性一端向着漆料，可形成较厚的吸附层，但表面活性剂在颜料上只有一个极性点，很容易被溶剂分子顶替下来。如果加一些聚合物，聚合物吸附于颜料粒子表面，可形成厚达 50nm 的吸附层，而且聚合物有多个吸附点，不会脱离颜料，起到保护作用。

色漆生产的三个工艺过程预混合、研磨、调漆实际对应着颜料分散的润湿、分散、稳定三个过程。比如，预混合时颜料被漆料初步润湿并少量分散；研磨时颜料在漆料中得以分散、润湿和初步稳定；调漆过程中颜料的稳定最终完成，形成了产品所需的颜料分散体系。颜料分散的三个过程是连续交替进行的，不能截然分开。

2. 颜料的沉降　经过研磨、润湿和分散制造的稳定的颜料分散体，存放时不应发生沉降、絮凝以及黏度增大的现象，以免涂料贮存稳定性下降。颜料的沉降可以以 Stokes（斯托克斯）公式作为讨论的基础。Stokes（斯托克斯）公式表述了球形粒子在液体介质中沉降的速度。

$$v = \frac{2r^2(\rho_1 - \rho_2)g}{9\eta}$$

式中，v 为颜料的沉降速率，r 为粒子半径，ρ_1 为粒子密度，ρ_2 为颜料密度，η 为液体黏度，g 为重力加速度。

此公式的成立条件：①粒子为未溶剂化的刚性球；②粒子的沉降运动为层流；③介质中粒子浓度很稀，各粒子间的运动互不干扰；④与粒子的尺寸相比，介质可视为连续介质。且上式只适用于直径一般不超过0.1mm的微粒。

从公式中看到，粒子沉降v随粒子半径减少而降低，随粒子与介质密度差减少而降低，随黏度升高而降低。当颜料中有低相对分子质量聚合物或表面活性剂时，粒子直径会增大，不利于防沉降，但同时粒子的密度下降，可防止沉降，两者相比，前一种效应可忽略。当高相对分子质量聚合物时，粒子吸附层更厚，可使沉降速度加快，但因为吸附层密度低而且具有很好的空间保护效应，防止了絮凝，因此可防止沉降。

防沉降的另一方法是增加介质黏度。利用涂料的触变性，当涂料放置时，黏度很高，可呈冻胶状。为使涂料有触变性可在涂料中加入触变剂或增稠剂，在溶剂型涂料中有氢化蓖麻油、有机膨润土等。

3. 颜料的絮凝　对于未稳定的分散体絮凝的速度以粒子数的半衰期表示：

$$t_{1/2} = \frac{3\eta}{4kTn_0}$$

式中，$t_{1/2}$为粒子数的半衰期，η为介质黏度，k为玻尔兹曼常数；T为温度，kT为粒子平均动能，n_0为起始的粒子数。

防止絮凝，可以提高黏度，防止粒子碰撞过程中的互相接触。颜料粒子互相接近时色散力（即范德华力、静电引力和空间阻力）大小决定吸引或排斥谁占优势，分散体是否稳定。范德华力本质上总是吸引力，静电力可以是引力也可以是排斥力，但在考虑颜料分散时几乎总是排斥力，空间阻力本质上也是排斥力。

范德华力随粒子直径的增加而增加，也随距离的减少而增大。范德华力的作用范围一般为几个分子的直径，为500nm～1μm。防止絮凝主要是克服色散力，即范德华力，增加排斥力和空间阻力。

静电斥力起因于包围粒子的溶液和粒子表面上离子的不均匀分布。体系中的可电离物质使粒子表面带正电荷或负电荷，而涂料配制中颜料粒子通常是带负电荷的。一旦粒子选择吸附了负离子或正离子便得到电荷，粒子就趋向于吸引相反电荷的溶液离子，组成相反电荷离子的扩散层，即形成双电子层结构。具有双电层结构的离子带相同的电荷，同性相斥。

就色散力和静电力综合效应来看，颜料粒子互相靠近时，排斥力逐渐增加，但达到最高点时，排斥力迅速下降，再进一步便接近吸引区，吸引力引起絮凝。

分散稳定性主要取决于是否能够防止具有高能量的粒子因碰撞进入吸引区。在水分散体系中通常可以加入表面活性剂或电解质使粒子表面形成厚的双电层，使粒子间发生较大的排斥力，防止絮凝。

利用空间阻碍作用防止絮凝，絮凝和所用的聚合物或表面活性剂及溶剂等有关。吸附层越厚，分散体系越稳定。①相对分子质量越大，吸附层越厚；②聚合物中的极性基团不要连续排列，而要有一定间隔，才能形成厚的保护层；③不良溶剂中的聚合物呈卷曲状，在两溶剂中呈舒展状，使得它们在颜料上的吸附情况不同。良溶剂中粒子吸附的聚合物量小、密度低，而不良溶剂中粒子上吸附的聚合物密度高、吸附量大。

因此，在不良溶剂中颜料分散体比较稳定，如果在分散颜料时使用良溶剂、在调稀时用不良溶剂，可导致絮凝，相反则可防止絮凝。

4. 贮存时黏度上升　主要原因是存放时发生了物理和化学变化，特别是颜料间的絮凝。在颜料粒子的聚合物吸附层中，低相对分子质量的聚合物会越来越多。由于低相对分子质量的聚合物吸附在颜料粒子表面，高相对分子质量的聚合物使介质黏度明显提高。酸性介质和氧化锌等碱性颜料间的化学反应，或者与金属颜料（如铝粉、锌粉等）反应，黏度可逐渐增加至凝胶。同时，添加的多聚磷酸铵不但可作为水性涂料的分散剂，也可作多价金属（如Ca）的螯合剂，但易水解成为正磷酸盐，失去螯合作用变成絮凝剂，使涂料贮存时黏度升高。

5. 表面活性剂的作用 因为表面活性剂可以降低介质的表面张力和介质与颜料间的界面张力，表面活性剂在颜料分散中能够起到润湿作用，同时能够起到增加乳胶粒子和颜料在涂料中的分散稳定性的作用。如阴离子和非离子表面活性剂的配合使用。乳化剂的稳定作用如图 5-8 所示。

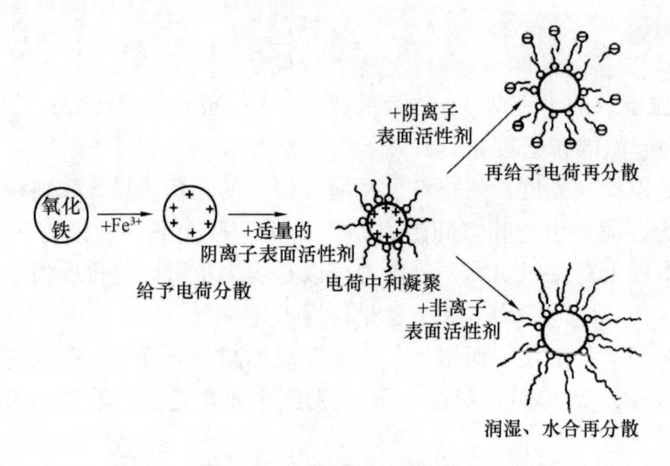

图 5-8 乳化剂的稳定作用

颜料粒子表面形成双分子层结构，外层分散剂极性端与水有较强亲和力，增加了固体粒子被水润湿的程度，固体颗粒之间因静电斥力而远离。高分子型的分散剂，在固体颗粒的表面形成吸附层，使固体颗粒表面的电荷增加，提高形成立体阻碍的颗粒间的反作用力，使体系均匀，悬浮性能增加，不沉淀，使整个体系物化性质相同。

6. 挤水颜料 一般是由水-颜料经过干燥粉碎后得到的。在转变为粉末过程中，粒子会严重聚集。在溶剂型涂料制备中，固体颜料要争取油中再次研磨分散。为了避免干燥和粉碎，可以直接将水-颜料体系中的颜料转移到油中，这不仅可以节约能量，而且由于水-颜料体系中颜料凝聚力很弱，直接将颜料由水相转移至油相，研磨容易。为了完成转移，需要用溶于油的表面活性剂处理水中颜料，可使颜料具有疏水性从而进入油相。

5.4.3 确定基料树脂与颜填料比例

1. 颜料分散与分散体稳定性 基料树脂吸附于颜料表面可起到熵保护作用，但基料树脂与颜填料应有合适的比例。①树脂量过大会使颜填料分散效率降低；②聚合物中一些低相对分子质量的聚合物，更易吸附在颜料表面，树脂浓度低则低相对分子质量部分不能完全覆盖颜料表面，还有高相对分子质量聚合物在颜填料表面吸附，因而颜料的吸附层仍有一定厚度，使颜料分散稳定性好。当树脂浓度高时，低相对分子质量聚合物有足够的量去占领颜料表面，因而吸附层反而变薄，使颜料分散稳定性变差；③树脂浓度过高，不利于润湿。润湿时希望介质黏度越低越好。

在颜料研磨分散时，为了得到最高的剪切力，在设备能力允许条件下，希望体系黏度越高越好。根据门尼公式，增加体系黏度，可增加外相黏度，也可增加内相含量。为了使颜料分散效率增高，希望多加颜料，因此不希望外相黏度升高。外相黏度升高，必然要少加颜料，否则设备会超负荷但外相聚合物含量过低，将起不到保护作用。

2. 丹尼尔点法确定基料树脂与颜填料比例　采用丹尼尔点方法，决定加入颜料的量。配制一系列不同浓度的树脂溶液，取一定的颜料，然后滴加配好的溶液，同时进行研磨，使其达到规定的黏度，测出规定黏度下溶液与颜料的比值（图 5-9），所得的曲线的最低点为丹尼尔点。

丹尼尔点的浓度为树脂的最佳树脂浓度。其原因可用穆尼公式解释，低于丹尼尔点时，由于溶液中的树脂浓度太低，颜料有絮凝，因此黏度上升；高于丹尼尔点的溶液，树脂的浓度高，体系外相黏度增加，整个分散体系黏度也上升，为达到相同黏度，都必须多加溶液，即溶液颜料比都需要增加。

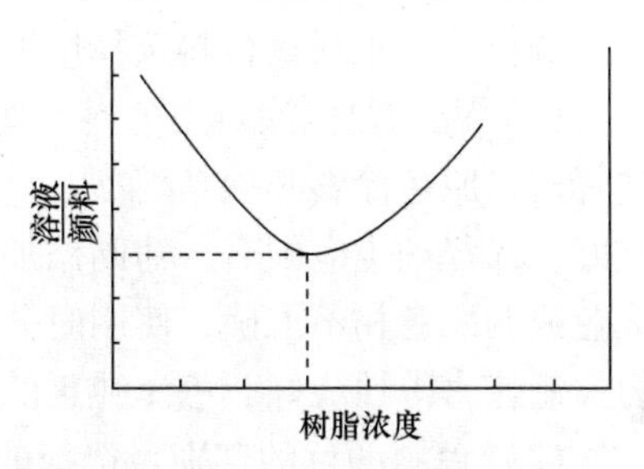

图 5-9　丹尼尔点测试

若实验中测不出最低点，意味着这个体系不合适。可以改变溶剂，改变树脂合成路线，如增加相对分子质量或增加一些极性基团，或者加一些其他高分子聚合物做稳定剂。

5.4.4　色漆配色

1. 色漆的配色原则　色漆的配色依据标准色卡或样板来配置，制备同一颜色的漆，每批都务必配色一致。涂装生产过程中的涂料与颜料的配色方法有目测对比法和仪器设备配色法两种。两种或两种以上颜色相混调成另一种颜色，有着一定的成色规律，必须遵循配色的各项原则。

（1）颜色的辨别　应用有关色彩理论和色彩辨别方法，准确地判断所要调配颜色的本色。首先在标准色卡上找出涂料颜色的名称，将标准色卡或标准色板置于足够亮度的阳光下或标准光源之下，辨别涂料颜色的主色，以及主色由哪几种颜色调配而成、基本比例关系、色料的主次混合顺序、色相组合及明亮度和纯度等。

（2）配色的依据与步骤　绝大多数的配色依据是按照光谱色制作的色卡或标准色板。如不是近光谱色制作的色卡，则不可作为标准，只能作为参考用。首先要在标准色卡中找到样板颜色的涂料与颜料的混合色的名称或代号，需要调配颜色的色相、明度和纯度。配色前，判断和辨别出所要调配颜色的主色，需要哪几种色料相配，分清主、次相配的顺序等。之后，进行色料的选择并备齐，再依次准备好配色的盛装容器和工具及配色后进行涂装的样板和比对的标准色卡等就可以进行配色。

（3）调配小样　调配小样并涂装后与标准色卡或样板色对比。先配制小样，可避免大量配色时找不准几种颜色相混调后的色相、明度和纯度，造成材料和时间浪费。先配小样，从中找准几种所需颜色的主、次顺序和加入量的比例，进行配比记录，为大量调配提供参考。

（4）配色的“先主后次、由浅至深”的原则　无论配制小样或大量调配，都要遵循先调配预调颜色的主色（调色相）混合调配成基本的色相。配色时要进行充分搅拌使之均匀互溶。

(5) 颜色对比与色料用法　在调配出基本色相后，进行色相、明度和纯度的调整，在调整至与标准色相接近时，应边调边将调配好的涂料涂装在样板上，待溶剂挥发实干后，与标准色卡进行对比，再边调整边对比，直至颜色完全一致为止。调配鲜艳色相、明度纯正的颜色时，应遵循选用的色料的品种越少越好。根据减色法配色的原理，使用原色涂料与颜料的品种越多，配出颜色的色相鲜艳度越不够，明度越发暗。因此使用的复配颜料一般不超过三种为好。

2. 配色的色料选择　配色时，依据标准色卡或样板，判断出配色所需要的几种色料后，选择使用色料。色料选择应遵循下列原则：

(1) 配制复色涂料用色料　选择涂料配色大多是配制复色涂料，需要几种原色色料。选择时，原色涂料必须是类型、品种、性能、用涂等相一致的色料，相互之间配套，互溶性好；稀释剂也应配套，辅助添加剂的加入要适应所选色料允许加入的原则，否则会无法成色或调配色相不准确，使用时分层不溶或有树脂析出、颜料沉淀等。颜料则应选择着色力、遮盖力等性能好、色泽纯正的色料。

(2) 色料颜色的辨别　选择的色料与标准色卡或样板置于标准的自然光或标准光源下，对比辨别主色料和底色料的色相、明度和纯度。色料是否都是红、橙、黄、绿、青、蓝、紫等原色的涂料和颜料，如不是原色料，则配色不会准确。多种色料配色时，因颜料的密度不同而易产生浮色和浑浊，因此选择色料时应特别注意不要选择密度差别太大的色料。

(3) 颜色对比　配色的色料选择得正确与否，可以在配色后涂装一块较大面积的样板与色卡对比。未干燥前对比很难准确一致，最好干燥后对比。配色量较大时，配制好以后，使用前要涂装几块标准样板，对颜色的色相、明度、纯度进行认可。

(4) 理想的比色条件　现场环境的光线、照明等对实际操作产品会产生视觉差异。调色者必须具备一些临场比色的常识，以利工作能顺利完成。

3. 色漆配色　标准样品的颜色通常称为标准色或目标色，实际产品的颜色则称为复现色或匹配色。配色就是为了获得与标准色相一致的复现色。人工配色对配色人员的素质要求高，费时且成本高，准确性差。现代计算机配色系统通常由分光光度计和配有专用程序的计算机两部分组成。分光光度计测取颜色样品、着色基质和色素的原始数据，再经计算机进行运算，最后给出配方。当复现色和目标色之间由于原料性质和工艺参数等因素的影响存在较大的颜色差异时，同样由计算机配色系统对所用配方进行修正，将色差控制在允许范围之内。

色漆的计算机配色所建立的数据库为色浆配色数据库。建立数据库时采用色浆配色，将各种颜色和树脂按一定比例混合，制成各种基础色浆与任一色浆混合。通过对基准色浆、任一色浆和混合色浆的光谱测定，求出各色浆的光学吸收系数、光学反射系数、反射率和光学浓度，并且通过各色浆的光谱反射率及该色浆和基准色浆的散色率之比，构成该配色的基本色浆数据库。如芬兰 Tikkurila（迪古里拉）集团的“一体化调色系统”由通用色浆、基准涂料、调色和混色设备、颜色管理软件等几部分组成。

(1) 通用色浆　通用色浆分为“多彩”建筑装饰涂料系列色浆和工业涂料系列色浆。

建筑装饰涂料系列色浆适用于乳胶漆、长油度醇酸涂料及水性醇酸涂料、木材着色剂。水性工业涂料有丙烯酸涂料、聚氨酯涂料、环氧树脂涂料等。“多彩”建筑涂料装饰色浆不含有树脂，具有优良的混溶性和贮存稳定性，不会影响彩色涂料性能。

（2）基准涂料　基准涂料共有五种。其中有两种钛白粉含量不同的白色涂料、一种清漆、一种黄色涂料和一种红色涂料。但是某一彩色涂料的配制并不是五种基准涂料需要全部使用，大部分产品只需要一种白色涂料。

（3）调色和混色设备　调色和混合设备由自动调色机、混合机、16 个容积为 8L 的不锈钢色浆罐组成。自动调色机和一台计算机相连，计算机中装有包含调色配方管理、调色配方价格、统计和配色及颜色设计工作站管理软件的 Tikkurila 的颜色管理软件。

（4）颜色管理软件　颜色管理软件包括配方管理、配色和颜色显示等功能以及颜色设计工作站。“配色工作站”软件程序能够实现用仪器帮助颜色设计人员选择不同的颜色，能够在计算机显示屏上对模型的颜色进行不同的搭配和变化，可直观看到颜色的整体搭配效果、评判颜色的搭配以及与环境之间是否协调等。

5.5 涂料制造工艺

5.5.1 涂料色浆制备

颜填料加入基料中研磨分散得到涂料色浆。

1. 研磨终点的判断　工业上常用细度板来判断研磨终点。细度表示分散的均匀程度，也是色漆生产的技术指标。细度的含义就是体现在色漆中颜料允许的最大颗粒的大小程度，通常以 μm 来表示。如果要求细度在 15μm 之下，某种色漆中的颜料最大颗粒就不能超过 15μm。

把待测的涂料置于细度板的深端，用一刮板均匀地沿细度板的沟槽方向移动，然后观察沟槽中出现显著斑点的位置，最先出现斑点的沟槽深度表示涂料的细度。细度板只是一种质量控制的方法而分散性的好坏用遮盖力和着色强度来衡量。首先备有分散得很好的标准白浆和标准色浆（如蓝浆），用待测白浆和标准白浆相比，在白浆中各加入一定量的标准蓝浆，混合后，若待测白浆颜色比标准白浆深，则未分散好，表明白浆遮盖力差。反之，若要测色浆（如蓝浆）的分散性，可用加标准白浆进行比较，待测蓝浆若变浅，表明蓝浆未分散好。

2. 涂料色浆的种类　涂料制造时将色浆混合基料以及其他成分，即可制备所需涂料。涂料色浆有以下品种。

（1）合成树脂色浆　色浆中含有涂料中应用的各种合成树脂，如各种油度豆油、亚麻油醇酸树脂、不干性短油度醇酸树脂、丙烯酸树脂以及环氧树脂等基料，其他组分是合成树脂中所含有的溶剂。

一种颜料可以和多种基料配成含不同基料的色浆，一种基料也可以与各种颜料分别配成色谱齐全的各种色浆。每一种基料可以形成一个系列，如以中油度豆油醇酸树脂为例，可以配成黑、黄、橘黄、红、紫红、红紫、蓝、绿等各色的色浆，其中黄、红、蓝的大类，又可以选用不同色光、不同耐性的颜料品种制造色浆品种。色浆中所含有的颜料分应尽可能高一些，使配漆时可以容许加入其他的树脂组分，以适应涂料配方的需要。要求色浆有良好的贮存稳定性，要有一定的流动性，以方便使用。

（2）增塑剂色浆　颜料同各种增塑剂所配成的色浆即属增塑剂色浆。涂料中增塑剂的用量不大，也可以将需用增塑剂直接加入涂料配方之中。

（3）水性色浆　以水为介质，要求含有较高的颜料分，颜料分散在水中，要求保持均匀的颗粒度。水性色浆可以直接配入水性涂料，如乳胶漆或水性油墨。一般常含有少量非离子型表面活性剂及极性溶剂，以保持色浆的均匀性和稳定性。

（4）溶剂色浆　涂料常因合成树脂色浆受到特定树脂品种的限制而影响使用范围，所以研制出了一种不含任何合成树脂只含有涂料中常用溶剂的色浆，使配制涂料时不受树脂品种的限制，可以直接配入各类树脂漆中。这类色浆的要求也是颜料含量越高越好，使用更加方便。

5.5.2　色漆的制造工艺设计

1. 色漆制备步骤　在分散设备中分散颜料是制备色漆的第一步，见5.5.1节。

（1）色浆稳定化、调稀　加入树脂溶液来降低色浆的稠度，使其能够从分散设备中尽可能地放干净，称调稀。调稀过程中应该注意以下几点：①研磨漆浆加入调漆罐中并搅拌，均匀而缓慢地逐步加入需要补加的涂料、溶剂、助剂，可以避免混合不均或加入的组分因局部增量太大导致稳定性被破坏。②应遵循先补加调漆用漆料后，再补加调稀用溶剂的加料顺序。切忌向研磨漆浆中直接加入溶剂。③避免将温度和黏度相差很大的调漆漆料与研磨漆浆直接混合。如将一种温度低而黏度又较高的漆料直接加入低树脂含量漆料组成的研磨漆浆中，往往会产生树脂聚集或溶剂扩散现象，造成胶态分散不良或颜料分散不良等问题。漆料在加入研磨漆浆前，需做黏度及温度的调整。④当用于调制复合色漆的色浆经贮存而黏稠度太大时，应先将其搅拌均匀，破坏其触变性，必要时加入部分漆料将其调稀，然后加入漆浆中调整颜色。

（2）调漆　将色漆配方中所有物料在调漆桶中调匀，称为调漆。调漆时要准确计量各种物料的量，做好复核记录，以免因加料量的误差导致调漆的失败。

（3）制成的色漆要经过过滤净化后予以包装　研磨设备和调漆罐更换另外的颜色时，一定要把设备清洗干净，特别是由深色漆改为浅色漆时，即使微量的残余也会对后续的颜色产生较大的影响。研磨设备和调漆罐要专用，引起的影响就会很小。

2. 配方操作　对应上述色漆制备，以球磨为例，每步操作的配方大致如表5-5所示。

表5-5　配方时各组分质量分数　（%）

	工序	颜料	树脂	溶剂	助剂
1	球磨	10.0	1.0	3.0	
2	调稀，在球磨后的色浆中加入		1.0	3.0	
3	调漆，从球磨机中出料至调漆桶，加入配方中剩余物料				1.5
4	色漆过滤包装		29.0	51.5	

涂料配方颜基比为1/3.25；固含率为42.5%。

3. 调稀中的问题　涂料相界面多，极不稳定，容易发生分离现象，因此将颜料分散在漆料中，形成以颜料为分相（即不连续相）、以漆料为连续相的非均相分散体系。颜料和漆料间的相界面性质决定分离过程的难易、完成的速度、漆液的相对稳定性、涂料的施工性能和涂膜的性能，所以涂料从制备到贮存，直到最终成膜一系列过程中，保证颜料始终处于良好的分散状态，是涂料生产工艺的重要环节。涂料调制并不是简单的搅拌混合，如果操作不当，就会产生颜料再聚集、颜料絮凝、树脂析出，即所谓的"返粗"等弊病，因此调漆操作必须谨慎。

5.6　颜填料选用及使用不当对涂料的影响

5.6.1　颜填料选用及使用不当导致涂料制造中出现的问题及解决办法

1. 预混合后漆浆增稠　涂料贮存中应该不出现黏度增加、絮凝与沉降现象。但是在涂料生产中经常遇到漆浆预混合后明显增稠的现象。其原因：颜料含水率过高，用于溶剂型涂料中会出现假稠；颜料的水溶盐过高或含有其他碱性杂质，与漆料接触后，脂肪酸与碱反应成皂而导致增稠。解决上述问题的关键是选择吸水率低的颜料品种，贮存时注意防潮。

2. 研磨漆浆细度达不到要求　其原因有以下几点：

（1）颜料问题　①颜料本身的粒度大于涂料要求的细度。如果颜料原始颗粒大于涂料要求的细度，那么无法通过搅拌达到研磨浆细度要求。如颗粒本身粒度较大的重质碳酸钙用于调和漆，细度很难达到40μm；云母氧化铁用于底漆，细度很难达到50μm；石墨粉用于导电磁漆，细度很难达到80μm。解决办法只能将颜料进一步加工粉碎，使其本身粒径大小达到涂料要求的细度以下。②颜料颗粒聚集紧密很难分散。如炭黑、铁蓝很难分散。制造中通过调整研磨工艺或者使用分散剂可以提高分散效果。另外，炭黑的溶剂预浸也可提高分散效率。根本解决方法是进行颜料的表面处理，提高其研磨分散性能，如经环烷酸锌表面处理的铁蓝易于分散；经表面氧化处理的炭黑较未处理的易于分散；经表面处理的金红石型钛白粉较未处理的锐钛型钛白粉易于分散。难研磨的颜料要厚浆研磨。颜料的超微粉碎和表面处理是保证涂料质量、提高生产效率的重要前提。③颜料杂质含量多，无法研细。如混入纤维、漆皮、灰尘、细砂粒等杂质。涂料生产车间配料时应加强漆料过滤，注意粉料中能辨别出的杂质，发现后要及时除净，防止带入漆浆。④涂料的颜料沉淀。颜料沉淀是漆浆分散状态不良、稳定性差的表现。在生产和贮存过程中，甚至在生产复色涂料时，某种颜料沉淀会干扰调色制漆的进行。解决的根本方法是提高漆料的质量，进行颜料的表面处理。如铁红经絮凝剂表面处理后悬浮性明显提高，润湿性能好的铬黄制漆后的悬浮性也较好。在涂料生产时可采取的办法是使用防沉剂及适当提高漆料的黏度。

（2）漆料本身的细度达不到涂料要求　如生产细度为20μm的醇酸磁漆，所使用的酸料本身的色浆无法达到要求的细度。因此，漆料细度必须符合规定，否则就无法保证涂料的细度。

（3）磨后的色浆贮存胶化　色浆贮存胶化的程度随颜料而不同。最易发生胶化现象的是酞菁蓝浆与铁蓝浆。可采用冷存稀浆法，即色浆研磨后立即混入冷漆料中搅拌均匀，使温度及时下降并用松节油兑稀。

（4）涂料黏度不合格　涂料黏度不合格产生的原因：①漆料树脂的黏度不合适或物料误投。②研磨工序添加溶剂量过大，使研磨漆浆黏度偏低。③调漆工序黏度测量有误。漆料的品种搞错或调色浆的漆料与研磨漆浆的漆料不同造成细度不合格。④样品罐不洁净，混入杂质影响了检测结果。应严格验收漆浆，投料前检查漆料和调色浆的细度并精心操作。应严格加强工艺管理。

3. 膜光泽低、表面呈白雾状或网纹状　这类现象常见于氨基烘漆，以红色、黑色、紫棕、深棕氨基烘漆尤其严重。产生原因如下：①作为主要成膜物的合成树脂与氨基树脂极性不同，导致混溶性不好。②颜料本身质量差，在漆料中的湿润性能较差等。③合成树脂对颜料的湿润性差。④混合溶剂的组成不合理，尤其是由湿膜转入干膜中时，未挥发的溶剂对成膜物溶解力差。

针对上述问题采取相应的解决办法：提高合成树脂与氨基树脂的混溶性；控制颜料的性能指标，如控制颜料的颗粒大小，在不影响耐候性的前提下，适当缩小颜料粒径以提高遮盖力，进而提高光泽、改进色泽；在涂料配方中，选择经过表面处理的颜料，通过提高颜料的湿润性来提高涂膜光泽，同时可以提高研磨分散效率；依据溶剂溶解力和挥发速率的理论严格确定混合溶剂的组成；使用分散剂或湿润剂可以部分改善涂膜状态等。

4. 紫棕、深棕涂膜色调不正　一般生产紫棕或深棕颜色的各类磁漆，往往会遇到色调偏黄难以找准的现象。这是由于铁红颜料的结晶粒子大小不同造成颜料本身色调偏黄所致。因此，生产深棕磁漆时可在研磨漆浆中将铬黄全部去除，调漆时如果发现黄色调不足，再补加铬黄调色浆进行调整。但黄色调的铁红不宜生产色调纯正的紫棕磁漆，一定要选用具有紫红色调且比较容易研磨分散的铁红颜料。

5.6.2　颜填料选用及使用不当导致涂料贮存出现的问题和解决办法

1. 浑浊　清漆和透明涂料出现微浑浊或变成糊状、浆状现象的原因：①稀释剂选择不当，对成膜物的溶解度差，只能部分溶解，因而出现浑浊。②稀释剂中可能含有水分。③生产时未能严格执行操作规范，如熟化时间不够、原料中含有杂质等。④运输和贮存时有水分及潮气侵入。⑤贮存时温度过高或过低。

解决办法：配制涂料时要选择配套的溶剂，含水率要低；涂料产品应贮存在通风干燥的库房中，防止日光直接照射或过分冷冻；应隔绝火源、远离热源等。上述措施可以防治涂料贮存中变浑浊。

2. 黏度增大　涂料在贮存时出现黏度增大甚至成胶冻状的现象。其原因：①制备的树脂聚合度过高或酸值太大。②颜料选择不当或含有水分，与涂料中的成分发生反应。如单组分聚氨酯溶剂型涂料原料中混有微量的水分、醇类或酸类以及密封不严等，均可能造成涂料的稠化或凝胶；酸值高的树脂易与碱性颜料、不耐酸金属颜料反应等。③贮存时间过久，在日光、温度影响下发生轻度反应；容器密封不严，进入水汽或溶剂挥发等。

解决办法：涂料制造中要严格控制原料符合配方、工艺要求，严格控制填料的含水率；严格按照工艺条件生产，加料顺序、反应温度与时间控制在规定的范围内；严格控制产品的包装管理和贮存条件，注意在低温通风处贮存；加少量溶剂稀释后搅匀，并及时使用。

3. 涂料沉淀或结块　颜料与树脂分成明显的两层，底层的颜料有时结成块状物而无法搅起，这种现象叫沉淀或结块。产生原因如下：涂料配方设计不当，如溶剂选用和使用不当，对涂料树脂的溶解力差；颜、填料使用不当，颜料密度过大，填料使用过多或含水等。填料一般密度大，与树脂的亲和力差，易产生沉淀或结块；生产工艺导致的问题，如颜、填料研磨细度不够，颗粒太粗而絮凝；涂料太稀或树脂过少以及贮存时间过久或密封不严，造成水汽或其他杂质进入。

解决办法：加入适量的有机膨润土或微米级二氧化硅等涂料常用的防沉剂；提高颜料的研磨细度，添加合适的颜填料润湿剂；在贮存过程中定期将涂料桶倒放或横放，涂料使用前搅拌均匀，应在规定的时间内使用完毕。

4. 结皮、变色、发胀　①结皮指涂料在贮存过程中，表面结出一层薄皮的现象。原料使用不当或装桶不满、桶盖不严、有砂眼及施工后对未用完的涂料处理不当会造成结皮。②变色是指由于涂料贮存时间过久，致使各种颜料色彩发生褪色、变暗、失去鲜艳光泽等变化。③发胀是指涂料的黏度大增，最后变成干结、坚硬固体的现象。主要原因是无机颜料与树脂之间发生皂化反应，致使黏度迅速增高或涂料聚合过度。这种情况一般很难用机械物理方法加以挽救。

5. 黑色漆发胀絮凝及贮存后返粗变稠　炭黑，特别是小粒径的高色素炭黑是制造黑色漆的理想颜料，但是在制漆时易出现发胀、絮凝、分散困难等现象，特别是贮存后返粗变稠。

解决办法：①炭黑表面的氧化处理和接枝处理。炭黑表面的氧化可以显著提高漆料对颜料的润湿性能，特别是能提高在酸超量较高的短油度醇酸树脂等极性漆料中的稳定性。炭黑表面接枝处理可以大大改善炭黑在漆料中的润湿性，提高亲和力。②溶剂预浸。炭黑的表面状态及其结构特性决定了漆料对炭黑润湿的困难，在制漆后的贮存过程中，炭黑继续润湿膨胀是造成炭黑返粗变稠的主要原因。而将炭黑进行溶剂预浸，使炭黑的润湿膨胀在研磨之前达到饱和，然后用漆料进行分散。可用松节油或二甲苯、丁醇进行浸泡，或加入炭黑用分散助剂。

5.6.3　颜填料选用及使用不当导致涂膜表面问题及解决办法

1. 浮色与发花　含有一种以上颜料的涂料体系出现不均匀的颜料分离现象，施工后的涂膜表面观察到浮色或发花，即颜料的漂浮。浮色和发花是复色漆常见的两种涂膜病态，是在湿膜状态下所发生的颜色变化。浮色是由于所用的各种颜料的密度和颗粒大小以及润湿程度不同，在涂膜形成但未定膜的过程中沉降的速度不同引起的。铬黄、钛白、铁红等粒径和密度大的颜料沉降速度快，而炭黑、铁蓝、酞菁蓝等粒径和密度小的颜料沉降速度相对慢。当膜固化后外观颜色不均匀，呈一种以粒径小、密度小的颜料占显著色彩的涂膜。发花是由于不同的颜料表面张力不同、同漆料的亲和力不同，导致的涂膜表面出现颜料浓度分布不均，局部某一颜料较集中而产生的不规则花斑。

解决办法：①要使溶剂与树脂的溶解力参数相近，溶剂的密度应尽量与树脂的密度接近。②尽量使溶剂与树脂的表面张力相近。混合溶剂要注意挥发速度的平衡，真溶剂和稀释剂要保持涂料需要的适宜比例。增加漆液黏度，控制涂膜厚度，以蒸发较慢的溶剂代替涂料中蒸发较快的溶剂。③坚持良好的初始研磨细度，选用不发花型颜料。④使用防止浮色、发花剂。

2. 起粒　指涂装后涂膜表面出现不规则块状物质总称。起粒的原因包括：①涂料研磨细度不够，颜料分散不良。②基料中有不溶的聚合物软颗粒或析出不溶的金属盐。③溶剂挥发过程中聚合物沉淀、小块漆皮被分散、混合在漆中。④涂料混入杂质，如生产和施工环境灰尘多，砂磨屑、地坪垃圾、揩布或操作者衣服上的纤维和烘道垃圾等。

要防止颗粒的出现，需要清洁的物料、清洁的涂料和清洁的喷漆场所。最好与其他工场隔绝，在涂料施工前，要用过滤网过滤。清洁喷枪，尽量不打砂，涂装前清除砂磨屑，以及经常清洁烘道。

3. 露底 色漆遮盖不住底色或底材，出现色泽不匀的现象称为露底。其原因是涂料中的颜料用量不够或颜料遮盖力太差；施工时加入稀释料过多；漆料未经搅匀等。提高涂料的遮盖力的办法：①使用遮盖力强的颜料，如钛白、立德粉等。②适当增加颜料的用量。③涂料涂装前和涂装中充分搅拌，并调节涂料的施工黏度。④ 在底材颜色与面涂颜色相差过大时，为保证良好的遮盖力，可先薄涂一道，然后涂装。

4. 浮白 浅灰或浅蓝体系色漆涂装后，湿膜表面呈现出白色颜料的色点，称为浮白。产生原因主要和选用的白色颜料的品种有关。在自干型醇酸磁漆中这种现象较多，除与选用的钛白粉品种有关外，也有因混入另一种漆基而引起颜料的絮凝或分离，导致钛白颜料的漂浮。

可以通过严格筛选合适的白色颜料，并且在制漆时尽量避免选用两种不同漆基进行浮白预防。

5. 泛黄 泛黄是指白色、浅色的涂膜在一定时间内及在外界环境的影响下，涂膜逐渐变成浅黄色的现象，有时涂膜在烘烤后也出现泛黄现象。形成原因包括：①颜料或树脂耐温或耐晒性差。②烘烤温度过高或时间过长。③催干剂过量或稳定剂不足。④涂料混有杂质。⑤内用涂料用在室外等。

应用时应注意使用场合，根据使用要求选用符合要求的树脂和颜料，对耐晒要求高时，要加入紫外线吸收剂。涂膜固化时，要控制适当的烘烤时间和温度，以免过烘。严格控制生产工艺，以免混入杂质。

6. 金属闪光色不匀 一般含有铝粉及珠光颜料的涂料，在施涂后因流平性差、出现流坠或因湿膜喷涂厚薄不匀使铝粉或珠光颜料不能形成均匀的定向排列，导致涂膜金属闪光色不匀。选用的铝粉和珠光颜料的质量、成膜物及助剂的结构、所用溶剂的挥发速率与金属闪光色不匀有关。喷涂时的漆雾雾化不良、厚薄不均以及涂膜干燥过慢也会影响金属颜料的排列。因此掌握喷涂技术，控制涂膜厚度均匀一致，并且选用一定的助剂使铝粉定向排列，可以解决金属闪光色不匀问题。

7. 失光 涂料干燥成膜后经数小时或数天较短的时间内，光泽缓慢消失的现象称为失光，又叫倒光。失光的主要原因包括：①树脂用量不足，组分之间相容性不好或树脂聚合度不当。②稀释剂用量过多。③烘烤温度过高产生针孔，天气寒冷或在高温环境下施工。④烘漆施工后，稀释剂未发挥到一定程度就送入烘房。⑤涂漆后遇大气烟熏或基材处理不好或底漆未干透等。找到失光的原因后，可以有针对性地进行预防。

8. 粉化 涂膜表面出现粉层，用手触之即粘在手上，这种现象称为粉化。产生原因包括：涂料配方不当（如颜填料过多），使用了不耐晒的树脂或颜料，在大气、日光、潮气或化学品等作用下发生分解，或误将室内用漆用于室外、涂膜太薄等。粉化的过程是一个缓慢的过程，先始于涂膜表面。在湿热地区涂膜较易粉化。预防粉化需要保证涂料原料质量；涂料颜基比正确，保证树脂含量；要根据使用条件选择面漆，如环氧类漆不耐紫外线，酚醛树脂耐候性差，不宜应用于室外；涂膜不宜太薄，每层的厚度应不低于 25μm。并注意施工环境，避开在雨、雾、霜、露等环境下施工。

9. 返锈　金属表面涂装后，在涂膜表面下有铁锈产生、蔓延，起初是涂膜呈现黄色斑点，最后出现涂膜破裂的现象。根据返锈的程度不同可分为点蚀（即涂膜呈现一个个小点的腐蚀现象）、针蚀（涂膜上出现针孔或小面积的漏涂而引起的腐蚀）、膜下腐蚀（从涂膜下面产生腐蚀）。涂装前需认真做好除锈等前表面处理，涂膜不能太薄露底，或者提高底漆质量、去除杂质等，以及避免涂膜碰伤或有针孔等表面问题。

10. 龟裂、剥落　涂膜表面出现深浅不同，犹如龟背裂纹的现象称为龟裂。如果涂膜在涂装后相当长时间才出现龟裂，这是涂膜的自然老化过程，表明涂膜已失效，需重涂，不属病态。这里说的龟裂是指涂膜使用不久就出现的龟裂状裂纹，主要是由于底、面漆不配套，涂膜受外界机械作用、温度变化等而产生收缩应力引起的。如在长油度醇酸底漆上涂短油度醇酸面漆即易于龟裂。此外，涂料品种选择不当，如误将环氧或改性酚醛、沥青等用于室外涂装、金属表面底漆用于木材等同样容易产生龟裂。此外，涂料中挥发成分过多、附着力太差、催干剂用量过多、在旧涂层上连续修补导致漆层数过多涂膜过厚、施工环境恶劣、涂装时未将颜料搅匀，都容易引起涂膜龟裂。

涂膜发生龟裂而失去附着力，以致脱离基材或与底漆分开而脱落的现象称为剥落。在涂膜剥落之前往往要发生脆化而小片脱落，有时也会发生卷皮而使涂膜成张脱落。产生这一病态的主要原因：底材面不洁，沾有油污、水分、铁锈或其他污物；底材处理不当，如水泥或木材表面未经打磨就嵌刮泥子或上漆，则面漆的漆基被其吸收而造成脱落；底面漆不配套，造成面漆从底漆上整张揭起（此现象在硝基、过氯乙烯、乙烯等类涂料产品中较多出现）；涂料附着力欠佳等。底材和底漆过于光滑或底漆干得太透、太坚硬或底漆有光，未经打磨就直接涂面漆，也容易引起层间剥落，在高湿或腐蚀性大气条件下使用的涂膜极易产生剥落。

防治方法：①加强漆料使用前的检验，变质的漆料不用。②选择底漆面漆配套性好。③改善涂料的附着力，底材和底漆要进行适当的表面处理，增强相互间的融合性。④对已出现剥离、脱落的涂层必须清除，按照工艺规范施工。

第6章　涂料制造中的溶剂

在涂料的生产和施工中，合理地选择溶剂十分重要，它直接影响涂料的贮存稳定性、施工性和涂膜质量。溶剂的选择一般需要考虑溶剂的溶解能力、挥发速度、黏度、表面张力、安全性、毒性及成本。混合溶剂能够增强溶剂的溶解力，使某些不能单独使用的低成本溶剂能够使用，从而降低成本，并且，混合溶剂能够使涂料有更好的挥发梯度，改善涂层的表面张力带来的各种问题。

6.1　涂料用溶剂类型与特点

常用溶剂按照沸点分为低沸点溶剂（沸点 <100℃）、中沸点溶剂（沸点为 100～150℃）、高沸点溶剂（沸点 >150℃）；按照化学组成分为烃类溶剂、醇类溶剂、酮类溶剂、酯类溶剂、醚类溶剂等。

6.1.1　石油溶剂及苯系溶剂

按照溶剂来源，原油常压蒸馏所得沸点范围较窄的轻质油馏分，经酸碱等精制得到石油溶剂。其主要成分为烷烃、环烷烃和少量芳烃，价格低，应用广泛。

1. 石油溶剂　石油溶剂也称烃类溶剂。石油溶剂通常按其 98% 馏出温度或干点 100% 馏出温度，分为 70、90、120、180、190、200 等牌号。

① 90 号溶剂油，又称石油醚，沸程 60～90℃，不溶于水，溶于无水乙醇、苯、氯仿、油类等多数有机溶剂，能溶解甘油松香脂、部分溶解松香、沥青和芳香烃树脂；不溶解虫胶、氯化橡胶、硝化纤维素、醋酸纤维素。所以石油醚在涂料中作为成膜物溶剂的用途不大，往往作为萃取剂和精制溶剂。

② 200 号溶剂油，俗称松香水或白油。外观为微黄色液体，由 140～200℃的石油馏分组成。溴值小，不饱和烃含量低，安定性好，闪点高，初馏点高，可减少毒性和火险，利于安全；硫含量低，精制深度好，毒性较小，具有适当的挥发速度，属于中等溶解力的溶剂，常含有一定量的芳烃，对干性油、树脂的溶解能力强。其有适宜的馏程和挥发性，可溶解大部分天然树脂，如甘油松香脂、改性酚醛树脂、天然沥青、石油沥青漆，常用于硝基漆、酯胶漆、酚醛漆、醇酸树脂等，也用作油漆的稀释剂，所以在涂料工业中用途广泛。

2. 苯系溶剂　苯系溶剂有二甲苯、甲苯、苯等。溶解性比脂肪烃大。苯的闪点低，挥发快，安全性差，使用较少。二甲苯具有良好的溶解性能和中等蒸发速率，广泛用作醇酸树脂、乙烯基树脂、氯化橡胶和聚氨酯的溶剂。甲苯常与其他溶剂合用，主要用于硝基漆、醇酸树脂漆、氯化橡胶漆等。

甲苯和二甲苯广泛用作合成树脂漆的稀释剂。甲苯的溶解力、挥发性及毒性均大于二甲苯，在挥发性涂料中，要求有较快的挥发性和较好的溶解力，甲苯用量较多；热喷涂用热塑性漆和烘漆中，多选用挥发速度适中的二甲苯。

6.1.2　萜烯类溶剂

此类溶剂有松节油、二戊烯和松油。松节油主要成分为α-蒎烯、β-蒎烯及二戊烯。沸点为140～200℃，挥发性适中，对天然树脂和油类的溶解力大于松香水、小于苯类。该类溶剂含有双键，能促进涂膜干燥。沸点为195～220℃的叫松油，含大量萜烯醇，溶解力强，挥发慢，有流平作用。萜类化合物可看成由异戊二烯或异戊烷连结而成的天然化合物，是挥发油（香精油）的主要成分。萜烯类物质是具有较强香气和生理活性的天然烃类化合物。截至1991年，人类发现的萜烯类化合物已经超过22000种。

松节油

萜类在蜂胶挥发油中主要有单萜与倍半萜类化合物，少数为二萜类化合物。单萜类多具较强的香气和生物活性。二环单萜，包括α-松油二环烯、樟脑（冰片）、β-松油二环烯等。蒎烯萜中最重要的代表有α-蒎烯和β-蒎烯两种异构体，均存在于多种天然精油中。松节油中含有58%～65%的α-蒎烯和30%的β-蒎烯，结构式如下：α-蒎烯在空气中能自动氧化聚合变稠，故常用作抗氧化剂。

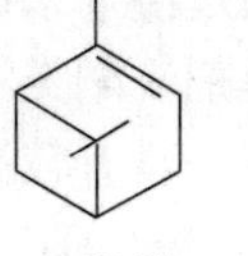

α-蒎烯　　β-蒎烯

双戊烯广泛存在于天然的植物精油中。常温下为无色易燃液体，有好闻的柠檬香味，不溶于水，与乙醇混溶，用作磁漆和各种含油树脂、树脂蜡、金属的催干剂和溶剂，用于制造合成树脂、合成橡胶等。

6.1.3　含氧有机溶剂

1. 醇和醚类溶剂　主要有乙醇和丁醇。乙醇能溶解天然树脂虫胶制成清漆，也能用作聚乙烯醇缩丁醛、聚醋酸乙烯或硝基漆的混合溶剂，多用作乙基纤维素、聚乙烯醇缩丁醛及醇溶性酚醛树脂的溶剂。丁醇挥发性较慢，溶解力不如乙醇，是氨基树脂的良溶剂。正丁醇是多种油类和树脂的溶剂，特别适宜做氨基树脂和丙烯酸树脂的溶剂，也可与甲苯混合做环氧树脂的溶剂。正丁醇与烃类溶剂及亚麻油等混溶，可用于油基漆、氨基漆和丙烯酸树脂、聚乙酸乙烯酯溶剂，也用于硝基漆混合溶剂。苯甲醇是无色透明液体，稍有芳香气味，稍溶于水，能与乙醇、乙醚、氯仿等混溶，可以溶解纤维素脂、醇酸树脂和着色剂等。

醇类对含有亲核基团的树脂有溶剂化作用，即氢键作用。它们对大多数合成树脂没有单独溶解性，但具有潜在溶解力，称为助溶剂。乙二醇-乙醚属挥发性较慢的溶剂，不能加入烷烃的涂料。目前醚类一般在涂料中较少应用。

2. 酯类溶剂　酯类溶剂是各类溶剂中溶解力较强的一类，常用的为醋酸酯类。乙酸乙酯溶解力强，挥发快，为高极性溶剂，是蒸发速率较快的酯类溶剂，有令人愉快的水果香味。它优于有刺激性气味的酮类溶剂，最初主要用于硝基纤维素漆，现在广泛应用于聚氨酯树脂、丙烯酸树脂、氨基树脂等，其溶解力低于酮类溶剂。乙酸丁酯溶解力强，挥发速度适中，可用作多种合成树脂的溶剂。乙酸戊酯溶解力强，挥发速度较慢，以前主要用于硝基漆。

3. 酮类溶剂 酮类溶剂对合成树脂溶解力很强，与酯类溶剂常合称为强溶剂，常用的有丙酮、甲乙酮、环己酮等。丙酮可以用作烯类聚合物和硝基纤维素的溶剂，挥发性大。丁酮（又称甲乙酮、2-丁酮，简称 MEK）挥发性大，可与多种烃类溶剂互溶，是优良的有机溶剂，具有优异的溶解性和干燥特性，其溶解能力与丙酮相当，但具有沸点较高、蒸汽压较低的优点，对各种天然树脂、纤维素酯类、合成树脂具有良好的溶解性能。但对眼、鼻、喉、黏膜有刺激性，长期接触可致皮炎。环己酮挥发性最慢，常用于改善流平性。环已酮为无色透明液体，用于涂料，特别是用于那些含有硝化纤维、氯乙烯聚合物及其共聚物或甲基丙烯酸酯聚合物涂料等，可延长干燥时间，阻止发白，提高流平性和光泽。

6.1.4 其他类型溶剂

1. 卤代烃类 卤代烃有很好的溶解性能，由于其对人体健康的危害，应用日益减少。由于它们具有很高的极性，可用来调节静电喷涂涂料的电阻。静电喷涂所获涂膜均匀、装饰性好，具备生产效率高、适合批量生产、涂料利用率高、能减少溶剂污染等优点。静电喷涂涂料，电阻率是一个重要的指标。

成膜物、颜料、溶剂和助剂都会影响涂料的电阻率。但大多数情况下是通过溶剂来调整涂料的电阻率。不同种类的溶剂，其极性不同，具有不同的电阻率。醇类溶剂、酮类溶剂和乙二醇醚类溶剂极性较强，具有低的电阻率；烃类和酯类溶剂的极性较弱，具有较高的电阻率。高电阻率溶剂和低电阻率溶剂混合时，产生中等的电阻率。混合溶剂的电阻率取决于溶剂的组成，如将具有极性的正丁醇加入二甲苯和非极性溶剂内，电阻率迅速下降。

2. 硝基烃 硝基甲烷可用作纤维素化合物、聚合物、树脂、涂料等的溶剂及助燃剂、表面活性剂，会引起中枢神经系统损害，对肝、肾有损害，也可引起高铁血红蛋白血症。吸入高浓度硝基甲烷气体会出现头晕、四肢无力、呼吸困难、意识丧失，对呼吸道黏膜有轻度刺激作用，可引发肝、肾损害，继发肾病。

3. 二甲亚砜 无色黏稠液体，除石油醚外，可溶解一般有机溶剂，能与水、乙醇、丙酮、乙醛、吡啶、乙酸乙酯、苯二甲酸二丁酯和芳烃化合物等任意互溶，被誉为“万能溶剂”。它是常用的有机溶剂中溶解能力最强的一种，是纤维素酯、醚、聚醋酸乙烯酯、聚丙烯酸酯、氯乙烯共聚物、氯化橡胶和许多树脂的良好、高沸点溶剂。

4. N-甲基吡咯烷酮 无色透明油状液体，微有氨的气味，具有黏度低，挥发度低，热稳定性、化学稳定性好，能随水蒸气挥发，有吸湿性，对光敏感，易溶于水、乙醇、乙醚、丙酮、乙酸乙酯、氯仿和苯，能溶解大多数有机与无机化合物、极性气体、天然及合成高分子化合物。对碳钢、铝不腐蚀，对铜稍有腐蚀性。对聚酰胺、聚酰亚胺、聚苯硫醚、聚丙烯酸酯和环氧树脂有良好的溶解力。用于脱漆剂以及涂料，可以降低涂料的黏度，提高涂料的润湿能力。

5. 超临界 CO_2 的应用 任何一种气体均有一个“临界点”，气体在临界点时所对应的温度和压力称为临界温度和临界压力。当气体的温度和压力高于其临界温度和临界压力时，则称该气体为超临界流体。此时该流体的密度接近于液体的密度，而其黏度和扩散系数与普通气体相近，这种特殊性质的超临界流体一般都具有极强的溶解能力。超临界二氧化碳可直接溶解碳原子数 20 以内的有机物，加入表面活性剂，可直接溶解或分散油脂、聚合物水及重金属。

6.1.5　涂料中的溶剂水

水做溶剂和分散剂，便宜易得，有以下明显的特点：①水在 0℃时开始结冰，因此水性涂料应保存在凝固点以上。②水沸点为 100℃，挥发性比溶剂低得多。溶剂型涂料随时间增长，溶剂均匀挥发而形成光滑的涂料表面，而水性涂料要形成平整光滑的表面困难。③水的表面张力比有机溶剂高，对基材的浸润较差，必要时需加入助剂来降低表面张力。④水的汽化热高，因此水性涂料干燥需更多的能量、更长的时间。⑤水不燃，没有燃爆危险。⑥水有极性，能形成更多的氢键。⑦水的电导率和热导率与有机溶剂有明显区别。

水的挥发度受相对湿度影响。当相对湿度为 0 时，相对挥发度为 0.31（滤纸）；当相对湿度为 100% 时，其相对挥发度为 0。有机溶剂受相对湿度影响较小，但是与水混合后也受相对湿度的影响。水与有机溶剂的混合溶剂受相对湿度影响。临界相对湿度曲线如图 6-1 所示。

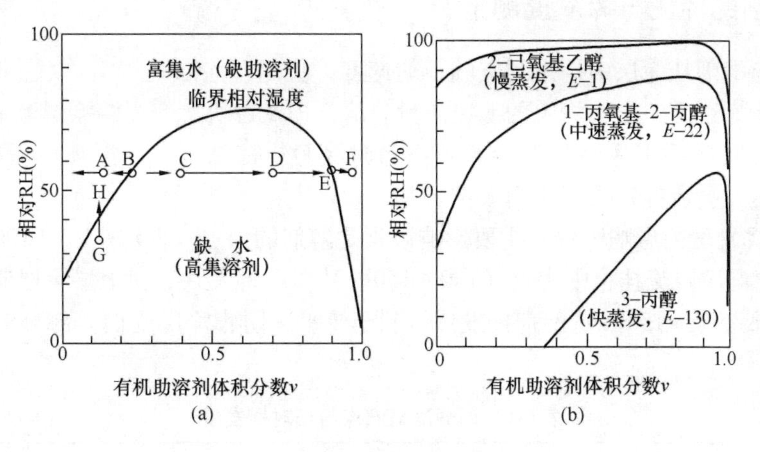

图 6-1　临界相对湿度曲线

在曲线下部，水比溶剂挥发得快；在曲线上部，有机溶剂比水挥发得快。曲线上每一点对应于相应的混合溶剂的临界点，在这一点水和有机溶剂的相对挥发度相同。图 6-1 中 A 点有机溶剂的挥发比水快，因此有机溶剂的相对含量将随混合溶剂的挥发而降低。C 点则相反，水挥发得较快，有机溶剂的相对含量逐渐增加。B 是一个不稳定的平衡点，当组分稍有变化时它就可引起组分向左（或向右）的移动。而 E 点在该相对湿度下是一个稳定的平衡点，任何偏离 E 点的情况发生都可自动地再回到 E 点。当相对湿度增加时混合溶剂可从临界曲线下部移至上部，使溶剂挥发的情况发生相反的变化。水和有机溶剂的这一临界曲线随有机溶剂的情况而异［图 6-1（b）］。在水性涂料中有机溶剂的浓度少于 20%（水 80%），当有机溶剂挥发很快时，其临界湿度将低于干燥时的实际相对湿度（相对湿度为 25%～75%），因此有机溶剂可先挥发尽，如丙醇。另一种情况是有机溶剂挥发得很慢，那么临界湿度将在实际湿度之上。这时有机溶剂随挥发含量越来越高，如 2-己氧基乙醇。为了保证水性涂料挥发时不致影响涂膜性质，选择挥发度合适的共溶剂是相当重要的。临界曲线的位置也和温度与气流大小有关，增加温度提高临界曲线，增加气流速度下降临界曲线。

空气的干湿程度与空气中所含水汽量接近饱和程度有关，与空气中含有水汽绝对量无直接关系。如空气中所含有的水汽的压强同样等于12.79mmHg时，在夏天中午，气温约35℃，人们并不感到潮湿，因此时离水汽饱和气压还很远，物体中的水分还能够继续蒸发。而在15℃左右，人们会感到潮湿，因这时的水汽压已经达到过饱和，水分不但不能蒸发，而且还要凝结成水。把空气中实际所含有的水汽的密度ρ_1与同温度时饱和水汽密度ρ_2的百分比$\rho_1/\rho_2 \times 100\%$叫作相对湿度。也可以用水汽压强的比来表示。例如，在15℃时，饱和蒸汽压是12.79mmHg时，相对湿度是100%。

空气相对湿度H太高对水性涂料施工影响很大，一方面涂料干燥很慢，或不能干燥成膜，另一方面易造成流坠、泪眼状弊病。当湿度H大于75%时建议不要施工。

6.2 溶剂的挥发性

6.2.1 溶剂的挥发与挥发度测定

挥发度指溶剂从涂层中挥发到空气中的速度，决定湿涂层处于流体状态时间的长短，决定涂层的干燥速度，影响涂膜的形成质量。溶剂挥发过快，会影响涂层流平性，无充裕的回刷理顺时间（手工涂刷）还会导致喷涂时涂膜粗糙结皮，潮湿环境下涂层易发白；溶剂挥发过慢，会流挂，表干时间太长。

1. 溶剂挥发度的影响因素 主要影响因素是溶剂的沸点。低沸点（<100℃）溶剂挥发快，可防止湿涂层流挂；中沸点（100~150℃）溶剂挥发快，利于湿涂层流平，形成致密涂膜；高沸点（>150℃）溶剂挥发慢，利于流平，防止涂层变白。部分溶剂相对挥发度见表6-1。

表6-1 部分溶剂沸点与相对挥发度

溶剂	沸点（℃）	25℃时的相对挥发度
乙醇	79	1.6
苯	80	6.3
正丁醇	117.1	0.4
乙酸丁酯	126.5	1

挥发速率不仅和沸点有关，还受到氢键、蒸发焓、表面张力、空气流动等的影响。

（1）氢键的影响 溶剂分子间的相互作用，影响混合物中组分的挥发，特别是氢键的存在，将明显地限制溶剂的挥发速率，见表6-1。乙醇和苯的沸点接近，而苯的挥发速率为乙醇的3.9倍，正丁醇的沸点为118℃，乙酯丁酯的沸点为125℃，前者的沸点虽较低，但其挥发速率要比后者低得多，由此可以看出氢键对限制溶剂的挥发起着重要作用。

（2）温度的影响 溶剂的相对挥发速率与其蒸汽压紧密相关，蒸汽压越大，溶剂的挥发速率越大，而蒸汽压又随着温度的升高而变大。溶剂挥发速率E_w和温度的关系式可以表示如下：

$$\lg(E_{w1}/E_{w2}) = 0.825\Delta H(1/T_2 - 1/T_1) \quad (6\text{-}1)$$

式中，E_{w1}、E_{w2}——温度为 T_1、T_2时溶剂的挥发速率（以质量为基础）；

ΔH——摩尔蒸发潜热，J/mol。

例 6-1 25℃醋酸正丁酯的蒸发潜热为 2.53kJ/mol，假定此值在有关的温度变化内基本上是一个常数，试计算 15℃及 35℃时醋酸正丁酯的相对挥发速率。

解：根据定义 $t_{25℃}$（298K）时，醋酸正丁酯的相对挥发速率是 1.00，依次将这些数值代入式（6-1），按所要求的温度 15℃（288K）及 35℃（308K）计算：

$$\lg(1/E_{w2}) = 0.825 \times 2.53 \times 10^3 \times (1/288 - 1/298)$$

$$E_{w2} = 0.57(15℃)$$

$$又\ \lg(1/E_{w2}) = 0.825 \times 2.53 \times 10^3 \times (1/308 - 1/298)$$

$$E_{w2} = 1.70(35℃)$$

结果可以看出，相对小的温度变化，会导致溶剂挥发速率极为显著地变化，醋酸正丁酯在 25～35℃温度范围内，温度每变化 1℃，相对挥发速率平均增长约 6%。因此，涂料产品中使用的混合溶剂在不同的季节要调整其组成，以调节其挥发速率，如夏季需用部分挥发速率慢的溶剂，取代部分挥发速率快的溶剂，冬季则反之。

（3）表面气流的影响　由于多数溶剂蒸汽比空气重，除非用空气气流将其带离溶剂层表面，它们趋于留在溶剂层表面，如果溶剂蒸汽积聚使涂膜表面空间趋于饱和，则严重阻碍溶剂挥发，所以涂膜表面气流速度越大，溶剂挥发速率就越快，因此，保持空气流通对于涂膜的挥发过程起主要影响。

（4）比表面积大小的影响　单位体积的表面积（比表面积）越大，挥发速率越快，这是因为溶剂只在表面挥发的缘故。在涂料施工中，用喷枪喷涂，对溶剂挥发速率的要求就和用刷涂或浸涂方法施工要求不同，由于喷涂时漆液被雾化成小的液滴，比表面积很大，气流也较大，溶剂挥发速率就快，如果溶剂选择不当，比如混合溶剂的挥发速度如果较快，则会导致喷涂时的“拉丝”“干喷”现象，这时就需要增加挥发速率慢、溶解能力强的溶剂组分，以调整溶剂的挥发速率。

（5）基料的影响　涂料中，混合溶剂的挥发速率不能从各个溶剂的挥发速率来准确预测，这是因为，高分子聚合物和溶剂间的吸引力会延缓溶剂的挥发。由此可见，各种溶剂的挥发速率数据只能作为涂料溶剂选择的粗略指导。

（6）溶剂的相对挥发速率　表征溶剂的挥发性，即测定定量溶剂的挥发时间并与同样条件下定量醋酸丁酯的挥发时间相比较表示纯溶剂的挥发性。

$$相对挥发度 = \frac{t_{90}(乙酸正丁酯)}{t_{90}(待测溶剂)}$$

式中，t_{90}为一定量醋酸丁酯或试验溶剂挥发 90% 所需时间。

t_{90}越大，挥发越慢。相对挥发速率也可以用一定时间内挥发的体积（E_v）或质量（E_w）相对比率表示。

以醋酸丁酯的 E_v 等于 100 作为参考标准，常用溶剂的相对挥发速率见表 6-2。

表 6-2 部分常用溶剂的相对挥发速率（25℃）

溶剂	沸点（℃）	相对挥发速率	溶剂	沸点（℃）	相对挥发速率
丙酮	56	944	醋酸丁酯	125	100
甲乙酮	80	572	二甲苯	138～144	73
醋酸乙酯	77	480	丁醇	118	36
乙醇	79	253	环己酮	157	25
甲苯	111	214			

2. 混合溶剂从涂膜中的挥发

（1）“两阶段挥发”理论 溶剂从涂膜中挥发是一个相当复杂的过程。汉森（Hansen）提出的“两阶段挥发”理论，即溶剂从涂膜中挥发分为两个连贯而又重叠的阶段。在第一阶段即“湿”阶段，溶剂分子的挥发是受溶剂分子穿过涂膜液-气边界层的表面扩散阻力所制约，溶剂挥发的模式类似上述单纯的混合溶剂的挥发行为。在涂膜开始干燥后，即进入第二个阶段，即“干”阶段，溶剂挥发取决于溶剂从相对于的聚合物扩散到涂膜表面的能力，因此在“干”阶段溶剂的挥发速率明显降低。

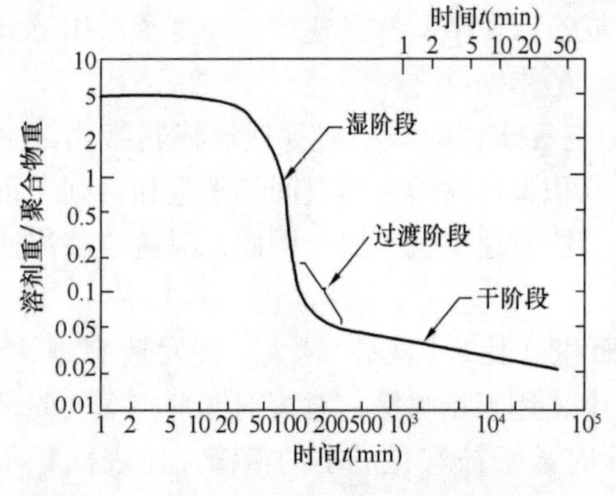

图 6-2 溶剂挥发的两个阶段特性曲线图

图 6-2 所给出的干燥曲线是假想的某涂料施工后的挥发模式。初期湿阶段，溶剂由液态表面逃逸，挥发相对快，由表面来控制。最后干燥阶段，溶剂首先扩散到涂膜表面，再从实际上干的涂膜表面逃逸，溶剂挥发很慢，完全由扩散所控制。应该看出，溶剂初期及最后挥发中所用时间完全不同。

（2）“湿”阶段的挥发速率 高分子基料聚合物对溶剂挥发速率的影响，一般来说倾向于阻滞与其有相似官能团的溶剂。例如在醇酸树脂涂膜中，保留溶剂的数量按下列顺序增加：饱和烃 < 芳香烃 < 醇和醇醚类 < 酮和酯类。并且高分子聚合物对于溶剂挥发的影响主要发生在后期，随树脂溶液浓度的增加而提高。

在“湿”阶段，混合溶剂从湿膜中的挥发速率可考虑两点：①湿阶段的挥发速率较大，且该阶段溶剂挥发速率逐渐降低；②树脂对溶剂挥发的影响主要考虑与官能团的相互作用。

（3）“干”阶段的挥发速率 影响“干”阶段溶剂挥发速度的因素可以定性地归纳如下。

① 溶剂分子大小和形状的影响 溶剂的分子越小、形状越规整、扩散就越容易。例如，甲基丁基酮与甲基异丁基酮，从表面挥发速率考虑，甲基异丁基酮比甲基丁基酮挥发速率快，而到干燥过程，从底部的扩散，甲基异丁基酮的分子支链多，其截面面积比甲基丁基酮大，所以扩散速率慢。

② 溶剂在聚合物中保留能力的影响 溶剂释放与溶剂挥发性和溶解能力不同。表 6-3 为按在聚合物中保留能力增强的顺序所列出的常见溶剂。

表6-3 聚合物中保留能力增强顺序列出的常见溶剂

溶剂	R_V^0	溶剂	R_V^0	溶剂	R_V^0
甲醇（最不易保留）	4.1	2-丁氧基乙醇	0.1	甲基异丁基酮	1.4
丙酮	10.2	醋酸正丁酯	1.0	醋酸异丁酯	1.7
2-甲氧基乙醇	0.5	苯	5.4	2，4 二甲基戊烷	5.6
甲乙酮	4.5	醋酸-2-乙氧基乙酯	0.2	环已烷	5.9
醋酸乙酯	4.8	甲苯	2.3	二丙酮	0.1
2-丁氧基乙醇	0.4	2-硝基丙烷	1.5	甲基环已酮（最易保留）	0.2
正庚烷	3.3	二甲苯	0.8		

③ 聚合物和溶剂相互作用的影响　聚合物分子链上有极性基团（如羟基、羧基，产生氧键）时，会降低溶剂的扩散速率。

④ 聚合物玻璃化温度的影响　假如有两个高分子聚合物体系：一个体系的T_g低于室温；另一个体系的T_g高于室温。对于T_g低于室温的高聚物，由于体系中存在溶剂，使T_g降低，即使在涂膜干燥的最后阶段，因为原来T_g就低于室温，所以还有一部分自由体积，使底部的溶剂可以扩散出来。而对于T_g高于室温的体系，随着溶剂的不断挥发，T_g也不断增加，到达室温时，由于T_g高于室温，体系的自由体积仍很少，底部溶剂的扩散就困难，从而导致溶剂容易残留下来。这些溶剂可以起到增塑作用，对涂膜性能产生一定影响。随着时间的延长，溶剂会慢慢挥发，涂膜性能也会慢慢变化，因此测定涂膜性能的时间很重要。

如果采取烘烤的办法，令室温高于T_g，则滞留下来的溶剂也可以扩散并逸出，从而改善涂膜性能。这是室温干燥的涂膜经低温烘烤后性能有所改善的原因。

⑤ 涂膜厚度的影响　残留溶剂多少和涂膜厚度的关系可以由式（6-2）表示：

$$\lg C = A\lg(X^2/t) + B \tag{6-2}$$

式中　C——溶剂浓度（按单位聚合物质量、溶剂质量比表示）；

X——膜厚，μm；

t——时间，h；

A、B——常数。

对于“干”阶段挥发速率而言，除最后溶剂损失之外，公式（6-2）是有效的，厚度的关键作用表现在式中，以平方项出现。因此，对指定聚合物/溶剂体系而言，达到任何特定干燥阶段浓度C时，X^2/t为常数，所以一般可以认为：保留时间与施工的涂膜厚度平方成反比，例如，假定涂膜厚度增加1倍，则保留时间增加4倍。

例6-2　热塑性氯乙烯/醋酸乙烯共聚树脂溶于甲基异丁基酮（MIBK）施工于底材上形成7.0μm干膜。1h后，以聚合物计，保留溶剂为12.2%（0.122），24h后为8.6%（0.086）。试问两周后保留浓度为多少？假定涂膜厚度只有3.0μm，则保留量为多少？

解：将已知数据依次代入式（6-2）求得常数A和B

$$\lg 0.122 = A\lg(49/1) + B$$

$$\lg 0.086 = A\lg(49/24) + B$$

将上式减下式，消去B，求解A。然后将A代入任一方程。求解B。将式（6-2）换成已计算出的常数式：

$$\lg C = 0.11\lg(x^2/t) - 1.10 \tag{6-3}$$

将$t=336$代入式（6-3），求得两周后溶剂保留量

$$\lg C = 0.11\lg(49/336) - 1.10$$

$$C = 0.064(6.4\%)$$

3.0μm 厚涂膜的保留量用相同方法计算

$$\lg C = 0.11\lg(9/336) - 1.10$$

$$C = 0.053(5.3\%)$$

由上述计算结果可知，极薄的涂膜（如3.0μm），在相当长的时间内（如2周）仍有持久的溶剂保留。

6.2.2 涂料性能对溶剂挥发性要求与混合溶剂挥发

1. 涂料性能对溶剂挥发性要求 不同涂料，配方组成不同，不同的条件下，溶剂挥发性不同。溶剂选择不好，会导致各种表面张力问题。在不同要求下，涂料溶剂选择不同，如若需要涂膜快干则溶剂挥发要快；若需要涂料无流挂，则溶剂挥发要快；若使涂膜无缩孔与无边缘变厚现象，需要溶剂挥发快；若涂膜要求流动性好、流平性好、无气泡、不泛白，溶剂挥发要慢。

2. 混合溶剂的挥发 涂料配方中一般含有几种挥发速率不同的溶剂以保持合适的挥发速度，调节涂料的流平，防止挥发过快造成表面水蒸气凝结，防止涂膜出现沉淀和浑浊影响附着力等。

在混合溶剂中，某一溶剂的相对挥发速率取决于其浓度、相对挥发速率及其活度系数；总相对挥发速率等于各组分相对挥发速率之和，随着挥发的进行，混合溶剂组成发生变化，其总相对挥发速率也发生变化；溶剂的挥发还受到与聚合物相互作用的影响，与聚合物相互作用较弱的溶剂较容易挥发。混合溶剂的相对挥发度可用下式表示：

$$E_T(\text{总}) = (CeE)_1 + (CeE)_2 + \cdots + (CeE)_n \tag{6-4}$$

$$1 = \frac{(CeE)}{E_T} + \frac{(CeE)_2}{E_T} + \cdots + \frac{(CeE)_n}{E_T} \tag{6-5}$$

CeE/E_T表示空气中各组分的多少，其值大，表示逸入空气中的速度快。混合溶剂中各组分是不断变化的。

混合溶剂一般较单独溶剂挥发得快。涂料配方中一般含有几种挥发速度不同的溶剂以保持合适的挥发速率，调节涂料的流平，防止挥发过快造成表面水蒸气凝结，防止涂膜出现沉淀和浑浊影响附着力等。不同的气候条件，配方组成也不同。如硝基纤维素经常是用

混合溶剂，当各组分挥发时，溶剂组成不断变化，应该调整好各组分，使溶解能力保持一定。

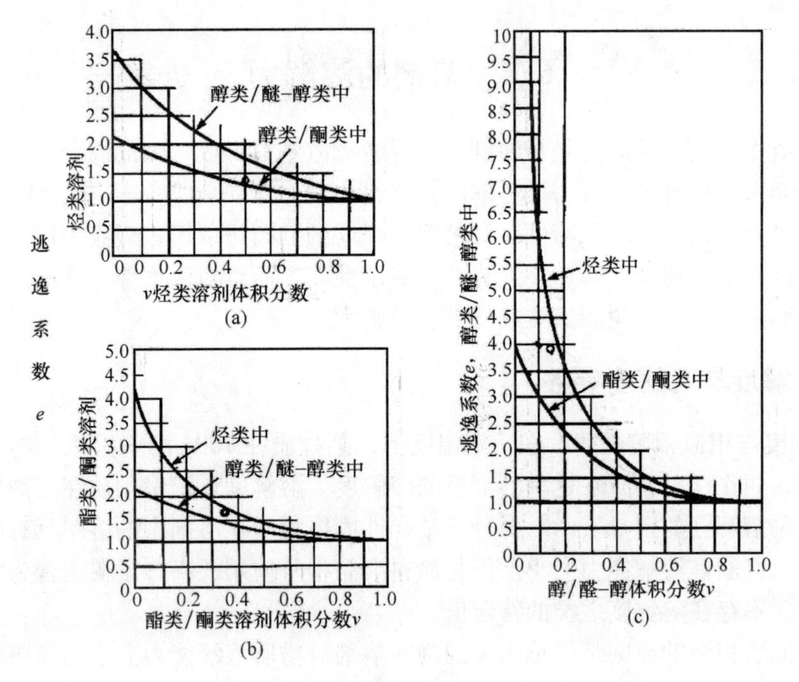

图 6-3　按溶剂种类和溶剂浓度对不同溶剂的逃逸系数图

（a）烃类溶剂；（b）酯类及酮类溶剂；（c）醇-醚溶剂

例 6-3　某推荐的硝化纤维素溶剂配方包括 35% 乙酸正乙酯、50% 甲苯（$E_v=2.0$）、10% 乙醇（$E_v=1.7$），及 5% 正丁醇（$E_v=0.4$），计算混合溶剂的相对挥发度，并说明挥发进行时体积组成的变化。

解：从图 6-3 找出四种溶剂的逃逸系数 e，为了便于参考，图上画有圈的地方即数值位置，将此数据代入式（6-4），求得相对挥发度并代入式（6-5），求得逃逸空气的组成分

$$\begin{aligned} E_T &= (0.35\times1.6\times1.0)+(0.50\times1.4\times2.0)+(0.10\times3.9\times1.7) \\ &\quad +(0.05\times3.9\times0.4)=0.57(\text{乙酸正丁酯})+1.41(\text{甲苯}) \\ &\quad +0.67(\text{乙醇})+0.08(\text{正丁醇}) \\ &= 2.73 \end{aligned} \tag{6-6}$$

$$\begin{aligned} 1 &= \frac{0.57}{2.73}+\frac{1.41}{2.73}+\frac{0.67}{2.73}+\frac{0.08}{2.73} \\ &= 0.21(\text{乙酸正丁酯})+0.52(\text{甲苯})+0.24(\text{乙醇})+0.03(\text{正丁醇}) \end{aligned} \tag{6-7}$$

由式（6-6）和式（6-7）比较可知，乙酸正丁酯在蒸汽相中的浓度低于原始混合溶剂的浓度（0.21 与 0.35），结果是蒸发进行时，乙酸正丁酯在体系中所占比例越来越高；而甲苯则是蒸气相中的含量高（0.52 对 0.50），因此体系中甲苯含量越来越低。同理，乙醇和正丁醇在溶液相中的浓度也会逐渐降低和升高，这样体系中高溶解力的组成越来越高集，溶解力不会随挥发而下降，因而不会导致针孔、发白、弊病等。

涂料工业上经常使用混合溶剂，除控制挥发度、降低成本外，还可以改善溶剂的溶解力。

6.3 溶剂的溶解力

涂料工业中溶剂的溶解力是指溶剂溶解或者分散基料形成均匀的高分子聚合物溶液的能力。涂料制造中溶剂的选择需要考虑溶剂将高聚物分散的能力、树脂溶液形成的速率、溶液的黏度以及溶剂之间的互溶性。对溶解力强弱的判断可以通过观察一定溶液的形成速度，溶解力高的溶剂树脂溶解速度大，贮存稳定性高，而且对温度稳定性好。或者观察一定浓度树脂溶液的黏度，树脂溶液黏度低，溶解力大。

6.3.1 溶解度与溶解度参数

1. 溶解度与相似相溶规律 在一定温度下，某物质在100g溶剂里达到饱和状态时所溶解的克数，叫作这种物质在这种溶剂里的溶解度。溶解度是衡量物质在溶剂里溶解性大小的尺度，是溶解性的定量表示。低分子结晶性固体物质在溶剂中的溶解具有明确的溶解度数据，可以判断其溶解能力大小。但是涂料产品中所使用的高分子树脂皆为无定形的高分子聚合物，不存在溶解度之类的特定值。

极性相似者相溶的原则是最早出现的判断溶剂对物质溶解能力大小的经典理论。测定物质其偶极矩的数值，由零到大，构成非极性物质-弱极性物质-极性物质系列。当固体溶解时，必须提供能量以克服固体分子或离子间的作用力，它们之间的空隙才能被溶剂分子所占据。固体结构与溶剂结构相似，即作用力相似时，固体容易溶解。极性弱的化合物溶于非极性或极性弱的溶剂，极性强的化合物溶于极性强的溶剂，这就是相似相溶规律。

尽管极性相似原则仍然被使用，但是这个规律比较笼统甚至有时是错误的，例如硝基甲烷就不能溶解硝化纤维素。比较科学的方法是使用“溶解度参数相近的原则”进行判断。

2. 溶解度参数 δ 希尔布兰德（Hildebrand）定义，溶解度参数是内聚能密度的平方根，是分子间力的量度。内聚能密度是物质（如溶剂）的摩尔蒸发能与摩尔体积的比。

$$\delta = \left(\frac{\Delta E}{V}\right)^{0.5} = \left(\frac{\Delta H_V - RT}{V}\right)^{0.5} \tag{6-8}$$

式中，E 为物质摩尔蒸发能；V 为摩尔体积；ΔH_V 为摩尔汽化热；R 为摩尔气体常数；T 为绝对温度。

衡量相容性或溶解性能最普遍的方法是测定两者的溶解度参数 δ。聚合物溶解时，首先是聚集分子的互相分离，分子之间的间隙被溶剂分子所占据，如果溶剂分子与聚合物分子间作用力大于聚合物分子间的作用力，溶解就会发生，同时伴随着体系内能的降低，为放热过程。只有混合过程的自由能 ΔG_M 减少，溶解才能自发进行。

$$\Delta G_M = \Delta H_M - T\Delta S_M < 0 \tag{6-9}$$

式中，ΔS_M 为混合熵变；ΔH_M 为混合焓；$T\Delta S_M$ 总是正值；ΔH_M 越小越利于溶解。

极性聚合物溶解在极性溶剂中，由于溶剂和溶质的强相互作用，$\Delta H_M < 0$，溶解可以自发进行。非极性聚合物与溶剂互相混合时，如果混合过程中没有体积变化，则

$$\Delta H_M = V\Phi_1\Phi_2(\delta_1 - \delta_2)^2 \tag{6-10}$$

这就是经典的 Hildebrand 溶度公式，V 为溶液总体积，Φ 为体积分数，δ 为溶度参数，下标 1 和 2 分别表示溶剂和溶质。从式（6-10）中可知，ΔH_M始终是正值，溶质与溶剂的溶度参数越接近，则 ΔH_M越小，越能满足 $\Delta G < 0$ 的条件，溶解越容易进行。Hansen 认为，内聚能密度是色散力、极性力、氢键的共同贡献，提出了三维溶度参数（即色散力溶度参数 δ_d、极性溶度参数 δ_p、氢键溶度参数 δ_h）的组成。总的溶度参数 δ 为

$$\delta = (\delta_d^2 + \delta_p^2 + \delta_h^2)^{\frac{1}{2}} \tag{6-11}$$

则

$$\Delta H_M = V\Phi_1\Phi_2(\Delta\delta_d^2 + \Delta\delta_p^2 + \Delta\delta_h^2) \tag{6-12}$$

高分子之间的相容或发生扩散作用的必要热力学条件是自由能的降低。当溶剂和溶质互相混溶时，自由能 ΔG 减少，ΔG 越趋向负值，越有利于相溶。即

$$\Delta H = V\phi_1\phi_2\left[\left(\frac{\Delta E_1}{V_1}\right)^{1/2} - \left(\frac{\Delta E}{V_2}\right)^{1/2}\right]^2 \tag{6-13}$$

$$\delta = \left(\frac{\Delta E}{V}\right)^{1/2} \tag{6-14}$$

$$\Delta H = V\phi_1\phi_2(\delta_1 - \delta_2)^{1/2} \tag{6-15}$$

常见溶剂和聚合物的溶解度参数见表 6-4。

表 6-4　溶剂和聚合物的溶解度参数　(h)

溶　剂	δ_d	δ_p	δ_h	δ	溶　剂	δ_d	δ_p	δ_h	δ
水	6.00	15.3	16.7	23.50	已烷	7.24	0	0	7.24
甲醇	7.42	6.0	10.9	14.28	环已烷	8.18	0	0	8.18
乙醇	7.73	4.3	9.5	12.92	乙酸乙酯	15.8	5.3	7.2	18.2
正丁醇	7.81	2.8	7.7	11.30	乙酸正丁酯	15.8	3.7	6.3	17.4
乙二醇	8.25	5.4	12.7	16.30	天然橡胶	8.15	0	0	8.15
二氧六烷	9.30	0.9	3.6	10.00	聚苯乙烯	8.95	0.5	0	7.7
丙酮	7.58	5.1	3.4	9.77	聚乙烯	8.1	0	0	8.1
丁酮	7.77	4.44	2.5	9.27	聚氯乙烯	8.16	3.5	3.5	8.88
四氢呋喃	8.22	2.8	3.9	9.52	聚乙酸乙烯酯	7.72	4.8	2.5	9.43
四氯化碳	8.35	0	0	8.65	聚甲基丙烯酸甲酯	7.69	4.0	3.3	9.28
三氯甲烷	8.65	1.5	2.8	9.21	丁苯橡胶				8.1
三氯乙烯	8.78	0.5	2.6	9.28	乙基纤维素				8.3
苯	8.95	0.7	1.0	9.15	环氧树脂				10.2
甲苯	8.22	0	1.0	8.91	聚对苯二甲酸乙二酯				10.7

3. 溶解度参数测定与计算　溶解度参数可从汽化热、表面张力数据及化学结构，溶剂间比较匹配的方法求得。聚合物溶解度参数计算，通常方法是制备聚合物轻度交联的样品，测定一系列不同溶剂中的溶胀程度，δ 定义为引起最大平衡溶胀的溶剂的溶解度参数。根据化学结构通过摩尔引力常数 G，可求得溶解度参数。溶解度参数 δ 为

$$\delta = \left(\frac{\rho}{M}\right)\Sigma G \tag{6-16}$$

式中，M 为聚合物重复单元的相对分子质量；G 是摩尔引力常数，见表6-5；ρ 是密度。

表 6-5　摩尔引力常数（25℃）

基团	摩尔引力常数 G	基团	G
$—CH_3$	214	H	80 ~ 100
$—CH_2$	133	O（醚）	70
—CH	28	Cl（平均）	260
—C—（四价）	-93	Cl（单）	270
$=CH_2$	190	Cl（二连）	260
=CH—	111	Cl（三连）	250
=CH—C—	785	CO（酮）	275
—C=C	19	COO（酯）	310
共轭结构	20 ~ 30	OH（烃）	约 320
苯基	735	亚苯基	658
五元环	110	六元环	100

例 6-4　环氧树脂（密度 $1.15g/cm^3$），计算溶解度参数。已知环氧树脂有重复单元

$$\left[-CH_2CH(OH)CH_2O-C_6H_4-C(CH_3)_2-C_6H_4-O-\right]_n \tag{6-17}$$

解：将环氧树脂的重复基团、引力常数及摩尔引力常数之和列出，见表6-6。

表 6-6　环氧树脂中的重复基团、引力常数及引力常数之和

基团	摩尔引力常数 G	基团数	G
$—CH_3$	214	2	+428
$—CH_2$	133	2	+266
—CH	28	1	+28
—C—（四价）	-93	1	-93
—Ph	658	2	1316
—OH	320	1	320
—O—	70	2	140

查表计算得$\sum G = 2498 - 93 = 2405$

重复单元相对分子质量 $M = 18 \times 2 + 20 \times 1.0 + 3 \times 16 = 284$

$$\delta = \left(\frac{\rho}{M}\right)\sum G = 9.7$$

计算结果与实测结果相近。

4. 溶解度参数应用　溶解度参数有很重要的参考价值。

（1）判断树脂在溶剂中的溶解性　根据溶解度参数相近可以互溶的原则，可以判断树脂在溶剂中是否可以溶解，并确定溶解树脂的混合溶剂最佳比例。如两种物质的溶解度参数分别为δ_1和δ_2，当δ_1与δ_2相等或相近时，则$\Delta H=0$，表明两者混合时并不吸收热量，相容性好，溶解可以发生。

例6-5　已知天然橡胶的溶解度参数平均值为8.2，正己烷的溶解度参数值δ为7.3，与8.2相差很少（为0.9），可以很好地溶解天然橡胶，但若加入适量的甲醇可以使其溶解增强，试求甲醇的最佳加入量是多少？

解：设加入甲醇后，在甲醇正丁烷的混合溶剂中，甲醇所占的体积分数为X，正的体积分数为$1-X$。查表可知，甲醇的溶解度参数值为14.6。

根据公式，混合溶剂的溶解度参数为

$$\delta_{mix}=14.6X+7.3(1-X)$$

欲使此混合溶剂对天然橡胶有最大的溶解能力，混合溶剂和天然橡胶的溶解度参数值最好是相同，即$\delta_{mix}=8.2$，代入上式得

$$8.2=14.6X+7.3(1-X)$$

解此方程得$X=0.125$，即在正己烷中加入12.5%的甲醇（以体积计），所得的混合溶剂对天然橡胶的溶解力最强。

（2）估计树脂的互溶性　依据溶解度参数可以估计两种或两种以上树脂的互溶性。如果这几种树脂的溶解度参数彼此相同或相差不大于1，这几种树脂就可以互溶。当$|\delta_1-\delta_2|$值很大时，ΔH必然很大，若令两者相容，就要吸收很大热量，只有温度T在很高时才有可能；$|\delta_1-\delta_2|$或ΔH大到一定程度，以至即使T很高，ΔG还是正值，表明两种高分子不相容。

（3）判断涂膜的耐溶剂性　如果涂料中所用的成膜物，其溶解度参数和某一溶剂（或混合溶剂）的溶解度参数数值相差较大，该涂膜对该溶剂而言就有较好的耐溶剂性能。溶剂对聚合物的溶解，有以下判断标准：

即$\Delta\delta=|\delta_1-\delta_2|=2.0$作为聚合物耐溶剂性的划分界限。一般分为三个等级：

$\Delta\delta>2.5$，耐溶剂；$\Delta\delta=1.7\sim2.5$，有轻微溶胀作用；$\Delta\delta<1.7$，不耐溶剂。

作为涂料用溶剂，常以$\Delta\delta<1$作为良溶剂判断标准。

（4）确定树脂的溶解度参数的范围　利用涂料用树脂在一系列已知溶解度参数的溶剂中的溶解情况，通过实验确定该树脂的溶解度参数的范围。如有一组溶剂，其溶解度参数δ值分别为7.0、7.5、8.0、8.5、9.0、9.5、10.0、10.5。将某树脂分别溶于这些溶剂中，假如在δ值为7.0和7.5的溶剂中不溶，在δ值为9.5以上的溶剂中也不溶，而在8.0、8.5和9.0的溶剂中可以溶解，那么就可以断定，该树脂的溶解度参数值为8.0~9.0。

（5）选用增塑剂　在涂料产品中，为了提高涂膜的柔韧性、附着力，克服硬脆易裂的缺点，常在树脂中加入增塑剂。增塑剂应具有与树脂混溶的性能，能溶于涂料用溶剂的性能。实践证明，增塑剂的选用，也可以用溶解度参数相同或相近时可以相溶的原则，若两种增塑剂混合使用时，混合物的溶解度参数和的计算方法和混合溶剂的计算方法相同。

（6）研制塑料涂料中树脂和溶剂选用　利用溶解度参数可以在研制塑料涂料过程中选用适当的树脂和溶剂。通常将塑料涂料涂装于塑料产品表面时，既要求涂料对塑料底材有较好的附着力，又不能出现涂料中所用的溶剂将被涂装的塑料“咬起”现象。这就要求塑料涂料中使用树脂的溶解度参数要尽量接近塑料的溶解度参数值，以使涂膜有较好的附着力。但是涂料用溶剂的溶解度参数与塑料的溶解度参数相差得越大越好，以确保塑料表面不被溶解或“咬起”。同时要求塑料涂料中树脂的溶解度参数与塑料底材中所使用的增塑剂的溶解度参数值相差得越大越好，以保证增塑剂不发生渗析。

5. 溶解区图　总的溶解度参数分成三部分，用一个三维空间坐标表示。对于聚合物同样用δ_d、δ_p、δ_h来表示，可定位在一点为坐标原点，半径为2h内可以包括进对聚合物进行溶解的所有溶剂。在三维空间坐标中，可将δ_d作为纵坐标，其值一般为7～10，可分为两部分。上部为高色散力部分，一般为芳香族化合物，其值为8.4～10.0；下部一般为脂肪族化合物，其值为7.0～8.3。作为涂料的溶剂大部分是在下层。

因为色散力一般相差不大可以略去坐标，而在δ_p和δ_h两维图上考虑问题。聚合物的三种参数难以直接测得，但已有了大量溶解性数据（34种聚合物，94种溶剂），根据这些数据可以制出各种聚合物基于δ_p和δ_h的溶解区。图6-4是几种聚合物在δ_p和δ_h的平面中溶解度参数区。其中虚线内为低色散力层，实线为高色散力层。S表示溶解区，I表示不溶区。

6.3.2　高分子成膜物的溶解特点

1. 高分子成膜物的溶解　高分子成膜物由较低平均相对分子质量的非晶态聚合物组成，一般规定10mL溶剂溶解1g聚合物为可溶。溶解是由溶剂分子较快地渗入聚合物开始的，聚合物体积不断膨胀，即溶胀，然后聚合物分子均匀地分布于溶剂中，形成完全均相体系。高分子成膜物分子存在着多分散性，其溶解过程复杂。聚合物高分子与溶剂接触，首先，接触溶剂表面上的分子链段被溶剂化，溶剂分子在高分子聚合物表面起溶剂化作用的同时，溶剂分子也由于高分子链段的运动，能扩散到高分子溶质的内部去，使内部的链段逐步溶剂化，因此基料高分子在溶解前总会出现大量吸收溶剂、体积膨胀的阶段，即“溶胀”阶段。其次，随着溶剂分子不断向内扩散，外面的高分子链首先达到全部被溶剂化而溶解，里面又出现新表面进行溶剂化而使其溶解，最终形成均匀的高分子化合物溶液。这就是高分子聚合物溶解过程的特点。不难看出，溶剂对高分子聚合物溶解力的大小、溶解速率的快慢，主要取决于溶剂分子和高分子聚合物分子间亲和力，溶剂向高分子聚合物分子间隙中扩散的难易，也即溶剂对于高聚物的溶解力不是溶剂单方面的性质。

多分散的聚合物溶液可以看成高相对分子质量聚合物溶于低相对分子质量聚合物与溶剂组成的混合溶剂中，类似低分子液体间的相溶，可以完全混溶而不出现饱和现象。稀释时，低相对分子质量聚合物含量下降，溶解能力变差，高相对分子质量的可分离出来。所以，高浓度时溶解、稀释反而出现沉淀。

聚合物的溶解力一般用溶解度参数和黏度进行评价。在使用溶解度参数“相似相溶”时，必须注意到δ_n的特殊情况，溶剂和聚合物的δ_n完全相同时，其溶解力并不一定最好，因为需要考虑氢键的情况。

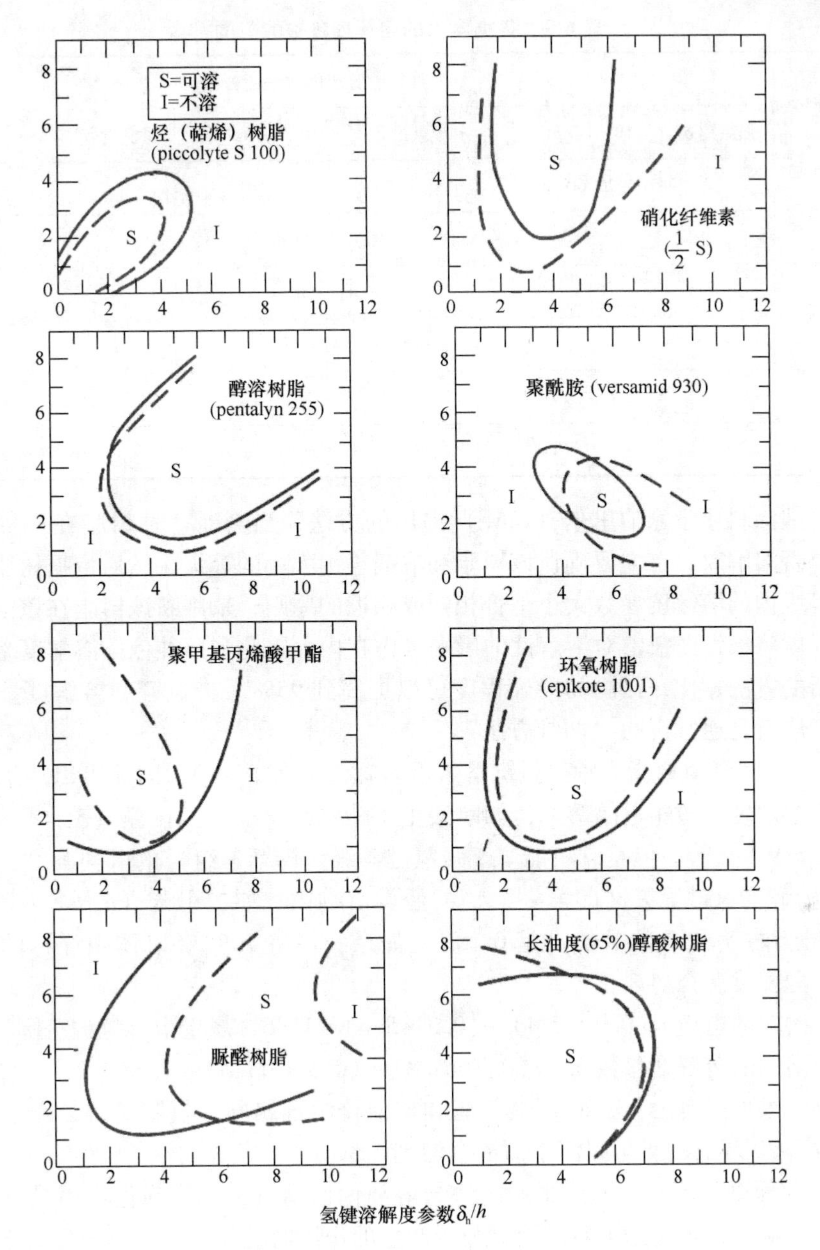

图6-4 溶解区图

2. 氢键与溶解度参数 借助于溶解度参数相同或相近的原则预测高分子聚合物在溶剂（或混合溶剂）中的溶解性，其预测的准确性仅为50%。这是因为Hildebrand的推导是限于非极性分子混合时无放热或吸热的体系，对于强极性分子构成的体系，因为有氢键形成，混合时放热并不适用。

溶剂的溶解度参数δ_h可按溶剂的氢键力大小分成三个等级，即强氢键溶解度参数（δ_s）、中等氢键溶解度参数（δ_m）、弱氢键溶解度参数（δ_p）。各类溶剂的溶解度参数范围见表6-7。

表 6-7 各类溶剂的溶解度参数的范围

溶剂的类型	三种氢键等级的溶解度参数		
	强氢键 δ_s [$\times 10^3$ $(J/m^3)^{1/2}$]	中等氢键 δ_m [$\times 10^3$ $(J/m^3)^{1/2}$]	弱氢键 δ_p [$\times 10^3$ $(J/m^3)^{1/2}$]
醇类	22.50 ~ 26.60		
酮类		16.37 ~ 20.46	
醚类		18.41 ~ 20.46	
酯类		16.37 ~ 18	
脂肪烃类			14.32 ~ 16.37
芳香烃类			16.37 ~ 18.41

依据美国涂料化学家伯里尔（Bure）提出的方法，当判断一种树脂在一种溶剂或混合溶剂中是否溶解时，首先要确认该树脂和溶剂氢键大小的等级，然后依据树脂和溶剂在相同氢键等级内的溶解度参数大小是否相同或相近的原则，来判断该树脂在该溶剂中是否溶解。这样就将极性及氢键对溶解性的影响考虑在内，因此和单纯依据溶解度参数一个因素进行判断的方法相比，预测的准确程度可以提高到95%。将氢键和溶解度参数结合起来考虑的方法就是通常讲的“两维方法”。

例 6-6 E-20 环氧树脂为中等氢键溶解度参数，δ_m为 8 ~ 13，因此可以溶解于第二组中等氢键中溶解度参数相近的溶剂，如醋酸正丁酯（$\delta_m = 8.5$）、丙酮（$\delta_m = 9.9$）乙二醇单丁醚（$\delta_m = 9.5$）等。但是它不能溶于强氢键等级（即第三组）的醇类溶剂，如正丁醇（$\delta_m = 11.4$）和弱氢键等级（即第一组）的烃类溶剂内，如二甲苯（$\delta_p = 8.8$）内，因为E-20 环氧树脂的 δ_s 和 δ_p 的数值都是 0。但是如果我们将 70%（以体积计）的二甲苯和30% 的正丁醇配成混合溶剂：

该混合溶剂的氢键 $= (0.7 \times 0.4) + (0.3 \times 5.6) \approx 1.96$，属于中等氢键范围。

该混合溶剂的溶解度参数 $\delta_{混} = (0.7 \times 8.8) + (0.3 \times 11.4) \approx 9.58$。

由计算结果可以看出，E-20 环氧树脂和该混合溶剂属同一氢键等级，而溶解度参数又相近，故 E-20 环氧树脂可以溶于该混合溶剂。

3. 溶剂化原则 聚合物的溶胀和溶解与溶剂化作用有关。溶剂化作用是指高分子聚合物和溶剂接触时，溶剂分子对高聚物分子产生的作用力，如果这个作用力大于高聚物分子间的内聚力，溶剂可使高聚物分子溶解于溶剂。极性溶剂分子和高聚物的极性基团相互吸引能产生溶剂化作用，使聚合物溶解。这种溶剂化作用主要是高分子上的酸性基团或碱性基团能与溶剂中的碱性基团或酸性基团起溶剂化作用而溶解。这里的酸、碱是广义的，酸就是指电子接受体，碱就是电子给予体。不同的酸和碱其强弱有所不同，常见亲电、亲核基团的强弱次序列举如下：

亲电子基团：$—SO_2OH > —COOH > —C_6H_4OH > {=}CHCN > {=}CHNO_2 > CH_2Cl > {=}HCl$

亲核基团：$—CH_2NH_2 > —CHNH_2 > —CON(CH_2) > —CONH > —CH_2OOH_2 > CH_2OCOCH_2— > CH_2—O—CH_2$

如聚合物分子中含有大量亲电子基团，则能溶于含有给电子基团的溶剂，如硝基纤维素含有亲电子基团—ONO_2，可溶于有给电子基团的溶剂，如丙酮、丁酮，也可溶于醇醚混合物，即含有—OH 与—O—的混合溶剂。醋酸纤维素含有给电子基团—$OCOCH_3$，故可溶于含有亲电子基团的二氯甲烷及三氯甲烷。

如高聚物分子中含有上述序列中的后几个基团时，由于这些基团的亲电子性或给电子性比较弱，要溶解这类聚合物，应该选择含有相反系列中前几个基团的溶剂。

以上所述的判断溶剂溶解能力的三原则，即极性相似原则、溶解度参数相近原则和溶剂化原则，应用时应结合在一起考虑，才能得到准确的结果。例如聚碳酸酯（$\delta=9.5$），聚氯乙烯（$\delta=9.7$），它们的溶解度参数极为相近，如按“同类溶解同类”和“溶解度参数相近”的原则，应能溶于极性溶剂氯仿（$\delta=9.3$）、二氯化碳（$\delta=9.7$）、环己酮（$\delta=9.9$）。实际上聚碳酸酯不溶于环己酮，只溶于氯仿和二氯甲烷。而聚氯乙烯，只溶于环己酮，不溶于氯仿和二氯甲烷。用溶剂化原则来解释是因为聚碳酸酯是给电子性聚合物，聚氯乙烯是一个弱亲电子性聚合物，它们与其相应的良溶剂进行溶剂化作用，并与两种给电子性溶剂相吸，有利于溶解。

6.3.3　混合溶剂的溶解度参数与涂料中的应用（溶解力）

1. 混合溶解力参数　现代涂料用合成树脂的溶度参数多数为 $\delta=9\sim11$ 范围，酯、酮类溶剂是它们的良溶剂，但价格较高。醇类溶剂 $\delta>12$，有一定的助溶作用，为助溶剂。非极性烃类溶剂 $\delta<9$，为不良溶剂，但成本较低。若将多种溶剂混合，混合溶剂的溶度参数可按下式计算：

$$\delta_{混}=\Sigma \Phi_i \delta_i (i=1\sim n) \tag{6-18}$$

式中　δ_i——第 i 种溶剂的溶度参数；

Φ_i——第 i 种溶剂的体积分数。

利用这个加和公式，可以将 δ 值很大的助溶剂与 δ 值较小的低价烃类溶剂混合，使混合溶剂的溶度参数落在 $\delta=9\sim11$ 范围。该混合溶剂是合成树脂的良好稀释剂。

例 6-7　已知丁苯橡胶（$\delta=8.10$），戊烷（$\delta_1=7.08$）和乙酸乙酯（$\delta_2=9.10$），用 49.5% 的戊烷与 50.5% 的乙酸乙酯组成混合溶剂能否作为丁苯橡胶的溶剂？

解：δ 混为 8.10，可作为丁苯橡胶的良溶剂。

部分聚合物和溶剂的溶解度参数见表 6-8、表 6-9。

表 6-8　部分聚合物的溶解度参数（$J^{1/2}\cdot cm^{-3/2}$）

高聚物	δ	高聚物	δ	高聚物	δ
聚乙烯	16.1～16.5	天然橡胶	16.6	尼龙-66	27.8
聚丙烯	16.8～18.8	丁苯橡胶	16.5～17.5	聚碳酸酯	19.4
聚氯乙烯	19.4～20.1	聚丁二烯	16.5～17.5	聚氨基甲酸酯	20.5
聚苯乙烯	17.8～18.6	氯丁橡胶	18.8～19.2	环氧树脂	19.8～22.3
聚丙烯腈	31.4	乙丙橡胶	16.2	硝酸纤维素	17.4～23.5
聚四氟乙烯	12.7	聚异丁烯	6.0～16.6	乙基纤维素	21.1

续表

高聚物	δ	高聚物	δ	高聚物	δ
聚二甲基硅氧烷	14.9	聚三氟氯乙烯	14.7	聚对苯二甲酸乙二酯	21.9
聚甲基丙烯酸甲酯	18.4～19.5	聚硫橡胶	18.4～19.2	纤维素二乙酯	23.2
聚丙烯酸甲酯	20.0～20.7	聚醋酸乙烯酯	19.1～22.6	纤维素二硝酸酯	21.5

表 6-9 部分溶剂的溶解度参数

溶 剂	δ	溶 剂	δ	溶 剂	δ	溶 剂	δ
正己烷	14.9	苯	18.7	十氢萘	18.4	间甲酚	24.3
正庚烷	15.2	甲乙酮	19.0	环己酮	20.2	乙醇	26.0
二乙基醚	5.1	氯仿	19.0	二氧六环	0.4	甲酸	27.6
环己烷	16.8	邻苯二甲酸二丁	19.2	丙酮	20.4	二甲基亚砜	27.4
四氯化碳	7.6	氯代苯	19.4	二硫化碳	20.4	苯酚	29.7
对二甲苯	7.9	四氢呋喃	20.2	吡啶	21.9	甲醇	29.7
甲苯	18.2	二氯乙烷	20.0	正丁醇	23.3	水 47.4	
乙酸乙酯	18.6	四氯乙烷	21.3	二甲基甲酰	胺 24.7		

2. 混合溶剂溶解度参数应用 有些聚合物可以在两种溶剂组成的混合溶剂中溶解，但不能在混合溶剂中的任一单独溶剂中溶解。如硝基纤维素，不溶于乙醇和甲苯，但可溶于其混合物。习惯上称乙醇为潜溶剂，甲苯为稀释剂。图 6-5 为硝基纤维素的溶解区图。在虚线内为可溶区，虚线外为不溶区。其中丙酮和甲基酮在溶解区内，己烷和丁醇在非溶解区。若丁醇和丙酮合用或甲基异丁基酮与己烷合用，在保证聚合物溶解的条件下能够使用多少非溶剂？

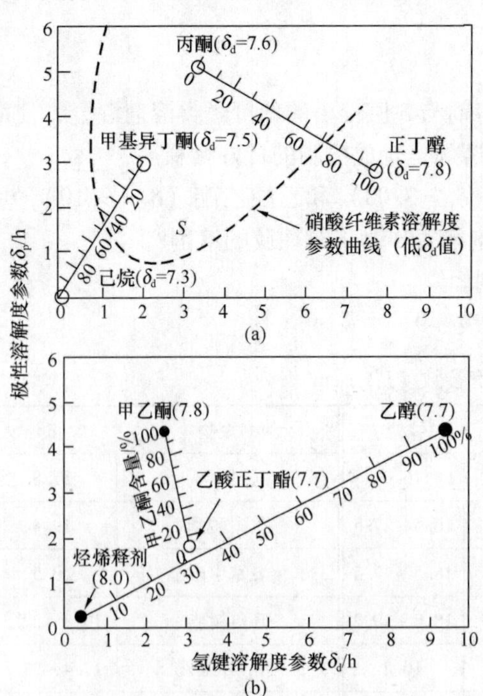

图 6-5 硝基纤维素的溶解区图

图解方法解答如下：

在 δ_p 和 δ_h 的平面坐标图中，将丁醇和丙酮用直线相连，并将其分成等份的百分标度，直线与硝基纤维素溶解区的边线相交，其交点相应于丁醇 71%、丙酮 29% 的混合溶液。同样，甲基异丁基酮与己烷的连线与溶解区边线交点相当于己烷 46%、甲基异丁基酮 54%。这说明在溶液中加入一定量非溶剂是可以的。这样可降低溶剂的成本。图 6-5（b）中乙醇和烃的连线，经过溶解度区，其比率从乙醇 50% 到乙醇 15% 左右，这说明两种非溶剂混合后可提高溶解性能，成为溶剂。若在乙醇-烃的混合溶剂中，再加入少量第三种溶剂，如丁酮，可以更好地改善混合溶剂的性能。例如，用乙醇为 30% 的乙醇-烃混合溶剂与甲乙酮混合，可在乙醇-烃连线上 30% 乙醇处与甲乙酮做连线，它们全在溶解区内。

当丁酮加入量为 10% 左右时，其溶解性能和纯的乙酸正丁酯相当。

上述关于混合溶剂溶解力的讨论实际应用中往往不很成功，其原因是定义溶解度参数时，忽略了熵的因素；定义氢键溶解度参数时，忽略了形成氢键的化合物情况，氢键给体还是受体以及分子内与分子间氢键互换等多种复杂情况。所以，涂料制造中树脂与溶剂的选择需要试验测试和验证。

6.3.4　涂装中溶剂溶解力测试方法

涂装工业上应用的溶剂溶解力测试方法有贝壳松脂-丁醇值（KB 值）法、苯胺点法、混合苯胺点法、溶剂指数法、稀释值法等。这些方法测试简单，应用方便。它们表示的是溶液的实际黏度，是溶剂溶解力、溶剂自身黏度等综合作用的结果。

KB 值测定烃类溶剂溶解能力是最常用的方法，即在一定量的贝壳松脂-丁醇溶液中滴加烃类溶剂至出现沉淀或浑浊时所需的毫升数。具体试验方法是将 100g 壳松脂溶于 500g 丁醇中配制成标准溶液，温度为（25 ± 2）℃，取 20g 贝壳松脂-丁醇溶液滴加烃类溶剂至出现浑浊时，求所需烃类溶剂的毫升数，试验平均误差为 ± 0. 1mL。所需烃类溶剂的毫升数越高，表示溶解能力越强。表 6-13 中为烃类溶剂的平均贝壳松脂-丁醇试验值（KB 值）。从表 6-10 中可知，芳香烃溶剂的数值高，脂肪烃溶剂的数值低。

表 6-10　烃类溶剂的平均贝壳松脂-丁醇试验值

溶剂		KB 值	溶剂		KB 值
脂肪烃	石油醚	25	脂肪烃	辛烷	32
	戊烷	25			200 号油漆溶剂油	37
	异己烷	27. 5	芳香烃		107
	己烷	30		甲苯	106
	异庚烷	35		二甲苯	103
	庚烷	35. 5		重芳烃	100
	异辛烷	38			

对于涂料用烃类溶剂来说，可根据其 KB 值来估算溶解度参数。

脂肪烃 $\delta = 6.3 + 0.03 \times$（KB 值）

芳香烃 $\delta = 6.9 + 0.02 \times$（KB 值）

1. 苯胺点法　苯胺点是用来测定脂肪烃溶剂的溶解能力的。它是相同体积的苯胺和溶剂相混得到清澈溶液的最低温度。该温度就是人们熟悉的“临界溶液温度”。此值越低说明溶解能力越高，反之溶解能力越低。测试时将 10mL 溶剂与 10mL 苯胺在一个带有套管的测试管中混合起来，在测试中要连续不断地摇动溶液，如果混合物开始是清澈的，那么将其冷却到浑浊，由清澈变浑浊的转变点就是苯胺点。

2. 混合苯胺点法　混合苯胺点法是用来测定芳香烃溶剂的溶解能力的。除了将样品先与等体积的正庚烷混合，然后将此混合物与等体积的苯胺混合测试外，其他方法与苯胺点法相似。这样最后被测试的混合物含有 5mL 的样品、5mL 的正庚烷和 10mL 的苯胺。因为芳香烃溶剂与苯胺的混合物在和苯胺冰点一样的低温下能形成透明的均相混合物，所以在测试过程中需要进行调节。正庚烷能提高混合物的浑浊点，将比例调节以后对测试高溶解力的芳香烃溶剂更为方便。混合苯胺点值越低，表明溶剂的溶解能力越强，否则相反。表6-11是部分溶剂苯胺点（或混合苯胺点）的数据。

表6-11 部分溶剂苯胺点（或混合苯胺点）数据

溶剂	苯胺点、混合苯胺点（℃）	溶剂	苯胺点、混合苯胺点（℃）	溶剂	苯胺点、混合苯胺点（℃）	溶剂	苯胺点、混合苯胺点（℃）
苯	-30	邻二甲苯	-20	丁烷	107.6	庚烷	70.0
甲苯	-30	异丙苯	-5	异戊烷	77.8	异丁烷	14.9
乙苯	-30	丙苯	-30	己烷	68.6		

3. 稀释比法 在涂料产品中，为了提高性能或降低成本，在配方中除了加入能溶解成膜物（树脂）的溶剂以外，还要加入一部分不能溶解成膜物质，只能稀释树脂溶液的稀释剂。稀释比即是用来测定溶解硝化纤维素的溶剂，可以加入稀释剂的最大数量，以稀释剂和溶剂的比值表示之，即

溶剂稀释比＝稀释剂的加入量（呈浑浊点）/溶剂量

测定时先配制成含量一定的硝化纤维素溶液，再用稀释剂滴定至开始出现浑浊为止，然后求出稀释比值，比值越大，即稀释剂允许加入的量越多，说明溶剂的溶解能力越强。

依据上面所讨论的溶剂对树脂溶解力的理论预测方法及试验测定方法，最终目的是选择合适的溶剂，纳入色漆配方，使其能溶解色漆中的树脂，形成均匀且稳定的溶液，这是保证漆液性能的基本前提。

6.4 涂料的黏度与溶剂

在涂料工业中，人们不仅关心树脂能否溶解在溶剂中形成均匀的溶液，也关心形成的树脂溶液黏度，希望相同浓度（或固体含量）的树脂溶液黏度越低越好，这样，当达到相同的施工黏度时，漆液的固体含量较高，使施工效率提高，VOC值低，对环境的污染较轻。

6.4.1 溶剂对涂料黏度的影响

1. 基料树脂溶液的黏度 树脂溶液的黏度会随着树脂溶液浓度的增加而增加，例如，硝基纤维素树脂在溶液浓度为12%时为0.1Pa·s，在20%时为1Pa·s，在30%时为10Pa·s。实践证明，树脂溶液黏度随树脂溶液浓度增加而增加的曲线不是平稳的过渡，而是在树脂溶液浓度的某一点上，出现黏度的突增，这一点称作“树脂溶液的临界浓度”。同时，对于同一种树脂而言，它在不同的溶剂中出现“树脂溶液的临界浓度”的点不同，这是由于不同的溶剂对树脂的溶解力不同造成的结果。

2. 高聚物溶液的黏度和其分子量之间的关系 相同浓度下，分子量较高的聚合物的溶液有较高的黏度。如不同分子量的同一种聚合物（如聚甲基丙烯酸甲酯）用同一种溶剂配制成同样浓度的树脂溶液，那么分子量较高的聚合物溶液黏度较高。这是由于虽然两种树脂溶液中聚合物的质量相同，但是分子量较高的那种树脂溶液中聚合物分子的数量较

少，但分子链较长，由于分子间化学吸附力增加，使分子间缠绕的可能性增加，使分子链不像低分子量的树脂那样易于变形和流动了，因此分子量较高的聚合物溶液有较高的黏度。例如，10%浓度的醋酸乙烯溶液，当分子量为 15000 时，其黏度为 2.5mPa・s；分子量为 78000 时，其黏度为 12mPa・s；分子量为 160000 时，其黏度为 88mPa・s。所以讨论溶剂对树脂溶液黏度的影响时，是针对相同分子量大小，且在树脂溶液浓度相同的前提下进行的。

3. 溶剂的溶解力对树脂溶液黏度的影响　溶剂的溶解力和树脂溶液黏度之间的关系是，树脂稀溶液的黏度随着所使用的溶剂的溶解力提高而增加，树脂浓溶液的黏度随着溶剂溶解力的提高而降低。涂料用树脂溶液属于后者。表 6-12 列出了四种溶剂的黏度数据。

表 6-12　四种溶剂的黏度数据

溶剂名称	黏度(25℃)(mPa・s)	溶剂名称	黏度(25℃)(mPa・s)
正庚烷	0.410	甲苯	0.585
异辛烷	0.503	甲基环己烷	0.732

4. 溶剂的黏度对树脂溶液黏度的影响　溶剂自身的黏度，有时对树脂溶液黏度的影响是十分显著的。例如，浓度为 12%的聚苯乙烯溶液，甲乙酮(黏度为 0.04mPa・s)为溶剂时，黏度为 40mPa・s；乙苯(黏度为 0.7mPa・s)为溶剂时，黏度为 160mPa・s；邻二氯苯(黏度为 1.3mPa・s)为溶剂时，黏度为 330mPa・s。表 6-13 所示三种分子量范围十分接近的烃类溶剂。

表 6-13　具有相同分子量范围的三种烃类溶剂的性质

项目	溶剂类型		
溶剂	(烷烃)正庚烷	(芳香烃)甲苯	(环烷烃)甲基环己烷
分子量	100	92	98
25℃下的黏度(mPa・s)	0.39	0.56	0.69
黏度比	1.00	1.44	1.77
沸点(℃)	98	110	101
KB 值(贝壳松脂-丁醇值)	25	105	50
混合苯胺点(℃)	70	11	54

分析表 6-14 中的数据可见，甲苯(KB 值 105，混合苯胺点 11℃)的溶解力优于甲基环己烷，甲基环己烷又优于正庚烷。但是从最低的溶液黏度的角度来看，正庚烷是优选的溶剂，因为它的黏度最低。确实，上述三种溶剂的黏度相差不大(最大相差 0.3mPa・s)，而溶液的黏度相差甚大。

在稀溶液中，良溶剂中树脂动力学体积大（分子呈伸展状），因此黏度较高。在不良溶剂中，特别是在高浓度情况下，树脂更容易形成团簇，从而黏度增加。

含有大量羟基和羧基的低聚物溶液，黏度很高，但是加一些环己酮这样的溶剂，黏度会降低很多。溶剂降低黏度的能力，也被看作是溶剂对漆料溶解能力。以溶剂指数表示：

$$溶剂指数 = \frac{用标准溶剂调稀的涂料黏度}{用被测溶剂调稀的涂料黏度} \tag{6-19}$$

溶剂指数 >1，表示被测溶剂溶解能力强。

6.4.2 涂料的黏度

非牛顿型流体的黏度通常称为表观黏度。表观黏度使这个黏度值仅与一个剪切速率相关，在不同的剪切速率下，表现出不同的表观黏度值。液体涂料中除溶剂型清漆和低黏度的色漆属于牛顿型流体以外，绝大多数的色漆属于非牛顿型中的假塑性流体或塑性流体，因此，它们的黏度值是它们的表观黏度。厚浆状的涂料（如腻子），其黏度习惯上称为稠度，表示的是其流动性液体涂料，特别是含有密度大颜料的色漆，为了在容器中能够长期贮存，通常保持较高的黏度值，这是涂料的原始黏度。施工时需要用稀释剂调整至较低的黏度，以适合不同施工方法的需要，这时的黏度称为施工黏度。

涂料的原始运动黏度因品种而异，一般清漆为 150 ~ 300mm^2/s，磁漆为 200 ~ 400mm^2/s，个别厚浆型品种能高达数万 mm^2/s。施工黏度刷涂时要求较高，在 250mm^2/s 左右，空气喷涂时的施工黏度通常要求 50mm^2/s 左右，无空气喷涂、淋涂或浸涂等要求的施工黏度各异。涂料的原始黏度和施工黏度随温度升降而变化，因此只能在同一温度条件下测定。

6.5 溶剂导致的涂膜表面问题及解决办法

6.5.1 溶剂挥发导致的起泡、爆孔以及起“痱子”

涂料干燥成膜时溶剂挥发在涂层表层形成的气泡称为起泡，气泡在涂膜表面破裂而未流平称为爆孔。这是由于湿膜表层黏度已增至很高而底层还留有挥发物造成的。若表层黏度很高，溶剂的气泡上升到表层而不破裂，这就是起泡。若表层黏度足够高，溶剂的气泡可破裂而不能流平，这就是爆孔。很细小的爆孔有时称为针孔。

1. 起泡和爆孔 起泡和爆孔可以发生表层晾干起始时，湿膜表层溶剂挥发快，使表层黏度比富有溶剂的底层高。喷涂物件进入烘道，涂膜底层的溶剂逸出所形成的气泡不能轻易地穿过高黏度的表层，当温度再度升高，气泡膨胀，最终穿过表层而破裂成爆孔。此时湿膜黏度已高到不可流动来弥合爆孔。爆孔也会由陷入湿膜的空气泡造成。喷涂和刷涂水性涂料易将空气泡保留。在底漆中残留有溶剂时再涂上面漆也会造成起泡和爆孔。在涂装塑料时，溶剂会溶于塑料，烘烤时会造成起泡或爆孔。造成爆孔另一可能的原因是交联反应的挥发性产物，由于交联后的表层黏度增大使挥发物不能容易地逸出。

爆孔的概率随膜厚的增大而增加。因为膜厚的增大造成溶剂含量有梯度的机会增大。评估各种涂料可能发生爆孔的相对方法是：在标准条件下制备样板晾干和烘烤，然后测定其不发生爆孔的最大膜厚，此时膜厚称为爆孔的临界膜厚。

此外，涂料的长时间搅拌，特别是黏稠的涂料、双组分聚氨酯涂料中易产生气泡。如果静置消泡时间不够就进行喷涂，涂膜也易产生气泡。

水性烘漆的爆孔尤其严重，这是因为水性烘漆中稀释剂单一，当涂膜被加热到水的沸点温度时，水分大量挥发而产生气泡。对磁漆来说，情况完全一样，只是施工时一个用溶剂，另一个用水稀释。可见，水稀释临界膜厚总是较低。表 6-14 数据还说明另一个影响爆孔概率的变量：爆孔的临界膜厚随着涂料中丙烯酸类树脂 T_g 的增大而减小，对于溶剂稀释和水稀释的涂料都是如此，但对水稀释的组成体系影响尤其大。

表 6-14 共聚物玻璃化温度与爆孔临界干膜厚

共聚物 T_g（℃）	临界干膜厚	
	水稀释	溶剂稀释
−28	50	120
−13	30	70～95
−8	20	70～95
14	10	55
32	5	25

预防和解决办法包括：涂料在搅拌后至少放置1～2h，待气泡消失后再施工，或加入一定量的消泡剂、调整涂料的施工黏度；烘烤温度不要太快，要有梯度分布；基材特别是木器含水率一般应在12%以下；有些基材要先预热驱除小孔或微孔中的水汽、油分；底层应干透后再涂第二层漆料。

2. 起“痱子” “痱子”是在涂膜内部形成的一层致密的小气泡，涂膜表面仍旧光滑平整，但在侧视光下可见如“痱子”状的现象，也称溶剂泡或针孔。起“痱子”的主要原因是在涂料成膜过程中溶剂来不及挥发，涂膜表干后被封存于涂膜内部而形成的。下面从涂装工艺及涂装材料几个方面分析“痱子”的成因。

（1）在汽车闪光涂料等施工工艺中，色漆通常外加罩光漆以增强亮度和立体效果。如果底漆喷涂过厚或粗糙，则易产生“痱子”现象，此问题在金属闪光漆的喷涂中尤其明显，如干喷等操作不当，造成底漆表面有浮粉或金属片的定向排列效果不好等缺陷，可造成在喷涂清漆后，清漆中的溶剂渗入底漆的铝片的空隙中，而清漆中的树脂较难渗入，就在清漆固化成膜的过程中，该部分溶剂较难挥发出去，最后形成溶剂泡。

（2）涂料若一次喷涂过厚或加入稀料比例较大，特别是在烘烤状态下容易形成“痱子”。

（3）刚喷完涂料的物件，很快送入烘道或烘箱，易产生“痱子”或针孔。

（4）涂料的稀释剂配比不当，如含有过多的低沸点溶剂时，涂膜表层会很快干燥硬化，阻碍了内部溶剂的挥发，使溶剂积留在涂膜内层中。在炎热的夏季或喷涂件升温太快，均会产生“痱子”或针孔。

解决起痱子的办法：①涂料不要一次喷涂过厚，在最后一道喷涂前向已调配好的清漆中加入稀释剂，薄而均匀地喷涂最后一道，这样既可使清漆层达到最佳的外观效果，又可防止湿涂膜表面干燥成膜过快，避免形成“痱子”。②物件在烘烤前应有一定的闪干流平时间，喷涂环境温度高时，烘烤时应注意要缓慢升温，尽量避免升温过急。③要加入适量的高沸点溶剂降低涂料表面的干燥速度，维持涂膜表面的流动性。

6.5.2 溶剂挥发过快导致的“泛白”

泛白（变白）现象常发生在挥发型涂料的涂装中，是施涂后溶剂迅速挥发过程中出现的一种不透明的白色膜。泛白现象可能是暂时的也可能是持久的。有时其他涂料，如溶剂含水也会引起泛白，在高温潮湿的环境中，涂料各组分的比例失调，真溶剂的比例过小，助溶剂的比例过大，使涂料中的树脂溶解力下降引起发白，该现象多出现在硝基涂料、过氯乙烯等含过多挥发快溶剂的涂料体系。一般来说，溶剂挥发性越高，涂膜变白的倾向越大。

预防措施：调整好涂料所用溶剂，选用真溶剂或专用稀释剂，并适量增加高沸点溶剂，减少挥发快的溶剂用量，在施工时，避开高温高湿环境，控制空气的相对湿度在65%以下，雨天不宜施工。

6.5.3 面漆溶剂与底涂树脂不匹配导致的“渗色”与“咬底”

1. 渗色 渗色是面漆将底漆溶解致使底漆的颜色渗透到面漆上的一种现象，如红色底漆出现的铜金色或泛金光现象。通常从倾斜的角度来检查涂膜，这种病态是很容易发现的。

（1）渗色的原因 ①面漆中溶剂溶解力太强，使底层的部分颜料被溶浮到面漆表面上，使面漆的颜色受到污染；泛金光现象是由于使用了易发生渗色的有机红色颜料、染料和铁蓝颜料。②底色颜色深，面漆颜色浅，且底漆颜料易迁移。如红色底涂层上涂上白色或浅色漆时，红色易浮出，使白色变为粉红色，黄色变为橘红色。也有可能深色底层未完全干燥或底层中混有其他染料。常用的大红粉、红土及铁蓝颜料中有一种可溶物，在制备氨基烘漆时，随着烘烤的进行，将内部挥发溶剂带出，呈现在涂膜表面。

（2）预防措施 主要是严格控制颜料质量，在颜料制造过程中将这种可溶物洗净。

2. 咬底 咬底是指面层涂料中的溶剂将底层涂料的涂膜软化或溶解而咬起的现象。这种现象与选用涂料时底层涂料与面层涂料是否配套有很大的关系。若底面漆之间不匹配，必然会导致咬底的发生。一般来说，要根据面漆中的情况选用底漆，如聚氨酯面漆中含有环己酮、二甲苯等强溶剂，底漆选用醇酸、硝基树脂时，就会发生咬底现象。施工工艺也有一定的影响。当底漆还未完全干燥时，如湿碰湿工艺涂装时，匆忙涂上面漆，就会造成面漆中的强溶剂使底漆溶解而被咬起，严重影响底层涂膜与表面的附着力。

在此情况下，若能按正确的施工工艺操作，保证足够的重涂时间，或烘烤温度适合时，确保绝对干燥，咬底现象就不会发生。

6.6 溶剂与环境

溶剂对环境的影响主要是它的毒性以及对大气的污染。涂料对大气的污染主要是指涂料在生产或使用过程中产生的有机挥发性物，即 VOC（Volatile Organic Compound）排放到大气中，造成污染。涂料中除成膜物外，其余物质如溶剂、增塑剂、添加剂等大多是易挥发性的有机物，都是涂料污染大气的来源，特别是溶剂。

6.6.1 溶剂对环境的影响

1. 溶剂的毒性 溶剂的毒性指吸入或接触到它时可引起急性或慢性疾病。毒性可分两类情况：一类是易挥发且毒性大的溶剂，涂料制备或者涂装时，空气中的溶剂量超标，通过呼吸进入人体后会损害人体。如伯醇类、酮类溶剂损害人体的神经系统，羟基甲酯、甲酸酯会使肺中毒形成肺气肿等。另一类是涂料在涂装后缓慢释出的有毒有机化合物，它们挥发量虽很少但持续时间长，人们对此往往警惕性不够，长期接触可诱发疾病，例如家居涂膜中残存的溶剂可使居民得病。如目前室内装修用人造板使用的脲醛树脂胶粘剂，使用的氨基树脂涂料，其中残留的游离甲醛会不断释放出来而污染室内空气。我国居室空气甲醛卫生标准为0.08mg/m^3，而中密度纤维板释放甲醛平均速率达0.3mg/(m^3·h)。长期吸入超量甲醛会使人体出现头痛、疲倦、咳嗽、哮喘等症状。室内VOC是城市肺癌增加的重要因素。因此一方面要加强工人的安全保护措施；另一方面要限制使用一些有毒溶剂。1990年，美国曾将下列一些涂料常用的溶剂列入有毒空气污染物(HAP)表：苯、甲苯、二甲苯、乙二醇、乙二醇醚酯(除异辛醚外)、正庚烷、甲醇、甲基异丁基酮、丁酮，但是也有人认为其中的甲基异丁基酮、丁酮和乙二醇丁醚毒性不是很大，应可以从HAP表中除去。

2. 溶剂对环境的污染 大气污染是指大气中污染物质的浓度达到有害的程度，以致破坏生态系统和人类正常生存和发展的条件，对人和物造成危害的现象。溶剂对环境的污染和它的毒性并不是一个概念，无毒的溶剂同样也污染环境溶剂。

空气污染主要有两个来源，即酸雾和有毒的臭氧。臭氧是气相有机物（除甲烷外）与氮化物在光的作用下，通过一系列反应生成的。氮的氧化物是燃烧过程中产生，而气相有机物来自各种有机物的挥发。由于反应非常复杂，这里仅将典型的反应机理简述如下：有机化合物在光照下首先氧化成过氧化物，过氧化物可分解成自由基，所得自由基可进一步与有机化合物反应生成新的自由基，其中过氧化物自由基可和一氧化氮反应生成二氧化氮，二氧化氮可分解为一氧化氮和氧原子。氧原子与氧反应最终生成臭氧。臭氧对于植物和动物都是有害的，臭氧含量不可大于1.2×10^{-8}，当前许多地区臭氧量已经超出动植物可以忍受的极限，对人类健康构成很大威胁。因此降低有机挥发物（VOC）成为迫切的问题。

不同化合物的光化学反应活性不同，其危害程度也有区别，其限制用量可区别对待。另一方面像1，1，1三氯乙烷等一些卤代烃也是非VOC溶剂，且溶解性能很好，但它们在大气层中过于稳定，损耗同温层中的臭氧，从另一方面对人类生存环境造成损害，因此同样受到限制。

涂料的VOC含量有不同表示方法：一般以单位体积涂料中的溶剂质量(g/L)或单位质量涂料中的溶剂质量表示，若将非VOC溶剂考虑在内，溶剂型性涂料的VOC按下式计算：

$$\text{VOC}=\frac{\text{溶剂质量}-\text{非 VOC 质量}}{\text{涂料体积}-\text{非 VOC 体积}} \tag{6-20}$$

$$\text{VOC}=\frac{\text{溶剂质量}-\text{非 VOC 质量}}{\text{涂料固体质量}} \tag{6-21}$$

6.6.2 溶剂选用原则

（1）赋予涂料适当的黏度；

（2）有一定的挥发速度，与涂膜的干燥性相适宜；

（3）能增加涂料对物体表面的润湿性，赋予涂膜良好的附着力；

（4）溶剂安全性、经济性，对环境影响小。

随着涂料中的有机挥发物对人类健康的危害，溶剂使用的安全性越来越受到关注。溶剂是涂料中主要的有机挥发物，因此溶剂对环境的影响是涂料配方中首先要考虑的问题，低挥发性有机化合物涂料、高固体分涂料、水性涂料、粉末涂料、辐射固化涂料得迅速发展。

第 7 章　涂料助剂

涂料主要由基料、颜填料、溶剂和助剂组成。前几章中学习了基料树脂、颜填料和溶剂的组成、性质以及在涂料中所起的作用。本章学习涂料助剂。涂料助剂是指在涂料配方中用量很少，但对涂料性能起着重要作用的物质。涂料助剂虽然用量小，但是在涂料生产、存储和使用中不可或缺。涂料助剂的研究和应用也极大地推动了涂料的发展。

涂料助剂品种繁多，应用广泛，无论是建筑涂料、工业涂料还是功能性涂料；无论是溶剂型涂料、水性涂料、高固体分涂料还是粉末涂料都必须使用助剂才能得到预期的性能和满足最终的性能要求。在涂料生产和应用的各个阶段，包括树脂合成、颜填料分散研磨、涂料贮存、施工都需要使用助剂。它可以控制树脂的结构，调整树脂的分子量大小和分布，提高颜料分散效率，改善涂料施工性能，赋予涂膜特殊功能。

涂料助剂一般用量为 0.1% ~5%，即能够起到控制或增强涂料性能的作用，使用不当或者用量过大，也存在着副作用。如湿润分散剂，能降低水的表面张力，促进颜料填料的湿润分散，提高其分散稳定性，同时有利于涂料对基体的湿润。但湿润分散剂在生产和施工中，会产生气泡；成膜后，湿润分散剂留在涂膜中，就成为渗透剂，从而提高涂膜的吸水性，降低耐水性和耐洗刷性。再如消泡剂使用过量，涂膜会缩孔等。涂料本身是多种物质的混合物，同种涂料中也可能存在多种助剂，在使用中要注意成分间的配合。

人们将助剂按功能分类分为以下几种：①改善涂料加工性能类，如润湿剂、分散剂、消泡剂、防结皮剂等。②改善涂料贮存性能类，如防沉剂、防腐剂、增稠剂、冻融稳定剂、润湿剂、分散剂。③改善涂料施工性能类，如增稠剂、触变剂等。④改善涂料固化成膜性能类，如催干剂、固化促进剂、光引发剂、成膜助剂、交剂等。⑤改善涂膜性能类，如附着力促进剂、流平剂、防浮色发花剂、光稳定剂、防粘连剂等。⑥赋予涂料特殊功能类，如阻燃剂、防霉剂、防污剂、抗静电剂、疏水剂、光催化剂等。本章主要讲述几种重要的涂料助剂、组成、性能与应用。

7.1　湿润分散剂

本书在漆膜制备热力学及动力学问题中讲述了液体涂料对基体的润湿和铺展问题，良好的湿润是高附着力的基础。颜填料的湿润分散是涂料生产的重要环节。本章重点讲述颜填料在湿润、分散和稳定三个过程中润湿分散剂的使用，以及常用润湿剂。同时注意，在水性涂料中，水的高表面张力和高介电常数等特性使颜填料湿润分散有别于溶剂型涂料的颜填料湿润分散。

7.1.1　颜填料的润湿与分散

润湿分散剂以吸附层形式覆盖在颜填料粒子的表面，在界面处发挥作用，改变颜料的表面性质，在生产过程中节省时间及能源，同时起到提高分散效率，颜料分散稳定性，提高涂料贮存的稳定性等作用。并且颜料的着色力和遮盖力，能够增加涂膜的光泽，降低色浆的黏度，改善涂料的流平性，防浮色、流挂、沉降等效果，提高涂膜的物化性能。

1. 颜填料的湿润 固体和液体接触时原来的固-气界面消失，形成新的固-液界面，这种现象称湿润。用液体湿润颜填料，并使之渗透进入颜填料的附聚体和聚集体时，若在液体中加入少量表面活性剂，则湿润和渗透就比较容易，此称为湿润作用。使颜填料湿润或加速湿润的表面活性剂称为湿润剂。

固相临界表面张力是衡量固体表面湿润难易程度的一个重要经验指标。湿润和渗透作用的本质就是溶液表面张力低于固相临界表面张力的结果。固体表面一般可分为高能表面和低能表面两类，高能表面指的是金属及其氧化物、二氧化硅、无机盐等表面，如填料和无机颜料，其表面自由能一般为 500 ~5000mJ/m^2，比较容易湿润；低能表面是指有机固体表面，如石蜡和有机颜料等，它们的表面自由能低于 100mJ/m^2，湿润相对比较困难。水的表面张力大，等于72. 8mN/m，比有机溶剂的表面张力（如二甲苯为 30mN/m）大得多，所以颜料填料在水中的湿润比在有机溶剂中湿润慢，并且困难，尤其是有机颜料，必须加湿润剂，降低水溶液的表面张力，才能使颜料填料在水中达到良好的湿润和快速的湿润。

Hubert I 曾将 7 种不同表面处理的钛白粉在表 7-1 中的溶剂做湿润试验，结果发现，7 种钛白粉都不能被蒸馏水和甘油湿润。乙二醇也不能全部湿润这 7 种钛白粉，而只能湿润其中几种，只有己烷、丙酮、甲苯和苯甲醇才能全部湿润这 7 种钛白粉。

表 7-1 溶剂表面张力（20℃）

溶剂	己烷	丙酮	甲苯	苯甲醇	乙二醇	甘油	蒸馏水
表面张力	18. 4	23. 7	28. 4	39. 0	47. 7	63. 4	72. 8

在颜料填料中，钛白粉是比较容易湿润的，尚且如此，更不要说其他的颜料填料了。这说明，在水性涂料中，水相的表面张力需从 72. 8mN/m 降至 30mN/m 左右时，才能使颜料填料较容易地湿润，这就是水性涂料配方中必须加湿润分散剂的原因所在。

表面活性剂水溶液对固体表面的湿润，就是表面活性剂亲油的碳氢部分吸附在固体表面上，而亲水部分向外并提高了固体表面自由能，从而使固体表面比较容易被湿润。

2. 颜填料的分散 固体粉末均匀地分散在某一种液体中的现象称为分散。粉碎好的固体粉末分散在液体中后往往会聚结而下沉，而加入某些表面活性剂能使固体粉末分散容易，使分散后的颗粒稳定地悬浮在液体中，这种作用称为表面活性剂的分散作用。这种表面活性剂就叫作分散剂。如在乳胶漆生产中，借助机械作用，通常是首先将颜填料聚集体和附集体解聚成原始颗粒状态，并均匀地分散在湿润分散剂的水溶液中，成为悬浮分散体。然后，加入乳液，即把聚合物分散体和颜填料分散体相混，并加入相应的助剂，得到乳胶漆。颜填料的表面性能、湿润分散剂的种类和用量以及分散设备的效能是影响分散的主要因素。

7.1.2　润湿剂对颜填料的稳定机理

颜填料分散体系是一个多相分散体系，多相分散体系在热力学上是一个不稳定体系，是通过加入一定种类和适当数量的湿润分散剂和增稠剂，使之处于相对稳定状态。颜填料悬浮分散体系的稳定或者聚沉取决于粒子之间的作用力、排斥力和吸引力。前者是稳定的主要因素，而后者是聚沉的主要因素，根据这两种力产生的原因及其相互作用的情况，应用胶体分散体系稳定论，对润湿分散剂的稳定作用进行定性分析。

1. 静电稳定机理　颜填料表面的双电层结构使颜填料稳定。分散体系中颜料粒子表面带有电荷或者吸附有离子，产生扩散双电层，当颜料粒子相互接近时，双电层带有相同电荷产生静电斥力，使颜料颗粒不团聚，能够稳定分散。调节涂料 pH 值，或者加入电解质可以使颗粒表面产生一定的电荷，同样适用离子型表面活性剂，能够起到同样作用。颜料表面的双电层保护作用示意图如图 7-1 所示。

2. 空间稳定理论　静电稳定理论有效解释了电解质稳定的分散体系，而在解释一些高聚物或非离子型表面活性剂存在的分散体系稳定时，往往不成功。静电稳定理论忽视了静电力以外的一些因素，如吸附聚合物层的作用。在聚合物稳定的分散体系中，特别是非水体系，稳定的主要因素是聚合物的吸附层。

在高聚物和非离子型活性剂稳定的分散体系中，尤其是在非水体系中，空间斥力能对其稳定起着主要的作用。这种作用称为“空间稳定”。相对的理论称为空间稳定理论。聚合物立体保护作用如图 7-2 所示。

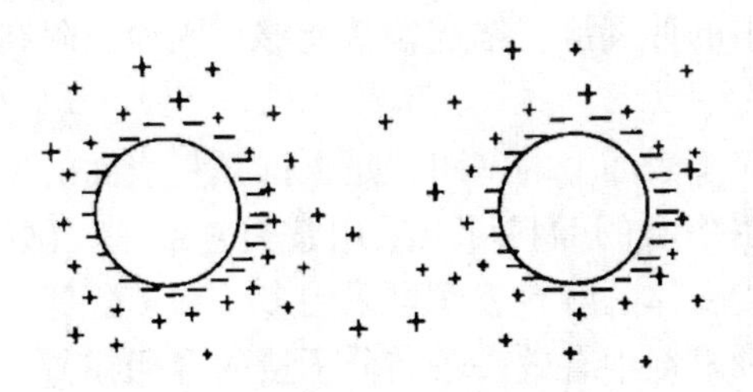

图 7-1　颜料表面的双电层保护作用

图 7-2　聚合物立体保护作用

影响颜填料空间稳定性的因素有吸附聚合物分子结构、相对分子质量、吸附层厚度和分散介质可溶解度等。而溶剂型涂料是以空间稳定为主，也有静电斥力稳定。聚合物碳链较长，多点吸附对颜填料有更好的保护作用。

7.1.3　润湿分散剂的选择

分散剂一般由三个部分组成：锚定端基、聚合物主链骨架和伸展链。锚定端基对被分散颜料起锚定作用。根据颜料特性设计，它可以在聚合物主链骨架上，可以在侧链上，也可以在嵌段的顶端。聚合物主链骨架是构成分散剂的基础，决定与体系的相容性。伸展链是位阻部分，要与分散介质相容，主要是提高稳定性，对降低黏度也有重要作用。

润湿分散剂按其应用领域，可分为水性润湿分散剂和油性润湿分散剂，还有既可在水性领域也可在油性领域中应用的水油两性润湿分散剂。按应用效果，可将这类分散剂划分成解絮凝型和控制絮凝型两大类。按分子量大小，润湿分散剂可分成传统型低分子量润湿分散剂和高分子量分散剂。低分子量润湿分散剂是指分子量在数百之内的化合物。高分子量润湿分散剂是指分子量在数千乃至几万的具有表面活性的高分子化合物。

1. 低分子量润湿分散剂的选择 作为传统型的表面活性剂，其分子具有两亲结构，活性由非对称的分子结构决定。低分子量润湿分散剂包括阴离子型表面活性剂，如油酸钠 $C_{17}H_3COO^-Na^+$，主要亲水基有羧酸基、磺酸基、硫酸基、磷酸基等；阳离子型表面活性剂，其亲水基是阳离子，带正电，例如油酸铵，主要是铵盐、季铵盐；非离子型表面活性剂，不电离、不带电，主要有聚乙二醇型和多元醇型两大类，例如脂肪族聚酯 $[C_7H_3CO(OCH_2CH_2)_nOH]$，多用于水性体系；以及两性润湿分散剂，分散剂同时具有两种离子性质，例如卵磷脂。电中性表面活性剂是指化合物中阴离子和阳离子都有大小相同的有机基团，整个分子呈电中性，但有极性。这种助剂在涂料中应用相当广泛，例如 $[CH_3—(CH_2)_xCH_2—NH_3^{+\,-}][OOC—CH_2—(CH_2)_xCH_3]$。

低分子润湿分散剂对无机颜料有很强的亲和力。因无机颜料通常是金属氧化物或含有金属阳离子及含氧阴离子的化合物，表面具有酸性、碱性或两性兼具的活性中心，它们与阴离子、阳离子表面活性具有很强的化学吸附作用，牢固地锚定在无机颜料的表面上。但是有机颜料表面没有像无机颜料那样的活性中心。因此，传统型的润湿分散剂难以稳定有机颜料分散体，而多数被推荐用无机颜料的分散。对于有机颜料需要使用高分子润湿分散剂。

2. 高分子分散剂 高分子分散剂是不同分子结构和不同分子量的分子集合，平均相对分子量为5000～30000。多数是嵌段共聚的聚氨酯和长链线性的聚丙烯酸酯化合物，具有与颜料表面亲和的锚定端基和构成空间位阻的伸展链。锚定端基能够牢固地吸附在颜料表面上，伸展链能与树脂溶液相溶。

高分子分散剂的锚定端基是吸附在颜料粒子表面上的基团，是根据颜料表面的特殊性和吸附机理而设计的。对于具有酸、碱性吸附中心的颜料可以采用胺类、羧基、磺酸基、磷酸基等为锚定基。对于具有氢键给予体和接受体的颜料表面可采用多胺和多醇等为锚定端基。伸展链多数是聚酯构成的，它能在多种溶剂中有效。较高分子量的聚酯在芳烃类溶剂中可溶。而较低分子量的聚酯在酮、酯类溶剂及二甲苯/丁醇混合之类的溶剂中有很好的溶解性。所以聚酯化合物会在诸多溶剂中提供良好的空间位阻效应。

在选择使用高分子分散剂时，除了要注意其与树脂溶液的相容性，同时要测试加入分散剂后干涂膜的光泽与基材的附着力、耐久性等指标。分散剂不能影响涂料各项性能指标。

3. 根据HLB值选择分散剂 亲水亲油平衡值（HLB）是在乳液聚合时为选择乳化剂而发展起来的。现在将其推广应用于颜料湿润分散剂的选择。为了达到满意的分散结果，必须使湿润分散剂的HLB值与被分散颜料的HLB值相匹配。

有关颜料HLB值的资料甚少，而且是很早以前的，列于表7-2。使用HLB值的一般原则：首先，表面活性剂混合物的HLB值，可按混合物中各个表面活性剂的HLB值与其质量分数加权平均求得；其次，表面活性剂混合物的稳定性优于单个表面活性剂；最后，HLB值正好匹配并不能保证最好的稳定性，它只能提供该表面活性剂体系可能得到最大稳定性。这就是说，在实际使用时，必须从众多可能得到相同HLB值的体系中，试验确定最有效的表面活性剂组合。

表7-2 颜料的HLB值

颜料分类	颜料	HLB	颜料分类	颜料	HLB
无机颜料	灯黑	10~12	有机颜料	甲苯胺红	8~10
	炭黑	14~15		甲苯胺黄	9~11
	铁红	13~15		酞菁绿（蓝相）	10~12
	铁黄	20		酞菁绿（黄相）	12~14
	二氧化钛	17~20		酞青蓝（红相）	11~13
	钼橙	16~18		酞菁蓝（绿相）	14~16
	铬黄	18~20		喹吖啶酮红	12~14
				喹吖啶酮紫	11~13
				偶氮黄	13~15
				镍铬偶氮黄	11~13
				汉沙黄	14

表7-2中某些颜料的HLB值差异可能是由于颜料粒子表面处理不同。可以看出，多数无机颜料具有较高的亲水亲油平衡值，即显示出较强的亲水性，属于亲水性颜料。而与无机颜料相比，多数有机颜料属于亲油性颜料，少数有机颜料HLB值小于8，多数有机颜料HLB值等于8~12，部分有机颜料HLB值大于12，也未有见填料HLB值的报道。要根据颜填料HLB值，进行乳胶漆湿润分散剂的选择计算，还必须知道湿润分散剂、消泡剂、成膜助剂、增稠剂和乳液等的HLB值，目前还缺乏数据。但对定性考虑还是有帮助的。

7.1.4 常见颜填料的润湿分散剂与润湿性能评价

1. 常见颜填料的润湿分散剂 湿润分散剂的种类和特点见表7-3。

表7-3 湿润分散剂的种类和特点

湿润分散剂的种类	特点
聚丙烯酸盐	对无机颜料填料具有优异的分散性；贮存后色浆变化小；良好的湿润性和低起泡性；展色性好；用量低
聚甲基丙烯酸盐	对无机颜料填料具有优异的分散性；色浆贮存稳定性差
二异丁烯马来酐共聚物	对无机颜料填料具有优异的分散性；展色性好
无机磷酸盐	对无机颜料填料具有良好的分散性；贮存后黏度增加
萘磺酸盐	用量比聚丙烯酸盐类大；对炭黑、有机颜料有效
非离子型	确保体系无硬块沉淀，但易返粗；对体系展色性有帮助
有机聚磷酸盐	适用于制备高固体分低黏度的颜料填料浆

湿润剂和分散剂配合使用能取得理想的结果。湿润剂的用量一般为千分之几，用量过

多会降低涂膜的耐水性。

2. 典型的水性涂料湿润分散剂 乳胶漆用润湿剂分为阴离子型和非离子型。典型的润湿剂见表7-4。

表7-4 乳胶漆用典型的湿润剂

商品名	组分	离子特性	供应商
Triton CF-10	烷基芳基聚醚	非离子型	陶氏化学
Triton X-405	聚氧乙烯（$n=40$）烷芳基醚	非离子型	陶氏化学
Hyonic PE-100	聚乙氧基壬基酚	非离子型	科宁（原汉高）
Hydropalat 875	烷基琥珀磺酸钠	阴离子型	科宁（原汉高）
OP-10	聚氧乙烯烷基酚醚	非离子型	上海助剂厂等
EnviroGem 360	—	非离子型	空气化工

乳胶漆用典型的湿润分散剂种类和特点见表7-5。

表7-5 乳胶漆用典型的分散剂

商品名	主要组分	适用范围	离子特性	供应商
SN-5040	聚羧酸钠	无机颜料填料分散	阴离子	科宁（原汉高）
Tamol 731	二聚异丁烯顺丁烯二酸钠盐	通用型分散剂	阴离子	陶氏化学
Disperbyk 154	丙烯酸共聚物铵盐	平光和有光乳胶漆	阴离子	毕克化学
Disper A40	聚羧酸铵盐	平光乳胶漆	阴离子	汽巴（原联合胶体）
Disper N40	聚羧酸钠盐	平光乳胶漆	阴离子	汽巴（原联合胶体）
Disper GA40	聚羧酸铵盐	半光和有光乳胶漆	阴离子	汽巴（原联合胶体）
Disper G40	聚羧酸钠盐	半光和有光乳胶漆	阴离子	汽巴（原联合胶体）
DA	聚羧酸盐	无机颜料填料分散	阴离子	北京市化工研究院
P-19	聚丙烯酸钠盐	无机颜料填料分散	阴离子	上海涂料研究所
Calgon N	多聚磷酸钠	乳胶漆颜料填料分散	聚电解质	贝克吉利尼
六偏磷酸钠	$(NaPO_3)_6$	乳胶漆颜料填料分散	聚电解质	武汉无机盐化工厂
HX-5320	聚羧酸钠盐	无机颜料填料分散	阴离子	华夏助剂有限公司

湿润分散剂在水性涂料中，根据经验，以配方总量计，大约0.1%无机分散剂和0.3%有机分散剂拼用能达到比较好的分散效果。

3. 润湿分散剂性能评价 润湿分散剂的性能可以通过颜料的分散质量进行评价，测定颜料分散程度。刮板细度计可以测量颜料分散情况，但它只表示大的颜料凝聚体，反映不出颜料分散质量的真实情况以及粒径的分布和粒子的状态，但是这种方法速度快，在生产中被广泛采纳。电子显微镜可以直观地看到粒径的分布、粒子的状态以及润湿分散剂在粒子表面上的吸附形态、覆盖程度等，但是效率低、成本高，现在主要应用于理论研究。光谱分析可以分析出颜料粒子表面发生的变化、活性剂在颜料表面吸附的情况，但和电子显微镜一样主要应用于理论研究。

颜料分散得好，涂膜表面的粗糙度低，比较平整、光的漫反射低、光泽高。否则涂膜表面光的漫反射程度高、光泽低。所以测量涂膜的光泽高低可以用来判断颜料分散的好坏。此外，可以利用着色力和色相以及涂料的贮存稳定性来测定分散的情况。

7.2 消泡剂

现代涂料配方中大量采用各种助剂，这些助剂品种大多属于表面活性剂，都能改变涂料的表面张力，致使涂料本身就存在着易起泡或使泡沫稳定的因素，涂料制造过程中需要使用的各种高速混合分散机械以及涂料涂装时所用的各种施工方法都会不同程度地产生泡沫。泡沫的产生，不仅降低生产效率，影响涂膜外观，而且降低涂膜的装饰和保护功能。

7.2.1 泡沫产生和稳定

泡沫是不溶性气体在外力作用下进入液体，形成的大量气泡被液体相互隔离的非均相分散体系。泡沫产生难易程度与液体的表面张力直接有关，表面张力越小，体系形成泡沫所需的自由能越小，越容易生成泡沫。纯净的液体由于表面和内部的均匀性，不可能形成弹性体，它们的泡沫总是不稳定的，涂料中存在分散剂、增稠剂等多种表面活性物质，降低了体系的表面张力，不仅增加了乳液的起泡性，而且表面活性物质有助于泡沫的稳定。

1. 泡沫的产生原因 涂料制造中的搅拌，在分散颜填料过程中会把空气夹带到涂料中；刷涂、辊涂、高压无气喷涂等各种涂装中也会将空气带入涂料中；在多孔的木材等基材上涂装时，涂料渗入基材，空气被赶出形成空气泡以及漆膜固化时化学反应产生的气泡等，都会产生泡沫。泡沫在搅拌、涂装以及成膜中化学反应等外力作用下产生，气体进入在含有表面活性剂的液体中，表面活性剂在气-液界面处定向排布，疏水基朝向气泡的空气，亲水基朝向水。

在乳胶漆生产和施工过程中，尤其容易产生泡沫。这是因为乳胶漆生产中必须使用一定量的乳化剂，使乳液体系表面张力下降，乳化剂容易产生泡沫。为了使颜料填料易于湿润分散和稳定，所加的湿润分散剂也容易产生泡沫；使用的增稠剂会使泡沫膜壁增厚，增加泡沫弹性，从而使泡沫稳定，不易消除；同时制造乳胶漆时的搅拌和高速分散，应用施工中喷涂、辊涂和刷涂的剪切等，都能不同程度地产生泡沫。

2. 泡沫稳定 泡沫稳定是指泡沫形成后的稳定程度。就热力学来说，泡沫是一种热力学不稳定的体系。泡沫的表面积越大，体系的能量增加得越多。当泡沫破灭后，体系的总面积大大减少，能量也相应地降低。因此泡沫体系向着泡沫消失方向为吉布斯自由能降低方向，泡沫破裂能够自发进行。但是泡沫形成后存在一些稳定因素使泡沫存在。在涂料体系中，影响泡沫稳定性的主要因素有以下几方面，也是消泡时需要考虑的。

（1）界面膜的弹性 表面活性剂分子中的亲水基和憎水基被气泡壁吸附，有规则地排列在气-液界面上，形成了弹性膜，当弹性膜某一部位被拉抻时，在表面张力作用下泡沫膜开始回缩，达到平衡的稳定状态，同时带动液体移动，阻止了泡沫的破裂，称为 Gibbs

弹性。膜的弹性是一个稳定泡沫的重要条件。十六醇能形成表面黏度和强度很高的液膜，但不能起稳泡作用。就是因为其所形成的液膜刚性太强，容易在外界扰动下脆裂。

（2）界面膜表面黏度　表面黏度是指液体表面单分子层内的黏度。表面黏度通常由表面活性剂分子在表面上所构成的单分子层产生的。表面活性剂溶液的表面张力和表面黏度与泡沫稳定的关系见表7-6。

表7-6　表面活性剂溶液（0.1%）的表面张力和表面黏度与泡沫稳定性的关系

表面活性剂	表面张力(N/m)	表面黏度(mPa·s)	泡沫寿命(min)
Triton X-100	30.5×10^{-5}	—	—
Santomerse 3	32.5×10^{-5}	3	440
E607L	25.6×10^{-5}	4	1650
月桂酸钾	35.0×10^{-5}	39	2200
十二烷基硫酸钠	23.5×10^{-5}	55	6100

可见表面黏度越高，泡沫的寿命越长，但表面张力与泡沫的寿命并无明确的对应关系。

吸附在泡膜上的活性物质，若其分子间作用力较强，排列得比较密，尤其是疏水基之间能形成氢键键合结构的表面活性化合物，其表面黏度较大，寿命长。也就是说表面膜的强度与表面吸附分子间的相互作用有关，相互间引力大者，膜的强度也大；反之强度弱。强度大者泡沫稳定性好，弱者稳定性差。

（3）溶液的黏度　涂料黏度大，小气泡的浮力很难将其推向表面，会长期悬浮在涂料内而不破灭，若留在涂膜中，将产生针孔、缩孔、鱼眼等弊病。在有孔隙的底材上涂装时，随着涂料向孔隙内渗入，孔隙内空气被挤出，若涂层较厚、表层溶剂挥发过快、黏度快速升高，气泡浮力无法克服黏度的阻滞作用，被截留在涂膜中形成鱼眼、缩孔、针眼等。在有孔的木材上涂装，这种现象常见。

（4）表面活性剂的自修复作用　所谓表面活性剂的自修复作用，也就是液体从低表面张力处向高表面张力处的流动，使因排液变薄的液膜恢复到原来的厚度，这就是Marangoni效应。可溶性表面活性剂的存在导致Marangoni效应产生，当泡沫刚形成时，泡沫膜的液体由于重力的作用向下回流，从而带动表面活性剂分子也向下流动，造成底部表面张力低于上部表面张力。Marangoni效应认为："在底部低表面张力的液体流向上部高表面张力的液体时，在泡膜中通过与纯液体生成的泡沫不断逆向流动的表面活性剂液体，增加了泡膜的厚度，使气泡稳定。"

（5）电荷排斥作用　离子型乳化剂的使用，能使气泡膜壁带有电荷，泡沫双层液膜的表面活性剂是带相同电荷的，在泡沫壁较厚时，静电不显示作用，当排液泡沫壁变薄时，静电排斥产生作用，阻止了泡沫膜进一步变薄，限制了排液，延长了泡膜的寿命。

泡沫的产生和稳定作用，对涂料的生产和应用造成许多不良影响，如针孔、缩孔、鱼眼、橘皮等。特别是针孔、小气泡在漆膜干燥时逸出时产生的微细气孔，在干燥过程中，由于黏度增大，气孔微细管道不易闭合，而最终保留在干燥的漆膜中。这些针孔不但会影响装饰性，还会导致水汽和盐类物质的渗入引起腐蚀，使涂膜失去保护功能。如果涂膜表层干得过快，气泡被截留在涂膜内表面，这就是平时经常提及的暗泡，类似"鱼眼"，导致该处漆膜厚度变薄，保护性能变弱，还严重影响装饰性。

7.2.2 消泡、脱泡机理与消泡剂选用

泡沫是热力学不稳定体系，有表面积自行缩小的趋势，气泡壁液膜由于表面张力差异和重力的原因会自行排水，液膜变薄，达到临界厚度时自行破裂。气泡破除需要经历气泡的再分布、膜厚的减薄和膜的破裂3个过程。但是一个比较稳定的泡沫体系要经历这3个过程自然消泡，需要很长的时间，故生产中大多使用消泡剂。具有消泡作用的助剂可以分为消泡剂和脱泡剂，在水性涂料中主要使用消泡剂，在溶剂型和无溶剂型涂料中使用的是脱泡剂。

1. 消泡剂消泡机理 消泡包括抑泡和破泡两个方面，当体系加入消泡剂后，消泡剂在泡沫体系中造成表面张力不平衡，破坏泡沫体系表面黏度和表面弹性。其分子抑制形成弹性膜，阻止泡沫的生产，称为抑泡。对于已经存在的泡沫，消泡剂分子迅速散布于泡沫表面，快速铺展，进一步扩散、渗透，取代原泡膜薄壁。由于表面张力低，其分子流向产生泡沫的高表面张力的液体，气泡膜壁迅速变薄，导致破泡。

有效的消泡剂应满足下述条件：

①表面张力低泡沫介质的表面张力；②不溶解于泡沫介质或溶解度极小，但又具有能与泡沫表面接触的亲和力；③易于在泡沫体系中扩散，并能够进入泡沫和取代泡沫膜壁；④具有一定的化学稳定性；⑤ 具有在泡沫介质中分散的适宜颗粒度作为消泡核心。

2. 脱泡剂脱泡机理 脱泡剂是分散在液态涂料中的非极性物质，与基料有一定的不相容性，促使其聚集在气-液界面处，减弱了包裹气泡的表面活性剂与基料之间的作用力。因此，加快了微泡向上迁移的速度。另外，当两个被脱泡剂包裹着的微泡相互靠近时，由于脱泡剂与基料之间的亲和力小于脱泡剂与脱泡剂之间的亲和力，受极性影响就必然会合并到一起，使小泡变成大泡。Stokes 定律指出，当黏度恒定时，气泡上升速度(v)与气泡半径(r)的平方成正比：

$$v \sim \frac{r^2}{\eta}$$

式中，v 为气泡上升速度，r 为气泡半径，η 为体系黏度。

气泡上升到表面，由于没有表面活性剂稳定就必然会破灭。可以看出，消泡剂是在涂膜的表面发挥作用，破坏已生成的泡沫，避免空气截留于涂膜表面。脱泡剂可以防止泡沫形成，使涂膜中的微泡变大泡，提高泡沫上升的速度，脱泡剂是在涂料内部发挥作用的。在实际应用中，一种好的消泡剂也可以像脱泡剂那样阻止泡沫的生成。另外，脱泡剂和消泡剂的作用结果是一样的，都是消除涂料中的泡沫。

7.2.3 消泡剂的使用方法与消泡性能评价

1. 消泡剂的使用方法 消泡剂的用量不大，但专用性强，选择消泡剂，一方面要达到消泡的目并保持消泡能力的持久性，另一方面要注意避免颜料凝聚、缩孔、针孔、失光等副作用。应用消泡剂时须注意以下几点：

① 抑泡和消泡性能要保持平衡，以保持消泡能力的持久性，注意和其他助剂的配伍性。

② 使用前充分搅拌并在搅拌情况下加入涂料中。

③ 使用前，一般不用水稀释，可直接加入。某些品种若需稀释，则随配随用。

④ 用量要适当。用量过多，会引起缩孔、缩边、涂刷性差和再涂性差等问题；用量过少，消泡效果差，应确定最佳用量，一般用量为体系的0.1%～0.5%，最终用量要通过试验确定。

⑤ 最好分两次添加，即分别在研磨颜料浆前和加入乳液调漆后加入。一般每次加量为总量的一半，也可视泡沫情况酌情调节。在研磨颜料浆阶段可选用抑泡效果好的消泡剂，在调漆阶段可选用破泡效果好的消泡剂。经验表明，有机硅消泡剂最好在研磨颜料浆阶段添加，并尽可能少加水，这样可以使之充分分散，用量可减少到最少。调漆阶段则加入非硅型消泡剂为宜。

⑥ 消泡剂加入后至少需24h才能达到消泡性能与缩孔、缩边之间的平衡。故测试涂料的性能，须在24h后进行。一般采用量筒法、高速搅拌法、鼓泡法、振动法、循环法对其进行性能测试，高速搅拌法应用面较广，结果比较准确。此外，需要进行涂装试验和贮存稳定性试验并对涂膜性能进行测试。

2. 消泡性能试验 选择消泡剂和脱泡剂时经常采用一些方法测定它们消除泡沫的效果。

（1）水性涂料用消泡剂的检测方法

① 泡沫高度法。其通常有两种做法：第一种方法是取一定数量的涂料倒入带有标线刻度的量杯里，用微型空气压缩机将空气导入涂料体系内，观察杯内含有不同类型消泡剂的涂料高度，涂料液面越高，消泡效果越差。第二种方法是取一定数量的涂料，在一定条件下，高速搅拌涂料数分钟后马上倒入带有标线刻度的量筒，测量涂料的高度，同时称量，密度小，液面高的消泡效果不佳。

② 淋涂试验。该试验除可评价消泡效果外，还可以评价消泡剂与涂料的相容性。将经高速搅拌的含有消泡剂的涂料立刻倾倒在与框架成25°摆放的聚酯膜上，观察干膜的表面状态，检查消泡及脱泡效果。观察相容性时一定要用清漆。

③ 密度法。将经高速搅拌后的涂料倒进密度杯，测定涂料密度，然后将涂料密封贮存，经过一定时间再测定密度，检查密度值是否有变化。若密度小，说明消泡剂有部分失效或全部失效。试验一定要在标准条件下进行。

④ 辊涂试验。取一定量的涂料，在一个不渗漆、无孔的底材上（玻璃或聚酯片）用海绵辊子辊涂同样面积的涂膜，观察干后的涂膜表面状态。这种方法非常接近实际应用。

乳胶漆中消泡剂试验具体程序如下：将150g乳胶漆放入0.142L的金属容器中；加入一定量的消泡剂，如无确定量，可加入总配方量0.5%或0.2%的消泡剂；高剪切分散1min；放在振荡器上振动10min；计算每升涂料的质量，以此作为衡量消泡剂效能的指标；在基材上涂刷成膜；观测湿膜气泡破灭速度和干膜的光洁度、颜色；按不同色调重复试验；在120～140℃老化一周后，观测干膜强度；对最有希望的选择重复试验。

（2）溶剂型涂料用脱泡剂效果检测方法　溶剂型涂料用脱泡剂效果检测方法与水性涂料的消泡剂有所不同，因为溶剂型涂料多数是微泡，所以密度测定法不太适宜。

① 涂膜观测法。用3000r/min以上的转速搅拌涂料一定时间，然后淋涂在与框架成

25°摆放的玻璃板上的聚酯上，待其干燥后观察涂膜的表面状态。

② 模拟施工法。对于高黏度、厚浆型涂料不能采用涂膜观测法。可事先模拟现场施工方法进行检测。比如双组分的地坪环氧自流平涂料可按涂装厚度，将其浇注到一个可以托出来的小型模具内，待其干燥后，取其观测是否有针孔等弊病。

③ Tego 的硫酸铜试验法。这种方法特别适用于防腐涂料，有些微小气泡用肉眼看不到，只好采用化学方法。将待测涂料以一定膜厚涂于磨砂钢盘上。待涂料固化后，把约 4mL 的 10% 硫酸铜溶液倒入透明玻璃皿，将漆膜表面朝下盖在玻璃皿上，然后把盘和皿一起 180°倒转。24h 后，用清水冲洗漆膜表面。出现红点表明漆膜有微孔存在，这些红点是与铁起氧化还原反应还原出来的铜。

7.2.4 常用消泡剂与应用

按目前的通用看法，涂料用消泡剂有三大类：一是矿物油类消泡剂；二是有机硅类消泡剂；三是不含有机硅的聚合物类消泡剂。

1. 矿物油类消泡剂 矿物油类消泡剂含三个主要组分：活性物质、表面活性剂和载体。

活性物质的作用是抑制和消除泡沫。活性物质的作用机理是不相容的铺展和表面活性剂的吸附。不相容的铺展物质有脂肪酸胺、脂肪酸酯、脂肪酸胺酯、高分子量聚乙二醇、有机磷酸盐、有机聚合物（聚丙烯酸、聚酯）和硅油或硅氧烷聚酯共聚物。除泡吸附的物质有金属皂、憎水二氧化硅和有机脲衍生物。

表面活性剂在气相界面具有消泡活性，它使活性物质（如憎水二氧化硅）与稳定的泡结构接触。

载体作用是承载和稀释，把憎水活性物质均匀地带入亲水介质中。载体是低表面张力物质，通常具有比起泡介质更低的表面张力，因此有效地帮助湿润泡膜。直链烃和芳烃矿物油、混合溶剂、脂肪醇，甚至水（在水包油乳液的情况），都可用作载体。典型的矿物油消泡剂包含 75.0% 矿物油、10.0% 憎水二氧化硅、7.5% 改性聚硅氧烷 5.5% 乳化剂和 2.0% 助剂。

2. 有机硅类消泡剂 一种有机硅类消泡剂是以聚二甲基硅氧烷为主，在某些情况下，也可以是乙基和部分为羟基、苯基、氰基、三氟丙基等的硅氧烷；另一种是以聚醚或有机硅改性的聚二甲基硅氧烷。

聚二甲基硅氧烷为高沸点液体，溶解性很差，具有很低的表面张力，热稳定性好，是一类广泛应用的消泡剂。随着其结构和聚合度的不同，聚二甲基硅氧烷体现出不同的性能，可以作为稳泡剂、消泡剂、流平剂、锤纹剂，只有具有适宜的溶解度和相容性的聚二甲基硅氧烷才具有消泡功能，有些情况下，甲基也可以被乙基、苯基等取代。聚二甲基硅氧烷消泡剂一般有本体、溶液、乳化型和复合型几种形式，复合型是涂料中应用最广的形式。向聚二甲基硅氧烷主链引入聚醚和有机基团进行改性可以满足不同树脂体系和配方的要求，调节亲水和亲油性的平衡，提高消泡能力同时改善涂膜外观；引入氟原子可以大幅度降低表面张力和提高消泡能力。

3. 不含有机硅的聚合物类消泡剂 聚合物非硅类脱泡剂主要有聚醚、聚丙烯酸酯、氟碳/氯醋/丙烯酸共聚物等。

4. 脱泡剂的组成 脱泡剂必须与涂料体系有一定的不相容性，相容性太好，会导致脱泡失效；相容性过差，会导致产生缩孔之类的负面作用。脱泡剂的活性物质包括有机硅类、聚合物类、氟硅类、有机硅/聚合物混合类。有机硅类脱泡剂表面张力比较低，容易进入泡沫体系，添加量比较少，不易引起浑浊，脱泡能力好，可快速将微泡带至表面。缺点是当泡沫形成后，不易消除，抑泡能力比较低。

聚合物非硅类的脱泡剂主要有聚醚、聚丙烯酸酯、氟碳共聚物、氯醋共聚物、丙烯酸共聚物等。这类脱泡剂一般对表面张力影响不大，向涂料中调入时不如硅类脱泡剂，需要时间较长。当泡沫形成后，非常容易消除，具有很强的抑泡性能。缺点是，相容性差，容易引起浑浊，脱泡能力差。

5. 常见消泡剂应用 常用消泡剂与适用范围见表7-7。

表7-7 常用消泡剂与适用范围

品名	性能与应用
Foamaster 306	不含硅，适合高光乳胶漆和胶粘剂
Foamaster 3063	不含硅，适合聚氨酯乳液和醇酸乳液
Foamaster VL	易分散在水中，对单体抽提非常有效
Nopco 8034L	通用型消泡剂
Nopco NDW	通用型消泡剂，只用于中等 *PVC* 和高 *PVC* 体系
Nopco N XZ	通用消泡剂，适用于中等 *PVC* 体系
SN-Defoamer 154	消泡力持久，对光泽无影响，不产生鱼眼
SN-Defoamer 313	消泡力持久，不影响涂膜的耐候性，不产生鱼眼，适用于低黏度涂料
Foamaster PL	尤其适用于含合成流变性剂的涂料体系，经济型

几种乳胶漆常用的消泡剂简介见表7-8。

表7-8 常用消泡剂

活性物	名称	有效分（%）	应用范围	添加量（%）
聚硅氧烷聚醚共聚物含气相二氧化硅	Foamex 800	20	PU乳液、纯丙乳液	0.1~1.5
	Foamex 808	20	苯丙乳液、纯丙乳液、树脂/乳液混合物	0.1~1.0
	Foamex 810	100	丙烯酸、苯丙乳液、水分散树脂PU乳液、树脂/乳液混合物、研磨色浆等	0.1~1.0
	Foamex 815N	20	苯丙乳液、纯丙乳液、PU乳液、水稀释树脂、树脂/乳液混合物（特别适宜水墨）	0.1~1.5

7.3 光泽助剂

7.3.1 概述

不同的被涂物体、使用目的和环境，除了对涂料提出装饰和防护作用要求外，对涂层的表面光泽性能也有不同的要求。光泽是涂膜把投射光线向同一方向反射的能力，光泽越高，反射的光量越多。涂膜的光泽用光泽仪测量，以光泽度表示，从规定入射角照射涂膜表面的光束，其正反射光量与在相同条件下从标准板面上正反射光量之比，称为光泽度。

高光泽度可以体现被涂物体的豪华和高贵气质，如轿车和飞机；柔和的光泽符合人体的生理需要，如家具和地板；电子厂房、医院多采用亚光涂料以提供安静、舒适和优雅的环境；军事装备和设施出于隐蔽、保密和安全的目的，需要使用消光涂料；某些仪器部件对光学性能的特殊要求，其表面涂层是半光，建筑外墙涂料为了消除光污染和掩盖本身缺陷，需要低光泽。

使用消光剂和增光剂是调节涂料表面光泽的重要手段。增光剂主要是能提高颜料在涂料中分散、改进漆膜流平和降低漆膜表面张力的表面活性剂，主要通过改善颜料的分散和涂膜外观增大光泽度。消光剂品种繁多，包括金属皂、改性油、蜡、功能型填料等，通过提高涂膜表面的粗糙度发挥作用。在涂料中应用的光泽助剂主要是消光剂。

7.3.2　涂料光泽的影响因素

1. 高光表面　光线投射到涂膜表面，一部分被涂膜反射和散射，表面越是平整则反射部分越大，光泽值就越大，如果表面非常粗糙，则散射部分相应增加，光泽度就很低。因此，涂膜的光泽是其表面粗糙度的表现，主要影响因素有颜料的颗粒大小和分布、颜料的分散、颜料体积浓度、成膜过程等。

研究表明，颜料的颗粒大小和分布是影响涂膜光泽的重要因素，减小颜料的颗粒大小可以降低涂膜的粗糙程度从而提高光泽度，颜料颗粒平均直径小于0.3μm时才能够获得高光泽表面，颗粒大小为3～5μm时消光效果最明显。

调整颜料，特别是体质颜料的用量是控制色漆漆膜表面光泽常用的方法，在一般油基漆中，无光泽的*PVC*为52.5%～71.5%，半光漆的*PVC*为33%～52.5%，磁漆*PVC*为20%～30%，这是由于树脂能够充分包覆颜料和填料，能够形成平整的涂膜。

颜料类型和用量确定后，它们在涂料中分散程度将决定漆膜的光反射特性。当有效地增加颜料分散性时，颜料的絮凝体尺寸减小，而吸附基料的量增加了，产生光滑的表面，光泽随颜料分散程度而提高。但是，过高的分散会使颜料颗粒吸附更多的基料，则可能导致漆膜低光泽。

2. 消光　涂料的成膜过程影响涂膜表面的粗糙程度。一般情况下，涂料施工后，随着溶剂蒸发，漆膜厚度降低并收缩，悬浮颗粒重新排列在表面上，产生不同程度的凹凸面。不同的基料，因分子结构内自由体积不同，成膜后的收缩率也不同，光泽也有差异。对于溶剂型涂料，优良溶剂能够保证树脂分子充分流平。由于溶剂各组分挥发速度不同，残留组分的溶解性能不佳时，树脂分子易于变成颗粒析出，导致涂膜平整性下降。能使漆膜表面粗糙度增大，明显地降低其表面光泽的物质称为消光剂。涂料中使用的消光剂应能满足下列基本要求：

① 消光剂的折光指数应尽量接近树脂的折光指数，不影响清漆透明度和色漆的颜色；

② 化学稳定性好，不影响涂料贮存和固化；

③ 分散性好且贮存稳定；

④ 用量少，加入少量即能够产生强消光性能。

7.3.3 常用消光剂及增光剂

涂料中大量使用的消光剂包括金属皂、蜡、改性油消光剂和功能型填料等。

1. 金属皂 金属皂是早期人们常用的一种消光剂，主要是一些金属硬脂酸盐，像硬脂酸铝、硬脂酸锌、硬脂酸钙、硬脂酸镁等。其中硬脂酸铝应用得最多。金属皂的消光原理是基于它和涂料成分的不相容性，它以非常细的颗粒悬浮在涂料中，成膜时则分布在涂膜的表面，使涂膜表面产生微观粗糙度，降低涂膜表面光的反射而达到消光目的。

金属皂消光剂的用量一般为涂料的基料的5%～20%，使用时须避免过度加热和研磨影响消光效果，此外，它具有增稠、防沉、防流挂等作用。

2. 蜡 蜡是使用较早、应用较为广泛的一种消光剂，属于有机悬浮型消光剂。涂料施工后，随溶剂的挥发，涂膜中的蜡析出，以微细的结晶悬浮在涂膜表面，形成一层散射光线的粗糙面而起到消光作用。

其特点是使用简便，可以赋予涂膜良好的手感和耐水、耐湿热、防玷污性。但蜡层在涂膜表面形成后也会阻止溶剂的挥发和氧气的渗入，影响涂膜的干燥和复涂。天然蜡已很少用作消光剂，取而代之的是半合成蜡和合成蜡。半合成蜡由天然蜡改性而得，如微粉脂肪酸酰胺蜡、微粉聚乙烯棕榈蜡等。合成蜡多为低聚物，如低分子聚乙烯蜡、聚丙烯蜡、聚四氟乙烯以及它们的改性衍生物，它们不仅消光能力强，还能够提高涂膜的硬度、耐水性、耐擦伤性、耐湿热性等。发展趋势是合成高分子蜡与二氧化硅并用，获得最佳消光效果。

3. 改性油消光剂 有些干性油（如桐油）能形成无光漆膜，这是由于桐油中共轭双键反应活性高，漆膜底面不同的氧化交联速度使漆膜表面产生凹凸不平而达到消光效果。为了克服生桐油的缺点，可使其进行部分聚合，在油料中加入天然橡胶稀溶液或其他消光剂。

4. 功能型填料 功能型填料包括微粉级合成二氧化硅、硅藻土、硅酸镁、硅酸铝等，属于无机填充型消光剂。在涂膜干燥时，它们的微小颗粒会在涂膜表面形成微粗糙面，减少光线的反射获得消光外观。这类消光剂的消光效果受到很多因素的制约。当SiO_2用作消光剂时，其颗粒的孔体积、平均粒径及粒径分布、干膜厚度以及颗粒表面是否经过处理等，都会影响消光效果。较大的孔体积、粒径分布均匀并且粒径大小和干膜厚度相匹配的二氧化硅，消光性能好。微粉级合成二氧化硅主要有微粉级合成二氧化硅气凝胶、微粉级沉淀二氧化硅、气相二氧化硅。微粉级合成二氧化硅气凝胶具有强度高、分散中耐研磨、孔容积大的特点。此外，对涂膜的透明性和干燥性影响很小。目前此类产品多以国外公司生产的为主。微粉级沉淀二氧化硅国内产量较大，但是质量档次低，多用于低端涂料。消光剂使用时一方面注意颗粒大小和膜厚度的匹配，以平衡消光效果和涂膜外观；另一方面要注意避免过度研磨。

5. 消光树脂 利用消光树脂和其他树脂作用成膜获得低光泽，可以避免使用消光剂，降低涂料成本。如丙烯酸系消光树脂，用在粉末涂料中，消除了涂膜易泛黄、耐烘烤性差等缺陷。

消光树脂原理包括：①利用消光树脂中官能团和涂料组成中的固化剂与另外树脂固化温度的不同，产生先后固化，使涂膜表面产生不均匀收缩，从而破坏涂膜表面的光滑性，产生消光；②增大两种树脂之间的表面张力差，使涂膜收缩不均匀产生微粗糙度；③在树脂中引入相容性差的单体，涂料成膜使这些单体会促使合成树脂从涂膜中部分析出，从而增大涂膜表面的微观粗糙度，获得低光泽。

6. 增光剂　增光剂能够促进涂料流平、降低涂膜表面粗糙度从而提高涂膜光泽度。常用的润湿分散剂可以促进颜料分散、避免容易凝聚的颜料（如炭黑等）凝聚提高涂膜光泽度，高沸点真溶剂或丙烯酸酯齐聚物、丁基纤维素可改善涂料流平提高涂膜光泽度，硅油或改性聚二甲基硅氧烷可以降低涂料的表面张力，提高涂料对基材的润湿，避免橘皮等表面缺陷得到高光泽的涂膜。

7.4　增稠剂

水性涂料是以水为分散介质，或以水为溶剂，如乳胶漆以水为分散介质，水溶性涂料以水为溶剂，而水的黏度很低，不能满足涂料的要求。增稠剂是一种流变助剂，加入增稠剂后使涂料增稠，在低剪切速率下的体系黏度增加，而在高剪切速率时对体系的黏度影响很小，同时能赋予涂料优异的机械及物理性能和化学稳定性，在涂料施工时起控制流变性的作用。因此，生产时，一般通过加增稠剂调节流变性，以满足各种要求。乳胶漆是使用面最广、使用量最多的水性涂料，下面以乳胶漆为主，介绍增稠剂。其他水性涂料可参照使用。

7.4.1　增稠剂的作用

乳胶漆在生产、贮存、施工和成膜过程中，都分别要求有与其相适应的流变性，涂料黏度决定了涂料流变性。而增稠剂的使用，使涂料在生产、贮存、施工中能够保持合适的黏度。

1. 乳胶漆对流变性的要求　乳胶漆从生产、贮存、施工到成膜，常常遇到不同的剪切速率。在高速分散机的分散盘附近，其剪切速率范围为1000～10000s^{-1}，而在容器顶部，剪切速率仅为1～10s^{-1}，接近容器壁的涂料实际是静止的。乳胶漆泵送进储槽或装灌至桶里后，剪切速率下降至0.001～0.5s^{-1}。在施工时，蘸漆时的剪切速率估计为15～30s^{-1}，而涂刷时的剪切速率与高速分散时差不多，为1000～10000s^{-1}。在施工后，乳胶漆会产生流平、流挂和渗透，这时典型的剪切速率在100s^{-1}以下。表7-9列出了涂料生产、贮存和施工等不同阶段的剪切速率与测试方法。

表7-9　涂料生产、贮存和施工等不同阶段的剪切速率和测试方法

工序	剪切速率(s^{-1})	黏度测试	工序	剪切速率(s^{-1})	黏度测试
贮存	0.001～0.01	布鲁克菲尔德黏度计	流平和沉淀	0.01～1.0	布鲁克菲尔德黏度计
运输	0.01～1.0		流挂	0.05～0.5	
混合和搅拌	1.0～100	黏度杯	刷涂	10～100	斯托默黏度计
泵送	1000～1500	ICI黏度计	辊涂	100～1000	ICI黏度计
分散	10000～100000		喷涂	10000～100000	

2. 增稠剂的作用　乳胶漆不同生产阶段增稠剂所起作用不同。

制造阶段，增稠剂在乳液聚合过程中作保护胶体，提高乳液的稳定性。在采用高速分散机分散颜填料时，提高分散物料的黏度，有利于分散。

贮存阶段，微粒包覆在增稠剂的单分子层中，改善涂料的稳定性，防止颜、填料的沉降。其抗冻融性及抗机械性能提高。增稠剂和湿润分散剂一起保证涂料的贮存稳定性。对于给定的乳胶漆，乳液和颜料、填料已经确定，增稠剂是最主要影响因素。

在施工阶段，增稠剂能调节乳胶漆的黏稠度，并呈良好的触变性。施工时，首先是蘸漆。经验表明，在剪切速率为 $15 \sim 30s^{-1}$ 的蘸漆过程中，黏度高于 $2.5Pa \cdot s$ 时，具有良好的涂刷转移性能。在高剪切速率施涂时，黏度达 $0.1 \sim 0.2Pa \cdot s$，既使涂膜具有一定的丰满度，又不至于黏度太高，施工时拉刷子，这可以用黏度来控制，其剪切速率约为 $10s^{-1}$。另外，高的拉伸黏度会导致溅落问题。拉伸黏度与水溶性聚合物增稠剂的分子量及主链的柔韧有关，高分子量和高柔韧主链的聚合物增稠剂导致高拉伸黏度，从而导致较多溅落。

成膜阶段，增稠剂可以平衡涂料的流平和流挂。低黏度有利于流平。因此乳胶漆施涂后，为了流平，其屈服值应略低于 $2.5 \times 10^{-6}N/cm^2$，以保持一段时间的低黏度。流平的驱动力是乳胶漆的表面张力，而不是重力，因而涂在顶棚上涂料也能流平。流平后，屈服值须迅速回复到 5×10^{-5} N/cm^2，黏度升高，以防止流挂。造成流挂的原因是重力。

由沉降速度公式可知：涂料流挂速度与涂料的黏度成反比，与涂膜厚度二次方成正比。增加乳胶漆黏度和减少涂膜厚度都可降低施涂时的流挂。流平和防流挂是对立的，要流平好需低黏度，而低黏度会导致较严重的流挂，只有通过调节触变性，才能使流平与流挂平衡。

7.4.2 增稠剂增稠机理

溶剂型涂料的黏度取决于合成树脂的分子量，而合成乳液的黏度与其分子量无关，取决于分散相黏度。目前对乳胶漆增稠的作用机理又有多种说法。

1. 水合增稠机理 纤维分子是一个由脱水葡萄糖组成的聚合链，通过分子内或分子间形成氢键，也可以通过水合作用和分子链的缠绕实现黏度的提高，纤维素增稠剂溶液呈现假塑性流特性，静态时纤维素分子的支链和部分缠绕处于理想无序状态而使体系呈现高黏性。随着外力的增加，剪切速率梯度的增大，分子平行于流动方向做有序的排列，易于相互滑动，表现为体系黏度下降。与低分子量相比，高分子量纤维的缠绕程度大，在贮存时表现出更大的增稠能力。而当剪切速率增大时，缠绕状态受到破坏，剪切速率越大，分子量对黏度的影响越小，这种增稠机理与所用的基料、颜料和助剂无关，只需选择合适的分子量的纤维和调整增稠浓度即可得到合适的黏度，因而得到广泛应用。

2. 静电排斥增稠机理 丙烯酸类增稠剂，包括水溶性聚丙烯酸盐及碱增稠的丙烯酸酯共聚物两种类型。这类高分子增稠剂的高分子链上带有大量的羧基，当加入氨水或碱时，不易电离的羧酸基转化为离子化的羧酸钠盐，结果沿着聚合物大分子链阴离子中心产生了静电排斥作用，使大分子链迅速扩张与伸展开来，提供了长的链段，同时分子链段间又可吸收大量水分子，大大减少了溶液中自由状态的水。大分子链的伸展与扩张及自由态水的减少，使乳液变稠。

3. 缔合增稠机理 缔合型增稠剂是在亲水的聚合物链段中，引入疏水性单体聚合物链段，从而使这种分子呈现出一定的表面活性剂的性质。当它在水溶液浓度超过一定特定浓度时，形成胶束。同一个缔合型增稠剂分子可连接几个不同的胶束，这种结构抑制了水分子的迁移，因而提高了水相黏度。另外，每个增稠剂分子的亲水端与水分子以氢键缔合，亲油端可以与乳胶粒、颜料粒子缔合成形成网状结构，导致了体系黏度增加，增稠剂与分散相粒子的缔合可提高分子间势能，在高剪切速率下表现出较高的表观黏度，有利于提高涂膜的丰满度；随着剪切力的消失，其立体网状结构逐渐恢复，便于涂料的流平。

增稠剂的增稠可以是某种增稠机理单独起作用。如非离子型纤维素增稠剂、丙烯酸类增稠剂、聚氨酯增稠剂，也可同时存在多种增稠机理，如憎水改性丙烯酸类乳液、憎水改性羟乙基纤维素。

7.4.3 增稠剂种类及增稠特点

乳胶漆对流变性的要求，是通过增稠剂的使用而得到满足的。增稠剂多种多样，并具有各自的增稠特点。下面就此做介绍。

1. 纤维素醚及其衍生物 纤维素醚及其衍生物类增稠剂主要有羟乙基纤维素（HEC）、甲基羟乙基纤维素、乙基羟乙基纤维素、甲基羟丙基纤维素、甲基纤维素和黄原胶等，这些都是非离子增稠剂，同时属于非缔合型水相增稠剂，分子量一般为$5\times10^4\sim8\times10^5$。增稠机理即水合增稠机理，是由于氢键的水合作用及其大分子之间的缠绕。当其加到乳胶漆后，能立即吸收大量的水分，使其本身体积大幅度膨胀，同时高分子量的该类增稠剂相绕，从而使乳胶漆黏度显著增大，产生增稠效果。优点是水相增稠，与乳胶漆中各组分相容性好，增稠效果好，对pH值变化容度大，保水性好，触变性高。疏水改性纤维素是在纤维素亲水骨架上引入少量长链疏水烷基，从而成为缔合型增稠剂，如Natrosol Plus Grade330、Natrasol Plus Grade331等。由于进行了疏水改性在原水相增稠的基础上又具有缔合增稠作用，能与乳液粒子、表面活性剂以及颜料等疏水组分缔合作用而增加黏度，其增稠效果可与分子量大得多的纤维素醚增稠剂相当。

纤维素增稠剂的缺陷限制了其使用：

（1）抗霉菌性差，纤维素增稠剂量属天然高分子化合物，易受到霉菌攻击，导致黏度下降，对生产和贮存环境要求严格。

（2）流平性，以纤维素增稠的乳胶涂料在剪切应用力作用下，增稠剂与水之间的水合层被破坏，易于施工，涂布完成后，水合层的破坏即行终止，黏度迅速恢复，涂料无法充分流平，造成刷痕或辊痕。

（3）飞溅性，在高速温涂施工时，辊筒和基材的出口间隙处常会产生涂料小颗粒，称为雾化；在手工低速辊涂时则称为飞溅。

（4）纤维素类增稠剂容易导致乳胶粒子的絮凝和相分离，影响涂料稳定性。

2. 碱溶胀型增稠剂 丙烯酸酯类增稠剂有碱溶型和碱溶胀型两种。它们主要依靠在碱性条件下离解出来的羧酸根离子的静电斥力使分子链伸展成棒状增稠，需要保证pH值高于7.5。丙烯酸酯类增稠剂是阴离子型，其耐水、耐碱性较差。与纤维素类增稠剂相比，流平行好且抗溅落，对光泽影响小，可用于有光乳胶漆。非缔合型碱溶胀增稠剂（ASE）和缔合型碱溶胀增稠剂（HASE）都是阴离子增稠剂，分子量为$2\times10^5\sim5\times10^5$。

非缔合型的ASE是聚丙烯酸盐碱溶胀型乳液，它由不饱和共聚单体和羧酸等共聚而成。不饱和共聚单体如丙烯酸乙酯等，羧酸如甲基丙烯酸和丙烯酸等。ASE 增稠机理是在碱性体系中发生酸碱中和反应，树脂被溶解，羧基在静电排斥的作用下使聚合物的链伸展开，从而使体系黏度提高，达到增稠效果的。其增稠效果受 pH 值影响很大，pH 值变化时，增稠效果随之变化。

缔合型 HASE 是疏水改性的聚丙烯酸盐碱溶胀型乳液。其骨架是由约 49% 摩尔甲基丙烯酸、约 50% 摩尔丙烯酸乙酯和约 1% 摩尔疏水改性的大分子构成。增稠机理是在 ASE 的增稠基础上，加上缔合作用，即增稠剂聚合物疏水链和乳胶粒子、表面活性剂、颜料粒子等疏水部位缔合成三维网络结构。此外，有胶束作用，从而使乳胶漆体系的黏度升高。

其特点是增稠效率较高，因为本身的黏度较低，在涂料中极易分散。大多数品种有一定的触变性，也有高触变性的产品可供选择，同时也有适度的流平性，涂料辊涂抗飞溅性较好，抗菌性好，对漆膜的光泽无不良影响，价格低。但对 pH 值敏感，即黏度随 pH 值变化而变化。

3. 聚氨酯增稠剂和疏水改性非聚氨酯增稠剂 聚氨酯增稠剂简称 HEUR，是疏水基团改性的乙氧基聚氨酯水溶性聚合物，属于非离子型缔合增稠剂，分子量为 $3\times10^4\sim5\times10^4$。其疏水基团起缔合作用，是增稠的决定因素，通常是油基、十八烷基、十二烷苯基、壬酚基等。亲水链能提供化学稳定性和黏度稳定性，常用的是聚醚，如聚氧乙烯及其衍生物。聚氨酯增稠剂分子链是通过聚氨酯基团来扩展的，所用聚氨酯基团有 IPD1、TD1 和 HMD1 等。增稠机理是聚氨酯增稠剂在乳胶漆水相中，分子疏水端与乳胶粒子、表面活性剂、颜料等疏水结构缔合，形成立体网状结构，造成高剪黏度。表面活性剂浓度高于临界胶束浓度时，形成胶束，中剪黏度（$1\sim100s^{-1}$）主要由其主导；分子亲水链与水分子以氢键起作用，从而达到增稠结果。

与前述纤维素增稠剂和丙烯酸类增稠剂相比，聚氨酯类增稠剂有以下优点：

（1）既有好的遮盖力又有良好的流平性；

（2）相对分子质量低，辊涂时不易产生飞溅；

（3）能与乳胶粒子缔合，不会产生体积限制性絮凝，因而可使涂膜具有较高的光泽；

（4）疏水性、耐擦洗稳定性、耐划伤性及生物稳定性好。

聚氨酯类增稠剂对配方组成比较敏感、适应性不如纤维素增稠剂，使用时要充分考虑各种因素的影响。

4. 无机增稠剂 目前用于乳胶漆的无机类增稠剂主要有以下三种。①膨润土，使用较多的是钠基膨润土，呈片状结构，吸水体积增大，形成触变的立体网状结构而使对体系增稠。膨润土在水性涂料中不但起到增稠作用，而且可以防沉、防流挂、防浮色发花，但保水性流平性差，常与纤维素醚配合使用或者用于底漆及厚浆涂料。②凹凸棒土，呈针状，分散于水中后，颗粒间形成网络，将水包裹于其中而起增稠作用。其增稠效率比膨润土高，具有良好的触变性能，防止颜料填料下沉。③气相二氧化硅，白炭黑，在涂料生产中，可以通过加入适当的白炭黑来控制体系的黏度，在体系含醇的情况下，增稠效果较好，具有良好的触变性能，防沉效果好。这三种无机增稠剂的共同特点是抗生物降解性好，低剪增稠效果好，但辊涂抗飞溅性差。

7.4.4 增稠剂的选择

从以上各类增稠剂的增稠机理及特性中看到，每类增稠剂都有其优缺点，在涂料的增稠体系中，如果只用一种增稠剂，很难达到长久的贮存稳定性、良好的施工效果和理想的涂膜外观等性能的统一。通常，在涂料增稠体系中，大多数采用两种增稠剂搭配使用来达到较理想的效果。纤维素增稠剂的选用原则见表7-10。

表7-10　纤维素增稠剂的选用原则

序号	要求性能	推荐纤维素增稠剂	序号	要求性能	推荐纤维素增稠剂
1	增稠效率	高分子量	6	流平性	低分子量
2	贮存稳定性	高分子量	7	抗流挂性	高分子量
3	防酶降解性	低分子量	8	涂刷性	高分子量
4	抗飞溅性	低分子量	9	开放时间	低分子量
5	耐洗刷性	高分子量			

结合乳胶漆的*PVC*，可按如下原则选择增稠剂。对于高*PVC*乳胶漆，由于乳液含量低，而颜料和填料用量高，为了保证贮存中不分层，其低剪切速率黏度和触变性应就高控制，因此可采用HEC和碱溶胀增稠剂配合，来调整黏度。*PVC*越高，选用的羟乙基纤维素（HEC）分子量也越大，这样配方中增稠剂的成本就可越低。中等*PVC*和低*PVC*乳胶漆，由于乳液含量较高，可将黏度曲线不同的缔合型增稠剂配合使用，以达到贮存、施工、流平等方面较好的平衡。对于厚质和拉毛的涂料，可采用高触变性的纤维素增稠剂或碱溶胀增稠剂。

第 8 章　传统油漆的制造

传统油漆指以动植物油、松香树脂、大漆及沥青类等天然产物为原料的涂料，构成以成膜物分类中的油性漆类、天然树脂漆类、沥青漆类。传统油漆使用历史悠久，虽然这些原料构成的涂料性能较差，大量被合成树脂涂料取代，但是传统油漆原料的可再生性，使其研究和应用重新得到重视。

8.1　松　香

涂料 18 大类中的第 2 类是天然树脂漆类，代号为 T，包括松香及其衍生物、大漆及其衍生物。大漆的基本名称编号是 09。第 4 类是沥青漆类，代号为 L，包括天然沥青、石油沥青和煤焦沥青。

松香是松树树干内部流出的油经高温熔化成水状，干结后变成的块状固体，是一种可以再生的天然树脂。我国是松香生产大国，据 2015 年统计，在我国涂料工业中，使用松香的几大类油漆产量 75 万 ~90 万 t，松香在油漆涂料行业中实际用量在 4 万 t 左右，呈逐步增长趋势。松香在油漆中的作用是使油漆色泽光亮，干燥快，漆膜光滑不易脱落。油漆的松香消耗用量大致为调和漆 8%、清漆 12%、喷漆 8%、防锈漆 6%、绝缘漆 15%等。

1. 松香组成、结构与性能　松香是一种透明、脆性的固体天然树脂，成分受产地、树种等影响，但通用分子式是 $C_{19}H_{29}COOH$，相对分子质量 302.46。松香由枞酸、海松酸等树脂酸，少量脂肪酸，松脂酸酐和中性物质等组成。树脂酸的含量为 85.6% ~88.7%，脂肪酸含量为 2.5% ~5.4%，中性物质的含量为 5.2% ~7.6%。松香不溶于冷水，微溶于热水，易溶于常见有机溶剂，并溶于油类和碱溶液。树脂酸中最有代表性的是松香酸。松香酸又名枞酸，是天然树脂松香的主要成分，含量为 45% ~54%。

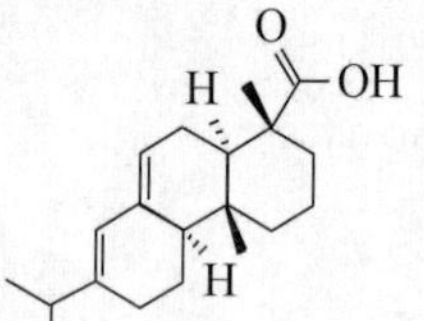

松香酸 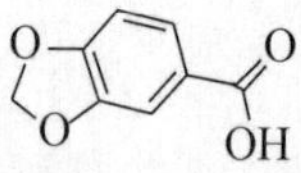　　胡椒酸　新枞酸 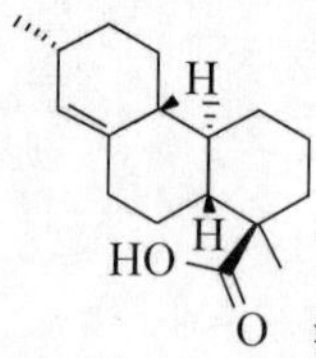　　海松酸

松香酸具有三环菲骨架结构，属不饱和酸，有共轭双键和多个手性碳原子，并含有亲水基团的羧基及一个异丙基。松香酸结构中的共轭双键，在日光照射下，在空气中能自动氧化或诱导后氧化成膜。枞酸及其同分异构体（新枞酸及长叶松酸）都具有共轭双键，有利于进行加成反应，制备改性松香树脂。

2. 松香的衍生物　松香是用作制漆的基本原料，用于制造干燥剂、软化剂和人造干性油，如松香钙皂、松香酯类、顺丁烯二酸酐松香酯、松香改性酚醛树脂、丙烯酸改性松香树脂。

（1）松香钙皂　松香中的主要成分是一元羧酸，直接使用时，酸值高，热稳定差，与金属氧化物或氢氧化物进行皂化反应，可以降低其酸值，提高热稳定性。松香皂化生成的树脂酸衍生物也称松香皂、有松香钙皂、松香铅皂、松香锌皂各品种，其中松香钙皂产量最大。

松香钙皂又称石灰松香，由松香和石灰在高温下作用而得。松香钙皂是一种最简单的漆用松香加工树脂，采用熔融法制造。松香钙皂可与干性植物油制成油漆，用于漆料中增加漆膜硬度和抗水性。在制漆过程中，消石灰用量一般不超过松香用量的 6%，若超过 7% 时，树脂在釜内有胶结的危险，若少于 4% 时，钙皂又有可能单独呈结晶析出。产品的酸值控制在 40 ~ 70 较为合适。

制造原理：

$$2C_{19}H_{29}COOH + Ca(OH)_2 \longrightarrow (C_{19}H_{29}COO)_2Ca + 2H_2O$$

（2）松香脂类　松香酯制成的漆叫酯胶漆。常用品种有甘油松香酯、季戊四醇松香酯等。松香酯化后，降低了松香的酸值，热稳定性提高。甘油松香酯比直接用松香制漆在质量上有很大的提高，酸值显著降低，发脆和黏性减轻，耐候性增强，干性、耐水性、冲击强度、柔韧性等比钙质漆好。季戊四醇松香酯结膜坚硬，干燥速度快，结膜光泽度高，溶剂释放较快，在耐水、碱、汽油等方面的性质均比甘油脂强。

（3）丙烯酸改性松香树脂　该树脂是针对松香树脂酸中的羧基和共轭双键进行改性。未经改性的松香，结构中仍保留两个易氧化的双键，不宜长期储存和使用。枞酸异构化制备左旋海松酸然后与丙烯酸发生 D-A 加成即得到丙烯酸改性的松香树脂。

松香铅皂、松香钙皂等松香改性树脂作为硬树脂用于油基基料及清漆制造。

8.2　大　漆

大漆俗称土漆和生漆，生漆经加工即成熟漆。大漆是一种天然可再生树脂涂料，割开漆树树皮，从韧皮内流出的一种白色黏性乳液，就是天然的乳胶漆，是最古老的天然涂料，也是我国的土特产之一。大漆基本名称编号 09，其应用涉及各个领域。过去，上至封建帝王的宫殿、棺椁、神像、礼品，下至老百姓的生产工具、生活用品、作战武器都要使用大漆。漆器和丝绸自古就是我国闻名的特产，大漆漆膜具有良好的性能，耐酸、耐溶剂、防潮、防腐以及在土壤环境中的耐久性等都是其他涂料所不可比拟的。

8.2.1　大漆的组成与性能

1. 大漆的组成与质量　大漆是漆树的分泌物，主要成分是漆酚，含量为 50% ~80%；水分含量为 20% ~40%；漆酶含量不到 1%，还有 1% ~5% 的油分，3.5% ~9% 的树脂质。漆酚是大漆的成膜物质，漆酶为大漆的天然有机催干剂，树脂质即松香质，是一种多糖类化合物，在大漆中起悬浮剂和稳定剂的作用。

大漆的组成、质量与漆树品种、产地、收割季节、存放时间有关。由于气候和土壤条件差别悬殊，因此品种相同的树种，也会因产地不同而使质量有别。各国漆液分析见表 8-1。

表 8-1　各国漆液分析

产地	醇溶物(%)	胶质(%)	含氮物(%)	水分	油分(%)	含氮胶质(%)	成膜成分
日本	65.40	5.22	4.71	22.92	1.73	9.93	漆酚
日本	70.10	7.20	1.52	19.70	1.48	8.72	漆酚
中国	60.03	7.58	4.52	21.51	3.37	12.99	漆酚
中国	62.50	7.04	2.25	26.19	1.97	9.29	漆酚
北美	33.09	21.12	1.76	43.57	0.46	22.88	虫漆酚
泰国	58.44	1.70	1.50	35.02	3.25	3.20	缅漆酚

以上化学分析只能在一定程度上反映生漆的质量。我国漆树资源丰富、品系繁多，可以分为3个品种群、42个品种，其中小木漆16个品种，中木漆10个品种，大木漆16个品种。

大漆很少直接使用，大多要经过加工精制使漆的性能更符合要求。应用之前要了解生漆的特性。

2. 大漆漆膜的性能

（1）大漆具有突出的耐久性　国外有年代可考的漆制品约4000年，我国使用漆器的年代更加久远，历史上重要的出土文物中几乎都有漆器。1978年发现公元前6000年的遗址中一件木碗，内外有朱红涂料；1960年发现了新石器时代遗址中彩绘陶器，其彩绘原料和生漆“性能完全相同”；1977年发现了距今3400~3600年的两件近似船形的薄胎漆器等，千年以上的出土漆器比比皆是。生漆不仅埋藏在土壤里具有优良的耐久性，而且在恶劣的环境中也能经受严酷的考验。其他涂料会随着时间的推移而逐渐失去光泽，而生漆漆膜在使用过程中则越磨越亮，不会晦暗。

（2）具备良好的耐腐蚀性能　大漆漆膜耐酸、耐水、耐盐及耐多种有机溶剂，不耐碱及氧化性酸。漆膜耐受30%的盐酸、70%的硫酸（100℃，72h）不会发生变化，对硝酸的耐腐蚀能力虽差一些，但室温下仍能经受20%的硝酸。加入某些填料之后，耐腐蚀能力还会提高，例如，漆酚制成环氧树脂或是漆酚和苯乙烯共聚，可以得到特别耐碱的涂层。大漆的防腐性能见表8-2。正是生漆的这种耐腐蚀性能使它得以广泛地应用于多种工业部门。

表 8-2　生漆漆膜耐化学介质能力

化学介质	浓度(%)	温度(℃)	耐腐能力	化学介质	浓度(%)	温度(℃)	耐腐能力
盐酸	任意	室温至沸	耐	苯胺	—	室温	耐
硫酸	50~80	100	耐	氨水	10~28	室温	耐
硝酸	<40	100	耐	硫酸钠	任意	室温至沸	耐
磷酸	<70	30	耐	氯化钠	饱和	室温至60	耐
乙酸	—	室温	耐	硫酸铜	15	室温	耐
柠檬酸	—	80	耐	硫酸铵	50	室温	耐
硅氟酸	—	80	耐	硫酸镁	饱和	室温	耐
甲酸	—	室温	耐	氟化氢	44	室温	不耐
氢氧化钠	<1	室温	耐	硫酸镍	—	室温	耐

续表

化学介质	浓度(%)	温度(℃)	耐腐能力	化学介质	浓度(%)	温度(℃)	耐腐能力
氯化铵	饱和	室温	耐	湿氯气	—	室温	耐
硝酸铵	饱和	80	耐	硫化氢+水	浓	室温	耐
氯化钙	饱和	80	不耐	CO_2 水溶液	混合气	室温	耐
硫化钠	饱和	室温	耐	氯化氢	3~5	室温	耐
明矾	饱和	室温	耐	漂白粉	饱和	室温	耐
松节油	—	室温	耐	水	沸	室温	耐
汽油	—	室温	耐	氯	25	室温	耐
苯	—	45	不耐	氧化氮	—	室温	耐
乙醇	—	80	耐				

(3) 良好的工艺性能　大漆具有突出的打磨性能、抛光性能和耐磨性能。漆器制作过程要经过多次打磨，最后抛光。大漆漆膜可经受 $70kg/cm^2$ 的摩擦力而不损坏，可以打磨，易于抛光，抛光之后光艳夺目，越磨越亮，久存不变。生漆涂层色度纯正，不带杂色，光泽丰满，未填加其他物质的涂层，久放之后色泽变浅，透明度变高，速度和固化时的条件有关。

(4) 优良的力学性能　单纯的生漆漆膜硬度大而韧性略差，加入填料特别是瓷粉和石墨粉可以改善其力学强度。生漆与非金属材料的粘结力高于金属材料，直接和金属结合时附着力差，加入填料则可大大改善。加入瓷粉的生漆与钢铁的结合强度可提高5倍。

(5) 耐热性能高　长期使用温度为150℃，短期使用可达250℃，加入填料以后，耐热性能特别是耐热冲击性能显著增高。生漆的耐热性能超过脂肪族聚酯、不饱和聚酯、芳香聚酯、环氧树脂、酚醛树脂，但比不上有机硅树脂。差热分析表明，大部分生漆漆膜失重5%的温度在270℃以上。经过化学改性，例如漆酚和糠醛缩聚后，长期使用温度为250℃，短期使用温度为350~400℃无变化。

(6) 良好的绝缘性能　大漆是良好的绝缘材料，有高的击穿电压，干燥漆膜的击穿强度为50~80kV/mm，长期在水中浸泡击穿强度仍然保持在50kV/mm以上；体积电阻和表面电阻也高，在高温高湿条件下，甚至在水中仍可保持较佳状态，具有防水、防潮、不生霉的特点，可作为电器设备的“三防”材料。

3. 大漆的缺点　大漆虽然有很多优良性能，但也存在不少缺点。①耐紫外线作用的能力差。生漆制品通常只能置于室内，在户外时很快发生龟裂，紫外线会使漆酚侧链双键发生激烈的氧化和分解，导致漆膜的破坏。②保存过程中容易变质，不能被雨水浸入，存放温度不能高于30℃，也不能低于0℃。③漆液黏度太大，施工不便，涂层不能太厚，否则底层不干或表皮起皱。要达到需要的涂层厚度必须多次涂刷，而且要等上一次的涂层完全干透后才能进行下一次涂刷。④为了使涂层间附着良好，需要经过反复打磨，使施工周期过长。⑤漆膜干燥条件要求很严，除了一定的温度、湿度外，环境中还不能有妨碍漆酶活性的气体。⑥大多数人对其有过敏反应。生漆会产生程度不同的过敏症。生漆引起人体皮肤过敏主要是生漆中的漆酚和多种挥发物致敏所致。生漆致敏源侵入人体的主要途径是皮肤和口腔的黏膜。因此不仅触摸了生漆和漆树会生漆疮，有的人嗅了生漆味，也会过敏生疮。但经过治疗后可痊愈，不会留下任何痕迹。⑦未经改性的生漆与金属结合力差，限制了生漆的使用范围。⑧生漆是漆树的分泌物，产量不能像工业品那样大量增长。

8.2.2 大漆的种类与制备

1. 工艺漆 工艺漆主要分为推光漆、广漆、色漆三大类。

（1）推光漆 推光漆又分黑推光漆、红推光漆，有的地方还把透明度特别好的单分一类，称为透明漆。推光漆的色泽相差很大，浅色漆的加工对于漆的选择非常严格，漆中加入干性油后虽可提高透明度，但会降低漆膜的性能，且油量太多则漆膜不能推光。传统的加工方法有时加入猪苦胆，可使漆液增稠，且施工过程不易发生流挂，并能使漆膜丰满，还有的加入植物浸出液，即所谓“品色水”，以改善色泽和干燥性。

（2）广漆 是生漆和干性油，主要是熟桐油、熟亚麻油，或是两者均有的混合制品。其透明度好，成膜后漆膜坚韧、色泽鲜艳光亮，其耐腐性能虽不及纯生漆，但仍属优良的涂料，耐久、耐热、抗水、防潮性能都很好。长沙马王堆汉墓出土的漆器使用的就是广漆，可见其耐久性之好。

（3）色漆 生漆本身色深，没有定型的色漆作为商品供应市场，多数是使用者现配现用。最广泛使用的是在漆中加红丹或朱砂使成红色，加石黄或氧化铅使成黄色，加绀青或铬绿使成蓝色。在不推光的场合，漆中加干性油可以增添光泽。化工设备的防腐，如管道外面的防腐，既要求用不同的颜色对管道的用途加以区分，又要求涂层能经受环境介质的腐蚀，色漆即可满足上述要求。

以氧化铁为例，加入氧化铁对漆膜初期的氧化聚合起促进作用，但妨碍了漆膜的完全固化，氧化铁形成沉淀引起涂层的分离，使光泽和透明度变差。添加时漆液的含水率低，涂层固化变慢，但透明度和光泽好。氧化铁添加前，漆液的含水率应在4.6%以下，干燥时则要求较高的湿度，含水率低为2%～3%时，相对湿度应提高到80%。氧化铁促进活性中间体的生成，表面固化快，妨碍涂层内部的氧化，侧链的氧化被阻，密度大的氧化铁沉降。所以，加入量多时，表面皱纹多、不透明、无光泽。漆液含水率低对干燥速度和固化后漆膜的颜色及透明度有极大影响，含水率低，干燥速度也慢，但涂层光泽度好，其变化情况见表8-3。

表8-3 氧化铁含率低1%时，漆液含水率低对涂层固化状态的影响

含水率(%)	水分蒸发率(%)	指干时间(d)	60d后的涂膜状态			
			颜色	透明度	光泽(光泽度)	颜料状态
24.9	0	1～2	黑肉色	不透明	无光泽(8.4)	分离
8.9	16	2～3	暗肉色	—	有皱纹(20.5)	稍有分离
4.6	20.3	3	茶肉色	—	稍有皱纹(62.0)	不分离
1.3	23.6	4～5	红肉色	透明	有光泽(82.3)	没有分离

当含水率在4%以下时，加入1%的氧化铁不发生分离，透明度和光泽都好，因此应在含水率较少的情况下加入颜料。加入其他无机颜料也会发生相似的变化，工艺美术品为了取得透明的色彩，应该控制颜料的加入量、漆液含水率、颜料加入时的含水率。

2. 漆酚清漆　漆酚清漆的制作方法本质上和推光漆没有差别。将生漆投入装有搅拌器的夹套反应釜中，在搅拌下从底部通入压缩空气，夹套通入 40～45℃的热水，保持漆液温度为 38℃，利用空气带走水分并使漆酚发生氧化，当含水率低于 10%时，加入少量松节油和二甲苯，使漆酶活化漆酚发生缩聚。然后减少进气量继续通气，漆的黏度逐渐增大，逸出的空气通过冷凝器以回收被带出的溶剂。检查下列指标：漆液黏度大，拉丝达 6～7cm，漆液透明，色泽棕黑，胶化时间为 100～120s(160℃)，表干时间 25min 以内，实干时间 20h 以内。合格后加入二甲苯稀释至不挥发成分含量在45%～50%，搅拌均匀后过滤装桶。按这种加工方法得到的制品完全保持生漆的优良特性，并具有以下特点。

① 干燥速度快，施工性能好。可按普通油漆施工，可喷、可刷、可浸。干燥过程性能像生漆一样，要求一定的湿度和温度，涂层不能太厚，必须完全干后才能进行第二次施工。

② 漆的分子量大、含水少，和钢材的结合力比生漆大，应用范围比生漆广，漆膜的力学性能略有提高。

③ 漆的颜色浅，可配成彩色，但光泽和丰满度不如推光漆，主要用于工业防腐。

④ 在溶剂中呈均一溶液，不易发生腐败变质，久放之后干燥速度降低，存放时期不宜超过一年，生漆的毒性基本消失。

此种清漆的使用条件和注意事项与生漆相同，耐紫外光的能力差，不能用作户外漆，制造过程中若通氧时间足够长，表干时间可以缩短到 5min 以内。此种清漆已有定型产品，用于石油贮罐及输送管道、化肥设备、氯碱设备、地下工程、煤气净化、纺织机件、矿井机械、输水管道等的防腐，还可用于需要耐酸、耐水、耐土壤腐蚀的设备表面涂层，在化学工业上的应用尤为广泛。

8.2.3　大漆的化学改性

大漆化学改性是指让生漆中的漆酚与其他化学物质反应以生成适合各种需要的产品的过程。漆酚像苯酚一样具有酚类的通性，非常活泼，侧链有不饱和键可以进行双键的一系列反应。由于化学结构上既有苯酚又有长链，漆酚及其衍生物和含芳香环的树脂互溶性大，与脂肪族高分子化合物也有一定的互溶性，因而漆酚及其制品可以和多种树脂配合互相改性。

漆酚经过改性之后可以得到具有各种特殊性能的产物，可以得到浅色、无毒、自干的涂料，颜色从深黑到浅黄，可以获得生漆所不具备的性能，例如，漆酚和苯乙烯共聚或是和环氧氯丙烷反应后的产物，耐碱性很好，耐热性大大提高。值得注意的是，某一种性能的提高可能伴随其他性能的降低。

1. 漆酚的分离　在生漆的主要成分中只有漆酚溶于有机溶剂，利用这个特点可以容易地将漆酚从生漆中分离出来，最常用的溶剂是乙醇、丙酮、二甲苯，前两者用于化学分析，二甲苯则用于工业生产，原因是漆酚进行化学改性后的产品绝大多数不溶于乙醇和丙酮，而且其沸点太低。

(1) 常温分离　滤去机械杂质的生漆，加入有机溶剂，搅拌均匀后静置慢慢分层，倾出上层漆酚溶液，下层加溶剂，反复提取，分层时间视溶剂的性质和加入的数量而定，乙醇和丙酮为溶剂时分层快，对于同一种溶剂加入量多则分层快，但会增加回收溶剂的麻烦。此法的优点是漆酚不耐热，不和空气接触，得到的漆酚接近单体状态，发生聚合的可能性小，但工业生产由于分层时间太长无法使用，只有分离漆时常温静置法才是可取的。

(2) 热法分离　生漆和苯类溶剂混合，利用恒沸脱水将水除掉，在装有搅拌器、冷凝器、油水分离器的装置中加入生漆和二甲苯，加热搅拌，沸腾的蒸汽经冷凝后在油水分离器中分成两层，上层二甲苯重新进入反应器，下层水分除掉，回馏操作至无水分馏出为止，釜底物冷却静置，倾出上层漆酚溶液，沉淀物用二甲苯洗涤，回收漆酚。

工艺如下：①生漆原料经过离心机 100 目铜丝布离心过滤后，投入装有搅拌冷回流器、分水器装置，通过夹套电加热的专用反应釜，再加入等量的二甲苯，总投料量不超过反应釜容量的60%。②开动搅拌，升温，让生漆中的水分与二甲苯于常压下温度为 90～94℃时被蒸出，蒸汽被冷凝于分水器内分层，放出下层水分而将二甲苯回流入釜，水分被二甲苯带出。二甲苯尽量保留在漆料中，当漆料温度开始上升至接近二甲苯沸点(136.5℃)时，降低加热温度于 15mim 左右停止加温。此时水分已完全排净，放料于沉淀贮槽中静置冷却待用。③由于水分被排出和大量二甲苯的加入，生漆乳胶状态被破坏，生漆内不能够溶于二甲苯的所有组分在静置冷却过程中，全部从漆酚二甲苯溶液中沉淀出来，此沉淀结块物可定期从贮槽中清除出去，已冷却的漆酚二甲苯溶液再经过高速离心机进一步去渣净化，测试其固体含量后待用。④漆酚二甲苯溶液如果不经进一步滤渣净化，就必须将其从反应釜中排出后于贮槽里连续静置一周以上时间，让其内的杂质充分自然沉淀。

2. 大漆改性产品　将大漆漆酚与一些有机或无机化合物进行化学反应，可制备出具有某种特殊性能的浅色，无过敏性，自干或烘干型涂料。

漆酚苯环上的两个互成邻位的酚羟基性质很活泼，具有弱酸性，易于氧化，也易于发生缩合脱水反应。这两个羟基可以与多种无机化合物反应生成盐，可以与部分有机化合物在一定条件下反应生成酯或醚类化合物。由于受此两个羟基和侧链的影响，使得与它们邻位和对位位置的苯环上的氢原子也变得非常活泼，成为官能基，可参与发生多种化学反应，如取代反应、缩聚反应等经常在这些位置上发生。

漆酚苯环上的脂肪族取代基，绝大多数结构上具有双键或共轭双键。其性能与干性油相仿，可以参与氧化、聚合或缩合、加成等多种化学反应，同时由于此不饱和脂肪烃取代基的碳原子有 15～17 个之多，碳链长，所以漆酚既具有芳香烃化合物的特性，又类似脂肪族化合物，因而它和以芳环为主链的树脂（如环氧树脂、以碳链为主链的树脂如乙烯类树脂）、各种油类均能够很好地混溶。这些性能成为对生漆改性的良好基础。例如漆酚缩甲醛树脂的制备工艺如下：

① 将经过净化和测试过固体含量的漆酚二甲苯溶液与甲醛以 1∶0.9 的物质的量的比例投入专用反应釜，加入漆酚质量的 3%～5% 适量的氨水，开动搅拌、加热升温，注意漆料温度在 70℃左右保温反应 1～3h。待反应完全后升温排水，排水过程中可通入压缩氮气加速排水。水分被排净后升温让二甲苯回流至漆酚甲醛树脂黏度达到技术指标时为止。测试其固体含量后待用，黏度为 58～90s[(25.0±0.5)℃，涂-4 杯]。

② 漆酚缩醛与环氧树脂交联反应可以改善漆酚缩醛的耐碱性能、增强附着力等。

漆酚苯环上的酚羟基可与环氧基反应形成交联大分子，同时漆酚醛树脂中的羟甲基与环氧树脂中开环后形成的环氧羟基同样可以反应形成交联大分子。将漆酚缩甲醛树脂和 E-20 环氧树脂以固体量为 1∶1 质量比投入反应釜，加入适量的丁醇和二甲苯混合溶剂，开动搅拌，加热升温至溶剂回流进行交联反应，待反应物黏度达到技术指标时停止加热。

③ 醚化反应是利用丁醇与漆酚缩醛环氧树脂中，漆酚苯环上残存的羟甲基的醚化反应来将羟甲基封闭。丁醇醚化反应需在酸性物质催化下进行，一般用磷酸，加入量为反应物总量的 0.5% 左右。加入时反应釜内温度控制在 118℃以内，加入后再继续搅拌 1h，然后停止、放料。

此漆可自干，室温（25℃）半小时内即可以指触干燥，也可烘干，在 180℃温度下烘烤 40min 后漆膜性能更佳。此漆在保持了生漆漆膜的耐腐蚀介质性能的基础上，提高了耐碱性能，物理力学性能也有大幅度提高，尤其是耐农药腐蚀性能优良。

大漆改性产品还包括漆酚多环氧树脂漆、漆酚缩糠醛清漆、漆酚醛油舱漆、漆酚缩甲醛清漆、改性快干漆等，具有不同的性能。

8.2.4 大漆成膜机理

漆酚是具有不同不饱和度长侧链的邻苯二酚的衍生物，是大漆的主要成膜物质。漆酚的基本结构及侧链的相对位置如其分子式所示。漆酚具有酚类的特性，又具有双键的活性。漆酚是各种烃基 R_1、R_2 等结构的混合物（图 8-1）。

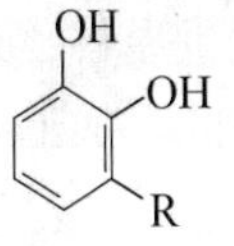

OH
OH
R

漆酚分子

生漆成膜就是漆酚聚合交联固化过程，生漆可通过几种途径干燥。条件不同，其成膜机理不同，涂膜结构也不同。形成的高分子物质不但分子量大，其确切结构也很难表达。

R_1=—$(CH_2)_{14}CH_3$
R_2=—$(CH)_7CH{=}CH(CH_2)CH_3$
R_3=—$(CH_2)_7CH{=}CHCH\,CH{=}CH(CH_2)_2CH_3$
R_4=—$(CH_2)_7CH{=}CHCH\,CH{=}CHCH{=}CHCH_3$
R_5=—$(CH_2)_7CH{=}CHCH_2CH{=}CHCH_2\,CH{=}CH_2$
R_6=—$(CH_2)_9CH{=}CH(CH_2)sCH_3$
R_7=—$(CH_2)_{16}CH_3$

图 8-1 漆酚支链的基本结构

1. 气干成膜 我国的大漆主要为 R_1、R_2、R_3、R_4 的漆酚混合物，生漆中漆酚含量越高，质量越好。漆酶是一种含铜的糖蛋白氧化酶，它能催化氧化多元酚及多氨基苯，是生漆在常温下干燥成膜不可缺少的天然有机催干剂。漆酶不溶于水，也不溶于有机溶剂，但可溶于漆酚，在生漆中含量约占 10%。漆酶的活性在 40℃和相对湿度为 80% 时最大，温度升至 75℃时，其活性在 1h 内可完全被破坏。漆酶的最适宜 pH 值为 6.7，当 pH 值在 4 ~ 8 之外时，即在酸性或碱性条件下，活性也可完全消失。

和干性油一样大漆可以氧化成膜。但在大漆中不需加催干剂，因为漆酚便是一种有效的催干剂。大漆氧化过程较为复杂，在漆酶的作用下，漆酚分子首先被氧化成邻醌结构：

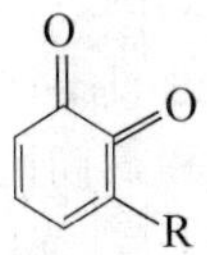

O
O
R

由于醌的形成，大漆表面很快变成红棕色邻醌化合物，然后相互氧化聚合成为长链或网状的高分子化合物。同时邻醌结构进一步氧化，侧链中长链烯烃基发生类似干性油的氧化反应，得到交联结构。大漆颜色逐渐转变为黑色，此时其相对分子质量并不高，氧化反应仍可继续进行，特别是侧基氧化交联的反应，最终导致体形结构的形成，而固化成膜氧化成膜的重要条件是漆酶必须有足够活性，当温度为 20～35℃，相对湿度为 80%～90%时反应最快。

2. 缩合聚合成膜 在温度达 70℃以上时，漆酶失去活性但和干性油一样，在高温下可通过侧基的氧化聚合成膜，另外，酚基间也可通过缩合相连。在高温下所得漆膜因醌式结构出现机会较少，所得漆膜颜色较浅。

8.3 沥青漆

沥青在涂料 18 大类分类中，是以成膜物质分类中的第 4 类，即沥青漆类，代号 L。沥青作为涂料已有悠久历史，我国早期用炼焦厂、煤气厂的副产品焦油（水柏油）来涂刷内河木船、河堤木桩、竹篱笆等用以防腐。后从进口的沥青中选择溶剂溶解性好的沥青来生产挥发性沥青漆，但生产的沥青漆质量低劣，数量也极少。随着石油炼制、冶金炼焦、煤的综合利用等工业迅速发展，它们的副产品——沥青大量增加，为涂料工业提供了大量原料。近年来虽然由于合成树脂的发展，新型涂料不断出现，但由于沥青漆具有独特性能，加上资源丰富、价格低、施工简便等优点，在涂料中始终占有一定的地位。

8.3.1 沥青的组成与特性

制造涂料的沥青主要是天然沥青、石油沥青、煤焦沥青三类。

1. 天然沥青 天然沥青也称地沥青，俗称黑胶，由挖掘沥青矿得到。天然沥青是古代地下的石油矿经空气、热及微生物等作用，发生蒸发、缩合等物理、化学变化而逐渐形成的。各地采掘到的沥青由于形成条件不同，质量有很大的差别，有的比较纯净，有的夹有砂土或岩石。纯净的块状天然沥青软化点较高，断面具有贝壳样光泽，能和植物油脂很好地融合，这类品种比较好，其化学成分和石油沥青相似（表 8-4），是制造沥青漆的优质材料。

表 8-4 天然沥青和石油沥青的元素组成

沥青名称	元素组成（%）				
	C	H	S	O	N
天然沥青	83.7～85.5	10.8～13.2	1.2～5.1	0	0.1～0.4
石油沥青	86.0～87.4	12.5～12.6	0～0.1	0.02	0～0.1

2. 石油沥青 石油沥青属人造沥青的一种，是由石油原油蒸馏分离出汽油、柴油、煤油、润滑油等后剩余的副产品经加工得到的。

（1）油分（矿物油） 淡黄色至棕褐色的黏性液体，是沥青中相对分子质量最小、密度最小的组分。油分赋予沥青涂料流平性和柔韧性，由于黏度较大不易挥发，有时也会影响涂膜的干燥性能。

（2）树脂（胶质） 棕褐色至黑色的黏稠半固体，分子量比油分大，相对密度接近 1。

它为沥青提供较好的黏性和塑性。沥青中树脂含量越高，沥青的品质就越好，越适合沥青漆应用。

（3）沥青质　深褐色、硬而脆的固体粉末，分子量较大，相对密度略大于 1。沥青质是决定石油沥青热稳定性、黏性的重要组分，其含量越多，则软化点越高，黏度越大并且越硬而脆。沥青中各组分的特性和物理常数见表 8-5。

表 8-5　沥青中各组分的特性和物理常数

组分	天然沥青含量	石油沥青含量	平均相对分子质量	相对密度	黏度	颜色
矿物油	15.1～47.6	66.0	100～500	0.6～1.0	黏稠液体	淡黄色
树脂	31.7～38.7	16.1	300～1000	1.0～1.1	固体、易溶	黄褐色
沥青质	15.6～15.7	15	2000～6000	1.1～1.15	固体、不溶	从褐色到黑色

油分、树脂和沥青质是石油沥青中的三大组分。油和树脂相互混溶，树脂能浸润沥青质而在沥青质的超细表面形成薄膜。以沥青质为核心，周围吸附部分树脂和油分，构成胶团，无数胶团分散在油分中，形成胶体结构。沥青的性质，随各组分的比例不同而变化，在热、阳光、空气和水等外界因素作用下，低分子化合物将逐步转变为高分子化合物，即油分和树脂逐渐减少，沥青质逐渐增多，而流动性和塑性逐渐变小，硬度、脆性逐渐增大，直至脆裂，这个过程称为“老化”。因此在设计涂料配方时必须考虑沥青的老化问题。

8.3.2　沥青漆的应用

沥青漆是以沥青为基料加有植物油、树脂、催干剂、颜料、填料等助剂而制成的涂料。沥青漆具有耐水、耐酸、耐碱和电绝缘性。沥青漆多用于地下管道防腐工程。沥青防水、防腐性能优良、原料来源广、价低。直接将符合涂料要求的沥青树脂溶解于 200 号溶剂油中，可以直接涂装，但涂膜脆，不耐晒，必须改性后使用。改性方法有干性油改性，可以改善涂膜韧性与耐晒性，但要牺牲其防腐性能，属低档涂料；用酚醛树脂、松香甘油酯和其他树脂改性，可以改进涂膜的柔韧性、附着力、耐晒性和其他力学性能，经环氧树脂、聚氨酯改性制得的是中、高档的防腐涂料品种。防腐性能以煤焦沥青涂料最好，早期是输油管道的主要防腐涂料，使用寿命可达几十年。但因属有毒有害物，逐步被取代，在其他防腐涂料中也要被取代。

1. 纯沥青涂料　以纯沥青制造的沥青漆，当溶剂挥发后即成膜，具有良好的耐水、耐潮、防腐、抗化学试剂的性能，但不耐油、不耐候、光泽差、装饰性较差，主要用于室内、水下及地下和不受阳光照射的设备。由于纯沥青涂层易被有机溶剂去除，因此也可用于封存防锈。

2. 干性油改性沥青涂料　天然沥青、石油沥青或它们的混合物用干性植物油改性，可在常温下氧化聚合，因植物油含有不饱和双键容易干燥，其共轭双键多的干燥性能好，共轭双键少的干燥性能差。这种氧化聚合型的沥青涂料，通常加入一定量的催干剂来改善其成膜性能。如沥青耐酸涂料，是利用高软化点石油沥青，添加干性植物油及松香衍生物经热炼，并加入催干剂制成沥青耐酸清漆。

3. 树脂改性沥青涂料　沥青中加入松香衍生物、酚醛、环氧树脂、聚氨酯等，用以提高沥青的硬度和光泽以及附着力等。如环氧煤焦沥青漆（H01-4），是A环氧树脂与煤焦沥青以任何比例相混溶，制成的防腐漆，不仅保持煤焦沥青固有的耐水、耐碱、抗菌性能，而且固化剂有已二胺、三乙撑四胺、二乙撑三胺以及低分子量聚酰胺树脂等。另外，煤焦沥青可与聚苯乙烯树酯配合，改善漆膜外观，提高绝缘性能和耐酸性能。煤焦沥青还可与异氰酸酯混溶，提高沥青漆的干燥性能和力学性能，且具有优良的防腐性能。

8.4 油漆制造中的植物油

油是指在常温下为液体的憎水性物质，一般分为植物油、动物油、矿物油和精油。植物油和动物油的主要成分是脂肪酸的甘油酯，所以又称脂油或者脂肪油，在通常情况下不会挥发又称为固定油，包括可食用的豆油、花生油、猪油、鱼油，不能食用的桐油、蓖麻油等。可以用于涂料制造的是植物油。矿物油主要成分是碳氢化合物，是石油、页岩油和它们的产品，大多数有挥发性，可以加工制得汽油、煤油、润滑油等。由矿物油加工制得的溶剂，常用于涂料制造。沥青主要成分中也含碳氢化合物，可以用来制造沥青漆。精油是一类特殊植物油，主要成分是萜烯类有机化合物，有挥发性和芳香气味，主要用于配制香料，也可作为涂料制造中的溶剂。

涂料组成中含大量植物油的漆类称为油性漆，以油料和少量天然树脂作为主要成膜物质的涂料叫油基漆，在油基漆中只使用干性油。油和少量合成树脂做成膜物质的（如酚醛树脂）有清油、清漆、色漆等不同类型，在合成树脂漆中不仅使用干性油，也使用半干性油、不干性油和脂肪酸。清油是干性油的加工产品，含有树脂时称为清漆。清漆中加颜料即色漆。本节重点为涂料制造用的植物油以及油基清漆的制造。

8.4.1 植物油简介

1. 植物油组成、结构 植物油是由不饱和脂肪酸和甘油化合而成的化合物，主要成分是直链高级脂肪酸和甘油生成的酯，脂肪酸除软脂酸、硬脂酸和油酸外，还含有多种不饱和酸，如芥酸、桐油酸、蓖麻油酸等。植物油主要含有甘油三脂肪酸酯，以及维生素E、K、钙、铁、磷、钾等矿物质，还包括磷脂、固醇、色素等对于涂料制造有害的物质。其结构式如下：

$$R_2COOCH\begin{cases} CH_2OOCR_1 \\ CH_2OOCR_3 \end{cases}$$

式中，R_1、R_2、R_3 表示脂肪酸的烃基，RCOO—表示脂肪酸基，甘油三酸酯中脂肪酸基不同，油的性质不同。常用植物油中脂肪酸组成见表8-6。

表8-6 常用植物油中脂肪酸组成

脂肪酸	桐油	梓油	亚麻油	苏籽油	大麻油	豆油	葵花籽油	棉籽油	玉米油	核桃油	蓖麻油	椰子油	米糠油
辛酸	—	—	—	—	—	—	—	—	—	—	—	6	—
癸酸	—	—	—	—	—	—	—	—	—	—	—	6	—

续表

脂肪酸	桐油	梓油	亚麻油	苏籽油	大麻油	豆油	葵花籽油	棉籽油	玉米油	核桃油	蓖麻油	椰子油	米糠油
月桂酸	—	—	—	—	—	—	—	—	—	—	—	44	—
豆蔻酸	—	—	—	—	—	—	1	—	0.2	—	—	18	0.6
棕榈酸（软脂酸）	4	9	6	7	6	11	11	29	13	5.8	2	11	11.7
硬脂酸	1	4	2	2	4	6	4	4	1	1	1	1	6
油酸	8	20	22	13	12	25	29	24	29	22	7	7	39.2
蓖麻醇酸	—	—	—	—	—	—	—	—	—	—	87	—	—
亚油酸	4	25~30	16	14	55	51	52	40	54	63	3	2	35.1
亚麻酸	3	40	52	64	25	9	2	—	—	8	—	—	—
十六碳一烯酸	—	—	—	—	—	—	2	—	—	—	—	—	—

（1）脂肪酸　从表8-8中看到植物油中的脂肪酸包括饱和脂肪酸和不饱和脂肪酸，碳原子数量最少的是六碳酸，最高是二十四碳酸。大多数含14~18个碳原子。分子式如下：

$$C_5H_{11}COOH \qquad C_{23}H_{47}COOH$$

各种油中都占一定比例的软脂酸、油酸和亚油酸。

硬脂酸是典型的饱和脂肪酸，化学名称十八烷酸，又称十八酸、十八碳烷酸，是白色略带光泽的蜡状小片结晶体，无毒，不溶于水，稍溶于冷乙醇，溶于丙酮等有机溶剂。

软脂酸又称棕榈酸、十六（烷）酸，几乎所有的油脂中都含有数量不等的软脂酸组分。中国产的乌桕种子的乌桕油中，软脂酸的含量可高达60%以上。

油酸是常用的不饱和脂肪酸，无色油状液体，学名“（Z）—9—十八烯酸”，相对分子质量282.47。分子式为$CH_3(CH_2)_7CH=CH(CH_2)_7COOH$

顺式构型称α-油酸，反式称β-油酸，自然界中以顺式为主。它是一种不饱和高级脂肪酸。它的甘油脂是橄榄油、棕榈油、猪油和其他动植物油的主要成分之一，不溶于水，溶于醇、氯仿等溶剂，暴露于空气时易被氧化，颜色变黄或成棕色，并带有酸败气味。

桐油酸，化学名称十八碳—9，11，13—三烯酸，是最活泼的不饱和脂肪酸，白色晶体。它是亚麻酸的最重要异构体。分子中有三个共轭双键。有多种顺反异构体，其中α-桐（油）酸和β-桐（油）酸最为重要。

α-桐（油）酸，熔点48~49℃，不溶于水，溶于乙醇和乙醚，在日光、空气等中不稳定，易氧化，受日光、硫、硒、硫化物、硒化物等的作用而转变为β-桐（油）酸。其甘油酯是桐油的主要成分。

β-桐（油）酸，熔点71℃，不溶于水，较难溶于乙醇和乙醚，较稳定，不易受氧化，能起加成反应，氢化时最后变为硬脂酸。α-桐（油）酸由桐油经水解后用乙醇分步结晶而得。β-桐（油）酸由α-桐（油）酸转化而制得。

（2）甘油三酸酯　自然界中的一切油脂不是由单一的脂肪酸构成的简单甘油酯，而是几种脂肪酸组成的混合酯。由于植物油所含脂肪酸种类不同，可形成多种甘油三酸酯。混合甘油酯的存在比单一甘油酯制成的涂料有更好的性能。植物油中所含脂肪酸不同，能够构成多种甘油三酸酯。若一种植物油中若含有5种脂肪酸，能够构成75种甘油三酸酯，若含有10种脂肪酸，则能够构成555种甘油酯。

混合甘油三酸酯的存在比单一甘油三酸酯制造的涂料有更好的性能。实际采用多种植物油混合制漆。

2. 植物油的物理性质与性能 油的组成和质量受产地、气候、制造工艺、储存条件等多种因素的影响。植物油的主要物理常数如下：

（1）颜色、气味及外观 清澈透明的浅黄色至棕红色液体。醇酸树脂中要求油的颜色小于5号，最多不超过8号。每种油有具独特的气味。放置时间长，存储条件不当会产生酸败，植物油变浑浊并有很浓的臭味。发生酸败的植物油使用时需要精制。根据植物油的颜色、气味及外观可以判断油品质量。

（2）相对密度 植物油相对密度大多数为0.9～0.94。测定相对密度可以判断油类的品种和纯度。碳链越长，植物油相对密度减小；碳链不饱和度增加，相对密度增加。

（3）折射率 每种油都有固定的折色率，折射率与脂肪酸结构有关，其中碳链含不饱和度增加，折射率增加，共轭酸的折射率高于非共轭酸，氧化聚合后的折射率 n 值增大。一般植物油折射率 n 为1.4～1.6，根据折射率大小可以判断油中不饱和双键的多少，进而判断该植物油的干燥性能。

（4）黏度 大多数植物油黏度相近。黏度同样与植物油的结构有关。具备共轭三烯的结构的桐油，黏度较高，有羟基能够形成氢键的蓖麻油，黏度特别高。经氧化或聚合的油，黏度上升。植物油在使用中，为了提高其干燥性能，常常热炼，提高黏度。黏度是热炼过程中严格控制的指标，可以测定热炼的程度。

（5）酸值 酸值用来测量油脂中游离酸的含量。通常以消耗1g油中所含的酸，所需的氢氧化钾之量来计量。酸值的高低标志着油质量的好坏，是鉴定油质量的主要指标之一。生产上要求酸值在1mgKOH/g以下。合成醇酸树脂的精制油的酸价应小于5.0mg KOH/g(油)。

（6）碘值 指100g油能吸收的碘的克数。

（7）皂化值与酯值 皂化值是指皂化1g油中全部脂肪酸所需要的氢氧化钾的毫克数。酯值是指皂化1g油中化合的脂肪酸所需的氢氧化钾的毫克数。

$$\text{皂化值} - \text{酸值} = \text{酯值}$$

（8）不皂化物 皂化时不能与氢氧化钾反应又不能溶于水的物质的百分含量。主要是高分子的醇类、烃类、蜡质等，必须精制除去。

（9）热析出物 豆油、亚麻油等含有磷脂，加入少量盐酸或甘油可使其在高温析出。

8.4.2 常用植物油结构与性能

植物油干燥性能与甘油三脂肪酸酯中脂肪酸结构有关，不饱和脂肪酸含量越多，不饱和脂肪酸中含双键数越多，活化能力越强，成膜就越快，干性越好。植物油以其成膜干燥性能分为干性油、半干性油和不干性油。

1. 干性油 干性油中双键数超过6个，碘值140以上，包括桐油、亚麻油、梓油、苏籽油。干性油的组成特点是除桐油外，亚麻油、梓油、苏籽油都含有亚麻酸、油酸、亚油酸，三者为其组成的主要成分，三种成分之和大于90%。这类油具有较好的干燥性能，干后的涂膜不软化，在油基漆中只使用干性油。

（1）桐油　桐油是我国特产油料树种——油桐种子所榨取的油脂。桐油是一种优良的热带干性植物油，盛产四川、云南，具有干燥快、相对密度小、光泽度好、附着力强、耐热、耐酸、耐碱、防腐、防锈、不导电等特性。桐油颜色较浅，清澈透明，没有悬浮物，不能久贮。

桐油聚合速度快，低温能反应，并且随温度升高而加快，在 150℃时，胶化时间 60h，282℃仅需数分钟，且反应放热，停火后温度仍会上升，因此熬炼桐油时需提前停火，注意观察反应终点。

桐油的组成：桐油酸 80%，油酸 8%。

桐油酸的组成：顺，反，反-9，11，13-十八碳烯酸，占 80%；油酸：9-十八碳烯酸，占 8%。

棕榈酸组成：软脂酸，十六酸，占 4%；亚油酸：9，18-十八碳烯酸，占 4%。

新鲜的桐油中只有 α-桐油酸，在日光、I_2、S 等作用下会转化为 β-桐油酸。α-桐油酸为液体、β-桐油酸为白色结晶，当大量 α-桐油酸转变为 β-桐油酸时，即固化。β-桐油酸不溶于一般溶剂，聚合速度也快于 α-桐油酸，高温时极易胶化，成胶时间缩短至 4min 以下。因此使用桐油时应检查有无白色粒子。

桐油制漆的缺点：所得的漆膜质硬，不能适应温度变化引起的伸缩作用；漆膜会出现霜花、网纹和丝纹，使漆膜不平整及部分失光；抗污性差。

应用：桐油主要用于松香加工树脂、松香改性酚醛树脂和环氧酯树脂漆。其分为生桐油和熟桐油两种。熟桐油又分为熟纯桐油、混合熟桐油。纯熟桐油的榨取方法是桐子炒熟榨油，不人为地去添加任何化学成分，适合环保无污染装修，尤其适合室内。

（2）梓油　梓油碘值高达 170，由分榨乌柏树果实而得。组成：亚麻酸（Z，Z，Z-9，12，15-十八碳三烯酸）含量 40%；油酸（9-十八碳烯酸）含量 20%；亚油酸（9，18-十八碳烯酸）含量 25% ~30%，除此还含有 3% ~65% 的 2，4-癸二烯，因此干燥比亚麻油快。由精制梓油制得的漆颜色浅，泛黄倾向小，与桐油配合可以克服桐油的起霜性。常与少量桐油熬炼成聚合油，生产浅色油基漆及中长油度醇酸树脂。

（3）亚麻油　由亚麻籽榨取的，亚麻籽在中国属于传统的油料作物。亚麻分为油用亚麻，油纤兼用亚麻和纤维用亚麻，东北三省产的亚麻用于纺织，如常见的亚麻麻垫或亚麻服装。油用亚麻主要产自内蒙古中西部、山西北部、河北张家口、甘肃会宁等地区，这些地方的亚麻油当地又称胡麻油，主要因汉朝张骞出使由西域传入内地。

亚麻油碘值 175 以上，最高可达 205。主要成分亚麻酸 52%、油酸 22%、亚油酸 16%。其特点是漆膜泛黄倾向大，不适宜制造白漆和浅色漆。含磷脂、胶质及色素较多，必须精制才能使用。与少量桐油熬炼成聚合油可用于生产油基漆，制备油酸干料，生产长、中、短油度醇酸树脂，以及制成油酸后生产环氧酯漆。

（4）苏籽油　其来自苏麻的种子，碘值 200 左右，主要成分为亚麻酸 64%、油酸 13%、亚油酸 14%。

α-亚麻酸具有很强的增长智力，保护视力，降低血脂、胆固醇，延缓衰老，抗过敏，抑制癌症的发生和转移等功效。然而，它在人体内不能合成，须从体外摄取。人体一旦长期缺乏 α-亚麻酸，将会导致脑器官、视觉器官的功能衰退和老年性痴呆症发生，并会引起高血压、癌症等现代病的发生率上升。食用可以：①降低血脂；② 降低高血压；③抑制血栓性疾病，预防心肌梗死和脑梗塞；④高度保护视力；⑤高度增强智力等。

特点：亚麻酸含量特别高，漆膜泛黄性比亚麻油还大，但干性和硬度比亚麻油好，但生油涂膜后膜有收缩现象，漆膜不平整。必须280℃以上热聚后使用。常常与少量桐油熬炼成聚合油生产油性漆。

2. 半干性油　半干性油碘值100～140，平均双键数4～6。其特点是涂膜在空气中能干燥成膜，但干燥速度慢，漆膜软，加热时会软化及熔融，较易溶于有机溶剂。

（1）豆油　碘值120～141。组成：亚麻酸9%、油酸25%、亚油酸51%。

（2）棉籽油：碘值稍高于100。组成：棕榈酸29%、油酸24%、亚油酸40%。

（3）葵花油：52%的亚油酸、29的油酸。

3. 不干性油　不干性油碘值100或100以下，平均双键数4个以下，空气中不能够干燥成膜，不能直接做成膜物质，一般用于制造合成树脂及增塑剂。有的不干性油可经化学改性而转变成干性油，如蓖麻油可经脱水而转变成干性油，即脱水蓖麻油。

（1）蓖麻油　含有87%蓖麻醇酸、7%油酸、3%亚油酸。蓖麻醇酸结构中有—OH，能溶于醇，有氢键，黏度比一般植物油大8～10倍。蓖麻油取自蓖麻的种子（含油约50%）。去壳后的籽仁含油量近70%，含蛋白质18%左右。蓖麻油是唯一以含羟基酸为主的商品油脂。蓖麻的主要产地为巴西、印度及原苏联地区，我国各省均有种植。蓖麻油中含大量的蓖麻醇酸（80%以上），具许多独特的性质：

① 易溶解于乙醇，很难溶解于石油醚。这一特性的存在较易将蓖麻油与其他油脂区别。

② 黏度比一般油脂高很多，黏度指数84，摩擦系数很低。同时蓖麻油不溶于汽油，凝固点低，燃点高。蓖麻油的流动性好，精制蓖麻油是航空和高速机械理想的润滑油及动力皮带的保护油。

③ 有很强的旋光性，因为它的主要脂肪酸——蓖麻醇酸中具有不对称碳原子。

④ 蓖麻油的相对密度和乙酰值都大于一般油脂。

⑤ 在空气中几乎不发生氧化酸败，储藏稳定性好，是典型的不干性液体油。

（2）椰子油　碘值很低，仅10左右，8～16碳的饱和脂肪酸占85%以上。月桂酸含量为12%～44%，皂化值高达250以上。

（3）米糠油　精炼米糠油为淡黄到棕黄色油状液体，相对密度0.913～0.928。熔点-5～-10℃。碘值98～110。其主要成分为油酸、亚油酸和棕榈酸的甘油三酸酯。米糠油的酸值较高，约含有25%的游离酸，此外含有糠屑1%～5%、糠蜡3%～9%、磷脂1%～2%以及少量其他杂质（主要是谷维素、甾醇和高级脂肪醇等）。植物油中六种常见重要脂肪酸见表8-7。

表8-7　植物油中六种常见重要脂肪酸

	俗称	化学名称	分子式
1	硬脂酸	十八烷酸	$C_{17}H_{33}COOH$
2	油酸	9—十八碳烯酸	$CH_3(CH_2)_7CH{=}CH(CH_2)_7COOH$
3	亚油酸	9，12—十八碳烯酸	$CH_3(CH_2)_7CH{=}CH—CH_2—CH{=}CH—(CH_2)_4COOH$

续表

	俗称	化学名称	分子式
4	蓖麻醇酸	顺—12—羟基—9—十八碳烯酸	$CH_3(CH_2)_7CH=CH—CH_2—CH(OH)(CH_2)_5COOH$
5	亚麻酸	顺，顺，顺—9，12，15—十八碳烯酸	$CH_3(CH_2)_7CH=CH—CH_2—CH=CH—CH_2—CH=CH\ CH_2COOH$
6	桐油酸	顺，反，反—9，11，13—十八碳烯酸	$CH_3(CH_2)_7CH=CH—CH=CH—CH=CH(CH_2)_3COOH$

常用植物油都有的脂肪酸有 3 种，其中硬脂酸为饱和脂肪酸，油酸为单不饱和脂肪酸，亚油酸分子中有 2 个非共轭不饱和双键。具有多不饱和双键的桐油酸有 3 个双键为共轭结构，因此桐油酸是最活泼的不饱和脂肪酸，炼制时需注意凝胶。

8.4.3 植物油的精制、热炼及油酸制造

1. 植物油的精制 色素存在会导致油的颜色变深，其酸值高，遇到碱性颜料便会肝化，而油中色素、生育酚、棉酚是抗氧剂，使漆膜干燥变慢，干燥时间延长。磷脂、蛋白质等亲水性物质会导致漆膜耐久性差；溶于油的杂质在热炼中形成胶态粒子析出，不易去除，增加制漆困难，因此需要精制后使用。

（1）油溶性杂质的精制 游离脂肪酸易被碱中和除去；磷脂具有抗干性，豆油中磷脂含量最多，水化、酸漂和碱漂易将其除去；固醇存在于棉籽油、亚麻油、豆油等中，是一种多环而有脂肪链结构的高分子醇类，碱漂后含量可稍降低。蛋白质类分散或溶于油中，不溶于酸碱盐的溶液中，其中一部分加热能凝聚。溶于油中的蛋白质分解物可用水化法除去。叶绿素易被酸碱破坏，叶黄素、叶红素对酸不稳定，对碱稳定。抗氧剂必须除去，否则影响干性。

精制方法包括碱漂和土漂处理，俗称“双漂”。碱漂主要去除油中的游离酸、磷脂、蛋白质及机械杂质，也称为“单漂”。“单漂”后的油再用酸性漂土吸附掉色素（即脱色）及其他杂质，才能使用。

目前最常用的精制油品为豆油、亚麻油和蓖麻油。亚麻油属干性油，故干性好，但保色性差、涂膜易黄变。蓖麻油为不干性油，同椰子油类似，保色保光性好。大豆油取自大豆种子，大豆油是世界上产量最多的油脂。大豆毛油的颜色因大豆的品种及产地的不同而异。一般为淡黄、略绿、深褐色等。精炼过的大豆油为淡黄色。大豆油为半干性油，综合性能较好。

（2）精制方法 沉淀、离心分离、过滤等机械法去除机械悬浮杂质及部分胶溶物质。化学法包括酸碱精制、水化热漂、氧化还原及用尿素络合等，物理方法包括吸附精制、光漂等。而去除三甘油酯外的杂质，采用一种工艺往往达不到所需的质量。涂料行业普遍使用的是碱精制法（单漂）和吸附精制法（双漂）。

2. 植物油的热炼 油类加热聚合，黏度增加，分子量加大，得到成流动状态的低级聚合物，主要是二聚物。在油基漆料和清漆制造中使用热炼后的植物油，提高漆膜干燥性能。

（1）热炼初期：非共轭结构二烯烃发生异构化反应生成共轭二烯烃。

$$—CH=CH—CH_2—CH=CH— \longrightarrow —CH_2CH=CH=CH—$$

（2）D—A 反应成环　热油聚合，单脂肪酸甘油酯聚合成二聚脂肪酸甘油酯。

$$RCOO(CH_2)_nCH=CHCH=CH(CH_2)_mCH_3+R'COO(CH_2)_nCH=CH(CH_2)_mCH_3$$

$$\longrightarrow RCOO(CH_2)_n—C_6H_8(—(CH_2)_mCH_3)(—(CH_2)_mCH_3)(—(CH_2)_nR'COO)$$

（3）酯交换反应甘油酯水解后依靠其羟基缩合反应成醚，得到比原来甘油三酸酯更大的分子量。

植物油热炼可以采用熔融法，即将油或油与树脂投入开口炼油釜，270～290℃熬炼至一定黏度，冷却至溶剂沸点以下加溶剂稀释。溶剂法将油或油与树脂在密闭反应釜内加入回流溶剂，250～260℃熬炼至一定黏度，冷却至溶剂沸点以下加溶剂稀释。

8.5　油性涂料简介

以具有干燥能力的油脂作为主要成膜物质的涂料叫油性涂料，也称油性漆。油性漆耐大气性能较好，不易粉化、龟裂和脱落，适用于室内外物面打底罩光，涂刷渗透性好，价低；缺点是干燥慢，涂膜软，不能打磨、抛光、不耐碱。以松香及其衍生物、大漆及其衍生物等制造的天然树脂漆可作为各种一般要求的内用底漆、腻子和面漆。

以油料和少量天然树脂作为主要成膜物质的涂料叫油基漆。单以干性油作为主要成膜物质的涂料，称为油脂漆，又叫油性漆。油脂漆包括清油、厚漆、油性调和漆等。油脂漆漆膜柔韧，附着力好，有良好的耐大气性，不易粉化和龟裂，且价格低，涂装方便。但油脂漆干燥缓慢，机械性能不高，不能打磨和抛光，硬度和光泽都不令人满意。油脂漆可供建筑使用。清油可涂装油布、雨伞。调配成厚漆后可直接和以麻丝填嵌金属水管接头、制作帆布防水涂层以及价低的伪装涂层。油性调和漆可涂装建筑物、门窗以及室外铁器及其他制品。

1. 清油　清油的基本名称编号为 00。经过炼制的干性油乳、桐油、亚麻籽油、梓油等中，加入适量溶剂和催干剂制成清油。干性油炼制过程就是油脂的聚合过程，炼制的方法主要有两种：将油脂加热到 140～150℃，同时通入空气泡油脂发生氧化聚合，所得的聚合油称吹制油也称厚油；排除空气，使油脂在 300～320℃（非共轭油）或 225～240℃（共轭油）发生热聚合，这样的聚合油称为定油或热炼厚油。

清油的特点是涂膜柔韧，但干燥较慢，硬度很低，故只能用来涂刷一般质量要求不高的物件，起到防水、防潮作用。清油的主要用途：①单独使用。可用揩涂或刷涂法，用白布包棉花（布球）或漆刷蘸清油将物面揩擦或刷涂 1～2 道即可。如为木材表面需要打底色，则首先用颜料调成浆状揩涂打底，干透后用细砂纸打磨并除去灰尘，然后涂刷清油 1～2 道。若遇冬期施工或因贮存过久干性减退，可加入适量催干剂促其干燥。②调制厚漆。清油用量为厚漆质量的 20%～40%，调匀后过滤使用。③调制红丹。清油用量为红丹粉质量的 25%～50%，调配时将红丹粉慢慢加入少量清油，至稠厚糊状，然后将其余清油加入，调匀后过滤使用。

2. 厚漆　厚漆基本名称编号为 02。清油加入颜料研磨成浆状，称为油性厚漆或铅油，是一种价格低、质量较差的油漆品种。油分一般只占总质量的 10% ~20%，不能直接使用，必须加上适量的熟桐油和松香水调配至可使用的稠度。一般调制面漆的配比为厚漆 60% ~80%，清油 20% ~40%，调制底漆的配比为厚漆 70% ~80%，松香水 20% ~30%。在冬季须加上适量的催干剂才能干燥。

用厚漆调成的漆，它的性质类似油性调和漆，价格比油性调和漆低。因为油没经过聚合，体质颜料用量较多，再加上需要施工时临时调制，所以质量一般都比油性调和漆差，只适用于打底和质量要求不高的木器、房屋、木船上涂刷。厚漆多以涂刷法施工，用刷子涂刷 2 ~3 道即可。注意刷二道漆时必须在头道漆干透后进行，一般干燥时间常温为 24h 左右。

3. 调和漆　调和漆基本名称编号为 03，是油漆工使用最广泛的品种，是一种调制得当的不透明漆。但早期油漆工人都习惯于自行调配。故仍沿用“调和漆”这个名字。所谓油性调和漆是指已调制得当的涂料，可以直接使用。它是用干性油加入颜料、溶剂、催干剂等调制而成。如调和漆中含有树脂的叫磁性调和漆，但一般限于树脂与油用量之比在 1∶2 以下，如果树脂用量超过此比例的，习惯上则列入磁漆类。不含树脂的叫油性调和漆。

油性调和漆价格低，有很好的附着力，漆膜有较高的弹性和耐气候性，但干燥缓慢，漆膜的光泽较差，适用于室内外建筑物门、窗以及室外铁、木器材之用。磁性调和漆比油性调和漆干燥较快，光泽和硬度也比油性调和漆要好，但容易退光、开裂和粉化，只适用于涂装室内木器及构件。

8.6　油基漆料和清漆制造

清漆基本名称编号为 01，俗称凡立水，是一种经常使用的不含颜料的透明油漆。清漆与熟油不同，由于在聚合油中加入了硬树脂、溶剂和催干剂，故性能大大优于熟油。如果干性油与硬树脂高温熬炼，溶于有机溶剂但不加催干剂，则称为漆料，属于半成品。

8.6.1　漆料和清漆制造原料

原料包括油类、硬树脂类、溶剂类和催干剂类。油基树脂清漆是使用面广、价格较低的一般性涂料，可用于钢铁和木质表面保护罩光，还可用于一些专业用途产品，如美术漆、绝缘漆、贴花漆等。

1. 油类　油基漆料和清漆使用的是干性油，如桐油、亚麻油、梓油、苏籽油。其中桐油用量最大，部分半干性油（豆油）也可使用。

桐油制成的漆，漆膜坚韧，干性快，具有一定的硬度和较好的耐水性及耐化学药品性。亚麻油干性较桐油差，两种油若配合使用，可以互相弥补不足。使用亚麻油制漆，一般不直接与桐油、树脂一起熬炼，而是先单独或与桐油拼用制成聚合油再使用。梓油、豆油及脱水蓖麻油制漆亦是如此。

2. 硬树脂类　硬树脂主要指松香改性树脂、石油树脂等。而天然树脂已经很少使用。硬树脂的使用可以缩短漆膜干燥时间、提高硬度、改善光泽，以及增强耐水性和耐化学药品性，提高附着力及抗磨性。但同时又不同程度地降低了漆膜的柔韧性和户外耐久性。常用的硬树脂性能与应用见表 8-8。

表 8-8 常用的硬树脂性能与应用

松香钙皂	松香和石灰高温下制备，制造简便，成本低
	与干性植物油制成油漆，其软化点高于甘油松香酯，漆膜坚硬、光滑平整、干燥迅速，但脆性大，耐水、耐候性差，可做室内用漆或与其他树脂配合使用
	酸值高不能与碱性颜料及亲水性强的钛颜料合用
松香酯类	松香酯制成的漆叫酯胶漆
	甘油松香酯制漆质量比直接用松香制漆好。酸值降低，发脆和黏性减轻，耐候性增强，干性、耐水性、冲击强度、柔韧性等比钙质漆好
	季戊四醇松香酯结膜坚硬，干燥速度快，结膜光泽度高，溶剂释放较快，在耐水、碱、汽油等方面，均比甘油酯强
氧茚树脂	黏稠液体或固体，浅黄色至黑色，固体质硬而脆，外观象松香，不溶于低级醇，溶于氯代烃、酯类、醚类、酮类、硝基苯和苯胺等有机溶剂
	与干性油不反应，高温溶于干性油，受热易变色，制成的漆保色性差，漆膜有良好的绝缘性和耐酸碱性，用于替代天然树脂和酯化松香，配制绝缘涂料和防锈涂料
石油树脂	裂化石油副产品烯烃或环烯烃聚合或与醛、芳烃、萜烯类化合物等共聚的树脂性物质总称
	结构不含极性基团，溶于脂肪烃和 RX 类，不溶于低级醇和酮类，与许多树脂良好相容，良好的耐水性和耐酸碱性，耐乙醇和耐化学品等特点，但附着力较差，机械性能较差
	一般不单独制漆，与其他树脂混用

氧茚树脂和石油树脂酸价低，接近零，漆膜耐化学药品性、抗水性好。缺点有不饱和键，受空气氧化颜色变深，日晒会开裂。

3. 溶剂类 溶剂用来降黏，把漆基稀释成可以喷、刷、浸渍的液体，便于施工，在涂料中起着重要的作用。油基清漆的制造常用 200 号汽油、松节油和二甲苯为溶剂。溶剂的选择需要考虑溶剂的挥发性、溶解力和安全。涂料制造使用溶剂的选择原则见表 8-9。

表 8-9 涂料制造使用溶剂的选择原则

挥发力适中	挥发快：快干，无流挂，无缩孔挥发快
	挥发慢：流动性，流平性好，无气泡，不发白
溶解力适中	溶解力相似相溶，氢键，极性，范德华力溶解度参数
	在溶解区图中处于溶解区
	高溶解力的溶剂不超过配方量的 5%
	高软化点树脂、短油度的漆料适当用一点二甲苯
安全	安全性好

4. 催干剂类 能够加速漆膜氧化聚合干燥的有机酸金属皂叫作催干剂，又称干料。由环烷酸、异辛酸、合成脂肪酸等有机酸与金属盐或者金属氧化物作用，以溶剂稀释的液体催化剂。催干剂是涂料工业的主要助剂，传统的钴、锰、铅、锌、钙等有机酸皂催干剂品种繁多，有的色深，有的价高，有的有毒。近年开发的稀土催干剂产品，较好地解决了上述问题，但也只能部分取代钴催干剂。开发新型的完全取代钴的催干剂，一直是涂料行

业的迫切愿望。催干剂可分为主催干剂和助催干剂。

（1）主催干剂 主催干剂在整个成膜过程中都起着催化作用，分为氧化型催干剂和聚合型催干剂。

① Co、Mn 氧化型催干剂：Co 催干剂传递氧的能力特别大，催干能力强，表干快。如果单独使用，会造成表面结膜封闭。Co 催干剂在漆中色浅，催干效力高，温度和湿度变化时，其催干能力变化小，为需油量的 0.02% ~0.05% 。Mn 催干剂加速氧化不如 Co 皂，但在促进氧化了的分子聚合上优于 Co 皂，有利于底层干燥。由于 Mn 的变价，Mn 催干剂在漆中色深，变黄倾向大，温度和湿度变化时，其催干能力变化大，必须与 Co 催干剂配合使用。

② Pb、Fe 聚合型催干剂：Pb 催干剂可以促进油中双键的热聚合，促进漆膜里层的干燥，增加漆膜的硬度，对表面的封闭作用不强。缺点是遇硫生成黑色的 PbS，使漆膜颜色变深。遇苯酐、饱和脂肪酸生成不溶性铅盐析出，使清漆发浑，并且有毒，在食品罐头、玩具漆中不可使用。用量一般为油量的 0.5% ~1.0% 。Fe 催干剂常温下对氧化和聚合的催化作用都很弱，高温下可以发挥催干作用。高价铁离子颜色深，只能用于深色漆。

（2）助催干剂 指 Zn、Ca 催干剂，单独不起催干作用，但可以提高主催干剂的催干效率，可使漆膜表里干燥一致，清除起皱和使主催干剂稳定。Zn 催干剂可以推迟氧化的油分子局部快速聚合，使氧化了的油分子有时间进行全面均匀地聚合。改善漆膜表面状况，提高漆膜硬度，且不影响漆膜的柔韧性。Zn 催干剂的活性不大，用量应稍高，一般为油量的 0.1% 左右。Ca 催干剂催干作用与 Zn 催干剂一致，在醇酸树脂制造时使用可以稳定铅催干剂。在低温和高温条件下干燥的涂料不易多用钙催干剂，会使涂料干性变差，降低漆膜的耐水性与耐候性。一般用量为油量的 0.1% ~0.2% 。

5. 催干剂加入方式 固体催干剂松香铅皂、氧化铅、醋酸铅等在热炼时加入，有利于提高漆膜的硬度和耐水性，可以延缓桐油成胶。缺点是加深漆料的颜色。漆料中加入铅催干剂后，调和时只加入钴、锰催干剂。生产调和白漆和浅色漆时，易加入环烷酸铅液。研磨时加入有利于颜料分散（如环烷酸锌）和防止因颜料吸附催干剂而促使以后的干性减退。

6. 共轭酸干燥的机理 比如桐油是一种干性油，它含有共轭双键，干燥很快，桐油中含 80% 的桐油酸（Ⅱ）：

$$CH_3(CH_2)_3CH{=}\underset{H}{C}{-}\underset{H}{C}{=}\underset{H}{C}{-}\underset{H}{C}{=}\underset{H}{C}{-}(CH_2)_7COOH \quad (Ⅱ)$$

蓖麻油是一个非干性油，含有一个羟基的蓖麻酸（Ⅲ），它脱水后可生成带共轭双键的脱水蓖麻酸（Ⅳ）和非共轭的异构体（Ⅴ），脱水的蓖麻油因之成为干性油：

$$CH_3(CH_2)_5\overset{OH}{\overset{|}{CH}}{-}\overset{H_2}{C}{-}\underset{H}{C}{=}CH(CH_2)_7COOH \quad (Ⅲ)$$

$$CH_3(CH_2)_5CH{=}\underset{H}{C}{-}\underset{H}{C}{=}CH(CH_2)_7COOH \quad (Ⅳ)$$

$$\downarrow$$

$$CH_3(CH_2)CH{=}\underset{H}{C}{-}\overset{H_2}{C}{-}\underset{H}{C}{=}CH(CH_2)_7COOH \quad (Ⅴ)$$

共轭酸干燥比非共轭异构体干得快，表面很易起皱。它只需吸收较少的氧即可成膜，氧主要和共轭双键首先形成 1，4-过氧化物：

$$\sim\sim \underset{H}{C}{=}\underset{H}{C}{-}\underset{H}{C}{=}\underset{H}{C}\sim\sim \xrightarrow{O_2} \sim\sim CH\overset{HC=CH}{\underset{O-O}{\bigcirc}}HC\sim\sim$$

然后进一步发生分解和自由基聚合反应。由于由聚合反应形成的交联结构主要是通过碳—碳键相连的，一般抗水解性能较非共轭干性油的漆膜好，后者主要通过碳—氧键形成交联结构。由于桐油酸含三个双键，烘烤时很易变色。

8.6.2 配方设计与分析

干性油与硬树脂经高温熬炼，溶于有机溶剂并加入催干剂的溶液称为油基树脂清漆。现有举例说明清漆制造配方，并分析配方中各物质的作用，计算该配方的油度，说明清漆的性质。

例 8-1 酚醛清漆配方如下，请分析配方种各原料的作用，配方的合理性。

配方(%)：

桐油	30.00	溶剂汽油	42.09
松香改性酚醛树脂	12.75	二甲苯	4.75
松香铅皂(Pb = 15%)	1.5	环烷酸钴液(4%)	0.09
松香钙皂(Ca = 3%)	0.75	环烷酸锰液(3%)	0.57
亚麻聚合油	7.5	合计	100%

热炼控制指标：

黏度(涂-4 杯，25℃ ±1℃)(s) 60 ~ 90 固体分(%) 50 ~ 55

配方分析：

① 桐油和亚麻聚合油是配方中的干性油成分，由于桐油与松香改性树脂熬炼的聚合速度比甘油松香酯快，加入桐油量 25% 的亚麻聚合油调整聚合速度。

② 松香改性酚醛树脂与松香铅皂，松香钙皂是配方中的硬树脂。加入树脂量 10% 的松香铅皂能够提高漆膜的耐水性与硬度，但铅皂在漆料中稳定性差，加入 5% 松香钙皂使之稳定。

③ 配方中主溶剂是溶剂汽油，由于松香改性酚醛树脂软化点较高，加入强溶剂二甲苯改善 200 号溶剂油对树脂的溶解性。强溶剂在清漆制造中一般不超过 10%。该配方中二甲苯用量占总溶剂量：

$$\text{二甲苯用量占总溶剂量} = \frac{4.75}{42.09 + 4.75} \times 100\% = 10\%$$

④ 环烷酸钴液和环烷酸锰液在配方中起到催干剂作用。

$$\text{油度} = \frac{\text{硬树脂}}{\text{油}} = \frac{\text{松香改性酚醛树脂} + \text{松香铅皂} + \text{松香钙皂}}{\text{桐油} + \text{亚麻聚合油}}$$

$$= \frac{12.75 + 1.5 + 0.75}{30 + 7.5} = \frac{15}{37.5} = \frac{1}{2.5}$$

所以，该酚醛树脂清漆是中等油度清漆。

例 8-2　脂胶调和漆料配方分析。

松香酯制成的漆叫酯胶漆，常用品种有甘油松香酯、季戊四醇松香酯等。油与硬树脂高温熬炼，溶于有机溶剂，不加催干剂制得的溶液称为漆料，属于半成品。下面配方是甘油松香酯制备的酯胶调和漆料，对此配方进行分析。

配方（%）：

桐油	34.8	亚麻聚合油	5.0
甘油松香酯	9.6	200 号溶剂汽油	47.0
松香铅皂	2.5		
松香钙皂	1.1	合计	100.0

热炼控制指标：

黏度(涂-4 杯，25℃ ±1℃)(s)　80 ~ 120　固体分(%)　50 ~ 55

配方分析：

① 配方中的桐油和亚麻聚合油是干性油成分。

② 甘油松香酯与松香铅皂、松香钙皂是配方中的硬树脂。甘油松香酯与桐油熬炼的聚合速度虽然较慢，但油度长，控制不当也会成胶。配以甘油松香酯 37% 的松香皂，帮助稳定工艺，同时采用桐油量 25% 的亚麻油聚合油降温，使漆基在终点黏度不再上升，减低聚合反应速度。

③ 溶剂是 200 号溶剂汽油。

④ 该配方油度。

$$\text{油度} = \frac{\text{树脂}}{\text{油}} = \frac{\text{甘油松香酯} + \text{松香铅皂} + \text{松香钙皂}}{\text{桐油} + \text{亚麻聚合油}} = \frac{9.6 + 2.5 + 1.1}{34.8 + 5.0} = \frac{1}{3}$$

油度为 1∶3，该配方制造的酯胶漆是长油度酯胶漆。长油度调和漆户外耐久性好，适用于室外建筑物装饰。

例 8-3　设一油度为 1∶2.5 的清漆，树脂以松香改性酚醛树脂为主，辅以树脂量 10% 的松香铅皂和 5% 的松香钙皂。桐油与亚麻聚合油之比为 4∶1，固体分为 52.5%。200 号溶剂汽油与二甲苯以 9∶1 混合稀释，钴、锰催干剂分别为 0.01% 的和 0.05%（以油量计），计算配方中各组分的用量。

解：（1）求出固体分中树脂和油各占的比例。

在 100 份漆料中　　$\text{总树脂量} = \frac{100}{1 + 2.5} = 28.6(\text{份})$

$$\text{总油量} = 100 - 28.6 = 71.4(\text{份})$$

（2）算出固体分中各组分的百分比。

桐油	$71.4 \times 4/5 = 57.12$
亚麻聚合油	$71.4 \times 1/5 = 14.28$
松香改性酚醛树脂	$28.6 \times 85\% = 24.31$
松香铅皂	$28.6 \times 10\% = 2.86$
松香钙皂	$28.6 \times 5\% = 1.43$

（3）计算挥发分中各组分的百分比。

钴催干剂	71. 4 ×0. 01% ÷4% =0. 18
锰催干剂	71. 4 ×0. 05% ÷3% =1. 19
二甲苯	10
200 号溶剂油	100 -10 -0. 18 -1. 19 =88. 63

（4）求出各组分在整个配方中的百分比。

桐油	57. 12 ×52. 5% =30. 00
亚麻聚合油	14. 28 ×52. 5% =7. 5
松香改性酚醛树脂	24. 31 ×52. 5% =12. 75
松香铅皂	2. 86 ×52. 5% =1. 50
松香钙皂	1. 43 ×52. 5% =0. 75
钴催干剂	0. 18 ×47. 5% =0. 09
锰催干剂	1. 19 ×47. 5% =0. 57
二甲苯	10 ×47. 5% =4. 75
200 号溶剂油	88. 63 ×47. 5% =42. 09
合计	100%

8. 6. 3　油基清漆与漆料制造方法及质量控制

1. 生产工艺流程　油基树脂清漆、漆料生产工艺流程如图 8-2 所示。

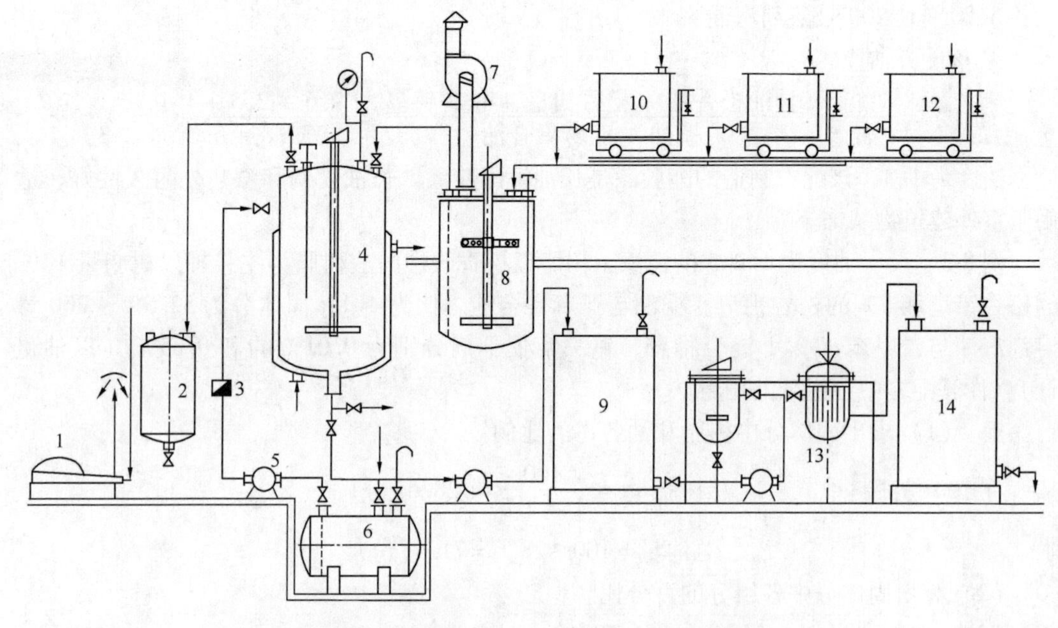

图 8-2　油基树脂清漆、漆料生产工艺流程

1—真空泵；2—缓冲罐；3—流量计；4—稀释罐；5—齿轮泵；
6—地下溶剂罐；7—排风机；8—炼油釜；9—中转罐；
10、11、12—桐油、聚合油及软树脂计量罐；13—过滤机；14—贮罐

2. 制造工艺　油基清漆、漆料生产工艺流程示意如图 8-3 所示。

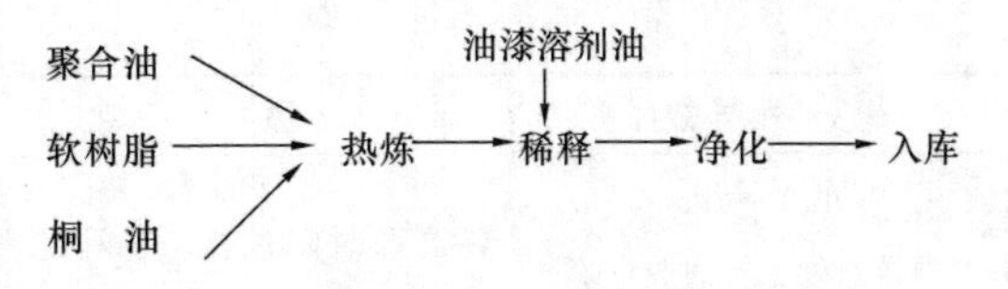

图 8-3　油基树脂漆料制造的工艺流程

制造工艺：

① 将清漆、漆料迅速升温至规定温度停火，需加氧化铅的，用少量桐油或亚麻聚合油调浆后于 220～240℃时缓缓加入，让其自行升温保持温度；

② 随时检验漆基的聚合度和黏度（拉丝法鉴别）；

③ 漆基温度下降至溶剂沸点以下，溶剂稀释；

④ 过滤。

3. 质量控制　可以通过黏度和固含量两种方法控制制造的清漆或者漆料的聚合度。

（1）黏度控制　可用拉丝法鉴别漆基聚合度。

长油配方中油度长容易成胶，黏度上升快，所以保温温度、时间不宜过高过长。保温温度 270～280℃，时间 10～15min。单丝较细，长约 1m，丝较硬，且长而不断，稍有弧度。

中油配方在保温温度 275～285℃、时间 20～30min 时拉丝。单丝比长油要长，并较硬，可达 1.2～1.3m，且不断，几乎没有伸缩性。

短油配方不能采用看丝的办法，可采用判断漆膜硬度的方法判断。取数滴试样于样板，冷却后用手按压，油度 1∶(1.5～2) 硬度较小，试样较软，有粘指的感觉；油度 1∶(1～1.5) 硬度较大，试样较硬，几乎不粘手，试样留下较深的指纹；油度 1∶1 以下：硬度大，完全不粘手，接近树脂状。

（2）固体含量的控制　漆料经聚合后每一批的黏度不可能一致，总有一定的波动，为使固体含量达到规定的范围，必须掌握有关不挥发分与溶剂用量的计算：

$$\chi_{\text{低限}} = \text{漆基量} \times \frac{1 - \text{高限固体含量}}{\text{高限固体含量}}$$

$$\chi_{\text{高限}} = \text{浓基量} \times \frac{1 - \text{低限固体含量}}{\text{低限固体含量}}$$

8.7　油基清漆与漆料制造中的安全生产

油基清漆与漆料制造中的安全生产要防火、防爆沸、防凝胶。

1. 生产中常见异常现象与解决办法　生产种常见异常现象包括涨锅、热炼过度导致成胶、黏度上升过快不易控制等。异常现象的处理见表 8-10。

表 8-10　异常现象的处理

可能发生的异常现象	原因	预防及消除办法	处理措施
涨锅	原料含水，升温过急或加料过急	控制原料含水率，升温速度，及加料速度	停火：用木棒搅开泡沫，如仍继续上涨，加几滴硅油

续表

可能发生的异常现象	原因	预防及消除办法	处理措施
热炼过度，有成胶危险	高温时间过长，看丝过老或釜内温度过高	按工艺升温及保温，注意看丝，升温中间歇搅拌，并适时停止吹风	搅拌下加入冷聚合油，或亚麻仁油或5%的生松香
黏度上升太快，不易控制	温度测试不准，桐油胶化时间偏低	校正温度计或仪表，复测桐油胶化时间	勤看丝，达到要求立即出料
漆料在稀释罐内黏度上升，以致放料时冷却很慢	漆基未及时冷却，加溶剂未开搅拌及看丝过老	开启冷却水，开动搅拌	可提前稀释；若温度仍高，可加冷油降温
漆料稀释液有小米粒状物	黏度高或没有及时冷却而局部胶化	严加控制操作	补加适量强溶剂
出料管堵塞	前锅未出尽，冷后堵塞	出料务必出尽	用临时胶管出料，再疏通管道

2. 安全生产注意事项

(1) 注意爆沸　①升温过程中，温度升至110℃左右时注意原料有水造成的爆沸溢釜。②190～200℃时加入醋酸铅、黄丹催化剂时造成的爆沸。

(2) 注意凝胶　①防止热炼过度，不得超过各个品种规定的温度。②因为油与树脂的反应是放热反应，故在达到保温温度提前15～20min停止加热，放出的热量可以达到反应温度。③漆料温度升至保温温度后应勤拉丝，防止聚合过度，并做好出料的准备工作。④热炼至终点时，黏度上升很快，应迅速加冷聚合油或釜外喷水降温，以终止反应，然后立即出料至稀释罐。⑤定期校正温度计或仪表。在升温过程中对仪表显示的温度有怀疑时，除通知校正或更换，应立即停止升温。

(3) 注意需迅速出料　为使迅速出料，出料管要粗，距离要短，要有一定的坡度，应减少弯头，以免堵塞。以桐油为主的漆料，出料完毕应用聚合油冲洗管道，防止积存结胶。

(4) 注意出料中迅速降温　漆基在降温过程中，降温速度要快，应在短时间内降到180℃以下，以保证稀释的安全性。表8-11是油基树脂漆常用的几种溶剂稀释的最适宜温度。

表8-11　不同稀料的稀释温度

溶剂种类	闪点(℃)	初沸点(℃)	稀释温度(℃)	溶剂种类	闪点(℃)	初沸点(℃)	稀释温度(℃)
20号溶汽油，	33	145	145	松节油	39	150	140
二甲苯(工业品)	17.2	138	125	煤油	40	160	150

注：如200号溶剂汽油与二甲苯并用稀释，则应先加200号溶剂汽油，然后加二甲苯。

第 9 章　醇酸树脂的生产

多元醇和多元酸缩聚反应生成的聚合物称为聚酯。缩聚物的结构特点是大分子主链上含有许多酯基(—COO—)。在涂料工业中，聚酯按照涂料成膜物 18 大类法分类属于第 12 类，即聚酯漆类；按照主链上是否含有不饱和双键分为不饱和聚酯和饱和聚酯。脂肪酸或油脂改性的聚酯树脂称为醇酸树脂，在涂料 18 大类分类中属于第 5 类，即醇酸树脂漆类。聚酯漆与醇酸树脂漆在涂料工业中都有重要的应用。

醇酸树脂是由脂肪酸或其相应的植物油、二元酸及多元醇反应而成的树脂。醇酸树脂本质就是聚酯，与聚酯相比其相对分子量小，无结晶倾向，且一般含有油。其原料来源广泛，配方灵活，能够通过种种改性而被赋予各种性能，因此可以应用于绝大多数类型涂料。醇酸树脂涂料具有耐候性、附着力好和光亮、丰满等特点，且施工方便，但涂膜较软，耐水、耐碱性欠佳。醇酸树脂与其他树脂配成多种不同性能的自干或烘干磁漆、底漆、面漆和清漆，广泛用于桥梁等建筑物以及机械、车辆、船舶、飞机、仪表等的涂装。醇酸树脂是最先应用于涂料工业的合成树脂之一，也是至今广为应用的重要涂料原料之一。

醇酸树脂的分类如下：

① 自干型醇酸树脂为长油度醇酸树脂，可直接涂刷成薄层，室温自干，空气中氧化交联干燥成膜。漆膜光泽，柔韧性、硬度、耐油性、附着力、耐候性等性能平衡。但是由于油脂的相对分子质量小，需多步反应才能形成交联的大分子，氧化交联干燥成膜，干燥需要时间长，可用于各种自干和低温烘干醇酸清漆和醇酸树脂漆。

② 烘干型醇酸树脂为中短油度醇酸树脂，分不干型和半干型醇酸树脂。低碘值的蓖麻油、棉子油或椰子油等改性的树脂称为不干性油醇酸树脂。不干性醇酸树脂不能直接用于涂料，需要与其他树脂混合使用，如可以与氨基树脂配成各种氨基清烘漆，制造的烘漆硬度高、坚韧、保光保色性好。

③ 挥发性漆用醇酸树脂用于固体含量偏低的过氯乙烯漆，增加漆膜的丰满度，提高光泽、附着力、耐候性、保光性、保色性等，但耐化学性降低。加入醇酸树脂太多，重复喷涂时会引起咬底现象。不干型醇酸树脂和松香改性醇酸树脂用于硝基漆中，提高液漆膜的光泽、附着力、硬度、丰满度、耐候性、耐油和耐醇作用，还能提高打磨性、抛光性和防止漆膜收缩。

④ 无油醇酸树脂指用新戊二醇等多元醇制备的聚酯树脂，它分别能与氨基树脂和环氧树脂配制聚酯氨基清漆，用于罩光，能使涂膜更丰满，光泽提高而坚牢。配制各色聚酯氨基烘漆，用于自行车、缝纫机、冰箱、洗衣机和卷材的涂装。它具有光泽高、硬度好、丰满度好、耐久性好、耐候性好、泛黄性小、过烘烤性好、附着力好、耐玷污、耐湿性好等优点。

⑤ 有机单体改性醇酸树脂。有机单体改性醇酸树脂各具独特性能，见表 9-1。

表 9-1　有机单体改性醇酸树脂的种类与性能

苯乙烯改性	自干型苯乙烯改性	由干性油制得，快干，硬度高，耐化学性和耐油性好，但耐溶剂和耐候性下降
	烘干型苯乙烯改性	半干性油制得，烘干时间短，光泽高，硬度高，耐化学性和绝缘性好
丙烯酸类改性	由干性油和半干性油经单体和低聚物改性制得，快干，附着力好，坚韧性好，在保色、保光、耐候性等方面比苯乙烯改性醇酸树脂要好	
有机硅改性	干性油和半干性油经含羧基单体和含甲氧基的低聚物改性制得，树脂耐高温，抗水性，抗粉化好，保光性、耐候性、耐化学性好，用于长效户外用漆及耐高温和绝缘漆	
异氰酸酯改性	快干，硬度高，耐水耐油性好，内用磁漆	
叔碳酸改性	良好保色、保光、抗水性和耐候性，制成叔碳酸型无油醇酸，用于氨基烘漆、汽车涂料和卷材涂料	
己内酯改性	改性后的醇酸树脂柔韧性、附着力、耐溶剂和抗污性好	

9.1　生产醇酸树脂的主要原料

生产醇酸树脂主要植物油或脂肪酸，包括蓖麻油、豆油、亚麻油以及植物油脂肪酸和合成脂肪酸等。多元醇包括甘油、季戊四醇、三羟甲基丙烷等。二元酸为邻苯二甲酸酐即苯酐、间苯二甲酸、已二酸、顺丁烯二酸酐等。非植物油和脂肪酸改性的聚酯统称为无油醇酸树脂，一般不能够单独作为成膜物，需要和交联剂(如氨基树脂、异氰酸酯、环氧树脂)配合。

9.1.1　有机酸与油

1. 有机酸　有机酸按照羧基数量可以分为一元酸和多元酸两类。一元酸包括苯甲酸、松香酸及脂肪酸(亚麻油酸、妥尔油酸、豆油酸、菜籽油酸、椰子油酸、蓖麻油酸等)。一元酸主要用于脂肪酸法合成醇酸树脂。多元酸包括邻苯二甲酸酐、间苯二甲酸、对苯二甲酸、顺丁烯二酸酐、已二酸、癸二酸、偏苯三酸酐等。部分有机酸物理性质见表 9-2。常用脂肪酸及应用见表 9-3。

表 9-2　部分有机酸物理性质

单体名称	状态(25℃)	相对分子质量	溶点(℃)	酸值(mgKOH/g)
苯酐(PA)	固	148.11	131	785
间苯二甲酸(IPA)	固	166.13	330	676
顺丁烯二酸酐(MA)	固	98.06	52.6(199.7)	1145
已二酸(AA)	固	146.14	152	768
癸二酸(SE)	固	202.24	133	
偏苯三酸酐(TMA)	固	192	165	876.5
苯甲酸	固	122	122	460
松香酸	固	340	>70	165

表 9-3　常用有机酸性能

类别	品种	性能
一元酸	苯甲酸、松香酸及脂肪酸(亚麻油酸等)	
	干性油脂肪酸	干性较好，但易黄变、耐候性较差
	半干性豆油酸，脱水蓖麻醇酸，菜籽油酸	黄变较弱，应用广泛
	苯甲酸	可提高涂膜耐水性、干性和硬度，但太多，涂膜会变脆
多元酸	邻苯二甲酸酐最常用、间苯二甲酸、对苯二甲酸、顺丁烯二酸酐、己二酸、癸二酸、偏苯三酸酐	
	间苯二甲酸	提高耐候性和耐化学品性，但溶点高、活性低，用量不能太大
	己二酸和癸二酸	含有多亚甲基单元，可以用来平衡硬度、韧性及抗冲击性
	偏苯三酸酐	酐基打开可在大分子链上引入羧基，中和可实现树脂水性化，合成水性醇酸树脂的水性单体

2. 油类　油类有桐油、亚麻仁油、豆油、棉籽油、妥尔油、红花油、脱水蓖麻油、蓖麻油、椰子油等。油中三个脂肪酸一般不同，但大部分天然油脂中的脂肪酸为十八碳酸。重要的不饱和脂肪酸有油酸(十八碳烯-9-酸)、亚油酸(十八碳二烯-9，12-酸)、亚麻酸(十八碳三烯-9，12，15-酸)、桐油酸(十八碳三烯-9，11，13-酸)、蓖麻油酸(12-羟基十八碳烯-9-酸)。干性油、半干性油和不干性油对漆膜性能的影响见表 9-4。

表 9-4　油类对漆膜性能的影响

		色泽	干性	保色性	保光性
干性油	桐油、梓油、亚麻油、苏籽油	↓	↑	↓	↑
半干性油	豆油、棉籽油、花生油				
不干性油	茶籽油、蓖麻油、椰子油				

9.1.2　多元醇

多元醇分子中羟基个数不同，即官能度不同，羟基的活性顺序为：伯羟基 > 仲羟基 > 叔羟基，在配方设计中应予重视。用三羟甲基丙烷合成的醇酸树脂具有更好的抗水解性、抗氧化稳定性、耐碱性和热稳定性，与氨基树脂有良好的相溶性，此外还具有色泽鲜艳、保色力强、耐热及快干的优点。乙二醇和二乙二醇主要同季戊四醇复合使用，以调节官能度，使聚合平稳，避免胶化。常用多元醇的物化性能见表 9-5。

表 9-5　常用多元醇的物化性能

原料	状态 25℃	相对分子质量	物质的量	熔点(℃)	沸点(℃)	相对密度(25℃)
乙二醇(EG)	液	62	31	-13	198	1.12
1，2-丙二醇(PG)	液	76.1	38	-60	187.3	1.033
一缩乙二醇	液	106.12	53	-8	244	1.12

续表

原料	状态 25℃	相对分子质量	物质的量	熔点 (℃)	沸点 (℃)	相对密度 (25℃)
1，6-己二醇	固	118	59	43	250	0.950/50℃
2-甲基-1，3-丙二醇	液	90	45	-91	213	1.015
2，2，4-三甲基戊二醇	固	146	73	46~55	225	
新戊二醇(NPG)	固	104.2	52	125	204~210	1.06
环乙烷二甲醇	固	144	72	41~61		
羟基新戊酸羟基新戊酯	固	189.2	94.10	46~50	293	1.06
2-丁基-2-乙基-1，3-丙二醇	固	160	80	39~40	262	0.929
95%环己烷二甲酯	液	200.23	100		259	1.12
氢化双酚A	固	240	120	125		0.955
100%精甘油	液	92.1	30.7	-72	290	1.2621
99%精甘油	液					
工业甘油(>95%)	液		32.3		160	1.2491
三羟甲基乙烷(TME)	固	120.3	10.4	185~195		1.220
三羟甲基丙烷(TMP)	固	134.12	45	57~59	295	1.220
单季戊四醇(98.5%)	固	136.15	34	250~258		1.395
工业季戊四醇(单88%，双12%)	固	136.15	34	180~240		1.355
混合工业季戊四醇	固	142	35.5	钠法175		1.380
双季戊四醇(工业级)	固	261	43.5	222		1.37
双季戊四醇(90%)	固	254	42.40	217~219		1.365
二羟甲基丙酸	固	134	67	178~180		1.355

9.1.3 催化剂与催干剂

油脂醇解时使用的催化剂常用的是氧化铅和氢氧化锂（LiOH）。由于环保问题，氧化铅被禁用。醇解催化剂可以加快醇解进程，且使合成的树脂清澈透明，其用量一般占油量的0.02%。

醇解后的聚酯化反应使用的催化剂主要是有机锡类。如二月桂酸二丁基锡、二正丁基氧化锡等。

干性油成膜时使用的催化剂又称催干剂。干性油（或干性油脂肪酸）的“干燥”成膜是自由基型反应，氧化交联过程。其成膜机理如下：

$$ROOH \longrightarrow RO\cdot + HO$$

$$RO\cdot + \sim\sim CH{=}CH{-}CH_2{-}CH{=}CH\sim\sim(R'H) \longrightarrow \sim\sim CH{=}CH{-}\dot{C}H{-}CH{=}CH\sim\sim(R'\cdot) + ROH$$

$$R'\cdot + O_2 \longrightarrow R'OO\cdot$$

$$R'OO\cdot + R'H \longrightarrow R'\cdot + R'OOH$$

$$R'OOH \longrightarrow R'O\cdot + HO\cdot$$

体系中形成的自由基通过共价结合而交联形成体形结构：

$$R'\cdot + R'\cdot \longrightarrow R'—R'$$
$$R'O\cdot + R'\cdot \longrightarrow R'OR'$$
$$R'O\cdot + R'O\cdot \longrightarrow R'OOR'$$

这个过程可以自发进行，伴随着溶剂挥发，自由体积减少，黏度增大，分子有效碰撞概率减小，因此速率很慢，需要数天才能形成涂膜。为增加交联速度，增大涂膜干燥性能需要使用催化剂即催干剂。催干剂是醇酸涂料的主要助剂，其作用是加速漆膜的氧化、聚合、干燥，达到快干的目的。通常催干剂又可再细分为两类。

1. 主催干剂 也称为表干剂，主要是钴、锰、钒(V)和铈(Ce)的环烷酸(或异辛酸)盐，以钴盐、锰盐最常用，用量以金属计为油量的0.02%～0.2%。其催干机理是与过氧化氢构成了一个氧化-还原系盐，可以降低过氧化氢分解的活化能。

$$ROOH + Co^{2+} \longrightarrow Co^{3+} + RO\cdot + HO^-$$
$$ROOH + Co^{3+} \longrightarrow Co^{2+} + ROO\cdot + H^+$$
$$H^+ + HO^- \longrightarrow H_2O$$

同时钴盐也有助于体系吸氧和过氧化物的形成。主催干剂传递氧的作用强，能使涂料表干加快，但易于封闭表层，影响里层干燥，需要助催干剂配合。

2. 助催干剂 也称为透干剂，通常是以一种氧化态存在的金属皂，一般和主催干剂并用，作用是提高主干料的催干效应，使聚合表里同步进行，如钙(Ca)、铅(Pb)、锆(Zr)、锌(Zn)、钡(Ba)和锶(Sr) 的环烷酸(或异辛酸)盐。助催干剂用量较高，其用量以金属计为油量的0.5%左右。

传统的钴、锰、铅、锌、钙等有机酸皂催干剂品种繁多，有的色深，有的价高，有的有毒。近年开发的稀土催干剂产品，较好地解决了上述问题，但也只能部分取代钴剂。开发新型的完全取代钴的催干剂，一直是涂料行业的迫切愿望。

9.2 醇酸树脂制造原理与配方设计

醇酸树脂制造反应复杂，需根据不同的结构、性能要求进行配方设计。一个适当的配方，制造的树脂要保证有适当的酸值、较大的分子量、使用效果好，反应要平稳、不致胶化。制定的配方需要经过反复试验、多次修改，才能用于生产。

9.2.1 醇酸树脂制造的基本反应

醇酸树脂制造基本反应为醇与酸的酯化反应。以脂肪酸（油）、苯酐与甘油制造的醇酸树脂为例，不同比例苯酐、甘油与脂肪酸制造醇酸的树脂结构不同 。其通式如下：

$$\sim O-CH_2-\underset{\substack{|\\O\\|\\O=C-R}}{CH}-CH_2-O-\overset{\overset{O}{\|}}{C}-C_6H_4-\overset{\overset{O}{\|}}{C}-O\sim = *\!\!\left[O-CH_2-\underset{\substack{|\\O\\|\\O=C-R}}{CH}-CH_2-O-\overset{\overset{O}{\|}}{C}-C_6H_4-\overset{\overset{O}{\|}}{C}\right]_n\!\!*$$

当量组成比为苯酐:甘油:脂肪酸=1:2:4时，得到

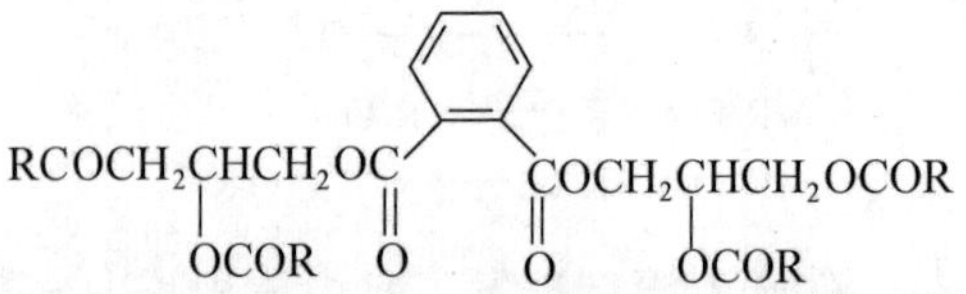

$$\text{RCOCH}_2\text{CHCH}_2\text{OC(=O)}-\text{C}_6\text{H}_4-\text{C(=O)OCH}_2\text{CHCH}_2\text{OCOR}$$
$$\text{(OCOR)} \qquad\qquad \text{(OCOR)}$$

苯酐: 甘油: 脂肪酸 =2:3:5，平均相对分子质量更大，醇酸树脂结构如下：

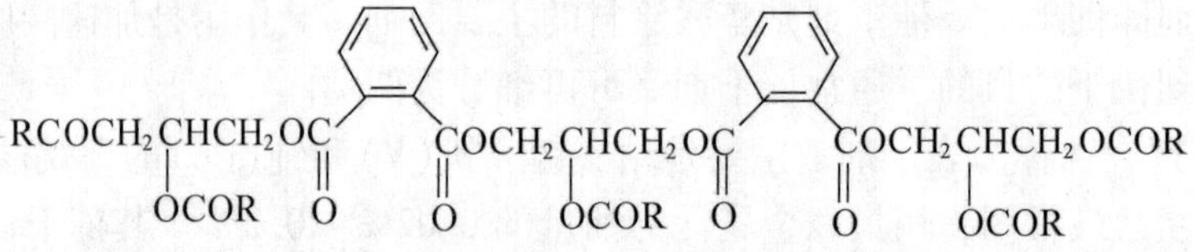

$$\text{RCOCH}_2\text{CHCH}_2\text{OC(=O)}-\text{C}_6\text{H}_4-\text{C(=O)OCH}_2\text{CHCH}_2\text{OC(=O)}-\text{C}_6\text{H}_4-\text{C(=O)OCH}_2\text{CHCH}_2\text{OCOR}$$
$$\text{(OCOR)} \qquad\qquad \text{(OCOR)} \qquad\qquad \text{(OCOR)}$$

苯酐: 甘油: 脂肪酸 =1:1:1，得到聚合度非常高的树脂，制备时极易凝胶，极易干燥。实际上得不到如此理想的线性结构。

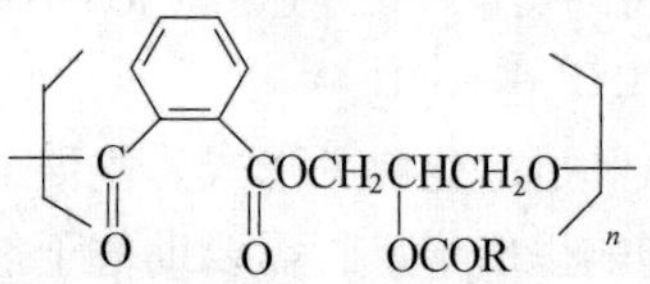

$$\left[\text{C(=O)}-\text{C}_6\text{H}_4-\text{C(=O)OCH}_2\text{CH(OCOR)CH}_2\text{O}\right]_n$$

9.2.2 醇酸树脂配方设计基本原理

如上所述，醇酸树脂制造中原料不同，苯酐及油酯在配方中配比不同，制造的产品结构不同，其性能不同。醇酸树脂配方中油或者苯二甲酸酐在树脂中所占质量百分数称为油度，一般以含油量百分数表示。

1. 醇酸树脂的油度 醇酸树脂中按含油量多少分为超短油度、短油度、中油度、长油度、超长油度醇酸树脂。不同油度醇酸树脂组成见表 9-6。

表 9-6 不同油度醇酸树脂组成

类型 / 项目	A	B		C		D
	无油	超短	短	中	长	极长
油度	0	<35	35~45	46~60	61~70	>70
实际含油（脂肪酸）(%)		<33	36.30	57.80		85
含苯酐量（%）	77.50	>50	40~50	30~34	20~30	<20
实际含苯酐量（%）	75.50		48	30.60		10.80

从表 9-6 中看到，油度越大，油脂（脂肪酸）在配方中比例越大，苯酐含量越低。不同油度制备的醇酸树脂结构示意图如图 9-1 所示。无油醇酸树脂中没有油脂（有机酸）R—基。随着油度越大，R—基越多。

油度以下式计算：

$$L = W_o / W_r \times 100\% = \frac{\text{油脂(或邻苯二甲酸酐)的用量}}{\text{树脂的理论产量}} \times 100\% \tag{9-1}$$

树脂理论产量 = 油脂(或脂肪酸)、多元酸(如苯酐)、多元醇(如甘油)用量之和 (9-2)

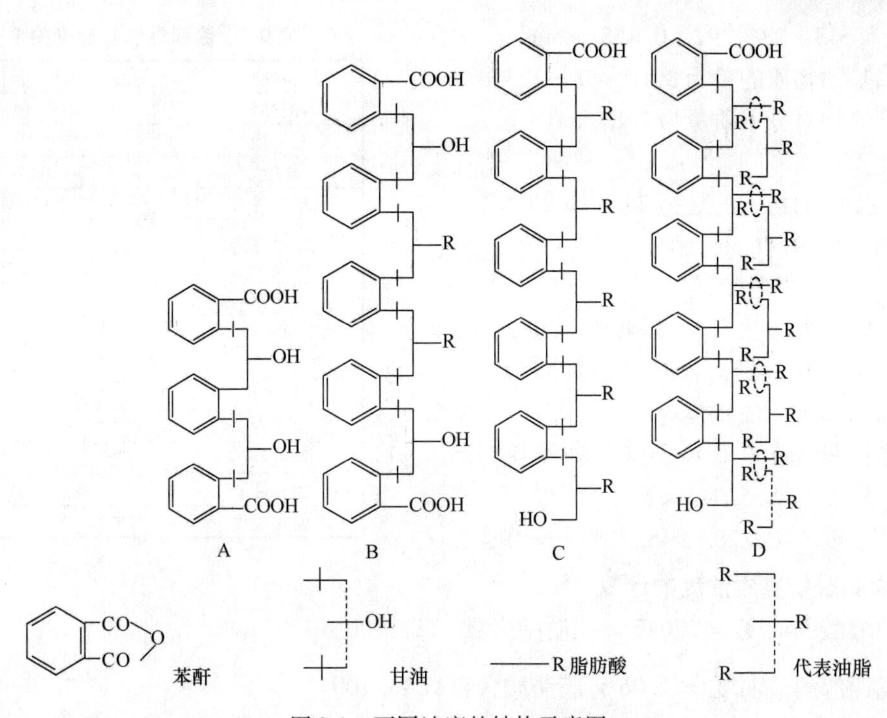

图9-1 不同油度的结构示意图

$$油量 = \frac{油度}{1 - 油度}[苯酐当量 + 等当量酯化苯酐的多元醇 + 超量多元醇) - 酯化生成的水] \quad (9\text{-}3)$$

以脂肪酸直接合成醇酸树脂时，相应的有脂肪酸含量 OL_f 为配方中脂肪酸用量（W_f）与树脂理论产量（W_r）之比，也以 % 表示：

$$OL_f = W_f/W_r \times 100\% \quad (9\text{-}4)$$

$$对稀溶剂加入量 = 树脂的量 \times \frac{1 - 所需对稀固体含量}{所需稀释固体含量} \quad (9\text{-}5)$$

（1）油度的意义

① 表示醇酸树脂中弱极性结构的含量，因为长链脂肪酸相对于聚酯极性弱得多，弱极性结构的含量，直接影响醇酸树脂的可溶性，如长油醇酸溶于溶剂汽油，中油度醇酸溶于二甲苯，短油醇酸溶于二甲苯或二甲苯/酯类混合溶剂，对刷涂性、流平性也有影响，弱极性结构含量高，刷涂性、流平性好。

② 表示醇酸树脂中柔性成分的含量，因为长链脂肪酸是柔性结构，而苯酐聚酯是刚性结构，所以，OL 也就反映了树脂的 T_g，或常说的“软硬程度”。

涂料性能与油度关系见表9-7。

（2）油度计算

例9-1 某醇酸树脂的配方：亚麻仁油为100.00g，氢氧化锂为0.400g，甘油（98%）为43.00g，苯酐（99.5%）为74.50g（其升华损耗约2%）。计算所合成树脂的油度。

解：查表：甘油相对分子质量92，其投料的物质的量为

$43\times98\%/92=0.458(\text{mol})$

含羟基的物质的量为 $3\times0.458=1.374(\text{mol})$

苯酐的相对分子质量为148，

损耗2%，

参加反应的物质的量为 $74.50\times99.5\%\times(1-2\%)/148=0.491(\text{mol})$

苯酐的官能度为2，

可反应官能团数为 $2\times0.491=0.982(\text{mol})$

体系中羟基过量，苯酐（即其醇解后生成的羧基）全部反应生成水量为 $0.491\times18=8.835(\text{g})$

生成树脂质量为 $100.0+43.00\times98\%+74.5\times(1-2\%)-8.835=205.945(\text{g})$

得　油度 $=100/205.945\times100\%=49\%$

表 9-7　涂料性能与油度关系

涂料性能	短油　中油　长油
溶剂品种	芳烃　混和溶剂　脂肪烃
空气干燥性	⟶
硬度	⟵
耐候性	⟶　⟵
耐水性	⟶　⟵
涂刷性	⟶
溶解性	⟶
流平性	⟶
柔性性	⟶
原始光泽	⟵
保光性	⟵
保色性	⟵
泛黄性	⟵
玻璃化温度	⟵

2. 脂肪酸折算成油度的计算

甘油醇酸的油度 $=1.045\times$ 脂肪酸含量$(LA)/100$

季戊四醇醇酸油度 $=1.06\times$ 脂肪酸含量$(LA)/100$

$$K(\text{醇酸树脂工作常数})=\frac{m_0(\text{总摩尔数})}{e_A(\text{总酸当量数})} \tag{9-6}$$

$$R(\text{包括油内甘油羟基与羧基的比值})=\frac{e_B(\text{总醇当量数})}{e_A(\text{总酸当量数})} \tag{9-7}$$

$$\text{总投入}\ r(\text{不包括油内甘油羟基与羧基的比值})=\frac{e_{B1}(\text{多元醇当量数})}{e_A(\text{多元酸当量数})} \tag{9-8}$$

$$\text{对稀溶剂加入量}=\text{树脂的量}\times\frac{1-\text{所需对稀固体含量}}{\text{所需稀释固体含量}} \tag{9-9}$$

3. 醇酸树脂制造配方设计方法

（1）根据油度要求确定多元醇用量。

油长	>65	65~60	60~55	55~50	50~40	40~30
甘油过量	0	0	0~10	10~15	15~25	25~35
季戊四醇	0~5	5~15	15~20	20~30	30~40	

多元醇用量=酯化1mol苯酐多元醇的理论用量(1+多元醇过量百分数)

使多元醇过量主要是为了避免凝胶化。油度越小，体系平均官能度越大，反应中后期越易胶化，因此多元醇过量百分数越大。

（2）由油度概念计算油用量。

$$\text{油量}=\text{油度}\times(\text{树脂产量}-\text{生成水量})$$

（3）由固含量求溶剂量。

（4）验证配方。即计算凝胶点、工作常数等。

9.2.3 醇酸树脂制造实例

例 9-2 现要设计一个 42% 油度的茶籽油甘油醇酸树脂，醇过量 20%，要求用二甲苯做稀释剂，固体含量为 60%。求其配方组成。

解： 已知苯酐为 74，当量苯酐酯化水为 9，甘油含水 1.96。

100% 甘油用量 = 30.7 × (1 + 0.2) = 36.84

95% 甘油实际用量加入 = 36.84 ÷ 95% = 38.80

代入公式求得

$$\text{油脂用量} = \frac{0.42}{1-0.42} \times [(74+38.80)-(9+1.96)] = \frac{42}{58} \times 101.84 = 73.75$$

所以得出 42% 油度茶油醇酸树脂配方组成如下：

茶籽油	73.75	除去酯化水和甘油内水分	10.96
95% 甘油	38.80	树脂理论得量	175.59
苯酐	74	合计	186.55

将求出的树脂理论得量代入公式，得出 60% 固体分树脂所需要加入溶剂数量。

$$\text{溶剂加入量} = 175.60 \times \frac{1-0.60}{0.60} = 117.10$$

验证例 9-2 配方（表 9-8）

表 9-8 验证例 9-2 配方

原料	投料量	当量（eq）	e_{A_1}	e_A	e_{B_1}	e_B	官能度 F	m_0
茶籽油	73.75	293		0.252			1	0.252
甘油 100%	36.84	30.7			1.2	1.2	3	0.40
苯酐	74	74	1	1			2	0.50
油内甘油						0.252		0.083
总计			1	1.252	1.2	1.450		1.235

$$L(\text{油度}\ \%) = \frac{73.75}{175.59} \times 100\% = 42\%$$

$$R = \frac{e_B}{e_A} = \frac{1.45}{1.252} = 1.158(\text{醇过量}\ 15.8\%)$$

$$r = \frac{e_{B_1}}{e_{A_1}} = \frac{1.2}{1} = 1.2(\text{醇过量}\ 20\%)$$

$$K = \frac{m_0}{e_A} = \frac{1.235}{1.252} = 0.986$$

例 9-3 现设计一个 60% 油度季戊四醇醇酸树脂的配方。豆油∶梓油 = 9∶1，醇过量为 10%，固体含量为 55%。200 号溶剂汽油∶甲苯 = 9∶1. 已知工业季戊四醇当量为 35.5，试问其配方组成?

解： 工业季戊四醇的用量为：35.5 × (1 + 0.1) = 39.05

1 当量苯酐完全反应生成水量：9g

由油度概念可得

油脂用量 =60% ×（苯酐量 + 季戊四醇量 - 生成水量）/（1 -60%）

=60% ×（74 +39.05 -9）/（1 -60%）=60/40 ×104 =156

豆油投入量 =156 ×90% =140.40

梓油投入量 =156 ×10% =15.60

求得其配方组成为

豆油	140.40	酯化水	9
梓油	15.60	树脂理论得量	260.05
工业季戊四醇	39.05	二甲苯	21.20
苯酐	74	200 号溶剂油	191.60
合计	269.05	55% 固体树脂理论得量	472.85

将求出的树脂理论得量代入公式，得出55% 固体分树脂所需要加入溶剂数量：

$$溶剂加入量 = 260.05 \times \frac{1-0.55}{0.55} = 212.80$$

$$二甲苯加入量 = 212.80 \times 10\% = 21.20$$

$$200\ 号溶剂油加入量 = 212.80 \times 90\% = 191.50$$

验证配方（表 9-9）。

表 9-9　验证例 9-3 配方

原料	投料量	当量（eq）	e_{A_1}	e_A	e_{B_1}	e_B	官能度 F	m_0
豆油	140.50	293		0.480			1	0.48
梓油	15.50	282		0.055			1	0.055
工业季戊四醇	39.05	35.50			1.1	1.1	4	0.287
苯酐	74	74	1	1			2	0.50
豆油内甘油						0.48		0.16
梓油内甘油						0.055		0.018
总计			1	1.535		1.630		1.50

$$L(油度\ \%) = \frac{140.50 + 15.50}{260.05} \times 100\% = 60\%$$

$$R = \frac{e_B}{e_A} = \frac{1.63}{1.535} = 1.06(醇过量\ 6\%)$$

$$r = \frac{e_{B_1}}{e_{A_1}} = \frac{1.1}{1} = 1.1(醇过量\ 10\%)$$

$$K = \frac{m_0}{e_A} = \frac{1.5}{1.535} = 0.977$$

例 9-4　现设计一个 50% 油度松香改性亚麻仁甘油醇酸树脂的配方，已知总酸当量数为 1（其中苯酐为 0.9，顺酐为 0.066，松香酸为 0.034），醇过量为 5%，固体含量为 50，溶剂配比为 200 号溶剂汽油为 95%，二甲苯为 5%，求其配方组成？

解： 油用量 $=\frac{0.50}{1-0.50}\times[(74\times0.9+49\times0.066+340\times0.034)+(1+0.05)\times30.7-9.3]$

$$=\frac{0.5}{1-0.5}[(66.6+3.234+11.56)+(32.235-9.3)]$$

$$=81.394+22.935=104.329$$

求得其配方组成为

亚麻仁油	104.33	酯化水	9.3
甘油	32.24	树脂理论得量	208.67
松香酸	11.56	二甲苯	10.50
苯酐	66.60	200 号溶剂油	198.23
顺酐	3.240	50% 固体树脂理论得量	417.97
合计	217.97		

将求出的树脂理论得量代入公式，得出 50% 固体分树脂所需要加入溶剂数量：

$$\text{溶剂加入量}=209\times\frac{1-0.50}{0.50}=209$$

$$\text{二甲苯加入量}=209\times5\%=10.40$$

$$200\text{ 号溶剂油加入量}=209\times95\%=198.23$$

验证配方（表 9-10）。

表 9-10　验证例 9-4 配方

原料	投料量	当量（eq）	e_{A_1}	e_A	e_{B_1}	e_B	官能度 F	m_0
亚麻仁油	104.33	293		0.357			1	0.357
甘油（100%）	32.24	30.7			1.05	1.05	3	0.350
松香酸	11.56	340	0.034	0.034			1	0.034
苯酐	66.60	74	0.9	0.9			2	0.45
顺酐	3.24	49	0.066	0.066			2	0.033
油内甘油						0.357		0.119
总计			1	1.535	1.05	1.630		1.50

$$L(\text{油度}\ \%)=\frac{104.33}{209}\times100\%=50\%$$

$$R=\frac{e_B}{e_A}=\frac{1.407}{1.357}=1.037(\text{醇过量}\ 3.7\%)$$

$$r=\frac{e_{B_1}}{e_{A_1}}=\frac{1.05}{1}=1.05(\text{醇过量}\ 10\%)$$

$$K=\frac{m_0}{e_A}=\frac{1.343}{1.357}=0.99$$

9.3 醇酸树脂的制备

9.3.1 醇酸树脂的制造方法

醇酸树脂制造按所用原料的不同可分为脂肪酸法和醇解法。脂肪酸法是指用脂肪酸、多元醇与二元酸，互溶形成均相体系在一起酯化。缺点是脂肪酸通常是由油为原料加工制造，增加了生产工序，提高了成本。醇解法是醇酸树脂合成的重要方法。醇解法与脂肪酸法优缺点比较见表9-11。

表9-11 醇解法与脂肪酸法优缺点比较

方法	醇解法	脂肪酸法
优点	（1）成本较低 （2）工艺简单易控 （3）原料腐蚀性小	（1）配方设计灵活，质量易控 （2）聚合速度较快 （3）树脂干性较好、涂膜较硬
缺点	（1）酸值不易下降 （2）树脂干性较差、涂膜较软	（1）工艺较复杂，成本高 （2）原料腐蚀性较大 （3）脂肪酸易凝固，冬季投料困难

缩聚工艺分为溶剂法和熔融法两种。溶剂法指在缩聚体系中加入共沸液体以除去酯化反应生成的水的方法，熔融法指在缩聚体系中不加共沸液体则称为熔融法。溶剂法制造醇酸树脂工艺流程如图9-2所示。

溶剂法的优点是所制得的醇酸树脂颜色较浅，质量均匀，产率较高，酯化温度较低且

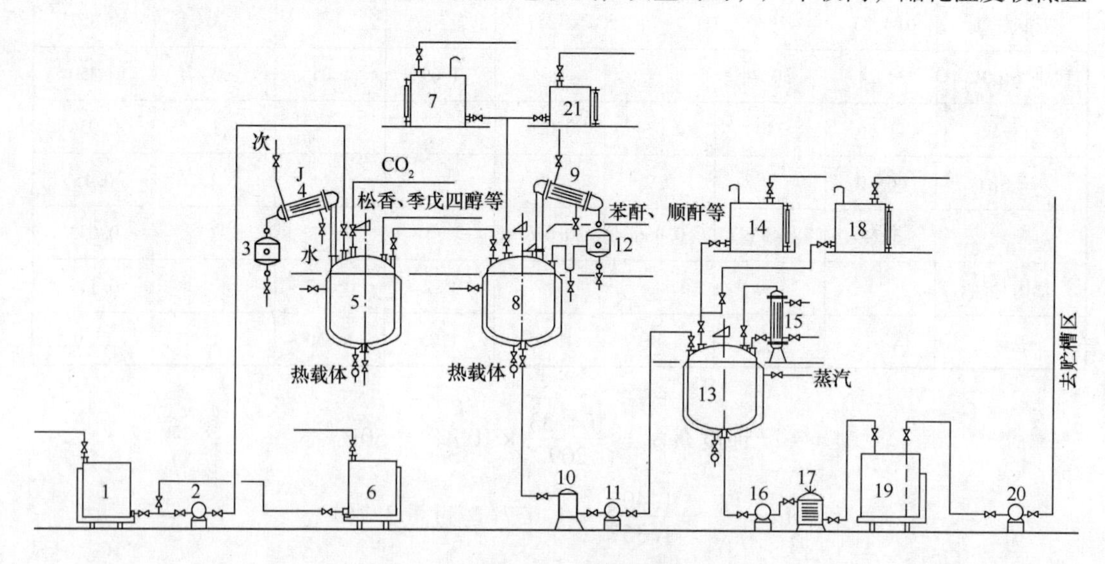

图9-2 溶剂法生产醇酸树脂的流程

1—植物油、甘油计量罐；2、11、16、20—物料泵；3、12—油水分离器；4、9、15—冷凝器；5—醇解釜；6—油磅；7—回流溶剂高位槽；8—酯化釜；10—过滤器；13—稀释釜；14—石油溶剂高位槽；17—过滤机；18—芳烃及醚类溶剂高位槽；19—树脂计量磅；21—溶剂高位槽

易控制，设备易清洗等。但熔融法设备利用率高，比溶剂法安全。目前生产中使用醇解法和溶剂生产法为主。溶剂法和熔融法的比较见表 9-12。

表 9-12　溶剂法和熔融法生产工艺比较

项目	溶剂法	熔融法	项目	溶剂法	熔融法
树脂色泽	浅	深	结垢清理	易清洗	难清洗
酯化速度	快	慢	安全措施	严格	重
反应温度	低	高	劳动强度	轻	差
树脂结构	均匀	不均匀	文明生产	好	差
操作控制	易	难	环境保护	好	低
设备要求	严格	简单	自动化程度	高	低
物料损耗	较少	较大	二氧化碳用量	少	多

9.3.2　生产过程实例

1. 醇解法生产醇酸树脂　分别对碱性条件与酸性条件下醇解进行举例说明。

（1）碱性条件下醇解　由于油脂与多元酸（或酸酐）不能互溶，所以用油脂合成醇酸树脂时要先将油脂醇解为不完全的脂肪酸甘油酯（或季戊四醇酯），形成均相体系。其反应如下：

$$\text{醇解：} n_1\begin{array}{l} CH_2-O-\overset{\overset{O}{\|}}{C}-R_1 \\ | \\ CH-O-\overset{\overset{O}{\|}}{C}-R_2 \\ | \\ CH_2-O-\overset{\overset{O}{\|}}{C}-R_3 \end{array} + m_1\begin{array}{l} CH_2-OH \\ | \\ CH\quad OH \\ | \\ CH_2-OH \end{array} \xrightarrow[220\sim240°C]{LiOH} \begin{array}{l} CH_2-O-\overset{\overset{O}{\|}}{C}-R_1 \\ | \\ CH-OH \\ | \\ CH_2-O-\overset{\overset{O}{\|}}{C}-R_3 \end{array} + \begin{array}{l} CH_2-OH \\ | \\ CH-O-C-R_2 \\ | \\ CH_2-OH \end{array}$$

得到的不完全的脂肪酸甘油酯是一种混合物，其中含有单酯、双酯和没有反应的甘油及油脂，单酯含量是一个重要指标，影响醇酸树脂的质量。单酯与酸酐反应生成聚酯如下：

$$\text{聚酯化：} n_2\begin{array}{l} CH_2-OH \\ | \\ CH-O-\overset{\overset{O}{\|}}{C}-R_2 \\ | \\ CH_2-OH \end{array} + m_2\ C_6H_4\begin{array}{l} \diagup C(=O) \\ \quad\ \ O \\ \diagdown C(=O) \end{array} \xrightarrow{180\sim220°C}$$

$$\sim O-CH_2-\underset{\underset{\underset{O=C-R_2}{|}}{O}}{\underset{|}{CH}}-CH_2-O-\overset{\overset{O}{\|}}{C}-C_6H_4-\overset{\overset{O}{\|}}{C}-O\sim + H_2O$$

例 9-5 醇酸树脂合成实例 1

（1）配方（表 9-13）

表 9-13 例 9-5 配方

苯二甲酸酐（工业）	33.02	黄丹	0.01
甘油（98%，工业）	15.17	200 号油漆溶剂油	70.00
亚麻油（双漂）	51.81	二甲苯（工业）	14.00

（2）合成工艺 ①亚麻油、甘油全部加入反应釜，开动搅拌、升温，通入二氧化碳（或 N_2），在 45～55min 内升温到 120℃，停止搅拌，加入黄丹，再开动搅拌。②在 2h 内升温于（220±2）℃，保持到取样测定无水甲醇容忍度为 5（25℃）即终点。在醇解时放掉分水器中的水，并将二甲苯准备好。③醇解后，在 20min 内分批加入苯二甲酸酐，以不溢锅为准。④加完苯二甲酸酐停止通入二氧化碳（或 N_2），立即从分水器加入锅内总量 45% 的二甲苯，同时升温。⑤用 2h 升温到（200±2）℃，保持 1h。⑥再用 2h 升温到（230±2）℃，保持 1h 后开始取样测黏度、酸值、颜色，做好记录，黏度的测定：样品：200 号油漆溶剂油 = 1∶1（质量），25℃，加氏管。⑦当黏度达到 6～6.7s 时，立即停止加热，抽空至稀释罐，冷却到 150℃加入 200 号油漆溶剂油、二甲苯制成树脂溶液。⑧冷却到 60℃以下过滤。

（3）产品技术指标（表 9-14）

表 9-14 产品技术指标

不挥发组分(%)	50±2	颜色(铁钴比色计)(号)	<8
黏度，加氏管 25℃，s	4.5～7.5(1∶1 200 号油漆溶剂油)	油度(%)	54
酸值	<1.5		

（4）酸性条件下醇解制备醇酸树脂的生产过程

酸性条件下醇解方程式

$$\begin{matrix} CH_2OCOR_1 \\ | \\ CHOCOR_2 \\ | \\ CH_2OCOR_3 \end{matrix} + HOH_2C-\overset{\displaystyle CH_2OH}{\underset{\displaystyle CH_2OCOR_3}{C}}-CH_2OH + C_6H_5COOH \xrightarrow{H^+} \begin{matrix} CH_2OH \\ | \\ CHOCOR_2 \\ | \\ CH_2OCOR_3 \end{matrix} + R_1-\overset{O}{\overset{\|}{C}}OCH_2-\overset{\displaystyle CH_2OH}{\underset{\displaystyle CH_2OCOR_3}{C}}-CH_2O-O-\overset{O}{\overset{\|}{C}}-C_6H_5$$

例 9-5 酸性条件下醇解醇酸树脂合成：60% 长油度苯甲酸季戊四醇醇酸树脂的合成

（1）合成配方与计算（表 9-15）

表 9-15 合成配方与计算

原料	用量(kg)	相对分子质量	摩尔数(kmol)
双漂豆油	253.71	879	0.2886
漂梓油	28.19	846	0.0333
苯甲酸	67.66	122	0.6924
季戊四醇	94.16	136	0.5546
苯酐	148.0	148	1.0000

续表

原料	用量(kg)	相对分子质量	摩尔数(kmol)
豆油中甘油			0.2886
豆油中脂肪酸			3×0.2886
梓油中甘油			0.0333
梓油中脂肪酸			3×0.03333
回流二甲苯	45.10		

油度 = (253.71 + 28.19)/(253.71 + 28.19 + 67.66 + 94.16 + 148.0 − 18 − 0.5546 × 18) × 100% = 60%

醇超量 = (4×0.6924 − 2×1.000 − 0.5546)/(2×1.000 + 0.5546) = 0.082

平均官能度 = 2 × (2 × 1 + 0.5546 + 3 × 0.2886 + 3 × 0.0333)/(0.2886 + 0.0333 + 0.5546 + 3×0.0333 + 3×0.288 + 0.6924 + 1.000) = 1.990

$$P_0 = 2/1.990 = 1.005$$

不易凝胶。

(2) 合成工艺　①将双漂豆油、漂梓油加入反应釜，开动速搅拌，加入苯甲酸，升温，同时通 CO_2；②升温至 220℃，逐步加入季戊四醇，再升温至 240℃醇解，保温醇解至醇解物：95%乙醇（25℃）＝1∶3～5 达到透明。③降温 200～220℃，分批加入苯酐，加后停通 CO_2；④加入单体总量 5% 的回流二甲苯；⑤在 200～220℃保温回流反应 3h；⑥抽样测酸值达 10mgKOH/g、黏度（加氏管）达到 10s 为反应终点。如果达不到，继续保温，每 30min 抽样复测；⑦酸值、黏度达标后即停止加热，出料到兑稀罐，120℃加 200 号汽油兑稀，冷却至 50℃过滤，收于储罐供配漆使用。

2. 酸解法制备醇酸树脂　酸性条件下醇解，然后酯化可以用来制造醇酸树脂。酸解反应方程式如下：

$$\begin{matrix} CH_2OCOR_1 \\ | \\ CHOCOR_2 \\ | \\ CH_2OCOR_3 \end{matrix} + C_6H_4(COOH)_2 \longrightarrow \begin{matrix} CH_2—COO—C_6H_4—COOH \\ | \\ CHOCOR_2 \\ | \\ CH_2OCOR_3 \end{matrix} + R_1COOH$$

例 9-6　50%油度间苯二甲酸醇酸树脂制造

(1) 制造配方（表 9-16）

表 9-16　制造配方

原料名称	用量(质量份)	原料名称	用量(质量份)
白背叶油(小桐油)	46	二甲苯	91.50
甘油 100%	19	合计	191.50
间苯二甲酸	35		

(2) 生产工艺

① 将白背叶油，间苯二甲酸加入反应釜，通入少量二氧化碳，待达到酸解终点后二氧化碳的通气量可适量加大以利于酯化脱水。②逐渐升温至 280℃，保持至抽样树脂冷却

后，保持均相透明（约1h）。降温至240℃时，从高位槽加入配方量的甘油到反应釜内。③逐清升温到230～240℃，保温3h后，抽样测定酸值（固体）20以下，黏度达到加氏管14s（25℃），停止加热，冷却送至事先已加入二甲苯的稀释罐中进行稀释。如果不合格应每相隔1h抽样品测定一次。④搅拌均匀后（0.5h左右），温度为80～90℃进行过滤，细度合格后，送至备用的贮罐。

（3）产品技术指标（表9-17）

表9-17　产品技术指标

颜色（铁钴法）（号）	<10	固含量（%）	50±2
酸值（mgKOH/g）	<10	细度（刮板细度计）	20

3. 脂肪酸法制备醇酸树脂　脂肪酸与苯酐、甘油互溶，因此脂肪酸法合成醇酸树脂可以单锅反应，同聚酯合成工艺、设备接近。

例9-7　脂肪酸法中油度豆油季戊四醇醇酸树脂的合成

（1）制造配方（表9-18）

表9-18　制造配方

原料	用量（kg）	相对分子质量	摩尔数（kmol）
豆油酸	305.89	285	1.073
季戊四醇	138.11	136	1.016
苯酐	148.0	148	1.000

$$脂肪酸油度 = 305.886/(305.886 + 138.114 + 148.0 - 18 - 1.073 \times 18) \times 100\% = 55\%$$

$$醇超量 = (4 \times 1.016 - 2 \times 1.000 - 1.073)/(2 \times 1.000 + 1.073) = 0.322$$

$$平均官能度 = 2 \times (2 \times 1 + 1.073)/(1.073 + 1.016 + 1 + 1.000) = 1.990$$

$$P_0 = 2/1.990 = 1.005$$

不易凝胶。

（2）合成工艺

①将豆油酸、季戊四醇、苯酐和回流二甲苯（单体总量的8%）全部加入反应釜，通入少量CO_2，开始慢速搅拌，用1h升温至180℃；保温1h；②用1h升温至200～220℃，保温2h，抽样测酸值达10mgKOH/g、黏度（加氏管）达到10s为反应终点。如果达不到，继续保温，每30min抽样复测；③到达终点后，停止加热，冷却后将树脂送入已加入二甲苯（固体分55%）的兑稀罐；④搅拌均匀（30min），80～90℃过滤，收于贮罐。

9.3.3　终点的控制

1. 醇解终点控制　生产中采用容忍度法或者电导测定法测定醇解反应终点。

甲醇容忍度法在短油度、中油度甘油醇酸树脂产品中使用，用来控制醇解产物终点。因为甲醇比乙醇的极性要大，对醇解物的容忍度测定要求高，它能提高测试醇解的深度。一般以醇解物∶无水甲醇在1∶3以上清（25℃）为醇解终点。乙醇容忍度法在长油度甘油醇酸树脂和季戊四醇醇酸树脂产品中控制醇解产物终点时使用。一般应达季戊四醇醇解物比95%乙醇在1∶4以上清（25℃）为醇解终点。用无水甲醇测试容忍度达到1∶3清（25℃）其相当于用95%乙醇测试容忍度1∶10的数值。

利用电导仪的两个电极装入釜内，在醇解过程中，观察仪表上电导率的变化，待曲线升到高峰点，又突然下降，然后曲线趋于平衡，此刻的高峰点就作为醇解终点。

2. 酸值-黏度-时间对树脂反应终点的关系 醇酸树脂的酯化终点判断，是通过酸值与黏度的测定来判断。以酸值、黏度对反应时间作图，表示反应釜内反应进行的情况，反映反应进行是否正常。酸值黏度与反应时间的关系图如图9-3所示。延长图中曲线可推断反应终点。在实验室一直测到胶化点制成曲线，这个曲线与工业生产时的曲线应相吻合。

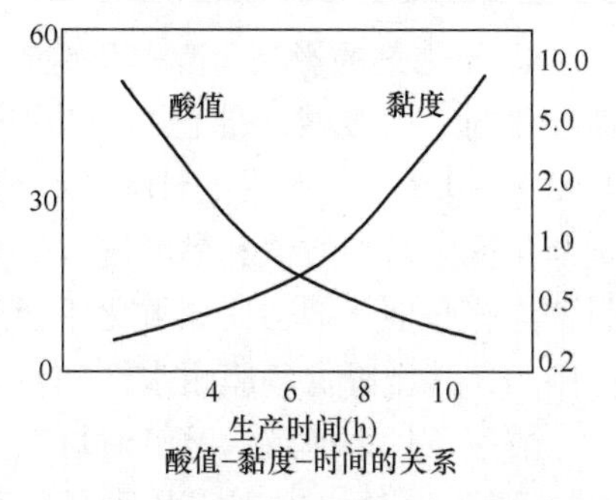

图9-3 酸值黏度与反应时间的关系

在实际操作中，应将酸值先控制到技术规定指标后，再把黏度在一定时间内维持到合格黏度，这样就说明酸值和黏度的控制已达到平衡。如果黏度进展较快，酸值下降缓慢而达不到指标要求，那么酸值和黏度之间就不平衡了。这种现象在实际控制中，应力求避免一般采用调节温度和溶剂的回流量来使其达到平衡，否则就会引起质量问题。

9.4 影响制备醇酸树脂的各种因素

9.4.1 原料影响

1. 植物油与碘值 制造醇酸树脂用的植物油，一般都要精制，除去油中的游离脂肪酸、色素、蛋白质等杂质然后才能使用。否则会使醇解速度受到影响，色泽加深，透明度较差，干性较慢等，严重时还会影响树脂的内在质量。植物油的碘值越大，则醇解速度就越快，如亚麻油（碘值174）>豆油（碘值125）>玉米油（碘值114）>棉籽油（碘值102）。

2. 醇的种类和用量的影响 甘油和三羟甲基丙烷的含量和质量对产品质量有很大影响，如果含量偏低，将影响醇解，酸值下降很慢，反应终点很难控制，同时能影响树脂色泽等质量问题，所以一定要严格控制原材料的质量。季戊四醇含有盐类等杂质，会影响树脂质量。如有甲酸钠存在就会引起树脂色泽变深。甲酸钙也能引起透明度下降。而季戊四醇的含量过大，会使官能团增大致使树脂酸值容易下降，而使黏度进展加快，最后使产品难以过滤。一般它不宜用来制造短油度醇酸树脂，主要可用于中、长油度醇酸树脂中。相同条件下，多元醇水解速度一般是三羟甲基丙烷>甘油>季戊四醇。多元醇及用量增加，醇解速度加速。

3. 油度对醇解的影响 醇酸树脂中油度指树脂中油或苯二甲酸酐占树脂的比例。油度短，油含量低，醇解速度快，容忍度大；油度长，油含量高，醇解需要温度高；醇解时间延长。在同样条件下，油度对醇解的影响见表9-19。长油度醇酸树脂干性好，涂装性能好，溶解性，流平性好。短油度保光保色性好。

表 9-19　油度对醇解的影响

油度	醇解速度	醇解温度	醇解时间	容忍度
长	快↓	高↑	长↑	大↓
中				
短				

4. 催化剂的影响　醇解反应本质是酯交换反应，可以使用碱性催化剂，也可使用酸性催化剂。一般碱性催化剂可以选择 PbO、CaO、LiOH、环烷酸钙，其用量是油质量的 0.02% ~0.1%。当催化剂用量不足时，会导致醇解反应延长，醇解物黏度增大，最终影响酯化反应时的酸值和黏度进展的平衡。而催化剂过量，虽然可以缩短醇解终点的反应时间，但有些催化剂，比如氧化铅会使树脂色泽加深，有时会造成树脂发浑，不够透明，过滤困难，甚至降低漆膜耐水性和耐久性等。

酸性条件下醇解，醇解时可以另加催化剂，但是采用苯甲酸为酸性介质时，一般在酯交换反应时其配方中的苯甲酸用量百分比要求不得少于 0.1 当量，才有明显效果。用这种方法制得的树脂除干性好、硬度高等优点外，此外，其透明好，也易过滤，使产品细度有所提高。

9.4.2　制造工艺的影响

1. 温度与时间的影响　温度低，醇解速度慢而需要延长反应时间。温度高，醇解时间缩短，但会造成色泽加深，同时会产生聚合和多元醇醚化等副反应。在实际生产中，醇解反应时间一般不超过 3h。

反应温度的高低同样影响催化剂的使用。在低温 220 ~230℃时，使用 CaO，环烷酸钙催化效果好，所得树脂色泽也较浅。230 ~240℃醇解一般采用 PbO，醇解效率与 LiOH 差不多，但它可提高漆膜的硬度和耐水性等，其缺点能与苯酐形成不熔盐，使树脂容易发浑不够透明以及使过滤困难。LiOH 和环烷酸锂，220 ~240℃醇解，催化效率高，不易中毒，制备的树脂透明度好，但色泽稍深，过滤时比其他所用的催化剂要易过滤。

2. 惰性气体的影响　空气中氧气的存在，会发生氧化聚合和醚化作用，导致油和多元酸的混溶性下降，造成醇解反应时间延长和色泽加深，最终也会影响酯化反应的正常进展和色泽更加变深。通入惰性气体，排除空气中的氧气，在一定程度上可以避免氧化聚合等副反应发生。

惰性气体还可以促进水等挥发物迅速排出，同时起到搅拌的作用。条件允许时，选用二氧化碳比选用氮气效果要好。二氧化碳密度大，液面停留时间长，笼罩效果好，使用时消耗比 N_2 用量少，选用二氧化碳作为惰性气体比较经济。

9.4.3　其他影响因素

（1）反应釜的影响　不锈钢材料反应釜可以保证树脂的色泽浅和质量稳定，并且，醇解和酯化的反应各用一个釜。若用同一个反应釜，出料时应注意树脂物料完全出尽，一般在出料完毕，应当用稀释溶剂清洗一下，然后打入稀释釜中，作为稀释溶剂加入。使用碱液清理反应釜时，应趁热冲洗，直到冲洗干净为止，并用 pH 试纸测定清水呈 pH 值为

6.5~7.5为止，否则将会影响树脂产品的质量。

（2）加热方式的影响 醇解温度在240℃以上，酯化温度为180~230℃，需要较高温度。理想的加热方法应满足：安全、经济、操作方便、加热均匀、热效率高、热交换条件好，能满足工艺要求的升温和降温速度，并能实现温度的调节和控制。国内外生产醇酸树脂的加热方法：一是炉灶法等直接加法；二是间接加热法，即用热能载体再加热反应釜的方法，如各种电加热法、导油加热法等。

（3）浅色醇酸树脂制造 选用不锈钢材质的设备，原料的纯度高，如选用进口苯酐就比国产苯酐色泽要浅而且色相要好。加入抗氧剂和酯化催化剂，避免氧化树脂颜色变深及缩短工时。避免采用醇解法，采用脂肪酸法制造醇酸树脂树脂颜色浅。选用合格的助滤剂和采用自动化程度好的生产工艺等，可以制造浅色醇酸树脂。

9.5 醇酸树脂质量评价与安全生产

9.5.1 醇酸树脂质量评价

1. 颜色 指树脂产品颜色的深浅。一般常用铁钴法做比色测定（GB/T 1722—1992）。颜色的加深是由于原料不纯净，操作中带入杂质、空气氧化等影响。树脂色深将影响制漆的色泽，特别是浅色漆，所以颜色的观察与测定应注意。

2. 细度 指树脂溶液过滤情况。按色漆、清漆和印刷油墨研磨细度的测定（GB/T 1724—2019）测定，细度过滤不好，也会影响涂料产品的质量和技术要求，并影响分散研磨。

3. 黏度 表示醇酸树脂的聚合程度和分子量的增长。其测定方法是将固体树脂溶于规定数量的特定溶剂中，在规定温度下用加氏管测定，加氏管如果标准，可与绝对黏度相对应。用涂4黏度计在25℃条件下测定。

4. 固体分 树脂溶液中实际固体百分含量。通过固体分的测定，可反映树脂和溶剂的正确比例，用以控制加料是否正确及配漆时的树脂固体比。

5. 酸值 指中和1g固体试样所需KOH的毫克数，用以表示酯化反应进行的程度。保持一定的酸值，对颜料有一定的润湿和稳定作用，能增强漆膜的附着力，还能与其他树脂交联，提高漆膜性能。酸值太高，配漆后会造成漆膜抗水性不良或对碱性颜料引起增稠和肝化作用。一般醇酸树脂酸值控制：短油度醇酸树脂（固体计）25~40，中油度醇酸树脂（固体计）20~25。通过酸值大小，可以计算树脂反应深度。

$$\text{最初树脂酸值} = \frac{\text{多元酸投入当量数}}{\text{总投料量}} \times 56100 \tag{9-10}$$

$$\text{树脂反应深度} = \frac{\text{最初酸值} - \text{反应过程中实测酸值}}{\text{最初树脂酸值}} \times 100\% \tag{9-11}$$

6. 固化时间试验 当醇酸树脂反应很快，以黏度—酸值法来不及控制，则采用固化时间法，将一块特制铁板加热到200℃，滴一滴树脂于板上，记录树脂胶化时间。固化时间在10s左右的树脂是比较不稳定的。生产终点控制一般胶化时间不要小于10s。

7. 羟值 指树脂分子结构上所含羟基数。常用吡啶醋酸法测定。羟基越多，羟值越大。羟值计算如下：

$$最初羟值 = \frac{多元醇当量数}{总投料量} \times 56100 \tag{9-12}$$

$$树脂羟值 = 最初树脂羟值 - 最初树脂酸值 + 树脂反应终点酸值 \tag{9-13}$$

羟值大小对漆膜的耐水性、附着力、机械强度和耐候性有较大影响。如果羟值太高会使漆膜性能下降。但当醇酸树脂需要与其他树脂复配时，羟基起到交联作用，需要较大羟值。

9.5.2 异常现象处理与安全生产

1. 溶剂型醇酸树脂异常现象及处理方法 异常现象包括制造中发生冲锅逸料、胶化、酸值下降与黏度增长不匹配等。

（1）爆沸 溶剂型醇酸树脂制造时反应温度高，油溶性原料与产物树脂与生成的副产物水不混溶，易造成冲锅逸料。①醇解反应升温时发生溢锅冲，可能是原料油脂等含水分太多或升温太快，水分来不及迅速挥发造成涨锅和冲料，应该立即停火冷却降温，并将冲出油料重新逐渐回入釜中，以免物料损失。应缓慢升温，特别在 90～110℃时更要注意釜内反应情况。②加苯酐回流溶剂时产生涨锅或冲料现象，可能是苯酐加料过快或温度过高升温过快，原料水和酯化水溢回，需要控制加料和升温速度，温度不宜过高，并且使用的苯酐质量好，分批投入，并且及时放出分水器中酯化水。

（2）胶化 ①酯化时釜内物料分层有大量块状物及粒子，说明醇解测试可能错误，应复查使用的醇类溶剂是否正确和弄错，停止升温冷却，上层的油等分离出来后可用于天然树脂漆料，块状物给予报废。②树脂黏度大，接近或已经胶凝但时间不长。中控时取抽样测试黏度时失误或抽样时间隔太久，或者加料错误。应关火降温，加备用甘油或丙二醇，保持搅拌到解聚为止，检查加料是否错误等。

（3）酸值下降与黏度增长不匹配 ①黏度增长缓慢，酸值下降快，可能的原因是回流过快，温度偏低或回流溶剂过多，苯酐少加，油或多元醇多加等，可以提高反应回流温度或适当放去部分回流溶剂，加大回流量，根据酸值下降情况补加适量苯酐。②黏度增加过快酸值不易下降而偏高，产生的原因是酯化温度太高或苯酐多加，油或多元醇少加，需降温度并复查投入物料是否正确，可以适量补加甘油降低官能度，减慢黏度的增长和降低酸值。

（4）醇解时容忍度不达标指标或者有分层和浑浊不清 可能是原料质量问题，或者催化剂漏加、少加或者催化剂已经中毒。需要检查原料酸值，若太高则增加催化剂并延长反应后再测。

（5）醇解物和酯化物色泽偏深 检查是否 CO_2 通入量太小或 CO_2 已经用尽，加大 CO_2 的通入量。

（6）树脂在稀释时发浑或透明性差 检查是否对稀溶剂中含有水分或其他杂质，重新回流脱水至树脂透明，或者脱去一部分溶剂补加 1%～2% 丁醇或丙二醇丁醚。

（7）树脂细度不合格。停止过滤，检查原因后及时解决并进行校正后继续过滤到细度合格为止，定期更换过滤设备的机械零件。

2. 安全生产

（1）防火、防爆、防毒 二甲苯和 200 号溶剂油等有机溶剂在使用和贮存过程中，应避免同火种接触，严防火灾发生。设备密闭无泄漏，通风设施完好，采用防爆电器，防止静电产生，检查传动设备，定期加油，定期检查压力、温度等仪表是否正常。生产过程中，防止漏料、溢料等事故发生。生产操作人员，应穿戴好劳动保护用品。车间内严禁吸烟，沾有溶剂和油脂的工作服、手套、纱头等易燃物，不得乱扔乱放，应集中放在固定地点，以免自燃，酿成火灾。应当备有一定数量的消防器材及灭火设施。

注意防范使用的溶剂苯、甲苯以及二甲苯的毒性，以及使用的 PbO 等催化剂的毒害作用。

（2）规范日常管理 ①投料前对设备、管道、阀门、电源、原料等进行检查和核实。按照配方投料并按照操作工艺进行生产，正确记录生产原始记录。②设备应有专人负责保养，做到设备见本色。物料、工具、空袋应堆放固定地点并堆齐，做到操作和管理上文明卫生。废气、废水、废渣、粉尘等都应按照环保要求进行处理，保证车间顺利生产。③严格执行交接班制度，做好一切交接记录，重要的要做口头上重点交接，以免发生意外。

9.6 醇酸调和漆

干性油改性长油醇酸树脂配制的色漆，加有较多的体质颜料，使用方便，户外耐久性较好，成本较低。适用于由醇酸树脂、颜料、体质颜料、催干剂及有机溶剂等调制面成的各色醇酸调和漆。涂料适用于建筑材料、木器、金属等表面做装饰保护。

1. 技术要求（表 9-20）

表 9-20 技术要求

项目	容器中状态	漆膜颜色及外观	流出时间(s)	细度	干燥时间(h)		遮盖力/(g/m²)			
					表干	实干	红、黄色	蓝、绿色	白色	黑色
指标	搅拌后均匀无硬块	符合标准样板，在色差范围内，漆膜平整光滑	≥40	≤35	≤8	≤24	≤180	≤80	≤200	≤40

项目	光泽(%)	硬度(双摆)	挥发物(%)	施工性	喷涂适应性	闪点(℃)	防结皮性(48h)
指标	≥80	≥0.2	≤50	刷涂无障碍	对重涂无障碍	≤30	不结皮

2. 参考配方

（1）色浆研磨（表 9-21）

表 9-21 色浆研磨配方

原料名称	用量(质量份)								
	大红	柠黄	中黄	铁蓝	白	调白	硬黑	炉黑	铁红
大红粉	13.0								
柠檬黄		20.0							
中铬黄			30.0						
铁蓝				20.0					
钛白粉					5.0				
立德粉					35.0	44.2			
硬质炭黑							5.0		

续表

原料名称	用量(质量份)								
	大红	柠黄	中黄	铁蓝	白	调白	硬黑	炉黑	铁红
炉法炭黑								20.0	
氧化铁红									24.0
沉淀硫酸钡	12.0	12.0	9.0		4.0	4.4	16.0		12.0
轻质碳酸钙	10.0	10.0	7.5		3.0	3.30	12.0		9.0
亚麻油改性长油度醇酸树脂	55.0	50.0	46.5	65.0		43.7	58.0	65.0	49.0
豆油改性季戊四醇长油度醇酸树脂					43.0				
二甲苯	10.0	8.0	7.0	15.0	5.0	4.0	9.0	15.0	6.0

(2) 调漆（表9-22）

表9-22　调漆配方

原料名称	用量(质量份)							
	大红	中黄	天蓝	白色	黑色	绿色	浅灰	铁红
40%白浆				93.5				
44.2%调色白浆			88.0				88.0	
13%大红浆	50.0							
20%柠檬浆						50.0		
30%中黄浆		68.0				6.0		
20%铁蓝浆			4.0			10.0		
20%炉黑浆							3.5	
12%硬黑浆					21.0			
24%铁红浆								40.0
亚麻油改性甘油长油醇酸树脂	42.5	25.0			71.0	27.0		52.5
10%异辛酸铅液	2.0	1.8	2.0	2.0	1.6	1.8	2.0	1.8
2%异辛酸锰液	0.6	0.6	0.6	0.2	0.6	0.4	0.8	0.6
2%异辛酸钴液	0.4	0.4	0.5	0.8	1.0	0.3	0.2	0.4
2%异辛酸锌液	1.0	1.0	1.0	1.0	1.0	1.0	1.0	1.0
2%异辛酸钙液	0.8	0.8	1.2		0.8	0.8	1.2	0.8
二甲苯	2.1	1.8	2.1	2.4	2.4	2.1	2.7	2.3
丁醇			0.5					
1%硅油液	0.4	0.4	0.4	0.4	0.4	0.4	0.4	0.4
丁酮肟	0.2	0.2	0.2	0.2	0.2	0.2	0.2	0.2

9.7　水性醇酸树脂制造

水溶性醇酸树脂的研究工作始于20世纪60年代初，但是，直到1976年前后技术上的突破才得到较快的发展。醇酸树脂的乳化一般采用后乳化工艺，先用通用型方法合成气干型醇酸树脂，然后在表面活性剂存在下进行水乳化分散。醇酸树脂是涂料用的骨干树脂，产量最大，但它消耗的有机溶剂量在涂料工业中也占首位，因此其水性化研究具有重要意义。由于醇酸树脂分子主链上酯键较多，在水中水解不稳定而使树脂易降解，加上催干剂活性降低、水性醇酸在贮存中易“失干”成为水性醇酸树脂制造的技术关键。

9.7.1 水性醇酸树脂

1. 水性醇酸树脂制造

（1）先合成酸值较高的醇酸树脂　（酸值一般为50mgKOH/g左右），然后选择碱性中和剂，如胺或氨将其中和成盐，其实质是树脂胺盐的有机溶剂溶液经水稀释后，形成相当稳定的聚合物聚集体的分散溶液。该方法简便，但含胺量高，储存期短，而且需加大量助溶剂。

（2）将强亲水基团（例如聚乙二醇）引入醇酸树脂　首先聚乙二醇同过量的低分子酚醛树脂发生醚化，而后酚醛树脂中残留的羟甲基与桐油反应，得到聚乙二醇酚醛改性油，以此改性油为原料制造水溶性酚醛树脂。但该树脂不宜做浅色面漆，而且由于存在末端羧基，长期储存会发生凝聚。

（3）利用乳化剂或配制本身能乳化的树脂　如聚乙二醇和聚丙二醇可作为这种乳化剂结合进聚合物。

2. 水性醇酸树脂制造的影响因素　在制造水溶性醇酸树脂时，采用的原料与形成树脂的分子结构，基本上同溶剂型醇酸树脂相似，所制成的漆膜性能也可达到与溶剂型的漆膜性能相接近。在原料选用上，要考虑保证树脂能在碱性介质中的稳定性、水溶性及成膜后的性能。

（1）水质　应使用蒸馏水。硬水中钙、镁等金属离子与醇酸树脂的羧酸作用皂化，影响水溶性。

（2）油类　蓖麻油、氢化蓖麻油水溶性最好，椰子油次之，脱水蓖麻油、豆油、葵花油、亚麻油较差。

（3）油度的影响　油度越长水溶性越差。溶解性排序为：短油度 > 中油度 > 长油度。

（4）助溶剂　丁基溶纤剂、仲丁醇最好，乙基溶纤剂、丁醇次之，乙醇最差。

（5）中和剂　乙醇胺、三乙胺最好，氨水、氢氧化钾、氢氧化钠最差。水溶性树脂要用中和剂（氨、胺、碱）中和树脂残留下的羧基（酸值50mgKOH/g左右）而生成“水溶性盐”，即称水溶性醇酸树脂或水性聚酯。

用强碱中和的水溶性醇酸树脂也俗称“碱溶树脂”。主要用于并混在乳胶漆中，可以用来改进和提高漆膜的抗水性、坚韧性、附着力等性能。用氨水、三乙胺、N，N-二甲基乙醇胺、2-氨基-2-甲基丙胺、乙醇胺等胺类用来作中和剂，实际只用理论量的75%～80% pH值就已达到8左右。胺的用量可按下列公式计算：

$$\text{胺需要用量} = \frac{\text{树脂质量} \times \text{树脂实测酸值} \times \text{胺当量}}{56100} \tag{9-14}$$

（6）多元醇　以三羟甲基丙烷水溶性最好，季戊四醇次之，甘油最差。用三羟甲基丙烷、三羟甲基乙烷、季戊四醇来取代甘油，因为它们都是伯羟基醇（多官能度），其形成树脂的交联度大，对水溶性和水解的稳定性及漆膜性能都比甘油要优越。

（7）多元酸　以失水偏苯三酸、均苯四甲酸酐较好，邻苯二甲酸酐差。如果加入少量的顺丁烯二酸酐改性油对水溶性有好处，尤其是稳定性有很大的提高。

3. 水性醇酸树脂的稳定性　处于弱碱性水溶液中，主链或支链含酯键结构的聚合物，都能发生不同程度的水解，醇酸树脂的这种作用尤为突出。其水溶液经短期储存特别是在夏季，往往会发生溶液变浑、pH 值下降、树脂分层、黏度下降等现象。结构上采取措施可以增强树脂的稳定性，如加入多官能团的有机酸取代部分二元酸，使酯键得到保护，加入少量抗氧剂，尽量降低碱性环境，用叔胺做中和剂以及选择一些带有烯链或环的二元酸作为乳化基团的单体。

9.7.2 水性醇酸树脂以及水性醇酸树脂涂料制造实例

例 9-8 水溶性醇酸树脂制造实例

（1）水性醇酸树脂基料制造配方（表 9-23）

表 9-23 水性醇酸树脂基料制造配方

原料	规格	投料量（kg）	原料	规格	投料量（kg）
失水偏苯三甲酸	工业品	63	1，3-丁二醇	工业品	72
邻苯二甲酸酐	工业品	74	丁醇	工业品	63
甘油—豆油脂肪酸酯		106	氨水	工业品，25%	适量

注：①此配方按 COOH/OH 为 0.9 计算。

（2）工艺操作　将上列前 4 种原料加入反应瓶内，通入二氧化碳气体，加热使原料熔化之后，开动搅拌，逐渐升温到 180℃，以熔融法进行酯化反应，待酸值达到 60 ~ 65mgKOH/g 时降温，冷至 130℃加入丁醇溶解，至 60℃以下加入氨水中和。可制得水溶性醇酸树脂，制成色漆可用作喷、刷涂装。

（3）技术指标　外观，棕色透明黏稠液体；pH 值，加水稀释，水溶液 pH 值为 8.0 ~ 8.5；水稀释性，加蒸馏水稀释有轻微乳光。

例 9-9 底漆用水性醇酸树脂涂料制造

（1）基料制造配方及技术指标（表 9-24）

表 9-24 基料制造配方及技术指标

树脂配方			树脂配方		
原料	R-1（kg）	R-2（kg）	原料	R-1（kg）	R-2（kg）
豆油脂肪酸	495.0	—	仲丁醇	140	140
塔油脂肪酸	—	475.0	折合油度(%)	46.9	47.4
季戊四醇	264.0	204.0	树脂技术指标		
新戊二醇	—	56.0	固体树脂酸值(mgKOH/g)	50 ~ 60	55 ~ 60
邻苯二甲酸酐	235.0	235.0	固体树脂羟值(mgKOH/g)	45 ~ 55	50 ~ 55
苯甲酸	152.0	110.0	固体分(w)%	65 ±2	65 ±2
偏苯三甲酸酐	92.0	92.0	黏度(cardener)	U – V	T – U
Kevinex-702	1.0	—	颜色(cardener)	3 ~ 4	3 ~ 4
酯化催化剂	0.035	0.035	密度(g/cm^3)	1.032	1.030
乙二醇单丁醚	210.0	210.0	凝胶化时间(200℃)(s)	30 ~ 45	30 ~ 45

配方说明：配方中采用半干性豆油和塔油脂肪酸，塔油脂肪酸是从用木材造纸的副产物中提炼得到的，其碘值接近豆油脂肪酸，采用偏苯三甲酸酐做原料，引入树脂侧链基，甲酸用于调节三元酸官能度，使工艺平稳，同时可提高涂膜硬度与耐水性。Kevinex-702是偏苯三甲酸酐低温开环与酯化催化剂，对改善颜料分散性也有作用。用仲丁醇和乙二醇单丁醚做溶剂，减少水解作用。乙二醇单丁醚因毒性大，可用丙二醇单丁醚取代。

（2）合成工艺　将脂肪酸、多元醇、苯酐和苯甲酸加入反应釜，缓慢搅拌加热至180℃，然后缓慢升温至210℃保温酯化，当酸值至10mgKOH/g后，冷却反应物至180℃，加入Kevinex-702和偏苯三甲酸酐，在160～170℃保持开环与酯化反应至酸值50～60mgKOH后，冷却反应物至160℃以下，加乙二醇单丁醚，继续冷至100℃加仲丁醇，得到可盐基化的醇酸树脂的溶液，过滤出料备用。

反应釜装有抽真空的装置，整个过程在真空度5.32×10^4Pa（最大7.31×10^4Pa）下进行，真空度最好不低于6.65×10^4Pa，否则会影响树脂颜色。原材料中的苯酐或顺酐要进行铁离子含量试验，以免影响树脂颜色，多元醇要进行酸洗试验以观察颜色，保证树脂色浅。

第10章 氨基树脂制造

氨基树脂指氨基化合物与醛类加成缩合，生成的羟甲基部分醚化或完全醚化的产物，用于涂料的氨基树脂必须经醇醚化改性。涂料用氨基树脂可大致分为尿素与甲醛反应再经过醚化制备的脲醛树脂、三聚氰胺与甲醛反应后醚化制备的三聚氰胺甲醛树脂、鸟粪胺与甲醛反应后醚化的苯鸟粪胺甲醛树脂以及不同有机胺与甲醛缩聚后醚化制备的共缩聚树脂。

19世纪末，德国掌握了福尔马林工业制法，20世纪30年代初，发现丁醇改性脲醛树脂可与醇酸树脂混合制成涂料。20世纪30年代，工业化生产三聚氰胺获得成功，1940年制得了用于涂料的丁醇改性的三聚氰胺甲醛树脂。1911年制备苯代三聚氰胺，德国巴斯夫公司（BASF）将它用于氨基树脂。20世纪50年代中期，异丁醇作为醚化剂生产氨基树脂。异丁醇来源丰富，氨基树脂品种进一步扩大。20世纪60年代为减少VOC含量，节省资源，开发了各种水性涂料和高固体分涂料后，甲醚化氨基树脂作为涂料的交联剂才扩大了应用范围和生产规模。丁醚化的氨基树脂就总产量而言仍占首位。

氨基树脂是一种多官能度的聚合物，一定温度经过短时间烘烤后，即形成强韧的三维结构涂层。用氨基树脂做交联剂的漆膜具有优良的光泽、保色性、硬度、耐药品性、耐水以及耐候性等。但是，作为漆膜单独使用时，制得的涂膜硬而且发脆，对底材的附着性也差，因此氨基树脂常与其他树脂（如醇酸树脂、聚酯树脂、环氧树脂等）配合，组成氨基树脂涂料。氨基树脂涂料提高了基体树脂硬度、光泽、耐化学性及烘干速度，克服氨基树脂的脆性，改善附着力。以氨基树脂做交联剂的涂料广泛地用于汽车、农业机械、钢制家具、家用电器和金属预涂等工业。氨基树脂在酸催化剂存在时，可在低温烘烤或在室温固化。此外，氨基烘漆具有防潮、防湿热性能，可用于湿热带地区的机电、仪表的涂装，能达到B级绝缘要求。

10.1 氨基树脂制造主要原料

氨基树脂制造原料主要包括胺类、醇类和醛类。

1. 氨基树脂制造用胺类化合物

氨基树脂制造主要胺类化合物，见表10-1。

表10-1 氨基树脂用胺类化合物

氨类化合物	结构	物性	mp（℃）	溶解度（g/100mL）	氨基对甲醛官能度
三聚氰胺（2，4，6-三胺基-1，3，5-三嗪）	NH_2 N N H_2N N NH_2	白色单斜棱晶，几乎无味	347	0.325	2

续表

氨类化合物	结构	物性	mp (℃)	溶解度 (g/100mL)	氨基对甲醛官能度
苯鸟粪胺(苯代三聚氰胺)	2,4-二氨基-6-苯基-1,3,5-三嗪（C_6H_5，H_2N，NH_2）	白色结晶性粉，用于涂料，约占产量的70%	227	0.005	1.3～1.5
尿素(碳酰二胺)	$H_2N-\overset{O}{\overset{\parallel}{C}}-NH_2$	白色、无臭、无味、针状晶体，酸性，与甲醛作用生成羟甲基脲，中性生成二羟甲基脲	132.6	105	1.2

2. 氨基树脂制造用醛类　包括甲醛及其聚合物-多聚甲醛以及甲醛的水溶液。甲醛为常温为无色、有强烈刺激气味的气体，低浓度甲醛刺激眼睛和黏膜，小于 0.05ppm 低浓度甲醛对人体无影响。1×10^{-6}时，可感受到气味，5×10^{-6}会引起咳嗽、胸闷，20×10^{-6}时会引起明显流泪，超过50×10^{-6}会发生严重的肺部反应，甚至会造成死亡。各国对居室内甲醛允许浓度都做了严格规定。甲醛水溶液浓度通常是 40%，称为甲醛水，俗称福尔马林，具有防腐功能的带刺激性气味的无色液体。通常加入 8%～12% 甲醇，防止聚合。甲醛有强还原作用，特别在碱性溶液中，能燃烧，其蒸汽与空气形成爆炸性混合物，爆炸极限为 7%～73%（体积）。甲醛与水混溶，溶液呈酸性，pH 值为 2.5～4.4。工业甲醛为无色透明液体，具有窒息性臭味。含甲醛 37%～55%（质量）、甲醇 1%～8%，其余为水。氨基树脂常用醛类化合物性能指标见表 10-2。

表 10-2　氨基树脂常用醛类化合物性能

指标名称	37%甲醛水溶液	50%甲醛水溶液	甲醛/丁醇溶液	甲醛/甲醇溶液
外观	无色透明液体	无色透明液体	无色透明液体	无色透明液体
甲醛含量(g/100g)	37±0.5	50.0～50.4	39.5～40.5	55
甲醇含量(g/100g)	≤12	≤1.5		30～35
甲酸含量(g/100mL)	≤0.04			
铁含量(g/100mL)	≤0.0005	≤0.005		
灼烧残渣含量(g/100mL)	≤0.005	≤0.1		
水含量(%)			6.5～7.5	10～15
闪点(℃)	60	68.3	71.1	
沸点(℃)	96	约 100	107	
贮存温度(℃)	15.6～32.2	48.9～62.8	20	

3. 氨基树脂常用醇类化合物

氨基树脂常用醇类化合物性质见表 10-3。

表 10-3 氨基树脂常用醇类化合物

指标名称		甲醇	工业无水乙醇	乙醇	异丙醇	丁醇	异丁醇	辛醇
相对密度(d_4^{20})		0.791～0.792	≤0.792	—	0.784～0.788	0.809～0.813	0.802～0.807	0.817～0.823
馏程	蒸馏范围(101.3247kPa，绝对压力)(℃)	64.0～65.5	—	77～85	81.5～83	117.2～118.2	105～110	192～198
	馏出 体积/%	≥98.8	—	≥95	≥99.5	≥95	≥95	≥90
游离酸(以乙酸计)含量(%)		≤0.003	—	—	≤0.003	≤0.003	≤0.01	—
酸度(50mL，0.01mol/L NaOH 计)(mL)		—	≤1.8	≤1.8	—	—	—	—
乙醇含量(以容积计)(%)		—	≥99	≥95	—	—	—	—
水分含量(%)		≤0.08	≤1	—	≤0.2	—	—	—
丙酮含量(%)		—	—	≤1	—	—	—	—
不挥发物含量(%)		—	—	—	≤0.005	≤0.0025	≤0.005	—
游离碱(以 NH_3 计)(%)		≤0.001	—	—	—	—	—	—

4. 碳酸镁 相对分子质量是84。氨基树脂制造中碳酸镁在甲醛溶液中悬浮，呈弱碱性，调节溶液 pH 值，抑制甲醛水解的作用。

5. 苯酐 邻苯二甲酸酐，简称苯酐，为白色固体，相对分子质量148.11，易溶于热水，熔点130.8℃，是化工中的重要原料，尤其用于增塑剂的制造。氨基树脂制造中苯酐作为弱酸用来调整溶液的 pH 值。

10.2 涂料用氨基树脂制备原理

10.2.1 丁醇醚化脲醛树脂制造原理

1. 制造原理 尿素(H_2NCONH_2)呈弱碱性，分子中4个—N—H键与羰基皆能形成氢键，由尿素和甲醛反应得到二羟甲基脲，二羟甲基脲具有亲水性，不溶于有机溶剂，它进一步缩聚就可达到体形结构：

$$\begin{matrix} NH_2 \\ C{=}O \\ NH_2 \end{matrix} + 2HCHO \longrightarrow \begin{matrix} NHCH_2OH \\ C{=}O \\ NHCH_2OH \end{matrix} \qquad (10\text{-}1)$$

二羟甲基脲溶于水，需醚化后才能作为涂料基料使用。通常，涂料采用丁醇醚化的脲醛树脂，它的特性是随着尿素、甲醛、丁醇的配比而变化。一般比较合适的配比是1mol尿素用2～4mol甲醛、1～2mol丁醇。

尿素∶甲醛∶丁醇＝1∶2∶1时（分子量），树脂的生成反应式如下：

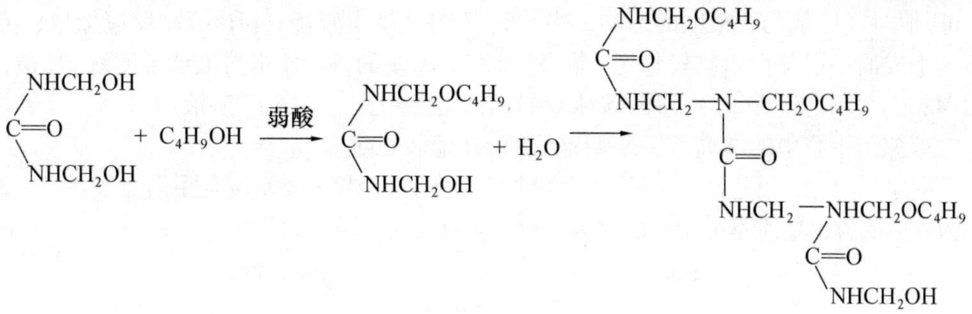

$$\begin{array}{c} NHCH_2OH \\ | \\ C{=}O \\ | \\ NHCH_2OH \end{array} + C_4H_9OH \xrightarrow{\text{弱酸}} \begin{array}{c} NHCH_2OC_4H_9 \\ | \\ C{=}O \\ | \\ NHCH_2OH \end{array} + H_2O \longrightarrow \begin{array}{l} NHCH_2OC_4H_9 \\ | \\ C{=}O \\ | \\ NHCH_2{-}N{-}CH_2OC_4H_9 \\ \qquad\quad | \\ \qquad\quad C{=}O \\ \qquad\quad | \\ \qquad\quad NHCH_2{-}NHCH_2OC_4H_9 \\ \qquad\qquad\qquad\quad | \\ \qquad\qquad\qquad\quad C{=}O \\ \qquad\qquad\qquad\quad | \\ \qquad\qquad\qquad\quad NHCH_2OH \end{array}$$

弱酸环境加热缩合和醚化　(10-2)

醚化程度不同，生成树脂的缩合度以及对烃基溶剂的溶解性，固化性能等性能会有较大的差异。醚化用醇碳原子数越小，树脂固化性能越高，但其在有机溶剂中的相容性和溶解性降低。甲醚化树脂用于水性涂料。

2. 醚化剂与树脂性能　脲醛树脂价格低，来源充足，树脂结构中有极性氧，对漆膜附着力好，可用于底漆、中涂；酸催化室温固化，可用于双组分木器涂料。脲醛树脂固化涂膜保色性好，硬度较高，柔韧性较好，保光性较差。但脲醛树脂溶液黏度较大，贮存稳定性较差。不同的醇醚化，脲醛树脂性能不同。

甲醚化脲醛树脂可溶于水，具有快固性，可用作水性涂料交联剂，可与溶剂型醇酸树脂并用。乙醇醚化的脲醛树脂可溶于乙醇，固化速度慢于甲醚化脲醛树脂。丁醚化脲醛树脂的溶解性、混溶性、固化性、涂膜性能和成本较理想，原料易得，工艺简单，与溶剂型涂料配合的交联剂常采用丁醚化氨基树脂。脲醛树脂与三聚氰胺树脂比较，耐候性和耐水性、光泽与保色性稍差，因此多用于内用漆和底漆。

10. 2. 2　丁醇醚化三聚氰胺树脂的制备原理

涂料用三聚氰胺树脂是由三聚氰胺和甲醛缩合再经醚化后制备。三聚氰胺对甲醛的官能度为 6，调整它们的比例，能够制得从单羟甲基三聚氰胺到六羟甲基三聚氰胺中的任意一种产物。涂料交联剂用的三聚氰胺树脂，是由 1mol 三聚氰胺与 4 ~ 6mol 的甲醛反应，然后用脂肪醇醚化。丁醇醚化三聚氰胺树脂溶于有机溶剂，而甲醇醚化的羟甲基三聚氰胺树脂溶于水，用于水性涂料制造。

涂料用三聚氰胺树脂的制备原理如下。

（1）羟甲基化反应　三聚氰胺对甲醛的官能度为 6，在酸或碱作用下，每个三聚氰胺分子可和 1 ~ 6 个甲醛分子发生加成反应，生成相应的羟甲基三聚氰胺。用于涂料树脂，甲醛/三聚氰胺比率一般为 5 ~ 8。六甲氧基三聚氰胺是最有代表性的一种氨基树脂。其反应速度与原料配比、反应介质 pH 值、反应温度以及反应时间有关。6 – 羟甲基三聚氰胺制造反应方程式见式（10-3）。

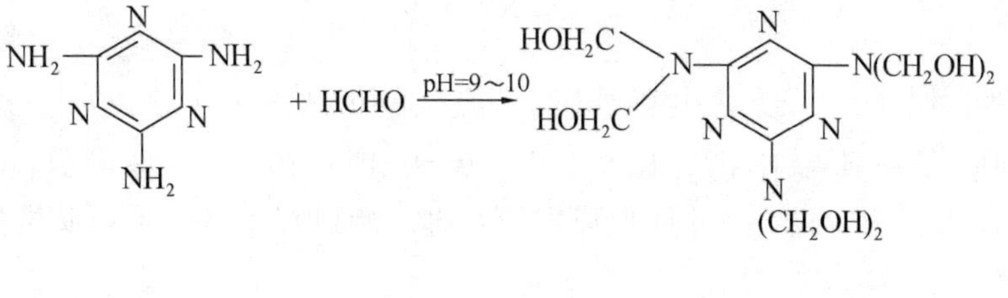

$$C_3N_3(NH_2)_3 + HCHO \xrightarrow{pH=9\sim10} C_3N_3[N(CH_2OH)_2]_3 \qquad (10\text{-}3)$$

pH 值对羟甲基化有很大的影响，当 pH =7 时，反应较慢；pH >7，反应加快；pH =8 ~9，生成的羟甲基衍生物较稳定。常用10%或20%的 NaOH 水溶液调节溶液 pH 值，也可用 $MgCO_3$ 来调节。$MgCO_3$ 溶液碱性较弱，微溶于甲醛，在甲醛溶液中大部分呈悬浮状态，它可抑制甲醛中的游离酸，使调整后的 pH 值较稳定。

不同原料配比，可生成单羟基到六羟基三聚氰胺。当三聚氰胺与甲醛配比为 1 ~3mol 时，为放热反应，反应不可逆；配比为 4 ~6mol 时反应可逆，为吸热反应，可以达到平衡。

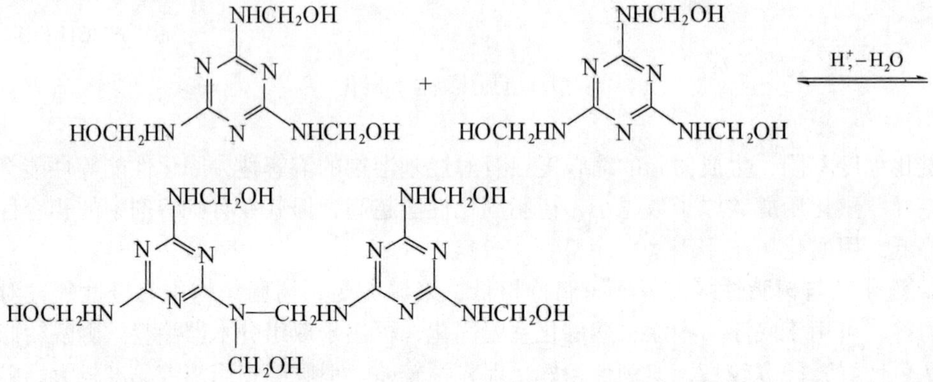

NHCH₂OH N N HOCH₂HN N NHCH₂OH + NHCH₂OH N N HOCH₂HN N NHCH₂OH $\xrightleftharpoons{H^+, -H_2O}$

NHCH₂OH N N HOCH₂HN N N—CH₂HN (CH₂OH) NHCH₂OH N N N NHCH₂OH

(10-4)

在过量甲醛存在下，可生成多于三个羟甲基的羟甲基三聚氰胺，此时反应是可逆的。并且甲醛过量越多，三聚氰胺结合的甲醛就越多。一般 1mol 三聚氰胺和 3 ~4mol 甲醛结合，得到处理纸张和织物的三聚氰胺树脂；和 4 ~5mol 甲醛结合，经醚化后得到用于涂料的三聚氰胺树脂。

（2）缩聚　弱酸性条件下多羟甲基三聚氰胺，本身缩聚成大分子，缩聚反应分两种方式进行。

① 羟甲基和未反应的 N 上 H（活性 H）缩合成次甲基键，见式（10-4）。

② 羟甲基和羟甲基之间缩合成醚，在脱去 1mol 甲醛成次甲基键，见式（10-5）。

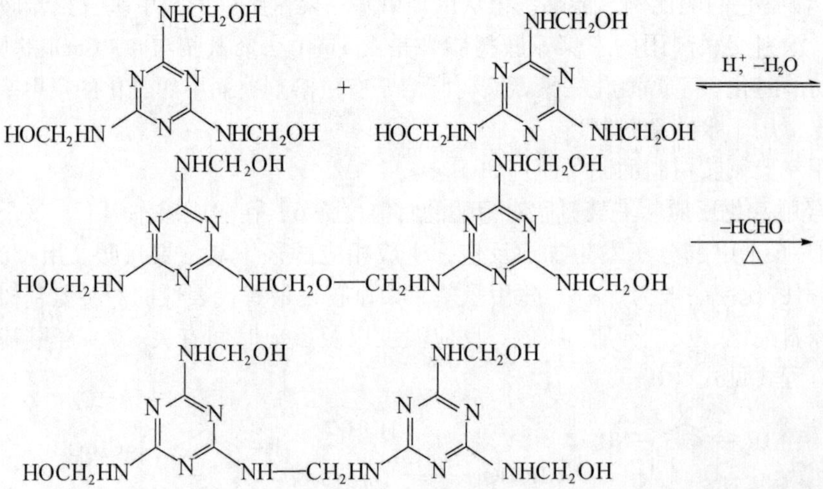

NHCH₂OH N N HOCH₂HN N NHCH₂OH + NHCH₂OH N N HOCH₂HN N NHCH₂OH $\xrightleftharpoons{H^+, -H_2O}$

NHCH₂OH N N HOCH₂HN N NHCH₂O—CH₂HN NHCH₂OH N N N NHCH₂OH $\xrightarrow[\triangle]{-HCHO}$ (10-5)

NHCH₂OH N N HOCH₂HN N NH—CH₂HN NHCH₂OH N N N NHCH₂OH

式（10-4）反应速度比式（10-5）快。因为式（10-4）一步形成次甲基键，而式（10-5）要脱水，然后脱甲醛才能形成次甲基键。所以羟甲基三聚氰胺含羟甲基越多，缩聚反应越慢；羟甲基少，剩下的 N—H 键越多，羟甲基三聚氰胺缩聚反应越快，稳定性越差。所以涂料用三聚氰胺一般每个链节含 4 ~5 个羟甲基。

（3）多羟基三聚氰胺和丁醇的醚化反应　多羟甲基三聚氰胺低聚产物，亲水不溶于有机溶剂，进一步缩聚成体形不溶物，不能用作涂料。涂料用三聚氰胺树脂是多羟甲基三聚氰胺和醇类，在酸性条件下醚化获得足够的烃氧基，降低极性的产物，能溶于有机溶剂或与醇酸树脂及其他多种树脂混溶。

醚化反应是在微酸性条件下，在过量醇中进行的，同时进行缩聚反应，形成多分散性的聚合物。丁醇醚化多羟甲基三聚氰胺制备反应如下：

$$(HOH_2C)_2N\text{—}C_3N_3(\text{—}NH\text{—}CH_2OH)\text{—}N(CH_2OH)_2 + 2C_4H_9OH \longrightarrow (H_9C_4OH_2C)(HOH_2C)N\text{—}C_3N_3(\text{—}NH\text{—}CH_2OH)\text{—}N(CH_2OC_4H_9)(CH_2OH) \quad (10\text{-}6)$$

在微酸性条件下，醚化和缩聚是两个竞争反应。缩聚快于醚化，树脂黏度高，不挥发分低，与中长油度醇酸树脂混溶性差，树脂稳定性差；醚化快于缩聚，则树脂黏度低，与短油度醇酸树脂混溶性差，涂膜干性慢，硬度低。必须控制条件，使这两个反应均衡进行，并使醚化略快于缩聚，达到既有一定的缩聚度，使树脂具有优良的抗性，又有一定的烷氧基含量，使其与基体树脂有良好的混溶性。

三聚氰胺树脂与其他树脂的混溶性与三聚氰胺树脂自身的缩聚及醚化程度有关，但以两者极性大小相适应为好，否则所形成的漆膜将不透明、不光亮。在生产中，以三聚氰胺树脂溶液对涂料用 200 号溶剂汽油的容忍度来表示丁醇醚化度的大小，即丁氧基含量多少表示。适当的醚化程度既可提高树脂的溶解性和稳定性，又可提高与其他树脂的混溶性。

由于丁醇醚化三聚氰胺树脂与各种醇酸树脂相溶性很好，而且在比较低的温度下能够得到三维网状交联的强韧漆膜，所以，可用作氨基醇酸树脂涂料和热固性丙烯酸树脂涂料的交联剂。与不干性油改性醇酸树脂并用时，因其漆膜色浅，耐候性好，可用在汽车面漆上；与热固性丙烯酸树脂并用，可用在汽车面漆或家用电器制品上；与半干性油醇酸树脂并用时可以在稍低的温度下固化，可用在大型载重汽车、农业机械、钢制家具等方面；与无油醇酸树脂并用，则可用于金属预涂等方面。

10.2.3 甲醚化三聚氰胺树脂制造机理

甲醚化氨基树脂可分为甲醚化脲醛、甲醚化三聚氰胺、甲醚化苯代三聚氰胺、甲醚化尿素三聚氰胺共缩聚树脂等。产量最大、应用最广泛的是甲醚化三聚氰胺树脂。

1. 甲醇醚化三聚氰胺树脂与丁醇醚化三聚氰胺树脂比较

① 甲醚化树脂聚合度低，黏度小。在固体含量相同时，可以制得低黏度涂料。

② 甲醚化树脂交联效果好，用量少，可减少 1/2 左右。

③ 丁醇醚化 MF 树脂，在有机溶剂中产物稳定性将增加。

④ 丁醇不易挥发，固化速度变慢。

⑤ 丁醇醚化产物在有机溶剂中有较好的溶解性，和醇酸树脂的相溶性也较好。但一

般水性涂料要求使用甲醇醚化的树脂。

2. 甲醚化氨基树脂（HMMM）制造机理 甲醚化三聚氰胺树脂制备与丁醇醚化三聚氰胺树脂的类似，同样分为第一步羟甲基化反应，即三聚氰胺和过量甲醛在碱性介质中进行羟甲基化反应，生成六羟甲基三聚氰胺或接近 6 个羟甲基的三聚氰胺，见反应式（10-3）。

第二步除去水分和游离甲醛的羟甲基三聚氰胺在酸性介质中和过量甲醇进行醚化反应，制成六甲氧基甲基三聚氯胺（简称 HMMM 或者 HM_3）。

合成甲醚化三聚氰胺树脂的反应：三聚氰胺（Ⅰ）与过量甲醛反应，在碱性条件下应生成六羟甲基三聚氰胺（Ⅱ），在酸性条件下（Ⅱ）与过量的甲醇反应可制得 HMMM（Ⅲ）。纯的 HMMM 是一种白色结晶固体，但三聚氰胺与甲醛的反应非常复杂，很难在工业上得到纯的 HMMM，一般制备得到的是一种混合物，其含量视反应条件与配方而变，但可达 80%。控制甲醛的量，理论上可制得含不同数目的羟甲基三聚氰胺及相应的醚化产物。

醚化

$$(HOH_2C)_2N-C_3N_3[N(CH_2OH)_2]_2 + CH_3OH(过量) \longrightarrow (H_3COH_2C)_2N-C_3N_3[N(CH_2OCH_3)_2]_2 \tag{10-7}$$

10. 2. 4 氨基树脂制造生产工艺

氨基树脂制造生产工艺分为反应、脱水和后处理 3 个阶段。制造反应又分为“一步法”和“两步法”。

一步法是指整个过程都是在酸性介质（pH = 4 ~ 5）进行，醚化和缩聚反应同时进行，容忍度很容易达到要求，具有操作简单，容易控制的优点。但是贮存时，溶解在树脂中的酸性催化剂苯二甲酸酐与过量丁醇在较高环境温度下继续缓慢进行醚化反应，容忍度逐渐升高；而醚化过程中产生的微量水被树脂中低分子亲水性物质吸收，从溶液中析出，聚集成絮状沉淀物，树脂变混，使制备的树脂质量稳定性差，漆膜硬度低。水洗树脂去除苯二甲酸酐，以及在树脂中加入胺稳定剂，可以提高树脂的贮存稳定性。

两步法是将物料先在微碱性介质中主要进行羟甲基化，反应到一定程度后，再转入微酸性介质中进行缩聚和醚化反应。国内采用两步法。

氨基树脂生产过程中，有很长的回流反应过程，若设置直冷凝器、上半部设置成冷凝器，经过分水器的回流溶剂从冷凝器上进入，下半部设置为有一定数量填充料的分馏柱、上半部分流出的冷凝液，流到下半部分放置了填充料的分馏柱内，进行传质和传热，有利于共沸液的分离，减少热量消耗，但不少生产氨基树脂企业不设置直冷凝器。

如图 10-1 所示，冷凝器下的分水器，收集冷凝下来的反应水和溶剂共沸物，由于互溶性有限，可依靠密度不同分层，上层溶剂，经回流管重新进入反应釜，水则从分水器底部排出。考虑到氨基树脂出水量较大，为简化和均衡操作，可利用密度和液位的原理，安装自动脱水装置，在脱水阶段从自动脱水装置脱水，可避免定时或不定时脱水的麻烦，也保证了操作的均衡与稳定。

脱水：水及时排出有利于醚化和缩聚反应进行。脱水时应用蒸馏法，反应釜中加约10% 丁醇的甲苯或二甲苯进行苯类溶剂-丁醇-水三元恒沸蒸馏，常压回流脱水，分水器分出水，丁醇返回。脱水法可在蒸馏脱水前先将反应体系中部分水分离，以降低能耗，缩短工时。后处理：树脂加树脂 25% 左右丁醇，等量的水；回流，静置分水，减压回流水脱尽，树脂调整黏度，冷却过滤即得澄清透明树脂。水洗除亲水性物质，增加贮存稳定性和抗水性。过滤除未反应三聚氰胺及未醚化低聚物、残余催化剂。氨基树脂生产流程示意图如图 10-2 所示。

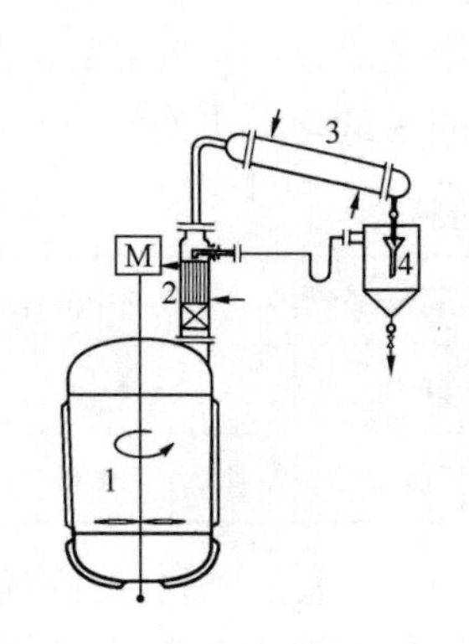

图 10-1 氨基树脂生产设备图
1—反应釜；2—直冷凝器；
3—横冷凝器；4—分水器

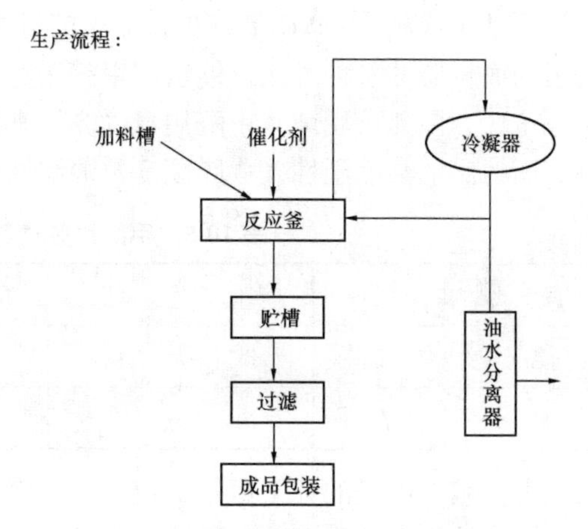

图 10-2 氨基树脂生产流程示意图

10.3 三聚氰胺树脂制造的影响因素

10.3.1 丁醇醚化三聚氰胺树脂制造的影响因素

1. 三聚氰胺与甲醛的分子量以及甲醛的质量 三聚氰胺与甲醛的分子量是影响三聚氰胺甲醛树脂质量的关键。涂料多采用含四、五个羟甲基的三聚氰胺。一般认为要获得 4 ~ 5羟甲基的三聚氰胺，1mol 三聚氰胺需用 5 ~ 8mol 甲醛。不同三聚氰胺与甲醛分子量所生成的羟甲基数见表 10-4。

表 10-4 甲醛用量对生成羟甲基的影响 mol

甲醛用量	结合甲醛用量(羟甲基数)	甲醛用量	结合甲醛用量(羟甲基数)
4	3. 32	7	4. 52
5	3. 75	8	4. 62
6	3. 99		

由表 10-4 中所列数据可以看出甲醛总是过量的。多羟甲基三聚氰胺本身缩聚的速度

主要取决于氨基上未起反应的氢原子数。羟甲基和氢原子生成次甲基而产生交联速度快，是主反应。

$$R-NH-CH_2OH + H-NH-R \longrightarrow R-NH-CH_2-NH-R \quad (10\text{-}8)$$

$$2R-NH-CH_2OH \longrightarrow R-NH-CH_2-O-CH_2-NH-R \quad (10\text{-}9)$$

羟甲基和羟甲基生成醚键速度慢，是副反应。

羟甲基生成越多，NH键越少，缩聚的可能性减少，有利于醚化改性，达到使树脂改性的目的而树脂的各种理化性能也同甲醛用量有关。三聚氰胺生成羟甲基的数量和甲醛的用量成正比，因此可用增减甲醛用量的方法来控制羟甲基生成的数量。羟甲基越多，醚化越好，而树脂的黏度干性、成膜硬度及混溶性等也与甲醛的用量有密切关系，见表10-5。

表10-5　甲醛用量对氨基树脂性能的影响

甲醛含量	黏度	固化	硬度	混溶性	溶液稳定性	汽油中的容忍度
高	低	慢	低	好	好	高
低	高	快	高	不良	不良	低

三聚氰胺与甲醛的分子量是决定三聚氰胺树脂性能的关键，要照顾到各种质量要求的平衡。一般认为，三聚氧胺与甲醛的分子量最低为1∶5.25，最高为1∶6.3，三聚氰胺与丁醇的分子量一般为1∶(5.7～7.2)。

为了正确设计配方，需要了解氨基树脂交联固化机理。氨基树脂上的羟甲基($-CH_2OH$)和丁氧基甲基($-CH_2OC_4H_9$)与成膜树脂中的羟基($-OH$)及羧基($-COOH$)交联固化形成漆膜。为提供足够多的交联基团，应尽量使设计配方的三聚氰胺∶甲醛∶丁醇(mol)最终形成以下结构：

$$\left[-OH_2C-NH-C_3N_3(-N(CH_2OH)(CH_2OC_4H_9))(-N(CH_2OC_4H_9)-CH_2-) \right]_n \quad (10\text{-}10)$$

甲醛中含有铁离子等杂质会影响树脂的颜色，甲醛中甲醇含量对反应过程也有一定影响。例如甲醇量低，会促使甲醛自聚，在树脂制造中使黏度升高，固体分降低；如甲醇含量过高，则将有部分甲醇醚化，且影响脱水阶段的分水效果。一般以甲醇含量在4%～5%为宜。

2. 催化剂的影响与选择

(1) 碱性催化剂　可以使用的碱性催化剂很多，对树脂制造影响不同。NaOH碱性强，pH值易调高；与甲醛易发生歧化反应，因此pH值不稳定，并且钠离子亲水，树脂耐水性差。氨水碱性较弱，pH 值不易调高；易挥发，pH 值不稳定，需不断补加，由于氨水挥发，不存在树脂中，成膜耐水性好。但用于白色烘漆易泛黄。$MgCO_3$ 的碱性最弱，在甲醛水溶液中溶解度小，$MgCO_3$ 悬浮在甲醛溶液中，pH 值稳定不再升高，还可以抑制甲醛中的游离酸，有利于三聚氰胺羟甲基化平稳进行，同时不会在醚化阶段与酸催化剂发生中和反应。有助滤作用，生成树脂颜色浅，外观清澈透明，贮存稳定性好。用量一般为三聚氰胺质量的 0.2% ~0.5%。

（2）酸性催化剂　醚化阶段反应呈弱酸性，我国普遍采用邻苯二甲酸酐做催化剂。邻苯二甲酸酐是弱酸性的，不能用 pH 试纸测试，一般使用固定量（三聚氰胺用量的 0.4% 左右），在酸性条件下，树脂缩聚与醚化是竞争反应。

在反应过程中，醚化应略快于缩聚，这样制得的树脂质量稳定，生产容易控制，邻苯二甲酸酐过多时，还会影响成膜的硬度和贮存稳定性。当邻苯二甲酸酐加入时，反应物最初是均一透明的，这时树脂是溶于水的，当反应进行到一定程度，丁氧基逐渐增多，溶液由透明转为浑浊，说明树脂正由亲水性（极性较强）成为疏水性（成为非极性）。在温度 85℃，不同邻苯二甲酸酐用量树脂溶液由透明转为浑浊的时间：邻苯二甲酸酐占三聚氰胺 0.4%（pH = 6）为 50min；0.6%（pH = 5.6）30min；0.8%（pH = 5.4）10min；1%（pH = 5.2）2min。一般多用 0.4% 左右。

3. 醇的种类及用量对树脂性能的影响　多羟甲基三聚氰胺含有大量的羟甲基，由于极性大，在有机溶剂中不溶解，所以需用醇类醚化改性增加非极性基团，使其能溶于有机溶剂中。低碳原子数醇醚化的树脂极性仍然较大，能溶于水，可用于水溶性涂料，比如甲醇和乙醇。而用丁醇以上的醇类醚化，才能溶于有机溶剂。醇的碳链越长，在溶剂中的溶解性越好，耐碱性、耐水性和附着力也越好。但固化速度相减慢，碳数多于 4 的醇类，在水中的溶解性小，直接用来醚化时，会形成两相，明显延缓反应速度，使缩聚反应始终快于醚化反应，使树脂尚未达到醚化改性的目的即会胶凝。在必须使用高碳醇时，反应可分两步进行，先用丁醇醚化，然后用高碳醇置换，带出丁醇，因为丁醇沸点低，可以蒸出，使醚化逐步完成。高碳醇价高，且形成的树脂干性慢，所以很少使用。醇类及其用量对树脂的影响见表 10-6。

表 10-6　醇类及其用量对树脂的影响

醇的种类及用量	黏度	固化	混溶性	容易的稳定性	溶剂汽油容忍度
长链醇	低-中	慢	很好	好	高
短链醇	低	很快	差	差	低
醇含量大	低	慢	与干性油醇酸树脂好	好	高
醇含量小	高	快	与不干性油树脂好	差	低

综上所述，丁醇醚化三聚氰胺甲醛树脂的配方应注意：

①三聚氰胺与甲醛的分子量为 1:(6 ~6.5)；②羟甲基化可用碳酸镁做催化剂，其用量为三聚氰胺质量的 0.2%；③酸化采用邻苯二甲酸酐做催化剂，用量三聚氰胺质量的 0.4% 左右；④丁醇用量按照醚化度要求，一般用量为 1mol 三聚氰胺 5.5 ~6.5mol 丁醇。

4. 反应温度和时间对树脂性能的影响　碱性介质中进行羟甲基化反应，当反应温度为 80～85℃时，测形成的羟甲基数，约 65% 以上甲醛参加反应时，可作为反应终点。80～90℃，参加反应的甲醛达到 65% 左右，可酸性醚化。醚化反应的开始阶段可以用观察发浑点的方法来确定，反应物由透明转为浑浊，即说明生成了相当数量的丁氧基，继续反应，树脂进一步缩聚和醚化，分子量增大，丁氧基增多，反应出的水越来越多，在溶剂汽油中的容忍度越来越大，这样制造的树脂称为高醚化树脂，对有机溶剂的溶解性好。制备能和不干性蓖麻油醇酸树脂相混溶的树脂时，在反应到达发浑点后保持一定时间（控制容忍度）即停止反应，这种方法制造的是低醚化度树脂，对有机溶剂溶解性差，但是，树脂中较多的活性—N—H 键与—OH 键，可以用于和其他树脂制造热固性树脂。

5. 不同脱水工艺的影响　水对氨基树脂制造有着重要的影响。制造前的原料甲醛中含有 60% 以上的水，醚化和缩聚反应也产生大量的水。在生产中，脱去部分水分，可使反应向正反应方向进行，但是过度脱水会使生成的羟甲基化中间产物过饱和析出，影响反应进行。而醚化后产物含较高水分会影响产品放置稳定性。因此在氨基树脂涂料制造以及后处理中需要脱水。可以在常压下蒸馏进行直接脱水，也可以采用分水-常压脱水法。即反应到一定程度，停止反应静置约 4h，然后放掉下层水，再进行常压脱水。或者是分水-减压脱水法。

① 直接脱水法可连续操作，但制造的树脂质量差；贮存稳定性差；

② 采用分水-常压脱水法，有利于除去亲水低分子物质、游离甲醛及杂质常压脱水醚化温度高，丁醚耗量小，但是缺点是产品缩聚度较高，树脂黏度大，固体分低，贮存稳定性较差；

③ 分水-减压脱水法分水有利于除去低分子亲水性物质、游离甲醛及杂质减压脱水反应温度，缩聚倾向小，醚化容易控制；稳定性好，但是醚化速度慢，反应时间长，丁醇耗量大；

④ 分水-常压-减压脱水法分水有利于除去亲水低分子性物质、游离甲醛及杂质；丁醇耗量小；最后以减压脱水作为终点控制，减少了缩聚倾向，醚化也易控制；贮存稳定性好。缺点是操作复杂。

第四种工艺改善了树脂的质量和贮存稳定性，是比较好的方法，但是工艺复杂，需要根据产品性能要求选用脱水工艺。

6. 树脂的后处理　氨基树脂制造中原料甲醛过量，以及原料中甲醇的存在，这些亲水性的低分子量物质，在贮存过程中容易从树脂中析出，影响外观和树脂的稳定性。增加后处理水洗工序，树脂中的低分子产物、三聚氰胺中的杂质、未反应的原料等溶解在热水中被分出，然后经过蒸馏脱去残余的水。通过水洗的树脂，贮存稳定性提高，但丁醇损耗量大，因此需要综合考虑是否进行后处理。

10.3.2　甲醇醚化三聚氰胺树脂制造影响因素

产量最大、应用最广泛的是甲醚化三聚氰胺树脂（HMMM）。与影响丁醇醚化的三聚氰胺树脂的因素相似，影响 HMMM 树脂质量的因素同样有原料与制造工艺的影响。具体讨论如下：

1. 甲醛用量的影响　甲醛用量对羟甲基化反应的影响见表 10-7。

表10-7 甲醛用量对羟甲基化反应的影响

用量(mol)		结合甲醛量(mol)	用量(mol)		结合甲醛量(mol)
三聚氰胺	甲醛		三聚氰胺	甲醛	
1	1	0.9	1	5	4.6
1	2	1.7	1	6	5.3
1	3	2.9	1	8	5.9
1	4	3.7			

因此要得到6个或接近6个羟甲基三聚氰胺就要使甲醛过量，一般三聚氰胺与甲醛比为1∶10（mol）以上。

2. 反应介质的pH值和温度对羟甲基化反应的影响 反应介质的pH值小于7，羟甲基之间易缩聚，如大于9.5，反应迅速，晶体析出太快，使反应不完全，所以pH值应控制为8～9较好。

反应温度低于50℃，三聚氰胺不能完全溶解在甲醛中，反应速度太慢；温度高于75℃，已经形成的羟甲基之间易于缩聚而使分子量增大，水溶性变差。所以羟甲基化的反应温度应选择在55～65℃较适宜。

3. 水分对羟甲基化反应的影响 水分低于50%，羟甲基三聚氰胺晶体析出太快，使反应不均匀；水分超过70%，羟甲基三聚氰胺易溶于甲醛水中，生成细晶，使过滤困难，并且滤液中溶有较多的羟甲基三聚氰胺。所以水分含量应控制在60%左右。

4. 甲醇用量、反应介质pH值和反应时间对甲氧基化的影响（表10-8）。

表10-8 甲醇用量、反应介质pH值和反应时间对甲氧基化的影响

配比(mol)		反应介质pH值	反应时间(h)	产品质量		
六羟甲基三聚氰胺	甲醇			甲氧基数	水溶性	外观
1	30	3～4	2	5.39	乳光	呈蜡状
1	20	3～4	2	5.45	微乳	呈蜡状
1	20	3～4	1	5.32	不好	呈蜡状
1	20	1～1.5	1	5.12	不好	呈蜡状
1	20	2～3	1	5.4	不好	呈蜡状
1	20	3～4	0.5	5.42	不好	呈蜡状

从表10-8中可看出，六羟甲基三聚氰胺与甲醇的比(mol)为1∶20和1∶30产品性能基本相同，甲氧基数均在5以上，从节约甲醇和减少甲醇的中毒机会考虑，选择六羟甲基三聚氰胺比为1∶20(mol)为适宜，但如采用湿法生产时，甲醇用量为1∶30。

醚化反应pH值分别控制为1～1.5和3～4，产品的甲氧基数都达到5以上，pH值过低，反应激烈，pH值超过3.5，醚化速度慢，一般适宜的甲氧基化的反应时间应控制在1h比较适宜。

5. 水分对甲氧基化的影响 甲氧基化时，羟甲基三聚氰胺含水分越多，甲氧基化速度越慢。水分不利于醚化反应，反使分子量增加，黏度上升。

6. 温度对甲氧基化的影响 温度低于25℃，反应太慢；高于60℃易产生缩聚反应成为高聚物，黏度显著上升，使过滤除盐发生困难，亲水性减弱。一般甲氧基化反应温度选

择30～50℃适宜。

总之，与丁氧基醚化三聚氰胺树脂反应一样，在进行甲氧基化反应时，也同时存在缩聚和醚化两种反应的竞争。温度高，pH值低对两者都有利。醇过量多有利于醚化反应，水分多有利于缩聚反应，应控制适度以求得到理想的六甲氧甲基三聚氰胺。

10.4 氨基树脂的制造实例

10.4.1 丁醚化脲醛树脂制造

例10-1 丁醚化脲醛树脂配方及工艺分析

（1）生产配方（表10-9）

表10-9 丁醚化脲醛树脂生产配方

原料	尿素	37%甲醛	丁醇(1)	丁醇(2)	二甲苯	苯酐
相对分子质量	60	30	74	74		
摩尔数	1	2.184	1.09	1.09		
质量份	14.5	42.5	19.4	19.4	4.0	0.3

（2）生产工艺

①将甲醛加入反应釜，用10%氢氧化钠水溶液调节pH值至7.5～8.0，加入已破碎尿素；②微热至尿素全部溶解后，加入丁醇（1），再用10%氢氧化钠水溶液调节pH＝8.0；③加热升温至回流温度，保持回流1h；（约95℃，甲醇、水、甲醛、丁醇共沸）；④加入二甲苯、丁醇（2），以苯酐调整pH值至4.5～5.5；（配成水或者丁醇溶液）；⑤回流脱水至105℃以上，测容忍度达1∶2.5为终点；⑥蒸出过量丁醇，调整黏度至规定范围，降温，过滤。

（3）技术指标（表10-10）

表10-10 丁醚化脲醛树脂技术指标

项目	外观	黏度(涂-4杯)(s)	色泽(铁钴比色计)(号)	容忍度	酸值(mgKOH/g)	不挥发分(%)
指标	透明黏稠液体	80～130	≤1	1∶2.5～3	≤4	60±2

丁醚化脲醛树脂配方和工艺分析：

①尿素2个氨基，4官能度；甲醛2官能度，故配方中，尿素、甲醛、丁醇的分子量为1∶2～3∶2～4。②尿素和甲醛弱碱性羟甲基化，加入过量丁醇，pH调至微酸性，醚化和缩聚反应，控制丁醇和酸性催化剂用量，使醚化和缩聚平衡进行。③羟甲基化过程时也可加入丁醇。④脲醛树脂醚化速度较慢，故酸性催化剂用量略多，随着醚化反应进行，树脂在脂肪烃中的溶解度逐渐增加。⑤醚化反应过程中，通过测定树脂对200号油漆溶剂油的容忍度来控制醚化程度。

例10-2 制造578-1脲醛树脂配方与技术指标

配方与指标（表10-11）

表10-11 脲醛树脂配方与指标

原料	尿素	甲醛	丁醇	NaOH(10%)	二甲苯	苯酐
投料量(kg)	700	2250	2000	适量	390	7-11
指标						
外观	黏度(涂-4杯)(s)	色泽(铁钴比色计)(号)	苯中清	酸值(mgKOH/g)	不挥发分(%)	
透明黏稠液体	500～110	≤1	清	≤2	60±2	

容忍度：二甲苯∶200号溶剂油=1∶1，1∶(3～8)浑。制造工艺同配方1，如果色泽偏深可加入适量轻质碳酸镁脱色，过滤包装。

10.4.2 丁醇醚化三聚氰胺树脂制造

丁醇醚化三聚氰胺树脂制造根据丁醇用量分为高醚化三聚氰胺树脂制造和低醚化三聚氰胺树脂制造。其中高醚化三聚氰胺树脂适于干性或半干性醇酸树脂配合使用。三聚氰胺∶甲醛∶丁醇=1∶(5.5～6.3)∶6.3为合适配比。催化剂(如$MgCO_3$)用量为三聚氰胺质量的0.5%左右。苯二甲酸酐用量也是三聚氰胺质量的0.5%左右。操作过程首先是碱性条件下羟甲基化反应后弱酸条件下醚化反应。采用分水后，二甲苯为带水剂，残留水通过减压蒸馏蒸出。而低醚化三聚氰胺树脂适于和不干性醇酸树脂配合使用，低醚化三聚氰胺树脂制造中使用的丁醇略少，其他同高醚化三聚氰胺树脂相同，控制醚化度较低。配方和生产工艺实例见例10-2。

例10-3 丁醇醚化三聚氰胺树脂的合成

（1）生产配方（表10-12）

表10-12 丁醇醚化三聚氰胺树脂的合成生产配方

原料		三聚氰胺	37%甲醛	丁醇(1)	丁醇(2)	碳酸镁	苯酐	二甲苯
相对分子质量		126	30	74	74	—	—	—
低醚化度	摩尔数	1	6.3	5.4	—	—	—	—
	质量份	11.6	46.9	36.8	—	0.04	0.04	4.6
高醚化度	摩尔数	1	6.3	5.4	0.8	—	—	—
	质量份	10.9	44.2	34.7	5.8	0.03	0.04	4.3

（2）生产工艺

①将甲醛、丁醇（1）、二甲苯投入反应釜，搅拌下缓慢加入三聚氰胺、碳酸镁；②搅匀后升温至80℃，取样观察溶液应呈现澄清透明状，pH值在6.5～7，继续升温到90～92℃，并回流1.5h；③加入苯酐，调整pH值至4.5～5.0，再回流1.5h；④停止搅拌，静置1～2h，尽量分净下层废水；⑤开动搅拌，升温回流出水，直到102℃以上，记录出水量。树脂对200号油漆溶剂油容忍度为1∶3～4；⑥蒸出部分丁醇，调整黏度至规定范围，降温过滤。

要生产高醚化度三聚氰胺树脂，可在上述树脂中加入丁醇（2），继续回流脱水，直至容忍度达到1∶10～15，取样测树脂容忍度和黏度；符合要求后蒸出部分丁醇，调整黏度至降温过滤。其技术指标如下：

（3）丁醇醚化三聚氰胺树脂的质量规格（表10-13）

表 10-13　丁醇醚化三聚氰胺树脂的质量规格

项目		低醚化度三聚氰胺树脂	高醚化度三聚氰胺树脂
色泽(铁钴比色计)(号)		≤1	≤1
不挥发分(%)		60 ±2	60 ±2
黏度(涂-4 杯)(s)		60 ~ 100	50 ~ 80
混容性	1:4(纯苯)	透 明	透 明
	1:1.5(50% 油度蓖麻油醇酸树脂)	透 明	—
	1:1.5(44% 油度豆油醇酸树脂)	—	透 明
容忍度(200 号油漆溶剂油)		1:2 ~ 7	1:10 ~ 20
酸值(mgKOH/g)		≤1	≤1
游离甲醛(%)		≤2	≤2

10.4.3　异丁醇醚化三聚氰胺树脂

异丁醇和正丁醇都是伯醇，由于甲基的空间屏蔽作用，影响了羟基的活性，所以虽然异丁醇醚化合成三聚氰胺树脂的工艺与丁醇醚化三聚氰树脂的合成工艺相似，但异丁醇醚化速度较正丁醇慢。容忍度相同时，异丁醇醚化树脂的异丁氧基含量较低，反应时间较长。

例 10-4　异丁醇醚化三聚氰胺树脂的生产配方和工艺

（1）生产配方（表10-14）

表 10-14　异丁醇醚化三聚氰胺树脂生产配方

原料	三聚氰胺	37% 甲醛	异丁醇	碳酸镁	苯酐
相对分子质量	126	30	74		
摩尔数	1	6.3	6.9		
质量(份)	10.6	42.8	42.8	0.05	0.07

（2）生产工艺

① 将甲醛、异丁醇投入反应釜，搅拌下加入碳酸镁、三聚氰胺；

② 搅匀后升温，并回流 3h；

③ 加入苯酐，调整 pH 值至 4.4 ~ 4.5，再回流 2h；

④ 加入二甲苯，搅匀后静置，分出水层；

⑤ 常压回流出水，直到 104℃以上，树脂对 200 号油漆溶剂油容忍度为 1:4；

⑥ 蒸出过量异丁醇，调整黏度至规定范围，冷却过滤。

容忍度：以三聚氰胺树脂溶液对涂料用 200 号溶剂汽油的容忍度来表示丁醇醚化度的大小。

例 10-5　低容忍度的 585-1 氨基树脂

（1）配方与指标（表10-15）

表 10-15　低容忍度的 585-1 氨基树脂配方与指标

原料	三聚氰胺	甲醛	异丁醇	轻质碳酸镁	二甲苯	苯酐
投料量(kg)	600	2450	2200	2.1	360	2.3
指标						
外观	黏度(涂-4 杯)(s)	色泽(铁钴比色计)(号)	苯中清	酸值(mgKOH/g)	不挥发分(%)	容忍度
透明	100～150	≤1	清	≤1	60±2	1:(3～10)

（2）生产工艺

① 先将异丁醇、二甲苯投入反应釜，搅拌下加入轻质碳酸镁、三聚氰胺，再投入甲醛；逐渐升温，当温度达到 80℃时，停止加热，维持 1h，升温至回流；

② 回流反应 3h，关闭蒸汽，回流停止后关搅拌；

③ 加入苯酐，开搅拌，再回流 2h；

④ 关闭蒸汽，关搅拌，静止 1h 后，分出水层；

⑤ 开搅拌，常压回流，脱出水，直到 100～101℃，第一次取样中控，整个回流脱水阶段控制在 4～5h；

⑥ 中控测试（黏度，容忍度）：此时测试结果一般为（25℃）

黏度(涂-4 杯)(s)　30～40s　容忍度　1:(2～3)浑

⑦ 不断蒸出过量溶剂，并进行终点控制，要求达到

黏度(涂-4 杯)(s)　110～140s　苯中清　清　容忍度　1:(4～9)浑

若容忍度偏高，脱除溶剂要快，过分高时，可考虑减压脱溶剂。如果色泽偏深可加入适量轻质碳酸镁脱色。

⑧ 达到要求后，降温至 80℃，调整黏度至规定范围，冷却过滤包装。

例 10-6　高容忍度的 585-2 氨基树脂制造

（1）配方与指标（表 10-16）

表 10-16　高容忍度的 585-2 氨基树脂配方与指标

原料	三聚氰胺	甲醛	异丁醇	轻质碳酸镁	二甲苯	苯酐
投料量(kg)	600	2450	2300	2.1	360	2.6
指标						
外观	黏度(涂-4 杯)(s)	色泽(铁钴比色计)(号)	苯中清	酸值(mgKOH/g)	不挥发分(%)	容忍度(200 号溶剂油)
透明	90～140	≤1	清	≤1	60±2	1:(10～20)

（2）生产工艺

① 先将异丁醇、二甲苯投入反应釜，搅拌下加入轻质碳酸镁、三聚氰胺，再投入甲醛；逐渐升温，当温度达到 80℃时，停止加热，维持 1h，升温至回流；

② 回流反应 3h，关闭蒸汽，回流停止后关搅拌；

③ 加入苯酐，开搅拌，再回流 2h；

④ 关闭蒸汽，关搅拌，静止1h后，分出水层；

⑤ 开搅拌，常压回流，脱出水，直到100～101℃，第一次取样中控，整个回流脱水阶段控制为4～5h；

⑥ 中控测试（黏度，容忍度）：此时测试结果一般为（25℃）

黏度(涂-4杯)(s)　　30～40s　容忍度　1:(5～8)浑

⑦ 不断蒸出过量溶剂，并进行终点控制，要求达到

黏度(涂-4杯)(s)　　100～130s　　苯中清　清　　容忍度　1:(12～18)浑

若容忍度偏高，脱除溶剂要快，过分高时，可考虑减压脱溶剂。如果色泽偏深可加入适量轻质碳酸镁脱色。

⑧ 达到要求后，降温至80℃以下（为了避免容忍度突变，585-2氨基树脂制造一般允许加轻质碳酸镁脱色），过滤包装。

10.4.4 苯代三聚氰胺甲醛树脂的制造

和脲醛树脂、三聚氰胺树脂一样，苯鸟粪胺与甲醛、丁醇反应制得的丁醇醚化苯鸟粪胺树脂可用作涂料交联剂。从苯鸟粪胺的结构可以看到，三嗪环上有两个氨基，1mol鸟粪胺最多与4mol甲醛反应，即比三聚氰胺官能度小。与三聚氰胺树脂相比，苯鸟粪胺树脂固化成网状结构的程度小，和其他树脂相溶性好，初始光泽、耐热性、耐药品性、耐水性、硬度好。但是由于交联性能差，固化得到的漆膜性能对温度的依赖性大，耐光性差。因此，它只适用作底漆或底漆内的交联剂。合成原理与三聚氰胺甲醛树脂基本相同。弱碱性羟甲基化，弱酸性条件下羟甲基化产物与醇类同时醚化和缩聚。由于苯环的引入，降低了官能度，氨基反应活性也降低。其反应性介于尿素与三聚氰胺之间。

例10-7　苯代三聚氰胺甲醛树脂生产配方和工艺

（1）生产配方（表10-17）

表10-17　苯代三聚氰胺甲醛树脂生产配方

原料名称	相对分子质量	用量(mol)	用量(g)
苯代三聚氰胺	187	1	187
37%甲醛	30	3.2	269
丁醇	74	4	296
二甲苯			66
苯二甲酸酐			0.6

（2）生产工艺

① 将甲醛用10% NaOH溶液调节pH值为8，加入丁醇及二甲苯；

② 在搅拌下慢慢地加入苯代三聚氰胺，升温至沸腾，在常温下回流脱水；

③ 当出水95份后冷却，加入苯二甲酸酐，调pH值为5.5～6.5，继续升温回流脱水，至水分基本出尽。

④ 温度达105℃以上，取样测与苯的混溶性，至1:4纯苯不浑浊为终点，蒸出过量丁醇。冷却过滤。

（3）技术指标（表10-18）

表10-18 苯代三聚氰胺甲醛树脂技术指标

颜色(FeCo法)/(号)	≤1	黏度(涂-4杯，25℃)(s)	30~60
不挥发分(%)	60±2	干性(与44%油度豆油醇酸3:7)	120(℃/h)
酸值(mgKOH/g)	≤2		

丁醚化苯代三聚氰胺甲醛树脂合成工艺特点：①苯代三聚氰胺官能团比三聚氰胺少，合成时，甲醛和丁醇的用量减少；②一般配方中，苯代三聚氰胺、甲醛、丁醇分子量1:3~4:3~5；③第一步碱性介质中进行羟甲基化反应；④第二步在微酸性介质中进行醚化和缩聚反应；⑤水分可用分水法或蒸馏法除法。

10.4.5 六甲氧基三聚氰胺（HM3）树脂制造

HM3干法制造是指制备的羟甲基三聚氰胺除水及过量甲醛，低温干燥到一定含水率(5%~15%)，再干法的中间体含水及游离甲醛少，使醚化反应迅速完全，对稳定质量有保证，但增加分离、干燥等工序，虽然在密闭条件下进行，但总有一些甲醛气体逸出影响工人健康。

湿法是在六羟甲基三聚氰胺结晶后，即在原反应釜内，抽滤以便除去水分及过量甲醛，然后加甲醇进行甲氧基化反应。由于抽滤不可能很干，残留的水分及游离的甲醛较干法多，对甲氧基化有影响，质量不及干法稳定，为了弥补这个缺陷，可以采用二次醚化法，为防止缩聚反应的产生，第一次醚化反应一个较短时间即用碱中和，在减压下利用大量的甲醇带出水分及游离甲醛。然后加入第二批新鲜甲醇，调节pH值，进行第二次醚化。湿法工序少，劳动条件好，但甲醇耗用量多，要增添回收设备，而且质量也不稳定，所以一般都采用干法。

例10-8 干法HM3树脂制造

HM3树脂制造分为两步，首先是羟甲基三聚氰胺（HM2）的制备，然后以HM2为原料制备HM3。

羟甲基三聚氰胺（HM2）的制备：

（1）生产配方（表10-19）

表10-19 羟甲基三聚氰胺（HM2）生产配方

原料名称	相对分子质量	用量(mol)	用量(g)
三聚氰胺	126	1	25.2
37%甲醛	30	10	162
蒸馏水			9.2

（2）生产工艺

将甲醛（为反应物总量的60%）加入装有回流冷凝器、温度计的反应釜中，以10% NaOH溶液调节pH值等于9，慢慢地加入三聚氰胺，控制放热，使之溶解透明后再用10% NaOH调节pH值等于9，在60~65℃保温至结晶析出，停止搅拌，保温4h，分离废水和游离甲醛，在55℃以下低温干燥到含水率为5%~15%。羟甲基含量应大于5。

六甲氧甲基三聚氰胺（HM3）制造配方和工艺：

（1）制造配方（表10-20）

表 10-20 六甲氧甲基三聚氰胺（HM3）制造配方

原料名称	相对分子质量	用量(mol)	用量(g)
HM2	306	1	306
甲醇	32	20	640
盐酸			5
氢氧化钠			21.5

（2）生产工艺

将甲醇投入反应釜，搅拌下用盐酸调节 pH 值等于 1～2，加入 HM2 后搅拌升温至 40℃，待 HM2 全部溶解透明后，测 pH 值应不大于 3，否则再予调整。在 40～45℃时，保持醚化反应 1h，反应介质 pH 值始终控制在 2～3。之后加 10% NaOH 溶液中和至 pH＝9，真空脱醇，真空度约为 93325.4Pa，温度最高不超过 60℃，至基本无甲醇馏出为止，加入丁醇稀释至不挥发分 30% 左右。真空抽滤除盐。

（3）质量要求：甲醚化值（甲氧基含量）：≥5；溶解性：溶于醇类，部分溶于水；游离甲醛含量：≤3%。

10.4.6 甲醚化脲醛树脂制造

甲醚化脲醛树脂具有良好的醇溶性和水溶性，固化性能好，对金属有良好的附着力，成本较低，可用作高固体涂料及无溶剂涂料交联剂。甲醚化脲醛树脂的合成机理和影响因素与甲醚化三聚氰胺树脂相似。

例 10-9 甲醚化脲醛树脂生产配方和工艺

（1）生产配方（表 10-21）

表 10-21 甲醚化脲醛树脂生产配方

原料名称	相对分子质量	用量(mol)	用量(g)
尿素	60	1	60
多聚甲醛(93%)	30	3	96.77
甲醇	32	3	96
异丙醇			

（2）生产工艺

①将甲醇、多聚甲醛投入反应釜，开动搅拌，以三乙调节 pH 值为 9.0～10.0，升温到 50℃，保温到反应物透明。②加入尿素，升温回流 30min，用甲酸调 pH 值为 4.5～5.5，再继续回流 3h。③降温到 25℃，以浓硝酸调节 pH 值到 2.0～3.0，在 25～30℃保持 1h。④以 30% 氢氧化钠溶液调 pH 值为 8.0，真空蒸除挥发物，直到 100℃，93kPa 真空度时基本无液体蒸出。⑤以异丙醇稀释至规定的不挥发分，过滤。

（3）质量要求（表 10-22）

表 10-22 质量要求

颜色(Fe-Co 法)(号)	≤1	游离甲醛(%)	≤2
黏度(Pa·s)	1.5～3.2	溶解性	溶于醇和水
不挥发分(%)	88±2		

10.5　质量控制与安全生产

10.5.1　质量指标

1. 容忍度　指树脂对 200 号溶剂汽油的容忍度，表示醚化程度的高低。容忍度低表示树脂的醚化程度低，含活性羟甲基较多，与醇酸树脂的交联度大。若与短油度醇酸树脂配合或需要提高漆膜硬度时，容忍度应该低些，在 3～12 之间（质量比）。低醚化度树脂由于极性大，所以能与极性大的短油度醇酸树脂混溶。若需要与长油度醇酸树脂配合，则需要容忍度高的氨基树脂。因为长油度醇酸树脂含脂肪烃溶剂，两种树脂都具有较大的非极性，能够互相混溶。然而容忍度太高的氨基树脂不易固化，成膜硬度低，但可以添加固化促进剂以提高固化性能。

2. 树脂的黏度　树脂的黏度与树脂的固体分、醚化及缩聚有着密切的关系。在配方一定的情况下，缩聚度大，黏度将升高，醚化度大，黏度降低。因此控制适当的黏度范围内，从一个方面反映了树脂的反应程度。每批生产的产品，在固体分一致的情况下，黏度均在一定范围内且容忍度合格，这样的树脂，在质量上就比较稳定、可靠。

3. 树脂的固体分　树脂的固体分过高，易产生凝胶；过低，在大量丁醇及酸性条件下，继续醚化，容忍度升高。固体分过低时，在大量丁醇存在下，当有酸性条件和适宜的温度时，可能继续醚化，使容忍度升高。提高固体分势必要脱出大量的丁醇，过多地消耗羟甲基和丁氧基，树脂缩聚加剧，导致黏度增大，贮存稳定性变差，使氨基树脂与其他含羟基树脂的交联反应性降低，甚至造成胶凝。由此可见，固体分过高和过低，对树脂质量都有影响。

4. 树脂的酸值　树脂中酸值越低，贮存稳定性越好。若酸值偏高，树脂会继续醚化。

5. 游离甲醛含量　树脂中游离甲醛量越低越好，不应超过 0.5%，否则易使漆膜产生针孔。一般高甲醛降低性能不应超过 0.5%。

6. 树脂与苯的混溶性　树脂与苯混（1 份纯脂与 4 份纯苯）澄清、透明。

10.5.2　制造中常见问题

1. 树脂问题　①黏度大而固含量低，树脂黏度合格，而固体含量偏低，主要是树脂缩聚快于醚化，过度缩聚造成分子量增大所致。可适当补加丁醇，再继续进行一段时间的醚化反应，有时有效，但仍以严格控制反应条件为好。如果甲醛含铁量高应将甲醛预先处理后再使用。②树脂容忍度不符合要求及与苯的混溶性不良。树脂醚化不够，丁氧基含量少会造成容忍度低。树脂制造到达终点，后处理未将水全部除尽，水在苯中析出，产生浑浊。

2. 树脂贮存中的问题　贮存稳定性差。①后处理水或者亲水性杂质未分离干净，树脂贮存后出现浑浊。可重新水洗，除杂。②贮存中树脂黏度上升，混溶性变差。可能的原因有树脂缩聚过度，醚化不足，或者溶剂部分丁醇含量不足，树脂本身继续缩聚，而使黏度上升。制备树脂时，苯二甲酸酐用量过多，在室温下加速了树脂在贮存过程中的进一步反应。

3. 成膜中出现问题 ①树脂和不干性油醇酸树脂混溶性不良及成膜外观出现白雾，甚至皱皮，无光等病态。可能的原因包括：缩聚反应快于醚化反应，树脂分子量大，羟甲基减少；或者醚化过度，树脂含丁氧基太多。②在同样的配比、烘烤温度和时间下，漆膜干性慢、硬度低。③由于树脂内存在亲水性小分子量树脂或钠离子等，或者烘干不够，漆膜发白、起泡、剥落和耐水性差。

10.5.3 安全注意事项

注意防火防爆和防毒。生产中使用丁醇、二甲苯和甲醇等易挥发和燃烧的有机溶剂，所以生产场所不得使用明火，以避免引起火灾和爆炸。甲醇对人的眼睛损伤很严重，误饮后能导致失明；甲醛对皮肤有强烈的腐蚀性，对人体健康有严重危害。

10.6 氨基树脂漆膜固化反应与涂料制造实例

氨基树脂应用在涂料行业中，醚化的氨基树脂主要作为交联剂，与基体树脂交联成膜，选择不同的基体树脂，得到不同的漆膜性能，应用于不同的领域；同样的基体树脂，配以不同的氨基树脂，也会得到不同的涂膜性能。本节主要学习氨基树脂漆膜固化反应以及作为醇酸树脂以及环氧树脂交联剂制造的涂料。

10.6.1 涂膜固化反应

氨基漆涂膜固化时，与氨基交联反应的基团一般是羟基（—OH）、羧基（—COOH）、酰胺基（—CO—NH_2）、环氧基。氨基树脂参与反应的主要是羟甲基（═N—CH_2OH）、亚氨基（═NH）、烷氧基甲基（═N—CH_2OR）三种基团。

氨基树脂中的烷氧基甲基是主要的交联基团，与基体树脂的羟基之间进行醚交换反应是主要的固化反应，需要在一定温度下完成交联反应固化成膜，羟甲基之间既会自缩聚，也能与基体树脂发生交联。羟甲基的反应性比烷氧基甲基大，亚氨基主要是自缩聚基团，容易与甲基自聚，也能进行双烯加成反应。

氨基树脂中的羟甲基、烷氧基甲基与基体树脂结构中的羟基交联反应：

$$R_1R_2NCH_2OH + HO\sim R \xrightleftharpoons{H^+} R_1R_2NCH_2O\sim R + H_2O$$

$$R_1R_2NCH_2OR_3 + HO\sim R \xrightleftharpoons{H^+} R_1R_2NCH_2O\sim R + HOR_3$$

氨基树脂结构中的羟甲基、亚氨基之间发生自缩聚反应：

$$R_1R_2NCH_2OH + HNR_4R_5 \xrightleftharpoons{H^+} R_1R_2N—CH_2—NR_4R_5 + H_2O$$

$$R_1R_2NCH_2OH + HOCH_2NR_4R_5 \xrightleftharpoons{H^+} R_1R_2N—CH_2—NR_4R_5 + HCOH + H_2O$$

提高交联固化温度、加大酸催化剂用量后，也能与羧基发生反应：

$$R_1R_2NCH_2OH + HOOC\sim R \xrightleftharpoons{H^+} R_1R_2NCH_2OOC\sim R + H_2O$$

$$R_1R_2NCH_2OR_3 + HOOC\sim R \xrightleftharpoons{H^+} R_1R_2NCH_2OOC\sim R + R_3OH$$

氨基树脂结构中的羟甲基与基体树脂结构中的酰氨基交联反应：

$$R_1R_2NCH_2OH + H_2N—CO \sim R \underset{}{\overset{H^+}{\rightleftharpoons}} R_1R_2N—CH_2—NH—CO \sim R + H_2O$$

氨基树脂结构中的羟甲基、烷氧基甲基与环氧基的交联反应：

$$R_1R_2NCH_2OH + H_2C\underset{\diagdown O \diagup}{——}C \sim R \xrightarrow{H^+} R_1R_2NCH_2OCH_2—\underset{\underset{OH}{|}}{CH} \sim R$$

$$R_1R_2NCH_2OR_3 + H_2C\underset{\diagdown O \diagup}{——}C \sim R \xrightarrow{H^+} R_1R_2NCH_2OCH_2—\underset{\underset{OR_3}{|}}{CH} \sim R$$

氨基树脂结构中的羟甲基、烷氧基甲基、亚氨基之间也有可能发生自缩聚反应：

$$R_1R_2NCH_2OR + HNR_4R_5 \overset{H^+}{\rightleftharpoons} R_1R_2N—CH_2—NR_4R_5 + ROH$$

$$R_1R_2NCH_2OR + HOCH_2NR_4R_5 \overset{H^+}{\rightleftharpoons} R_1R_2N—CH_2—NR_4R_5 + ROH + H_2O$$

$$R_1R_2NCH_2OR + R_3OCH_2NR_4R_5 \overset{H^+}{\rightleftharpoons} R_1R_2N—CH_2—NR_4R_5 + RO—CH_2—OR_3$$

外加酸催化剂，可促进氨基树脂与基体树脂的交联反应，但必须选择合适的酸催化剂。若在通常的贮存条件下，采用的酸催化剂已开始释放酸性，氨基漆的贮存稳定性等势必受到影响，如采用涂装前加入的方式，可能造成使用量的不确定性，影响氨基漆的性能。

10.6.2 氨基-环氧热固性涂料制造实例

环氧树脂是热塑性的，分子结构中的环氧基与氨基树脂中的羟甲基及烷氧基交联，形成了性能优异的涂膜，有很好的应用价值。涂膜有良好的耐盐雾性、耐水性，又有良好的附着力、硬度，但耐候、耐黄变性较差，因此，氨基－环氧烘漆体系适用于生产底漆。目前应用较为广泛的是卷钢涂料底漆中采用的脲醛树脂与环氧树脂固化体系。以下为卷钢环氧底漆配方。

1. 轧浆配方（表10-23）

表10-23 轧浆配方

原料名称	用量(kg)	原料名称	用量(kg)
50% 609 环氧溶液	441	DBE	7
锌黄粉	89	大豆磷脂	6.5
锶铬黄粉	18	乙二醇丁醚	163
钛型钛白粉	224	醋酸丁酯	17.5
超细滑石粉	34	合计	1000

2. 配漆配方（表10-24）

表10-24 配漆配方

原料名称	用量(kg)	原料名称	用量(kg)
环氧底漆浆	1000	醋酸丁酯	74
50%环氧溶液	612	乙二醇丁醚	86
丁醚化脲醛树脂	79	环己酮	29
15%磷酸丁醇	7		

10.6.3 氨基-醇酸热固性涂料制造

氨基树脂与醇酸树脂匹配生产的烤漆，是涂料行业应用最早、最普遍的烤漆，形成的涂膜有良好的硬度、光泽、耐酸碱性、耐水性和耐候性，应用于汽车、自行车、洗衣机、缝纫机、小型家电、灯具外饰等轻工产品的涂装，采用合适的消光粉或体质颜料，氨基醇酸烤漆还可制成亚光漆和半光漆。常用的氨基醇酸属于溶剂性体系，用部分甲醚化氨基树脂配合水性醇酸树脂，可生产水性氨基醇酸烤漆。

中、长油度醇酸树脂主要用于生产自干性醇酸磁漆，应用于氨基醇酸烤漆体系的，通常采用短油度醇酸树脂。短油度醇酸树脂要保证生产稳定，一般需要相对较高的醇超量，树脂羟值也相对高些，从而有利于氨基树脂交联，涂膜硬度高。采用低醚化度的三聚氰胺树脂，配合中油度干性油醇酸树脂，用二甲苯稀释，可生产电机、电器用氨基绝缘漆。以582-2 氨基树脂为交联剂制造，氨基-344-2（短油度豆油醇酸树脂）烤漆见例 10-10。

例 10-10 氨基-344-2（短油度豆油醇酸树脂）烤漆制造

氨基清漆配方（表 10-25）：

表 10-25 氨基清漆配方

原料名称	用量(kg)	原料名称	用量(kg)
344-2 醇酸树脂	320	二甲苯	30
582-2 氨基树脂	118.5	1% 甲基硅油	1.5
丁醇	30		

氨基白漆配方（表 10-26）

表 10-26 氨基白漆配方

原料名称	用量(kg)	原料名称	用量(kg)
40% 白浆	625	二甲苯	20
344-2	155	35% 群青浆	2
582-2	175	1% 甲基硅油	3
丁醇	20		

注：40% 白浆组成为 40% 钛白粉、58% 的 344-2、2% 二甲苯。35% 群青浆组成为 35% 群青、63% 344-2、2% 二甲苯。

配方实例：344-2 醇酸树脂

配方（表 10-27）

表 10-27 344-2 醇酸树脂配方

原料名称	用量(kg)	原料名称	用量(kg)
豆油	1051	顺酐	15
苯酐	1000	对稀二甲苯	1781
回流二甲苯	170	LiOH	0.5
甘油	566	次磷酸	2.5

指标（表 10-28）

表 10-28　344-2 醇酸树脂指标

外观	透明	T-4 黏度(25℃)	200～400s
酸值(mgKOH/g)	≤11	色泽(Fe-Co)	≤5
不挥发分(%)	55±2		

工艺：

① 将豆油、甘油投入反应釜，开搅拌加入 LiOH，加热升温，并在 240～250℃醇解维持。

② 醇解 1h 后，取样测试醇解是否完成，测试方法(样品∶无水甲醇 = 1∶3 清/室温)，一般醇解时间不超过 3h。

③ 醇解到终点后，冷却到 180℃以下，加入苯酐、顺酐、次磷酸（与少量甘油混匀后加入）及回流二甲苯，打开直冷凝器及横冷凝器冷却水，升温至回流，进行酯化反应。

④ 酯化 1h 后，关闭直冷凝器冷却水，注意控制脱水及升温速度，最高酯化温度≤220℃。

⑤ 酯化反应 2h 后，开始取样测黏度、酸值。

中控取样 11.7g 样品 +8.3g 二甲苯

要求控制：

加氏黏度(25℃)　15～19s　　酸值(mgKOH/g)　≤11

⑥ 酯化反应达到规定要求后，冷却到 180℃以下放料到对稀釜（对稀釜中先加入部分对稀二甲苯）；反应釜中加入剩余对稀二甲苯，洗釜后放入对稀釜，搅拌均匀、复测调整黏度。符合要求后过滤包装。

第 11 章　环氧树脂与环氧酯树脂制造

环氧树脂漆在以成膜物为基础的涂料 18 大类分类中属于第 13 类环氧树脂漆类，代号为 H。环氧树脂是指分子结构中含有 2 个或 2 个以上环氧基，能和其他试剂反应，形成三维网状固化物的化合物的总称，是一类重要的热固性树脂。环氧树脂结构特点是含有缩水甘油基团和羟基，主链由醚键组成。环氧树脂具有优良的抗化学品性能，特别是抗酸碱性能，对金属有很好的附着力，它刚性强，耐热、耐磨性都很好，固化成膜时体积收缩小，电气性能优良，因此广泛应用于粘合剂、电子工业和涂料中。但是由于醚键的亚甲基易受光氧化，光稳定性差，在涂料工业中一般用于底漆的成膜物。

环氧树脂在涂料中应用较广泛，是防腐涂料中骨干树脂，可通过其他材料改性赋予新的性能。如用丙烯酸酯类改性，可以制得紫外光（UV）固化树脂；用聚氨酯固化改性的环氧树脂，可以常温固化，其涂膜的耐水性、耐溶剂性、耐化学药品性和柔韧性得以改善；用酚醛树脂改性的环氧树脂，其力学性能、电性能和耐热性能得以改善。低污染型环氧树脂也有较快发展。双酚 A 环氧树脂曾用于制造食品罐头内壁涂料、远洋舰船饮水舱内壁涂料，双酚 A 为原料制造塑料还用于婴儿奶瓶和玩具、成人眼镜等。近年来从欧盟传来信息，双酚 A 会在人体中累积，造成不良影响，要求先从婴儿奶瓶和玩具和与食品接触的制品中退出。

环氧酯树脂是用油或者有机酸改性的环氧树脂。环氧酯涂料具有以下特性及应用：

①单组分包装，贮存稳定性好，施工方便；由不同品种脂肪酸不同的配比与环氧树脂制得，环氧酯涂膜性能多样化。②可采用价低的烃类做溶剂；环氧酯对颜、填料适应性好。③环氧酯与其他合成树脂混溶性好，如与氨基树脂或酚醛树脂并用，可制造性能不同的烘干型涂料。④由环氧酯制成清漆、磁漆、底漆和腻子等，在使用时呈现出不同的特性。⑤对铁、铝金属基材有很好的附着力，涂料坚韧、耐冲击性好、耐腐蚀性较强，与面层涂料配套性很好。⑥由于环氧酯中含有酯基，故耐碱性不好，但比醇酸树脂的耐碱性好。涂料的耐酸类介质性能等尚需改进提高。⑦环氧酯树脂可以用于各种金属底漆、电器绝缘涂料、化工厂设备防腐蚀涂料、汽车、拖拉机及其他及其设备打底防护等领域。

环氧酯树脂分为：①水溶性环氧酯树脂。除甘油环氧树脂，绝大多数环氧树脂不溶于水。而水溶性环氧酯树脂是由不饱和脂肪酸与环氧树脂加成-缩合酯化反应生成的脂肪酸环氧酯；然后加入不饱和二元脂肪酸酐及引发剂进行双键加成，在脂肪酸环氧酯上引入羧基，碱（醇胺或氨水）中和成盐，得到水溶性阴离子环氧酯树脂，用于制造阳极电泳涂料。用于制造水溶性环氧酯树脂的环氧树脂有 E-20(601)、E-12(604) 和 E-35(637) 等；不饱和脂肪酸有亚麻油酸、豆油酸、脱水蓖麻油等；不饱和二元酸酐有顺丁烯二酸酐、反丁烯二酸酸等（见 11.7 水性环氧酯树脂制造）。②无溶剂型环氧酯树脂。丙烯酸与环氧树脂进行加成酯化反应得到的丙烯酸环氧酯齐聚物。为强调参与光固化的不饱和双键，称无溶剂型丙烯酸环氧酯为环氧丙烯酸酯：如磷改性环氧丙烯酸酯、双酚 A 型环氧丙烯酸酯等。丙烯酸环氧酯齐聚物多是通过丙烯酸羧基与环氧树脂的环氧基加成酯化反应得到，其酯键上与氧原子连接的基团是环氧树脂分子骨架；而常用的单体是通过丙烯酸的羧基与醇类的羟基缩合酯化反应得到的产物，其酯键上与氧原子连接的基团是烷基，有优良的粘结性、耐化学药品性、耐温性和抗蚀性（见粉末涂料制造）。③溶剂型环氧酯树脂。溶剂型环氧酯树脂（简称环氧酯），是本章学习重点。

11.1　制造原料

11.1.1　环氧树脂的种类、性能与制造原料

1. 环氧树脂种类　环氧树脂种类繁多，制造的原料品种多。按照化学结构，环氧树脂可分为缩水甘油类环氧树脂和非缩水甘油类环氧树脂两大类。

（1）缩水甘油类环氧树脂　缩水甘油类环氧树脂可看成缩水甘油（$\overset{O}{CH_2—CH}—CH_2—OH$）的衍生化合物。主要有缩水甘油醚类、缩水甘油酯类和缩水甘油胺类 3 种。

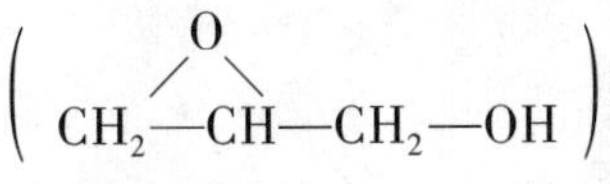

① 缩水甘油醚类　缩水甘油醚类环氧树脂是指分子中含缩水甘油醚的化合物，常见主要有以下几种：双酚 A 型环氧树脂是目前应用最广的环氧树脂，占实际使用的环氧树脂中的 85% 以上。

其化学结构式为

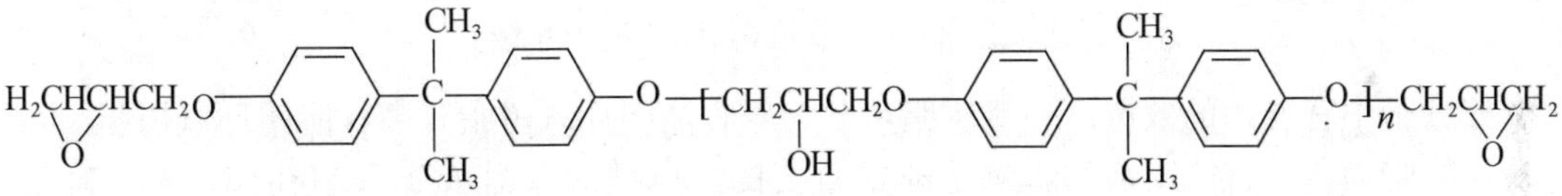

$$H_2\underset{O}{CHCH}CH_2O—C_6H_4—C(CH_3)_2—C_6H_4—O—[CH_2\underset{OH}{CH}CH_2O—C_6H_4—C(CH_3)_2—C_6H_4—O]_n—CH_2\underset{O}{CHCH_2}$$

如线性酚醛型环氧树脂：

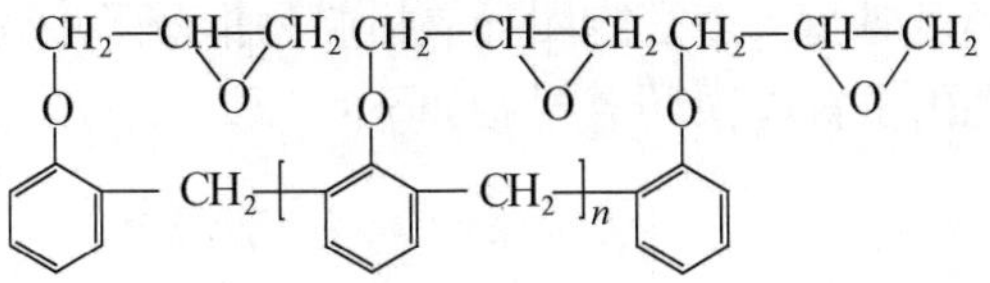

$$\underset{O}{CH_2—CH—CH_2}\ \ \underset{O}{CH_2—CH—CH_2}\ \ \underset{O}{CH_2—CH—CH_2}$$
$$O—C_6H_4—CH_2—[C_6H_3(O)—CH_2]_n—C_6H_4—O$$

如脂肪族缩水甘油醚树脂：

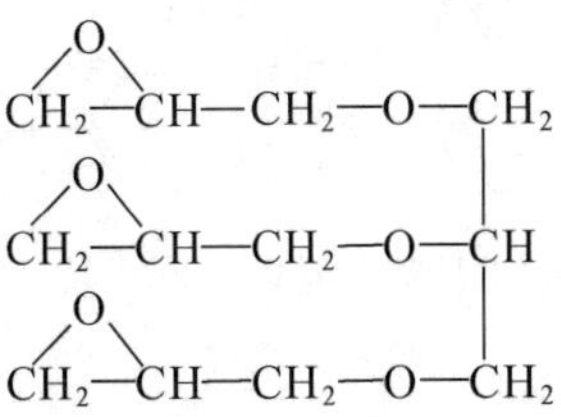

$$\underset{O}{CH_2—CH}—CH_2—O—CH_2$$
$$\underset{O}{CH_2—CH}—CH_2—O—CH$$
$$\underset{O}{CH_2—CH}—CH_2—O—CH_2$$

② 缩水甘油酯类　如邻苯二甲酸二缩水甘油酯，其化学结构式为

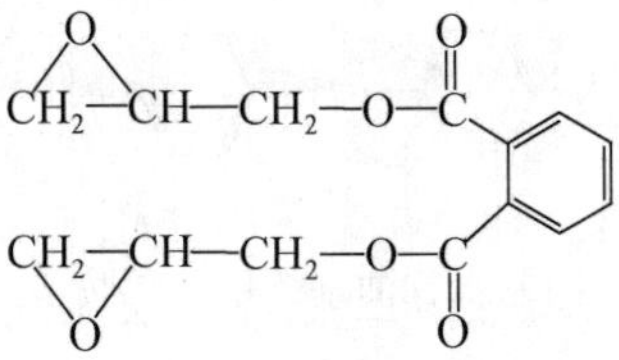

$$\underset{O}{CH_2—CH}—CH_2—O—\overset{O}{C}—C_6H_4—\overset{O}{C}—O—CH_2—\underset{O}{CH—CH_2}$$

③ 缩水甘油胺类　由多元胺与环氧氯丙烷反应而得，如：$RR'N-CH_2-CH(O)CH_2$

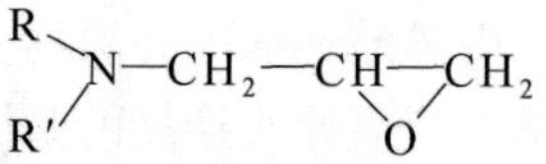

（2）非缩水甘油类环氧树脂　非缩水甘油类环氧树脂主要是用过醋酸等氧化剂与碳-碳双键反应而得。主要是指脂肪族环氧树脂、环氧烯烃类和一些新型环氧树脂。

脂环族环氧树脂

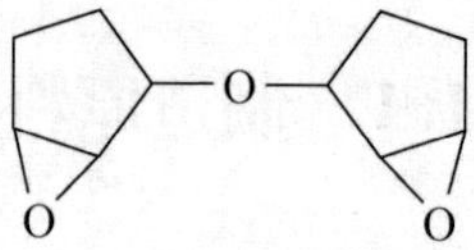

双（2，3-环氧基环戊基）醚

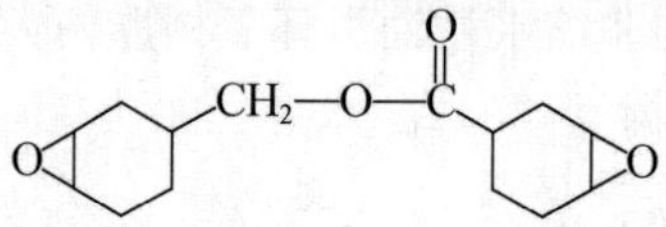

3，4 环氧基环己基甲酸-3′，4′-环氧基环己基甲酯

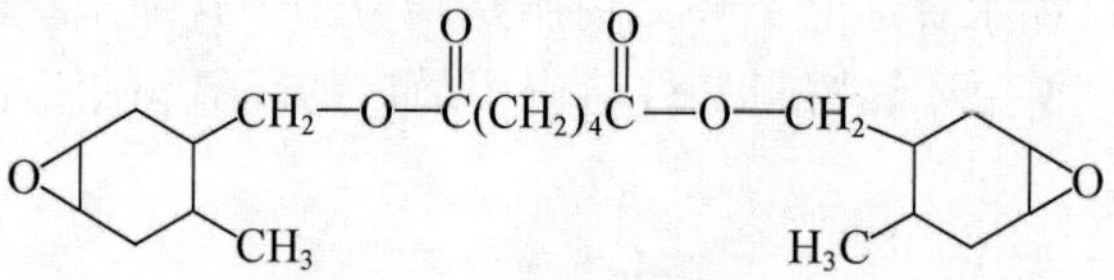

己二酸二（3，4-环氧基-6-甲基环己基甲酯）

按分子中官能团的数量，环氧树脂可分为双官能团环氧树脂和多官能团环氧树脂。对反应性树脂而言，官能团数的影响是非常重要的。典型的双酚 A 型环氧树脂、酚醛环氧树脂属于双官能团环氧树脂。多官能团环氧树脂是指分子中含有 2 个以上的环氧基的环氧树脂。几种有代表性的多官能团环氧树脂如下：

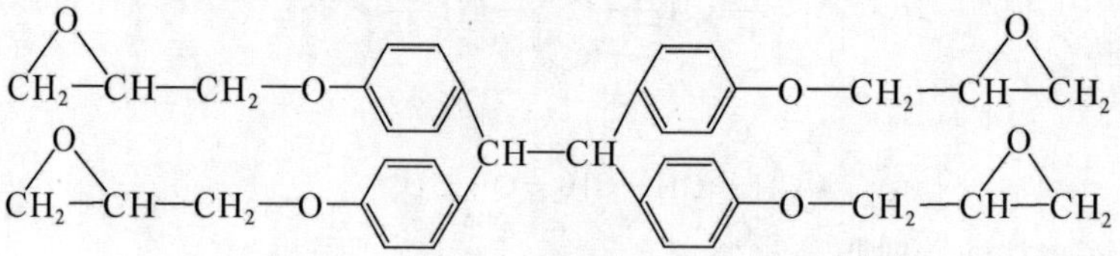

四缩水甘油醚基四苯基乙烷

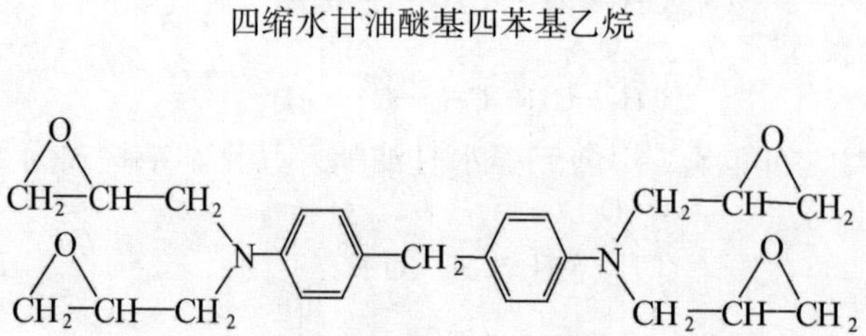

四缩水甘油基二甲苯二胺

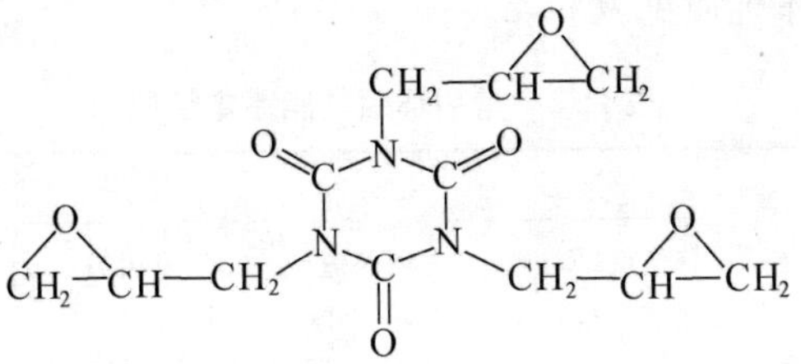

三缩水甘油基三聚异氰酸酯

2. 环氧树脂性能 环氧树脂多型号，性能各异，其性能由特性指标确定。环氧树脂的相对分子质量可由软化点和环氧值估计。羟基含量可由酯化当量判定，并确定酯化时与脂肪酸的配比。环氧值等特性指标如下：

（1）环氧当量 含有 1mol 环氧基的环氧树脂的质量，以环氧当量（EEW）$Q = \frac{100}{环氧值}$表示。环氧值是 100g 环氧树脂中环氧基的物质的量，是环氧树脂最重要特性指标，表征树脂分子中环氧基含量。

（2）羟基值、羟基当量与酯化当量 羟基值是指 100g 环氧树脂中所含的羟基的物质的量。羟基当量是指含 1mol 羟基的环氧树脂的质量。

① 直接测定环氧树脂中的羟基含量 根据 $LiAlH_4$ 能和含有活泼氢的基团进行快速、定量反应的原理，直接测定环氧树脂中羟基。

$$羟基当量 = \frac{100}{羟基值}$$

② 打开环氧基形成羟基，测定羟基含量的总和 以乙酸酐、吡啶和浓硫酸混合后的乙酰化试剂与环氧树脂进行反应，形成羟基，测定总羟基含量，再以两倍的环氧基减之，即可测定环氧树脂中的羟基含量即羟值。

（3）酯化当量 指酯化 1mol 单羧酸所需环氧树脂的质量。环氧树脂中的羟基和环氧基都能与羧酸进行酯化反应。酯化当量可表示树脂中羟基和环氧基的总含量。

$$酯化当量 = \frac{100}{2 \times 环氧值 + 羟基数}$$

（4）软化点 指无定形聚合物开始变软的温度。环氧树脂的软化点可表示树脂的相对分子质量的大小，软化点高的相对分子质量大，软化点低的相对分子质量小（表 11-1）。

表 11-1 环氧树脂相对分子质量与软化点

低相对分子质量环氧树脂	软化点 <50℃	聚合度 <2
中相对分子质量环氧树脂	软化点 50～95℃	聚合度 2～5
高相对分子质量环氧树脂	软化点 >100℃	聚合度 >5

（5）氯含量 指环氧树脂中所含氯的物质的量，包括有机氯和无机氯。无机氯指树脂中的氯离子，其存在会影响固化树脂的电性能。

有机氯含量标志着分子中未起闭环反应的那部分氯醇基团含量，应尽可能地降低，否则也会影响树脂的固化及固化物的性能。

（6）黏度 环氧树脂实际使用中的重要指标之一。不同温度下，黏度不同，流动性不同。常用环氧树脂基本性质见表11-2。

表11-2 常用环氧树脂基本性质

国家统一型号		旧牌号	规格				
			软化点(℃)或黏度(Pa·s)	环氧值(eq/100g)	有机氯(mol/100g)	无机氯(mol/100g)	挥发分(%)
双酚A型	E-54	616	(6~8)	0.55~0.56	≤0.02	≤0.001	≤2
	E-51	618	(<2.5)	0.48~0.54	≤0.02	≤0.001	≤2
		619	液体	0.48	≤0.02	≤0.005	≤2.5
	E-44	6101	12~20	0.41~0.47	≤0.02	≤0.001	≤1
	E-42	634	21~27	0.38~0.45	≤0.02	≤0.001	≤1
	E-39-D		24~28	0.38~0.41	≤0.01	≤0.001	≤0.5
	E-35	637	20~35	0.30~0.40	≤0.02	≤0.005	≤1
	E-31	638	40~55	0.23~0.38	≤0.02	≤0.005	≤1
	E-20	601	64~76	0.18~0.22	≤0.02	≤0.001	≤1
	E-14	603	78~85	0.10~0.18	≤0.02	≤0.005	≤1
	E-12	604	85~95	0.09~0.14	≤0.02	≤0.001	≤1
	E-10	605	95~105	0.08~0.12	≤0.02	≤0.001	≤1
	E-06	607	110~135	0.04~0.07	—	—	≤1
	E-03	609	135~155	0.02~0.045	—	—	≤1
酚醛型	F-51		28(≤2.5)	0.48~0.54	≤0.02	≤0.001	≤2
	F-48	648	70	0.44~0.48	≤0.08	≤0.005	≤2
	F-44	644	10	≈0.44	≤0.1	≤0.005	≤2
	FJ-47		35	0.45~0.5	≤0.02	≤0.005	≤2
	FJ-43		65~75	0.40~0.45	≤0.02	≤0.005	≤2

3. 双酚A型环氧树脂制造原料 从各类环氧树脂组成、结构上看，其中使用的一种原料环氧氯丙烷尤为重要。双酚A型环氧树脂原料来源广泛，成本低。制造双酚A型环氧树脂和酚醛型环氧树脂的主要原料见表11-3。

表11-3 双酚A型环氧树脂和酚醛型环氧树脂主要原料和性能

	相对分子质量	熔点	沸点	溶解度
双酚A	228.29	158~159 °C	220℃，4mmHg	<0.1g/100 mL at 21.5℃
环氧氯丙烷	92.52	-57.2℃	117.9℃	不溶于水
苯酚	94.11	40~42℃	181.9℃	微溶于冷水，65℃与水混溶
甲醛	30.03	-92℃	-19.5℃	40%，俗称福尔马林

双酚A：学名2，2-二（4-羟基苯基）丙烷，简称二酚基丙烷。白色晶体，是重要的有机化工原料，苯酚和丙酮的重要衍生物，主要用于生产聚碳酸酯、环氧树脂、聚砜树脂、聚苯醚树脂等多种高分子材料。

环氧氯丙烷：（结构式），无色液体，相对分子质量 116。有似氯仿气味，易挥发，不稳定。微溶于水，可混溶于醇、醚、四氯化碳、苯。

苯酚：又称石炭酸、羟基苯。苯酚分子由一个羟基直接连在苯环上构成，相对分子质量 94.11，是一种具有特殊气味的无色针状晶体，有毒，是生产某些树脂、杀菌剂、防腐剂以及药物（如阿司匹林）的重要原料。

11.1.2 溶剂型环氧酯制造用原料

溶剂型环氧酯通常采用脂肪酸与双酚 A 型环氧树脂进行酯化反应，两者配比及分子结构对制造溶剂型环氧酯的性能起重要作用。

1. 环氧树脂 双酚 A 型环氧树脂结构通式如下：

$$H_2C\underset{O}{-}CHCH_2O-C_6H_4-\underset{CH_3}{\overset{CH_3}{C}}-C_6H_4-O\left[CH_2\underset{OH}{CH}CH_2O-C_6H_4-\underset{CH_3}{\overset{CH_3}{C}}-C_6H_4-O\right]_nCH_2CH\underset{O}{-}CH_2$$

制造环氧酯采用双酚 A 型环氧树脂主要有 E-20(601)、E-12(604)和 E-06(607)三种型号，其主要技术指标见表 11-4。

表 11-4 环氧树脂指标

环氧树脂型号	环氧值(eq/100g)	酯化当量	平均相对分子质量
E-20(601)	0.18～0.22	约 130	约 900
E-12(604)	0.09～0.14	约 175	约 1400
E-06(607)	0.04～0.07	约 190	约 2900

若用 E-20 环氧树脂进行酯化反应得到的环氧酯称 E-20 环氧酯。其他环氧酯命名依此类推。

2. 脂肪酸的结构和种类 脂肪酸种类繁多，其类型及结构直接决定环氧酯的结构和性能。脂肪酸的不饱和程度越大，生成的环氧酯干性越快，涂膜坚硬，易泛黄和起皱。用于制造环氧酯的脂肪酸以干性油脂肪酸居多。用于制备常温干型环氧酯选用干性油脂肪酸，包括亚麻油酸、桐油酸等；制备烘干型环氧酯采用不干性油脂肪酸、椰子油酸、月桂酸等。

环氧基与脂肪酸的反应比脂肪酸和羟基反应快得多，环氧树脂与脂肪酸的反应首先是打开环氧基形成羟基酯，环氧树脂上的羟基与新生成的羟基在较强条件下进一步酯化。常用脂肪酸物化性能见表 11-5。

表 11-5 常用脂肪酸物化性能

脂肪酸的种类		每摩尔酸的质量(g)	环氧酯的特性
不干性油	蓖麻油	298	颜色及保色性好，可与氨基树脂配合
	椰子油	215	颜色及保色性好，可与氨基树脂配合

续表

脂肪酸的种类		每摩尔酸的质量(g)	环氧酯的特性
不干性油	月桂酸(十二烷酸)	202	椰子油脂肪酸的改良型，制造高级白漆
	棉籽油	280	与蓖麻油脂肪酸同
	松香	350	快干、价格低、脆、不耐候。少量与桐油酸、亚麻油酸并用
	塔油	约300	近似于棉籽油、豆油
干性油	脱水蓖麻油	285	快干，颜色及耐化学品性良好
	亚麻油	280	快干，耐候性、耐化学品性良好，保色性及颜色差
	豆油	280	颜色及保色性良好，弹性好、耐候性好
	桐油	285	快干，耐候性、耐磨性及耐化学品性良好

3. 脂肪酸与环氧树脂的配比　脂肪酸用量对生成环氧的影响很大。环氧酯根据含脂肪酸的量不同，分为长、中、短三种油度。酯化当量与油度关系见表11-6。油度越高，其溶解性越好。长油度环氧酯可用200号溶剂油等脂肪烃溶解，中油度环氧酯用二甲苯等溶剂溶解，而短油度环氧酯可以使用二甲苯与正丁醇混合溶剂溶解。

表11-6　酯化当量与油度的关系

环氧酯油度	环氧树脂当量数	脂肪酸当量数
短油度	1.0	0.3～0.5
中油度	1.0	0.5～0.7
长油度	1.0	0.7～0.9

以环氧树脂与脂肪酸的当量比为环氧酯的油度。采用0.8当量脂肪酸与1当量环氧树脂进行酯化为最用大量；采用0.3当量脂肪酸与1当量环氧树脂进行酯化为最少用量。

11.2　制造原理

11.2.1　环氧树脂制造原理

环氧树脂的种类繁多，不同类型的环氧树脂的合成方法不同，环氧树脂的合成方法主要有两种：①多元酚、多元醇、多元酸或多元胺等含活泼氢原子的化合物与环氧氯丙烷等含环氧基的化合物经缩聚而得；②链状或环状双烯类化合物的双键与过氧酸经环氧化而成。本节主要介绍双酚A型环氧树脂、酚醛型环氧树脂的合成方法。

1. 双酚A型环氧树脂制造　又称为双酚A缩水甘油醚型环氧树脂，是环氧树脂中应用最广、产量最大的树脂，占环氧树脂总产量的85%以上。双酚A型环氧树脂是由双酚A和环氧氯丙烷在氢氧化钠催化下反应制得的，双酚A和环氧氯丙烷都是2官能度化合物，所以合成所得的树脂是线形结构。其反应原理如下：

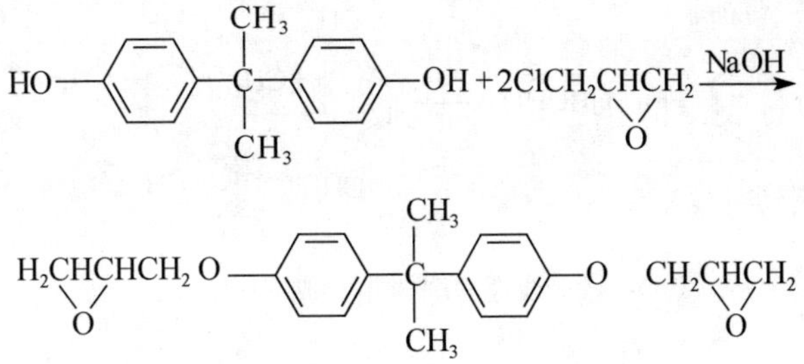

$$HO-C_6H_4-C(CH_3)_2-C_6H_4-OH + 2ClCH_2\underset{\diagdown O \diagup}{CHCH_2} \xrightarrow{NaOH}$$

$$H_2\underset{\diagdown O \diagup}{CHCH}CH_2O-C_6H_4-C(CH_3)_2-C_6H_4-O\ CH_2\underset{\diagdown O \diagup}{CHCH_2}$$

当环氧氯丙烷大大过量时，主要得到上述产物，即双酚 A 二缩水甘油醚。双酚 A（2，2-二对羟基丙烷）比例增加时，此反应可继续进行。其产物用下面通式表示：

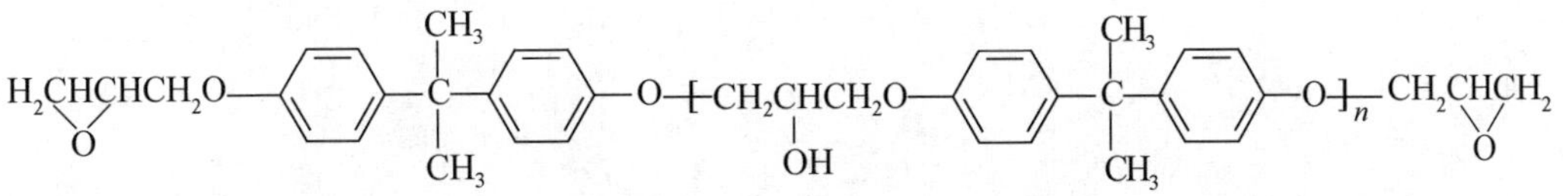

$$H_2\underset{\diagdown O \diagup}{CHCH}CH_2O-C_6H_4-C(CH_3)_2-C_6H_4-O\left[CH_2\underset{OH}{CH}CH_2O-C_6H_4-C(CH_3)_2-C_6H_4-O\right]_n CH_2\underset{\diagdown O \diagup}{CHCH_2}$$

当式中 $n=0$ 时，即双酚 A 二缩水甘油醚，其相对分子质量 $M=340$，环氧当量 $Q=340/2=170$；当 $n>1$ 时，有下述情况：

$n=1$，$M=624$，环氧当量 $Q=312$，$n=2$，$M=908$，环氧当量 $Q=454$。

可以看出，环氧氯丙烷与双酚 A 的物质的量之比必须大于 1∶1 才能保证聚合物分子末端含有环氧基。环氧树脂的相对分子质量随双酚 A 和环氧氯丙烷的物质的量之比的变化而变化，一般说来，环氧氯丙烷过量越多，环氧树脂的相对分子质量越小，若要制备相对分子质量高达数万的环氧树脂，必须采用等物质的量之比。工业上环氧氯丙烷的用量一般为双酚 A 化学计量的 2 ~ 3 倍。

n 值可由环氧氯丙烷与双酚 A 的比例来控制，n 增加，羟基含量增加，相对环氧基的含量下降，环氧当量增加，但实际上所得产物并非如此理想，有一些副反应可能发生，例如：

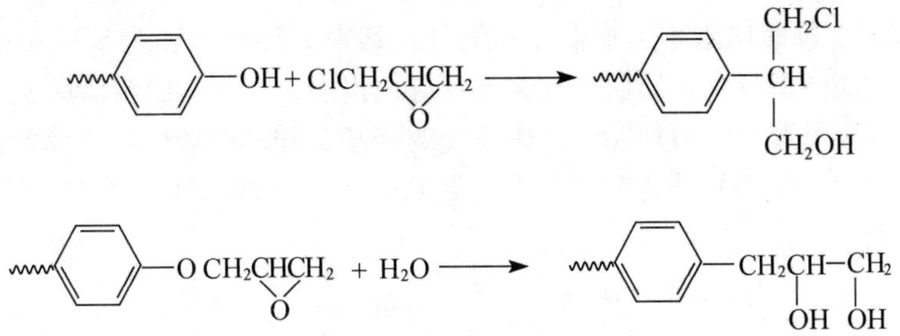

$$\sim C_6H_4-OH + ClCH_2\underset{\diagdown O \diagup}{CHCH_2} \longrightarrow \sim C_6H_4-\underset{CH_2OH}{\overset{CH_2Cl}{CH}}$$

$$\sim C_6H_4-O\ CH_2\underset{\diagdown O \diagup}{CHCH_2} + H_2O \longrightarrow \sim C_6H_4-CH_2\underset{OH}{CH}-\underset{OH}{CH_2}$$

因此并非每个分子都含有两个环氧基，实际上平均起来每个分子的环氧基数目少于 2，而且分子也并非绝对是线性的。纯的双酚 A 二缩水甘油醚应为白色结晶，工业品往往为混合物，$n=0.11\sim0.15$ 时为黏稠液体，$n=2$ 以上为固体。

2. 酚醛环氧树脂　除了双酚 A 以外，工业上还用酚的其他衍生物来制备环氧树脂，如用可溶性酚醛树脂和过量环氧氯丙烷反应制备酚醛环氧树脂。酚醛型环氧树脂的合成分两步进行：第一步，由苯酚与甲醛合成线性酚醛树脂；第二步，由线性酚醛树脂与环氧氯丙烷反应合成酚醛型环氧树脂。其反应原理如下：

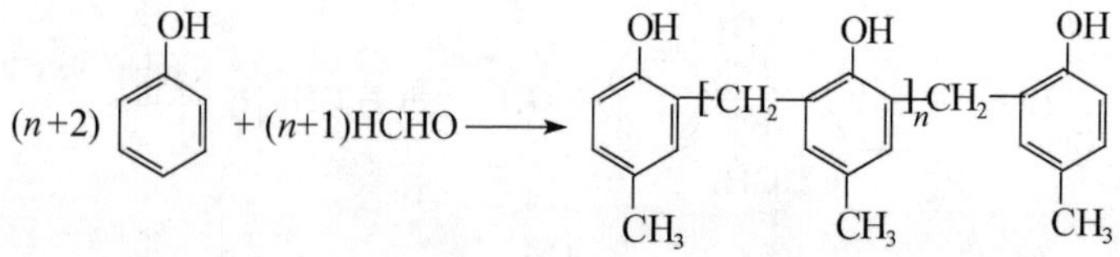

线性酚醛树脂合成

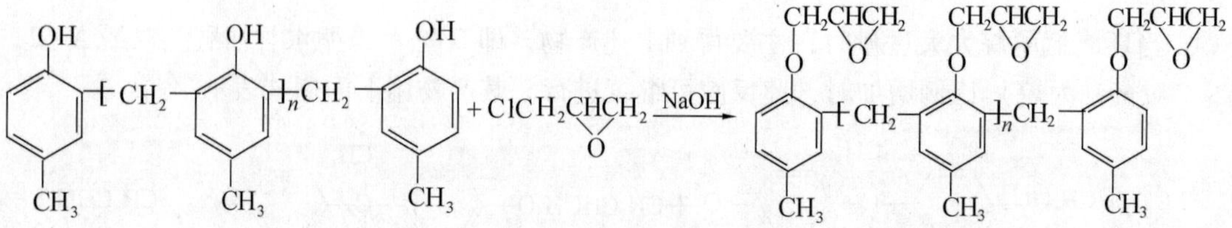

酚醛型环氧树脂的合成

合成线性酚醛树脂所用的酸性催化剂一般为草酸或盐酸。为防止生成交联型酚醛树脂，甲醛的物质的量必须小于苯酚的物质的量。

将工业酚、甲醛以及水依次投入反应釜，在搅拌下加入适量的草酸，缓缓加热至反应物回流并维持一段时间后冷却至70℃左右，再补加适量10% HCl，继续加热回流一段时间后，冷却，以100g/L 氢氧化钠溶液中和至中性。以60～70℃的温水洗涤树脂数次，以除去未反应的酚和盐类等杂质，蒸去水分，即得线性酚醛树脂。然后在温度不高于60℃的情况下，向合成好的线性酚醛树脂中加入一定量的环氧氯丙烷，搅拌，分批加入约100g/L 的氢氧化钠溶液，保持温度在90℃左右反应约2h，反应完毕用热水洗涤至水溶液 pH 值为7～8。脱水后即得棕色透明酚醛型环氧树脂。

11.2.2 环氧酯树脂制造原理

1. 酯化反应 环氧树脂相当于多元醇组分，其中的环氧基和羟基可和羧酸反应生成酯。环氧基与脂肪酸的反应比脂肪酸和羟基反应快得多，环氧树脂与脂肪酸反应首先是打开环氧基，形成羟基酯。环氧树脂主链中所含的羟基及开环后新生成的羟基在较强的条件下，可进一步酯化。采用的催化剂一般为无机碱或者有机碱。其制备工艺类似醇酸树脂，反应过程表示如下：

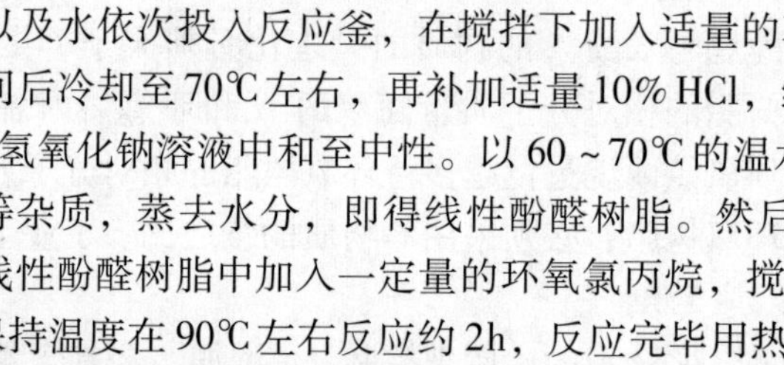

$$H_2C\overset{O}{-}CH- + RCOOH \xrightarrow{130\sim180℃} \begin{matrix} CH_2OCOR \\ | \\ CHOH \\ | \end{matrix}$$

$$\begin{matrix} CH_2OCOR \\ | \\ CHOH \\ | \end{matrix} + RCOOH \xrightarrow{200\sim240℃} \begin{matrix} CH_2OCOR \\ | \\ CHOCOR \\ | \end{matrix}$$

环氧基开环反应成酯，无水生成，羧基与羟基的反应中有水生成，制造中使用分水器带出生成的水，会促进酯化反应的进行。除了上述酯化反应的发生，还会发生环氧基与羟基的醚化反应以及脂肪酸双键的聚合反应，实验中应尽量避免副反应的发生。

2. 酯化程度　环氧树脂的酯化程度表示方法有两种：一种是以酯化物所用脂肪酸的酯化当量数表示，如 40% 酯化脱水蓖麻油酸环氧脂；另一种是以酯化物所含脂肪酸的含量百分比表示，如 40% 酯化脱水蓖麻油酸环氧脂。第一种表示方法更常用。环氧酯制备通常将环氧树脂部分酯化，更多地保留环氧树脂的特性。酯化程度为 40% ~80% 。

具体的酯化程度应根据涂膜的性能要求决定。一般说来，制备常温干型环氧酯时，酯化程度为 50% 以上，保证环氧酯中含有足够的脂肪酸双键，以便进行氧化聚合干燥。制备烘干型环氧酯时，酯化程度可低于 50% ，通过酯化物中剩余羟基与含有活性基团的树脂进行交联固化反应，使涂膜干燥。

环氧酯的性能与脂肪酸用量有密切关系，当脂肪酸用量增加（酯化程度提高）时，得到的环氧酯的黏度和硬度会降低，对溶剂的溶解性增强，制成涂料的施工性、流平性会改善。环氧酯的干燥速度以中油度最好，其涂膜户外耐久性也较好。但耐晒性不如醇酸树脂涂膜好。根据环氧树脂的酯化当量和脂肪酸的当量计算环氧酯的配方。如 0. 5 当量的亚麻油酸环氧酯的配方计算如表 11-7。

表 11-7　亚麻油酸环氧酯配方

原料名称	当量	酯化当量比	质量份	质量分数(%)
E12(604)环氧树脂	175	1. 0	175	55. 4
亚麻油酸	282	0. 5	141	44. 6

3. 环氧树脂中的羟基当量值　国内普遍采用 E-12（604）环氧树脂，中等相对分子质量。环氧树脂相对分子质量由软化点和环氧值估计。为了设计配方，还需要知道环氧树脂中的羟基当量值。羟基含量可由酯化当量判定，也可以环氧当量值计算得到，下面是一个计算例子。

环氧当量值 =1000，计算羟基含量：

环氧树脂相对分子质量 $M = 1000 \times 2 = 2000$

环氧树脂 $n = 0$ 时，相对分子质量 $M_0 = 340$

环氧树脂中间部分相对分子质量 $M - M_0 = 1660$

环氧树脂中每个链节的当量 =284

中间部分的羟基数 $= 1660 \div 284 = 5.9 \approx 6$

$n = 0$ 时，羟基数 $= 2 \times 2 = 4$（每个环氧相当 2 个羟基）

环氧树脂中含羟基数 $= 6 + 4 = 10$

羟基当量 $= 2000 \div 10 = 200$

11. 2. 3　环氧树脂与环氧酯树脂的固化

大部分环氧树脂本身的相对分子质量太低，不具有成膜性质，必须通过化学交联方法成膜。环氧树脂通过酯化反应引入不饱和脂肪酸后，可以在空气中氧化交联，也可以通过和胺、酸酐等反应形成交联结构。环氧树脂还可以作为醇酸树脂、聚酯、氨基树脂、酚醛树脂的交联剂，它也可通过自缩合成膜。

1. 环氧酯固化　环氧酯树脂是由有机酸改性的环氧树脂。环氧酯也可看作与醇酸树脂相似的一类树脂，环氧树脂相当于多元醇组分，可和羧酸反应生成酯：

$$\underset{\text{O}}{\text{H}_2\text{C}\text{——}\text{CH—}} + \text{RCOOH} \xrightarrow{130\sim180^\circ\text{C}} \begin{array}{l}\text{CH}_2\text{OCOR}\\ |\\ \text{CHOH}\\ |\end{array}$$

$$\begin{array}{l}\text{CH}_2\text{OCOR}\\ |\\ \text{CHOH}\\ |\end{array} + \text{RCOOH} \xrightarrow{200\sim240^\circ\text{C}} \begin{array}{l}\text{CH}_2\text{OCOR}\\ |\\ \text{CHOCOR}\\ |\end{array}$$

其固化性能与醇酸树脂的干燥性能类似：①与脂肪酸的干性有关。如使用干性油（如亚麻油酸、脱水蓖麻油酸），干燥固化性能好；②与酯化程度有关。酯化度低，脂肪酸含量低，在脂肪烃中溶解度低，当酯化度增加时，脂肪酸含量增加，在一定浓度下的黏度下降，硬度降低，酯化度和气干速度有关，通常在70%左右气干速度最快；③与使用的环氧树脂的相对分子质量有关。环氧树脂的相对分子质量小，黏度低，干燥速度慢；相对分子质量太大，操作困难，所得产物混溶性差。

2. 胺固化体系 胺作为固化剂，通常制得的是室温固化的双组分环氧树脂。环氧树脂和胺反应用下式表示：

$$\text{RNH}_2 + \underset{\text{O}}{\text{H}_2\text{CHCHCH}_2}\sim\sim \longrightarrow \text{RNHCH}_2\overset{\text{OH}}{\overset{|}{\text{CH}}}-\text{CH}_2\sim\sim$$

$$\text{RNHCH}_2\overset{\text{OH}}{\overset{|}{\text{CH}}}-\text{CH}_2\sim\sim + \underset{\text{O}}{\text{H}_2\text{CHCHCH}_2}\sim\sim \longrightarrow \text{RN}\left[\text{CH}_2\overset{\text{OH}}{\overset{|}{\text{CH}}}-\text{CH}_2\text{O}\sim\sim\right]_2$$

伯胺活性高于仲胺，脂肪胺活性高于芳香胺。伯胺上有两个活泼氢，所以为2官能度。通常要用过量10%～20%的胺，这样可得到抗溶剂性能优良的漆膜。胺量太少，配制时不易准确，实际使用有困难。胺固化体系环氧树脂的各种性质受其组成的影响如下：

① 环氧树脂的影响 当相对分子质量增大时，固化体系中溶剂量需增加，固含量降低；由于环氧基含量减少，交联密度降低，柔顺性增加，但固化速度慢，使用寿命长。

使用脂肪族环氧化合物，如甘油三缩水甘油醚，固化速度比双酚A树脂慢，操作寿命长，但用氢化双酚A树脂，它的交联固化速度与双酚A树脂几乎相同，这是因为决定固化速度的另一因素是玻璃化温度，氢化双酚A树脂T_g低，运动容易，所以反应速度加快。脂肪族环氧树脂价格比较高，但光稳定性要优越得多。

② 胺的选择 二乙烯三胺学名为N-（2-氨基乙基）-1，2-乙二胺（DETA），有毒、有臭味、当量值低、易挥发，改进的方法是用它的加合物；芳香族胺（如间苯二胺和二苯硫砜二胺）的毒性更强，反应性较低，它们的加合物与脂肪族胺的加合物比较，有较高的T_g，交联速度慢，操作寿命长，适用于烘烤固化，所得的漆膜耐热性好；聚酰胺，所谓聚酰胺通常是指二聚酸（脂肪酸）与多元胺缩聚而成的低相对分子质量聚酰胺树脂。

3. 酸与酸酐的固化体系 酸酐，例如邻苯二甲酸酐，在加热条件下首先和环氧树脂中的羟基反应生成单酯，单酯中的羧基可与环氧基或羟基反应生成二酯：

$$\text{邻苯二甲酸酐} + HO\text{—}CH \longrightarrow C_6H_4(COO\text{—}CH)(COOH)$$

$$C_6H_4(COO\text{—}CH)(COOH) + \sim\sim CH_2\overset{O}{CHCH_2} \longrightarrow C_6H_4(COO\text{—}CH)(COO\text{—}CH_2\text{—}CH(CH_2OH)\text{—}CH_2)$$

很少直接用二元酸作固化剂，但丙烯酸树脂中的羧基可在较高温度下与环氧树脂交联固化：

$$\boxed{P}\text{—}COOH + \sim\sim O\text{—}CH_2\overset{O}{CHCH_2} \longrightarrow \boxed{P}\text{—}COOCH_2\underset{}{\overset{OH}{|}}{CH}CH_2O\sim\sim$$

P 代表丙烯酸聚合物

新生成的羟基及原来的羟基在酸催化下也可与环氧基或羧基反应。酸酐或酸固化的漆膜有较好的机械强度和耐热性，但因引进了酯键，水解稳定性差。均苯四酸二酐可作为环氧粉末涂料中的固化剂。

11.3　环氧树脂与环氧酯树脂制造实例

11.3.1　环氧树脂制造

1. 双酚 A 型环氧树脂合成工艺　工业上，双酚 A 型环氧树脂的生产方法主要有一步法和二步法两种，低、中相对分子质量的树脂一般用一步法合成，而高相对分子质量的树脂既可用一步法也可用二步法合成。

（1）一步法　包括水洗法、溶剂萃取法和溶剂法。用该法制造了国产 E20、E12、E14 和 E 44 等环氧树脂。

水洗法将双酚 A 溶于 100g/L 的 NaOH 水溶液中，一定温度下一次性加入环氧氯丙烷，进行反应，反应完毕后静置，除去上层碱液。沸水洗涤除去树脂中残存的碱和盐类，最后脱水即得到产品。溶剂萃取法与水洗法基本相同，只是在后处理时在除去上层碱水后，先用溶剂将树脂萃取出来，再经水洗、过滤和脱除溶剂得到产品。此法生产的树脂杂质比水洗法少，树脂透明度好。国内厂家多采用此法。溶剂法是先将双酚 A、环氧氯丙烷和有机溶剂投入反应釜，搅拌溶解后，升温到 50 ~ 75℃，滴加 NaOH 溶液使之进行反应。也可先加入催化剂使反应物醚化，然后加入 NaOH 溶液脱 HCl 进行闭环反应。到达反应终点后加入大量溶剂进行萃取，之后进行水洗、过滤，脱除溶剂后即得产品。本法反应温度易于控制，树脂透明度好，杂质少，收率高。

（2）二步法　二步法又分本体聚合法和催化聚合法两种。本体聚合法是将低相对分子质量的环氧树脂和双酚A加热溶解后，再在200℃高温下反应2h即得产品。本体聚合法是在高温下进行，副反应多，生成物中有支链，产品不仅环氧值低，而且溶解性差，反应过程中甚至会出现凝胶现象。催化聚合法是将低相对分子质量的双酚A型环氧树脂和双酚A加热到80～120℃溶解，然后加入催化剂使其反应，因反应放热而自然升温，放热完毕后冷却至150～170℃反应1.5h，过滤即得产品。

一步法是在水介质中呈乳液状态进行的，后处理较困难，树脂相对分子质量分布较宽，有机氯含量高，不易制得环氧值高、软化点也高的树脂产品。而二步法是在有机溶剂中呈均相状态进行的，反应较平稳，树脂相对分子质量分布较窄，后处理相对较容易，有机氯含量低，环氧值和软化点可通过原料配比和反应温度来控制。二步法具有工艺简单、操作方便、投资少，以及工时短、无三废、产品质量易控制和调节等优点，因而日益受到重视。

2. 合成实例

例11-1　低相对分子质量E44环氧树脂的合成

（1）生产配方（表11-8）

表11-8　低相对分子质量E44环氧树脂生产配方

原料	用量(kg)	原料	用量(kg)
双酚A	1.0	第一份NaOH(300g/L水溶液)	1.43
环氧氯丙烷	2.7	第二份NaOH(300g/L水溶液)	0.775
苯	适量		

（2）合成工艺

①将双酚A投入溶解釜，加入环氧氯丙烷，开动搅拌，用蒸汽加热至70℃溶解。②溶解后，将物料送至反应釜中，在搅拌下于50～55℃、4h内滴加完第一份NaOH溶液。③在55～60℃下继续维持反应4h。④在85℃、21.33kPa下减压回收过量的环氧氯丙烷。⑤回收结束后，加苯溶解，搅拌加热至70℃。然后在68～73℃下，于1h内滴加第二份碱溶液。⑥在68～73℃下维持反应3h。⑦冷却静置分层，将上层树脂苯溶液移至回流脱水釜，下层的水层可加苯萃取一次后放掉。⑧在回流脱水釜中回流至蒸出的苯清晰无水时为止，冷却、静置、过滤后送至脱苯釜脱苯，先常压脱苯至液温达110℃以上。⑨减压脱苯，至液温140～143℃无液体馏出时，出料包装。

例11-2　中相对分子质量E-12环氧树脂的合成

（1）生产配方（表11-9）

表11-9　中相对分子质量E-12环氧树脂生产配方

原料	用量(kg)	原料	用量(kg)
双酚A	1.0	第一份NaOH(30%水溶液)	1.185
环氧氯丙烷	1.145	苯	适量

(2) 合成工艺

将双酚A和NaOH溶液投入溶解釜，搅拌加热至70℃溶解，趁热过滤，滤液转入反应釜冷却至47℃时一次加入环氧氯丙烷，然后缓缓升温80℃。在80~85℃反应1h，再在85~95℃维持至软化点合格为止。加水降温，将废液水放掉，再用热水洗涤数次，至中性和无盐，最后用去离子水洗涤。先常压脱水，液温升至115℃以上时，减压至21.33kPa，逐步升温至135~140℃。脱水完毕，出料冷却，即得固体环氧树脂。

(3) 高相对分子质量环氧树脂的合成

①将制备的低相对分子质量环氧树脂（预含叔胺催化剂）及双酚A投放反应釜中，通氮气，加热至110~120℃，此时放热反应开始。②控制釜温至177℃左右，注意用冷却水控制反应，使之不超过193℃以免催化剂失效。③在177℃所需保温的时间，取决于制得的环氧树脂的相对分子质量：环氧当量在1500以下，保持45min；环氧当量在1500以上，保持90~120min。

11.3.2 环氧酯制造方法

根据双酚A型环氧树脂的不同相对分子质量和脂肪酸的不同分子特性，可以设计出性能不同的环氧酯树脂配方，满足环氧酯树脂涂料的要求。

1. 制造工艺 目前，环氧酯生产方法大多采用溶剂法，以二甲苯做带水溶剂，用量2%~5%，二甲苯与溶剂共沸回流，使用分水器分出生成的水，使酯化反应生成的水被带出，促进酯化反应进行，使反应更加均匀，不易产生凝胶。生产中可以采用直接火加热或者用热媒加热。热媒加热生产环氧酯工艺流程示意图如图11-1所示。

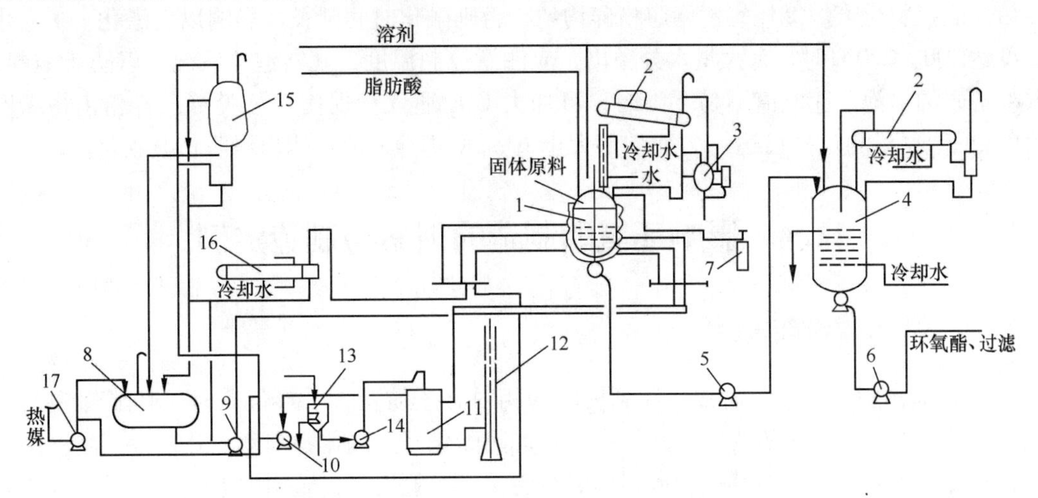

图11-1 热媒加热生产环氧酯工艺流程示意图

1—反应釜；2—冷凝器；3—分水器；4—稀释罐；5—返料泵；6—出料泵；7—CO_2钢瓶；8—热媒贮槽；9—冷媒泵；10—热媒泵；11—热媒炉；12—烟筒；13—燃料油槽；14—燃料油泵；15—热媒膨胀罐；16—冷却器；17—热媒输送泵

2. 环氧酯的制造实例

例11-3 环氧酯制造

(1) 生产配方（表11-10）

表 11-10　环氧酯生产配方

原料名称	投料量(kg)	原料名称	投料量(kg)
梓油酸(酸值 >190，色泽 <10)	46.5	松香酸锌(50%)	0.8
E-12(604)	52.7	200 号媒焦溶剂	100
二甲苯	5.0		

（2）生产工艺

①梓油酸加入反应釜，开动搅拌同时通入 CO_2，在 2h 内升温到 160℃，然后加入 E-12（604）环氧树脂和二甲苯，在 1h 内加完 E-12（604），保持温度 130～160℃。②待 E-12（604）环氧树脂完全融化后，160℃加入松香酸锌，1～2h 升温至 220℃，在此温度下保温 1h，升温到 240℃保温。③保温 2h 后，每隔 1h 测定酸值与黏度，当酸值小于 1mgKOH/g 时，出料，用 200 号溶剂油兑稀后测黏度。标准格式管，在 25℃下气泡上升不超过 4s。④出料后不断搅拌，过滤、包装。

（3）产品指标（表 11-11）

表 11-11　环氧酯产品指标

色泽（Fe-Co 法）	≤10	固体分	50% ±2%
酸值（以固体计）	<10mgKOH/g		

生产注意事项如下：

①原料如为环氧树脂及梓油酸，需测定酯化当量和酸值后，再调整其配方，经小试合格后才能投料生产。②环氧树脂应粉碎均匀，否则融化时间延长，影响以后酯化。③酯化温度达 200～220℃时，有大量水分溢出，应注意控制温度，观察泡沫状况，以防止溢料，并准备硅油消泡。④酸值不易下降时，可加大 CO_2 通入量促使水分脱出，若酯化物黏度（用二甲苯兑稀测定）已达 4s，而酸值大于 10mgKOH/g，应急速出料防止凝胶化。

11.4　影响环氧酯制造的因素与制造实例

11.4.1　使用原料的影响

1. 环氧树脂的影响　通常，环氧树脂的相对分子质量大、羟值高时，其酯化物的耐化学药品性好。但由于树脂中羟基较多，在加热酯化时，酯化物黏度上升快，控制操作困难，制成清漆黏度高，与其他合成树脂混溶性差。一般说来，选用中等相对分子质量的环氧树脂较为适宜，也可选用混合环氧树脂。表 11-12 为 0.8eq 亚油酸混合环氧酯配方与黏度。

表 11-12　0.8eq 亚油酸混合环氧酯配方与黏度

原料及项目	配方 1	配方 2	配方 3	配方 4
E-12(604)环氧树脂		2.2	4.4	10.9
E-20(601)环氧树脂	43.5	41.3	39.1	32.6

续表

原料及项目	配方 1	配方 2	配方 3	配方 4
亚油酸	56.5	56.5	56.5	56.5
E-20(601)/ E-12(604)	01/100	5 /95	10/90	25/75
酸值(mgKOH/g)	6.0	4.0	3.5	3.5
黏度(25℃)(mPa·s)	600	470	400	340

国内普遍采用的是 E-12(604) 环氧树脂。国外的相应牌号为 Shell 公司的 Epon 1004、Dow 公司的 DER 64 环氧树脂。国内常用作涂料的环氧树脂见表 11-13。

表 11-13 涂料常用环氧树脂的规格

环氧树脂牌号	相对分子质量	软化点（℃）	环氧值	羟值	酯化当量
E-51（618）	370	液体	0.48～0.54	0.06	85
E-42（634）	470	21～37	0.38～0.45	0.16	108
E-20（601）	900	64～76	0.18～0.22	0.26	130
E-12（604）	1400	85～95	0.09～0.14	0.33	175
E-06（607）	2900	110～135	0.04～0.07	0.37	190
E-03（609）	3750	135～155	0.02～0.045	0.39	220

2. 脂肪酸 脂肪酸的不饱和度越高，干性越快，涂膜越坚硬，但易泛黄和起皱。环氧基与脂肪酸反应比羟基快得多，环氧树脂与脂肪酸反应，先打开环氧基形成羟基酯，环氧树脂上羟基与新生成的羟基在较强条件下进一步酯化。由酯化反应可知，若使环氧树脂的环氧基与羟基全部酯化，其当量比应为 1∶1。实际上需保留环氧树脂的部分官能团，以保留环氧树脂的部分性质，所以采用 0.8 当量脂肪酸与 1 当量环氧树脂进行酯化为最大用量；采用 0.3 当量脂肪酸与 1 当量环氧树脂进行酯化为最少用量。常温干型环氧酯制造使用干性油脂肪酸，比如亚麻油酸、梓油酸等。烘干型环氧树脂制造使用不干性脂肪酸。

反应过程如下：

$$
\underset{\text{(O 环氧)}}{H_2C{-}CH}{-}\!\sim\!\underset{OH}{-}\!\sim\!{-}\underset{\text{(O 环氧)}}{HC{-}CH_2}
\xrightarrow{RCOOH}
\underset{\underset{COR}{O}}{H_2C}{-}\underset{OH}{CH}{-}\!\sim\!\underset{OH}{}\!\sim\!{-}\underset{OH}{HC}{-}\underset{\underset{COR}{O}}{CH_2}
\xrightarrow{RCOOH}
\underset{\underset{COR}{O}}{H_2C}{-}\underset{OCOR}{CH}{-}\!\sim\!\underset{OCOR}{}\!\sim\!{-}\underset{OCOR}{HC}{-}\underset{\underset{COR}{O}}{CH_2}
$$

酯化程度低，即脂肪酸含量低，环氧酯树脂在脂肪烃中溶解度低。随着脂肪酸含量增加，酯化度增高，在一定浓度下黏度下降，环氧酯树脂硬度会降低。一般只有 90% 的羟基酯化。

3. 脂肪酸与环氧树脂的配比 环氧酯与醇酸树脂比，有较好的抗水解性能和附着力，但光稳定性差，性质与油度有关。环氧酯的油度即环氧树脂与脂肪酸的当量数比。油度越长，酯化反应时的酸值降低越慢，形成环氧酯的溶解性好，但制得涂膜的耐溶剂性降低。若环氧酯的油度短，则由于较多的羟基未被酯化，生成的环氧酯只能做烘干型环氧酯涂料。

4. 溶剂选用 油度是指环氧树脂及脂肪酸当量数比值。油度越长，溶解性越好。一般选用芳烃和脂肪烃做溶剂。短油度以芳烃混合溶剂为主，加入适量正丁醇；中油度环氧酯使用二甲苯:正丁醇=7∶3（质量比）的混合溶剂；长油度使用脂肪烃混合溶剂。环氧酯的性质与环氧树脂的相对分子质量有关。环氧树脂相对分子质量小，黏度低，干燥速度慢；相对分子质量大，操作困难，所得产物混溶性差。

5. 催化剂选用 无机、有机碱或某些碱性物质都可作为酯化反应的催化剂。在酯化反应中，碱类与脂肪酸迅速反应生成脂肪酸盐类，脂肪酸离子化，所生成的脂肪酸离子可以更快地与环氧基发生反应，因而酯化速度加快，较容易地制得低黏度的环氧酯。但使用催化剂有时会使酯化物的澄清度下降。工业上经常使用的催化剂有氢氧化钾、碳酸钠、三乙醇胺、氧化锌、氧化钙、环烷酸锌或环烷酸钙等。各种松脂酸盐，尤其是松脂酸锌可做酯化反应催化剂。国内涂料工业中常用氧化锌，用量为环氧酯的0.1%左右，环烷酸锌或钙，用量为环氧酯的0.01%~0.02%，以金属锌或钙计。

6. 降色剂的使用 环氧酯涂料制造中，用磷酸三苯酯会获得较好的降色效果，同时促进反应速度而缩短工时。磷酸三苯酯的用量为投料量的0.2%较为合适，用量过多，因为它本身为增塑剂而影响硬度及干性，使环氧酯涂料贮存稳定性变差。

11.4.2 制造工艺的影响

制造工艺的影响包括制造中体系的酸值和黏度，以及酯化反应温度与酯化时间。

1. 酸值与黏度控制 制造涂料用的环氧酯需要适当的黏度和较低的酸值，色泽越浅越好。黏度增高是由不饱和脂肪酸聚合引起的。环氧酯黏度高，贮存稳定性下降，加催干剂后易结皮，流平性和施工性较差，在溶剂中的溶解性降低，对颜填料的润湿性差，易返粗。酸值高，耐化学药品性、耐碱性下降；酯化越完全，酸值应越低。

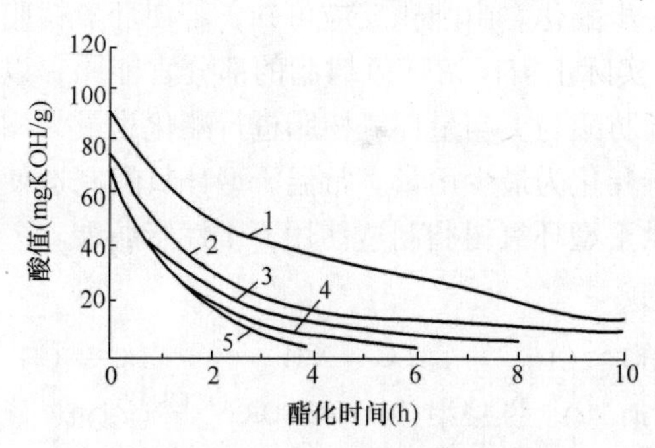

图11-2 E-12豆油脂肪酸环氧酯的油度、酯化时间与酸值关系

酯化过程是可逆反应（主要指羧基与羟基间的缩合酯化），难以完全酯化。反应后期酸值降低很慢，随着酯化时间的延长，其黏度迅速上升甚至出现凝胶化。因此，对每一种环氧酯都要规定合理的酸值，不干性油脂肪酸环氧酯的酸值要求较低。短油度干性油脂肪酸环氧酯的酸值可在2以下；中油度干性油脂肪酸环氧酯的酸值可在5以下；长油度环氧酯的酸值为10~15。

E-12豆油脂肪酸环氧酯的油度、酯化时间与酸值的关系如图11-2、表11-14所示。

表11-14 E-12豆油脂肪酸环氧酯的油度、酯化时间与酸值的关系

	E-12（604）	酸（mol）	油度
1	1.0	0.2	短油
2	1.0	0.3	短油
3	1.0	0.5	短-中油
4	1.0	0.7	中-长
5	1.0	1.0	长油

为制得低酸值的环氧酯，应设法使酯化反应过程中的黏度增高慢些而酯化速度快些。环氧酯的黏度增高速度与所用环氧树脂的相对分子质量及脂肪酸的不饱和程度有关。环氧树脂相对分子质量越大，则环氧酯的黏度增高也越快。另外，脂肪酸的不饱和程度越高，环氧酯的黏度增高也越快。可以用酯化温度控制，使酯化速度大于聚合速度。

2. 酯化温度和时间　一般酯化温度在 240～260℃，但桐油脂肪酸的酯化反应温度应为 200℃左右。E-12 豆油脂肪酸环氧酯的酯化温度、时间酸值的关系如图 11-3 所示，酯化温度、时间与黏度的关系如图 11-4 所示。

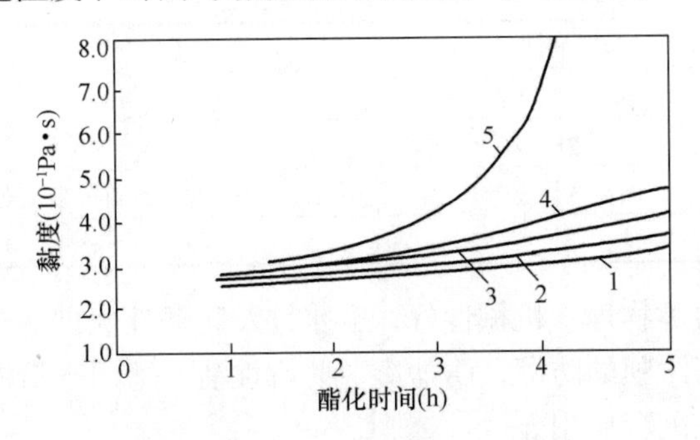

图 11-3　E-12 豆油脂肪酸环氧酯的酯化温度、时间与黏度的关系

1—204℃；2—232℃；3—260℃；4—274℃；5—288℃

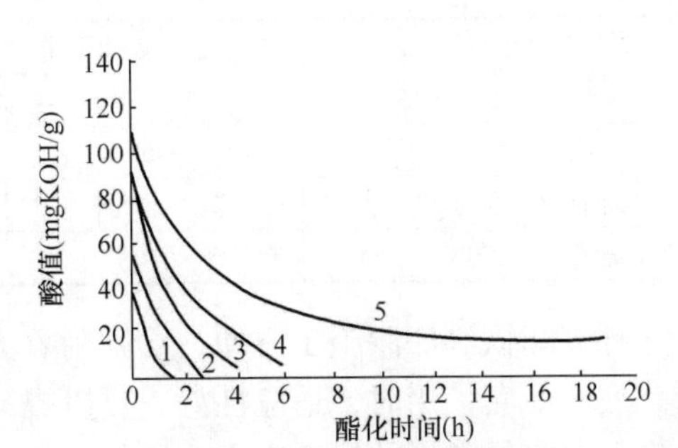

图 11-4　E-12 豆油脂肪酸环氧酯酯化温度、时间与酸值的关系

1—204℃；2—232℃；3—260℃；4—274℃；5—288℃

11.4.3　环氧酯树脂涂料制造实例

例 11-4　以制备的环氧酯为原料制造环氧酯铁红底漆

（1）环氧酯制备生产配方（表 11-15）

表 11-15　环氧酯制备生产配方

原料名称	用量（%）	原料名称	用量（%）
E-12(604) 环氧树脂	12.5	二甲苯（回流用）	4.0
E-20(601) 环氧树脂	12	二甲苯（兑稀用）	36.0
脱水蓖麻油酸（酸值 >180）	20.0	正丁醇（兑稀用）	10.0
桐油酸（酸值 >190）	5.0	氧化锌（外加）	0.05

以上述配方生产的环氧酯为原料制造环氧酯铁红底漆。

（2）环氧酯铁红底漆配方（表 11-16）

表 11-16　环氧酯铁红底漆配方

原料名称	用量（%）	原料名称	用量（%）
环氧酯树脂	43.20	环烷酸铅（10%）	0.64
氧化铁红	22.85	环烷酸锰（3%）	0.87
滑石粉	8.84	环烷酸钴（3%）	0.64
氧化锌	6.44	二甲苯	3.5
锌黄	11.52	正丁醇	1.5

（3）环氧酯铁红底漆生产工艺

将环氧酯铁红底漆配方中的环氧树脂、滑石粉、氧化锌、锌黄和氧化铁红加入配料罐，搅拌均匀后，进行研磨分散。当细度不大于漆50μm时，停止研磨。在上述色浆中加入催干剂和溶剂，充分混合均匀，成品黏度控制在45～70（用涂-4杯在25℃测定），过滤、包装。

（4）产品技术指标（表11-17）

表11-17　环氧酯铁红底漆产品技术指标

涂膜颜色及外观	铁红色、表面平整	涂膜柔韧性（mm）	1
涂料黏度（涂-4杯）	45～70	涂膜冲击性（N·cm）	490
涂料细度（μm）	≤50	涂膜附着力（划圈）/级	1
干燥条件（25℃±5℃）(h)	24（实干）	耐盐水性（48h）	不起泡、不生锈，允许外观变色
干燥条件（120℃）(h)	1		

环氧酯铁红底漆施工方便，涂膜附着力等物理、机械性好，耐水性及防锈性优良。与磷化底漆配套使用时，适应性好，可以提高涂膜的防潮、防盐雾、防霉性能，适用于沿海地区、湿热带气候的钢铁表面金属材料打底配套使用。

11.5　环氧酯树脂质量指标与安全生产

11.5.1　质量指标

环氧酯树脂指标有酸值、黏度和固体分。在生产过程中，必须密切注意酸值与黏度的变化。在遇到原料质量变化时，应进行小试后再扩大生产。质量控制应确保三项性能指标达到标准。

1. 酸值　酸值是产品质量的标志。用酸值可以判断环氧酯在酯化过程中反应状况和酯化反应终点。酸值不易下降时，可加大CO_2通入量促使水分脱出，若酯化物黏度（用二甲苯兑稀测定）已达4s，而酸值大于10mgKOH/g，应急速出料防止凝胶化。一般控制在小于10mgKOH/g，最好控制在小于5mgKOH/g。

2. 黏度　黏度可宏观表征环氧酯的聚合程度及酯化物相对分子质量大小。用黏度可指示酸化反应进行程度。不同的环氧酯都有它一定的黏度范围，目前采用涂-4杯黏度计和格氏管等简便的方法监测酯化反应过程中的黏度变化，为控制产品质量提供了便利。

3. 固体分　当黏度一定时，固体分测定在一定程度上可以判断环氧酯树脂产品的质量。在设计配方时，是计量涂料组成的基础物性指标。

11.5.2　安全生产

环氧酯树脂制造时的安全生产同样包括防火、防爆和防毒。应按照规章制度进行生产。

①二甲苯等有机溶剂在使用和贮存过程中，应避免同火种接触，防止火灾发生。②检查设备密闭应无泄漏，通风设施完好，否则会产生大量溶剂蒸汽，当溶剂蒸汽与空气混合到一定浓度，达到爆炸极限，极易发生燃烧和爆炸。③采用防爆电器，防止有机溶剂泄漏

时，静电产生的燃爆。④避免涨釜导致的物料冲出与明火接触发生的火灾。⑤控制稀释温度。稀释温度如超过溶剂沸点即产生大量蒸汽，容易逸出稀释罐外，遇到火花引起火灾或者爆炸。稀释需要严格控制温度，待油料温度降到所用溶剂的沸点以下，方可加入溶剂充分搅拌、降温，同时加强排风。⑥注意防范使用的溶剂二甲苯及物料的毒性，以及使用的重金属催化剂的毒害作用。

11.6　水性环氧酯树脂制造

11.6.1　水性环氧酯树脂简介

1. 水性环氧酯树脂的现状　环氧树脂涂料产品的水性化，已经成为环氧树脂涂料持续发展的方向。水性环氧酯树脂可分为水稀释型和水乳化型两类水分散体。其中，水稀释型分散型的阴离子型和阳离子型环氧电沉积涂料，已有半个多世纪的使用历史，已经应用于汽车、家用电器、金属玩具和钢制家具等作为底漆或底面合一的单道涂装。缺点是涂膜需要高温固化，影响其进一步推广应用。目前，水分散体环氧树脂涂料品种和质量有长足发展。基于水分散型环氧树脂的分子结构，可将其分为以下几类。

①水稀释型环氧树脂分散体类。环氧树脂用不饱和脂肪酸酯化，后和顺丁烯二酐加成得到高酸值的环氧酯树脂，氨水或胺中和成水可稀释的阳极电沉积涂料用树脂，电沉积涂膜经高温烘烤氧化成膜。②环氧接枝丙烯酸类，接枝的丙烯酸包括各种丙烯酸酯或甲基丙烯酸酯单体，以及可参与共聚反应的其他烯烃单体如苯乙烯、丙烯腈、丙烯酰胺等，可以采取多种方法实现水性化，直接乳化技术是在表面活性剂存在下，依赖于各种机械设备，包括超声波乳化技术，直接制造乳液型环氧树脂分散体。③水分散型环氧树脂胺类固化剂体系，适用于制造高性能、室温固化的水分散体环氧防腐涂料。④难以归入上述各类的水分散型环氧树脂，如非离子型亲水基团改性的环氧树脂。

2. 水性涂料常用环氧树脂　涂料常用的环氧树脂从环氧基团的结构上看主要有三类，即缩水甘油醚型、缩水甘油酯型和环氧化烯烃。水性环氧涂料主要是用缩水甘油醚型的双酚 A 及双酚 F 型环氧树脂。基于不同类型的水分散体涂料，可以采用不同环氧值的树脂，从液体环氧树脂到高相对分子质量的固体环氧树脂。可参见本章 11. 1 环氧树脂种类部分。

11.6.2　水稀释型环氧水分散体树脂与制造实例

1. 阴离子型环氧水分散体树脂　大多数环氧树脂都不溶于水，要制成水分散体涂料，常用的方法是先将环氧树脂与脂肪酸进行酯化制得环氧酯，再以 α、β-乙烯基不饱和二元羧酸（或酐）与环氧酯的脂肪酸上的双键进行加成引入羧基，最后经碱中和成盐，得到水分散型环氧树脂，成为环氧水分散体涂料的主要成膜物质。常用的环氧树脂有 E-20、E-12、E-35 等，以 E-20 使用最普遍。脂肪酸多用亚麻油酸和脱水蓖麻油酸等不饱和脂肪酸。α、β 不饱和羧酸常用的是顺丁烯二酸酐，也可选用反丁烯二酸、亚甲基丁烯二酸等。碱中和剂多用有机胺类，有乙醇胺、二甲基乙醇胺、二乙醇胺、三乙胺等。为获得体系的水稀释性和稳定性，需要加入助溶剂，有丙二醇乙醚、丙二醇丁醚、正丁醇等。

例 11-5　水分散型脂肪酸环氧酯制备

（1）制造配方（表 11-18）

表 11-18　制造配方

kg

原料	用量
环氧树脂 E-20（环氧值 0.20，羟基值 0.34，软化点 64～76℃）	196.0
亚麻油酸（酸值 195 mgKOH/g）	500.0
马来酸酐（顺酐，>99%，熔点 56～60℃）	36.5
丁醇（工业品）	146.5
乙醇胺（>78%）	70～75

配方分析（配方拟订原则）：

酯化当量：选定 1.2；马来酸酐：为环氧酯量的 5%；丁醇用量：树脂总量的 20%。

乙醇胺用量：根据体系的 pH 值来确定，一般为树脂总量的 10%。

配方计算：上述配方的脂肪酸超量为 20%。100g 环氧树脂中全部环氧基和羟基被酯化，所需的亚麻油酸的量（理论量）可用下式计算：

$$\text{酯化 100 环氧树脂所需亚麻油酸理论量} = \frac{(\text{环氧值} \times 2 + \text{羟基值}) \times 56.1 \times 1000 \times 1.2}{\text{亚麻油酸酸值(mgKOH/g)}}$$

式中，56.1 为 KOH 的相对分子质量。

$$\text{顺丁烯二酸酐用量} = (\text{油酸用量} + \text{环氧树脂量}) \times \frac{0.05}{0.95}$$

$$\text{丁醇用量} = (\text{油酸用量} + \text{环氧树脂量} + \text{顺丁烯二酸酐量}) \times 0.2$$

（2）工艺操作　按配方量先将亚麻油酸加入反应釜，升温至 120～150℃，加入全部环氧树脂，开动搅拌，同时通入二氧化碳气体，继续升温到 240℃（控制升温速率），保温酯化；反应 1h 后，测定酸值和黏度，当酸值达到 35～40mgKOH/g，黏度达到 35～50s（加氏管，25℃）时降温；当温度降至 180℃时，加入马来酸酐，然后搅拌并快速升温到 240℃，维持 30min 后快速降温至 130℃以下，加入丁醇；在 60℃以下，分批加入乙醇胺中和，pH 值到 7.5～8.5 时出料。

（3）技术指标（表 11-19）

表 11-19　技术指标

外观	棕色透明黏稠液体	pH 值	7.5～8.5（去离子水稀释至 15%）
不挥发分	7% ±2%	水稀释性	可用去离子水无限稀释 （容许微有乳光）
贮存稳定性	25% 水溶液，40℃下贮存 45 天后电沉积漆膜不返粗		

以上得到的是阴离子型的环氧水分散体树脂，多用于阳极电泳涂料，现用量较少。

2. 阳离子型（阴极电沉积）环氧水分散体树脂　阳离子型环氧水分散体树脂，与封闭型异氯酸酯配合，广泛地应用于阴极电沉积底漆。最常用的阳离子电泳漆树脂是由含羟基或胺基的树脂与可交联的封闭型异氰酸酯组成。典型例子是双酚 A（BPA）环氧树脂与二乙醇胺进行开环反应，然后用乙酸中和。

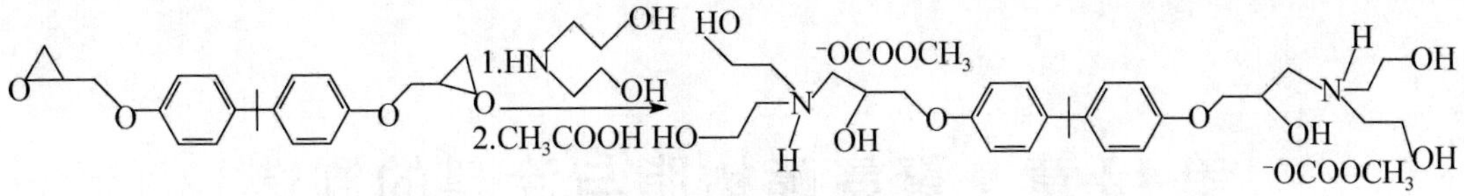

所得的水分散性阳离子树脂可以用封闭型异氰酸酯交联。

例 11-6　阳离子型环氧水分散型树脂合成实例

（1）合成配方（表 11-20）

表 11-20　合成配方　kg

01	E-51 环氧树脂	66.31	04	双酚 A	19.50
02	壬基酚	9.20	05	亚磷酸三苯酯	0.10
03	二甲苯	4.9			

（2）合成工艺

① 将 01～04 按计量依次投入反应釜，然后搅拌，升温至 125℃；

② 停止加热，加入 05（用足够的二甲苯将 05 调成糊状）耗时约 1h；降温，使反应温度保持在 130℃；

③ 取样测环氧当量值（EEW），当 EEW＝710～740（理论值为 730）时停止反应，降温，得扩链后的高相对分子质量环氧树脂中间体；

④ 该中间体中的环氧基再与胺（如 N-甲基乙醇胺、二乙醇胺、二丙醇胺、二甲氨基丙胺、二甲氨基丁胺等）反应，得到胺化的主树脂，最后该树脂以酸中和后与交联剂和助剂一道分散在水/酸溶液中。

第 12 章 聚氨酯树脂与涂料的制造

聚氨酯是聚氨基甲酸酯的简称，化学式为 RNHCOOR′，其基本结构中含有氨基甲酸酯结构单元。多异氰酸酯与多羟基化合物进行加聚反应，形成大分子的聚氨基甲酸酯树脂，即聚氨酯树脂（PUR）。

1937 年，多异氰酸酯和多羟基化合物通过聚加成反应合成了线形、支化或交联型聚合物，标志着聚氨酯的开发成功。最初使用的是甲苯二异氰酸酯等芳香族多异氰酸酯，之后又陆续开发出了脂肪族多异氰酸酯。聚氨酯是综合性能优异的合成树脂之一。由于其具有合成单体品种多、反应条件温和、专一、可控、配方调整余地大及其高分子材料的微观结构特点，因而形成了完整的聚氨酯工业体系。

聚氨酯树脂涂料性能优良，在涂料行业取得了广泛、重要的应用。①涂膜物理性能好，坚韧、耐磨、丰满、光亮、装饰性强，是当前家具、住房装饰、装修涂料中的重要品种。②耐腐蚀性强，电器绝缘性优良，广泛用于防腐蚀漆与电器绝缘漆等工业涂料。③可室温固化乃至低温固化，尤其可以制造不需经烘烤就能固化的高耐候性涂料，用作汽车、铁路车辆、飞机、航天器及桥梁、塔、罐等大型户外建筑的耐久性保护涂料。④通过原料的选用、组分的配合与比例的变化及助剂的应用，可以调节固化条件与漆膜性能，制造各种领域的性能特点各异的涂料。根据商品组成、结构、商品包装形式、涂膜固化机制等不同，聚氨酯（PUR）涂料分五类，见表 12-1。

表 12-1 聚氨酯涂料的分类

	单组分		双组分		
	氨酯油，氨酯醇酸	封闭型	湿固化型	催化固化	多羟基组分固化
固化方式与主要交联反应	氧化交联	热烘烤氨酯交联	$NCO + H_2O \longrightarrow$ 聚脲	$NCO + H_2O +$ 胺$\longrightarrow$ 聚脲，异氰酸酯	—NCO + HO— $\longrightarrow$ —NH—COO
—NCO 含量（%）	0	0	3 ~ 10	5 ~ 10	6 ~ 12
颜料分散方式	常规	常规	特殊	特殊	分散于羟基组分
干燥时间	0.5 ~ 5h	150℃、0.5h	0.5 ~ 8h	数小时	数小时
耐化学药品性	一般	优异	良好到优异	良好到优异	良好到优异
耐磨性	一般	良好到优异	良好到优异	良好到优异	良好到优异
用途	一般民用	工业涂料	地板、防腐漆	地板、防腐漆	用途广泛

双组分聚氨酯涂料产量大、用途广、性能优，可以配制清漆、各色色漆、底漆，对金属、木材、塑料、水泥、玻璃等基材都可涂饰，可以刷涂、滚涂、喷涂，可以室温固化成膜，也可以烘烤成膜。目前产量最大，应用最广泛的是羟基组分固化型双组分聚氨酯和单组分湿固化聚氨酯涂料，也是本章学习的重点。

12.1　制造聚氨酯的原料

12.1.1　多异氰酸酯

用于制造聚氨酯树脂的多异氰酸酯一般是二异氰酸酯。其结构通式为

O ═C ═N—R—N ═C ═O

异氰酸酯的化学性质极为活泼，根据—R—结构可分四大类：芳香族多异氰酸酯、脂肪族多异氰酸酯、芳脂族多异氰酸酯和脂环族多异氰酸酯。

1. 芳香族二异氰酸酯　聚氨酯树脂中 90% 以上属于芳香族多异氰酸酯。与芳基相连的异氰酸酯基对水和羟基的活性比脂肪基异氰酸酯基团更活泼。

(1) 甲苯二异氰酸酯（TDI）　TDI 是涂料领域用量最大，应用最广泛的二异氰酸酯。常温下有刺激性气味、低黏度无色或微黄色液体。有 2,4 体与 2,6 体两种异构体。T-65 指 2,4-TDI 与 2,6-TDI 异构体质量比为 65%/35%；T-80 是指质量比为 80%/20%。产量最高、用量最大，性价比高；T-1.00 指 2,4-TDI 含量大于 95%，其价格较高。

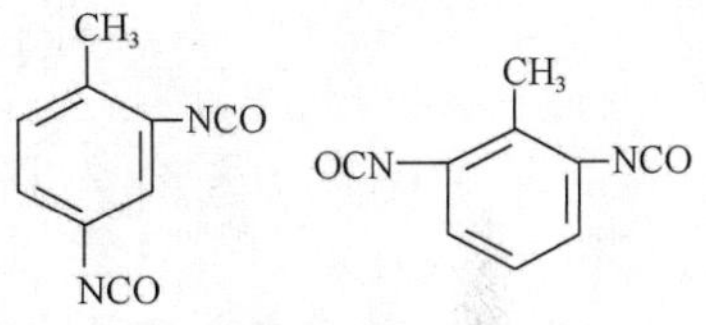

CH_3　NCO　NCO　CH_3　OCN　NCO

由于 2,4-TDI 结构中—CH_3 空间位阻，4 位上—NCO 的活性比 2 位的活性强，50℃时相差约 8 倍，温度提高后活性趋于接近，100℃时具有相同的活性。设计聚合反应时，利用这一特点合成结构规整聚合物。

三种规格中，以 T-80 生产工艺最简便，产量最大，应用最普遍，弱点是蒸气压高，易挥发，毒性强，常将其变成齐聚物后使用。由 TDI 合成的聚氨酯制品黄变性比较严重。黄变性原因在于芳香族聚氨酯光化学反应，生成芳胺，进而转化成醌式或偶氮结构的生色团。

TDI 同多羟基化合物反应制成端异氰酸酯基的加和物或预聚物，或者 TDI 通过自聚成三聚体，相对分子质量提高，降低挥发性与毒性，方便应用。这些产品作为双组分聚氨酯漆固化剂或者独自作为基料树脂。

(2) 4,4′-二苯基甲烷二异氰酸酯（MDI）　MDI 相对分子质量大，蒸气压低于 TDI，低毒，可以直接使用。MDI 常温下是结晶固体，通过几种异构体的混合熔点降低。MDI 的化学结构主要为 4,4-MDI，还包括 2,4-MDI 和 2,2-MDI。纯 MDI 室温下为白色结晶，但易自聚，生成二聚体和脲类等不溶物，使液体浑浊，产品颜色加深，影响使用和品质。另外，由于 MDI 常温下为固体，桶装后形成整块固体，熔融后才能计量使用，能耗高，使用不便，存在安全隐患；而且 MDI 活性强，稳定性差，其改性产品——液化或改性 MDI 应用更广。液化 MDI 主要包括三种类型：

① 氨基甲酸酯化 MDI：该法用大分子多元醇或小分子多元醇与大大过量的 MDI 反应生成改性的 MDI，常温下该产物为液体，—NCO 含量约 20%，贮存稳定性也大大提高。

2OCN — R — NCO + HO〰〰OH ⟶ OCN — R — NHCO〰〰OCHN — R — NCO（两个 C 上各带 ═O）

② 混合型 MDI：该法将 4,4′-MDI 与其他多异氰酸酯拼合而成。常用的拼合多异氰酸酯包括 2,4′-MDI、TDI、聚合 MDI 及氨基甲酸酯化 MDI 等。该产品—NCO 含量 25% ~45%。

③ 碳化二亚胺改性 MDI：MDI 在磷化物等催化剂存在下加热，发生缩合，脱除 CO_2，生成含有碳化二亚胺结构的改性 MDI。该产品—NCO 含量约 30%。

$$2OCN-C_6H_4-CH_2-C_6H_4-NCO \longrightarrow OCN-C_6H_4-CH_2-C_6H_4-N=C=N-C_6H_4-CH_2-C_6H_4-NCO+CO_2$$

MDI 也属于“黄变性多异氰酸酯”，且比 TDI 的黄变性更强，其黄变机理是氧化生成了醌亚胺结构。

（3）多亚甲基多苯基多异氰酸酯（PAPI，亦称聚合 MDI） PAPI 是一种黏稠液体，是生产 MDI 时的共生产品。

$$(OCN)C_6H_4-CH_2-[C_6H_3(NCO)-CH_2]_n-C_6H_4(NCO) \qquad n=0,1,2,3$$

PAPI 是一种官能度不同的多异氰酸酯的混合物，其中 $n=0$ 的二异氰酸酯（即 MDI）占混合物的50%左右，其余是3 ~5 官能度、平均相对分子质量为320 ~420 的低聚合度多异氰酸酯。PAPI 可以不经过加工即可作为多异氰酸酯固化剂使用，用于无溶剂涂料，防腐涂料，但颜色深，不适于制备高装饰漆。

2. 脂肪族二异氰酸酯

（1）六亚甲基二异氰酸酯（HDI） 水白色到微黄色，有刺激气味的液体。其结构式为$OCN(CH_2)_6NCO$。HDI 可以用来制备高耐候性、保光、保色性优良的外用聚氨酯涂料。缺点是挥发性强，有明显的刺激性与毒性，有强烈的催泪作用，使用时应做好安全保护，价格较高。另外，HDI 贮存时易自聚而变质。一般改性后使用，其改性产品主要有 HDI 缩二脲和 HDI 三聚体。

$$3OCN-(CH_2)_6-NCO + H_2O \longrightarrow OCN-(CH_2)_6-N\begin{cases}\overset{O}{\overset{\|}{C}}NH-(CH_2)_6-NCO \\ \underset{\underset{O}{\|}}{C}NH-(CH_2)_6-NCO\end{cases}$$

（HDI缩二脲）

$$3OCN-(CH_2)_6-NCO + H_2O \longrightarrow OCN-(CH_2)_6-N\begin{cases}\overset{O}{\overset{\|}{C}}NH-(CH_2)_6-NCO \\ \underset{\underset{O}{\|}}{C}NH-(CH_2)_6-NCO\end{cases}$$

HDI三聚体

HDI 价格比 TDI 高得多。

（2）异佛尔酮二异氰酸酯（IPDI） IPDI 是非黄变二异氰酸酯，含有环己烷结构，且携带三个甲基，在逐步聚合过程中同体系的相溶性好。IPDI 由于临位甲基及环己基空间位阻，造成脂环型异氰酸酯基活性是脂肪族异氰酸酯基的 10 倍。用于聚氨酯预聚体的合成，其产品色浅、游离单体含量低、黏度低、稳定性好。

IPDI 合成工艺复杂、路线较长，所以该产品价格较高。由于其不黄变、耐老化、耐热，以及良好的弹性、力学性能，近年来其市场份额不断上升。IPDI 也可以制成三聚体使用，其三聚体具有优秀的耐候保光性，不泛黄，而且溶解性好，在烃类、酯类、酮类等溶剂中都可以很好地溶解，同时，在配漆时同醇酸、聚酯、丙烯酸树脂等羟基组分混溶性好。

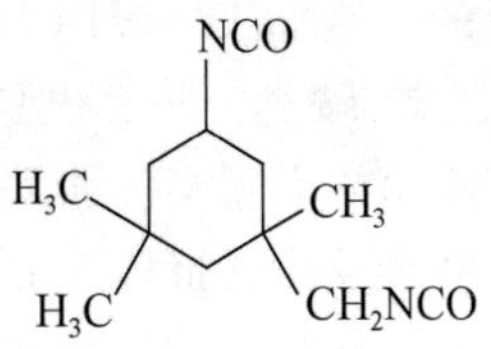

12.1.2　含活性氢的化合物与树脂

1. 含活性氢物质　含活性氢的物质中，最重要的是多元醇与多羟基树脂，可与二异氰酸酯反应制造多异氰酸酯预聚物，也可以在 NCO/OH 型双组分涂料中做羟基组分。胺类也是重要的含有活性氢的物质，常用作催化剂、扩链剂或者兼任催化剂与交联剂。

直接用于制造预聚体的多元醇，最常见的是三羟甲基丙烷（TMP）。在聚氨酯涂料领域中，以己二酸、癸二酸、一缩二乙二醇、1,4-丁二醇、1,6-己二醇等制造的柔性线形聚酯，可以用作多异氰酸酯预聚物的母体，制备用于弹性涂料的预聚物。以三羟甲基丙烷、新戊二醇、苯酐、己二酸等制备的聚酯，可以制造出不同相对分子质量、不同 T_g、不同分支度、不同羟基含量的聚酯，作为不同用途的 NCO/OH 双组分涂料的羟基组分。以一些具有高分支结构的烷基的多元醇，如三甲基戊二醇、乙基丁基丙二醇等与己二酸等多元酸，可以合成低黏度聚酯齐聚物，用作高固体 NCO/OH 型聚氨酯涂料的羟基组分。

聚醚树脂是端羟基的齐聚物，主链上的烃基由醚键连接，是以低相对分子质量的多元醇（如乙二醇、丙二醇、甘油、季戊四醇等）或者多元胺或含活泼氢的化合物为起始剂，与氧化烯烃在催化剂作用下开环聚合而成，因此也常称为聚醚多元醇，其基本品种见表 12-2。

表 12-2　常用的聚醚树脂

型号		相对分子质量	羟值（mgKOH/g）	酸值（mgKOH/g）	黏度（25℃）	色度（APHA）	水分（%）
二官能	N204	400 ± 14	280 ± 20	<0.15	60 ~ 80	<100	<0.10
	N210	1100 ± 100	100 ± 10	<0.15	130 ~ 190	<100	<0.10
	N220	2000 ± 100	56 ± 3	<0.15	260 ~ 370	<100	<0.10
三官能	N303	360 ± 20	475 ± 25	<0.15	200 ~ 300	<100	<0.10
	N310	1000	170	<0.15	270	<100	<0.10
	N330	3000 ± 150	56 ± 3	<0.15	445 ~ 595	<100	<0.10

聚醚的主链结构为醚键—R—O—R—，耐碱、耐水解，适宜做防腐漆、底漆，黏度较低，适宜制备高固体份涂料和无溶剂涂料，柔性好，低温性能好，但不耐紫外光，不宜外用。在聚氨酯涂料中，聚醚主要用作多异氰酸酯预聚物的羟基母体，由于它易吸潮、溶于水，一般不直接用作羟基组分树脂，但一些结构特殊的聚醚，如端-NH_2 聚醚作为一个组分，则可以与多异氰酸酯组分构成快速固化的聚脲涂料。

环氧树脂除了环氧基之外还含有—OH 基团，可用作羟基组分。环氧基通过与酸或胺反应，也可释放出一个—OH。环氧树脂在环氧树脂章中已讲述。以环氧树脂作为羟基组分的聚氨酯漆一般用于防腐涂料领域。

2. 胺类 胺类也是重要的含活性氢的物质，起催化、扩链、交联的作用。对于聚氨酯涂料最有意义的胺并非外加，而是自身的—NCO 基与水反应生成。氨基甲酸形成的胺进一步反应，造成多异氰酸酯变质，影响贮存安全，而它在聚氨酯涂料的固化中又起重要作用，并且影响漆膜的结构和性能。

$$—RNCO + H_2O \longrightarrow —RNH—COOH \longrightarrow —RNH_2 + CO_2\uparrow$$

多元胺用作多异氰酸酯的扩链剂与交联剂。二元伯胺与—NCO 反应非常迅速，但4,4′-二氨基3,3′-二氯二苯基甲烷（MOCA）由于—NH_2 受其邻位—Cl 的位阻与吸电子效应影响，活性较低，与多异氰酸酯混合后，可以有较长的施工时限，便于使用。

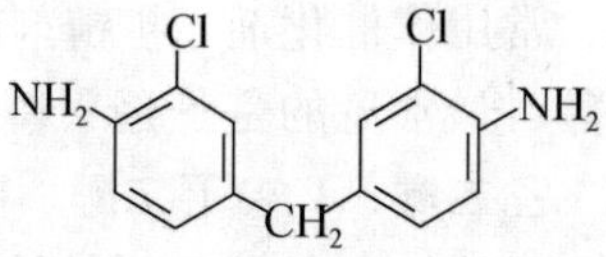

4,4′-二氨基-3,3′-二氯二苯基甲烷(MOCA)（3,3′-二氯-4,4′-二氨基二苯基甲烷）

含有—OH 的叔胺，除了催化作用外，还能参与交联，如二甲基乙醇胺（DMEA），N-甲基二乙醇胺（MDEA），四羟丙基乙二胺（N403 聚醚）等。

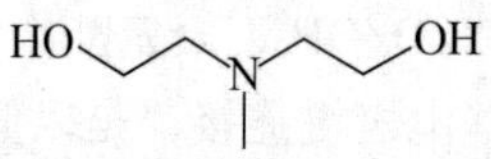

MDEA 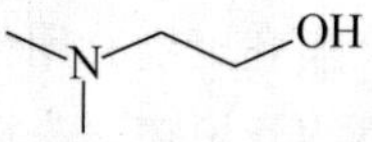　　DMEA

另一类是仲胺，只有一个活泼氢，活性高，可与—NCO 定量反应，用作分析—NCO 含量的试剂。如二丁胺（二正丁基胺）、六氢吡啶。还有一些胺类的衍生物，如酮亚胺，作为催化固化型聚氨酯涂料的潜固化剂，醛肟与酮肟作为—NCO 基的封闭剂等。

12.1.3 溶剂

溶剂的基本性质与在涂料中的作用等内容已在第 6 章溶剂中学习。本节着重学习聚氨酯涂料所用溶剂的特殊性。聚氨酯树脂的合成与涂料配制中，溶剂要接触高活性的异氰酸酯单体与多异氰酸酯预聚物，要求溶剂中不能含有消耗—NCO 基团的活泼氢，同时不能含有导致—NCO 反应异常的有害杂质。

1. 氨酯级溶剂 异氰酸酯基能与水或含活性氢（如醇、胺、酸等）的物质反应，因此，聚氨酯制造中所用溶剂或其他单体，如聚合物二醇、扩链剂等不能含有这些杂质。氨酯级溶剂是指所含杂质很少，可供聚氨酯合成与配漆中安全使用的溶剂。

（1）异氰酸酯当量的含义与指标　应用异氰酸酯当量判断溶剂是否为氨酯级溶剂。“异氰酸酯当量”表示消耗 1mol—NCO 基所需的溶剂的克数，其数值越大，溶剂所含杂质越少，说明溶剂质量越好，一般要求相对分子质量≥2500。如果把反应性的杂质都折算成水，那么以 1mol 水最少消耗 2mol—NCO 计，也即 9g 水消耗 1mol—NCO，则根据异氰酸酯当量的定义，异氰酸酯相对分子质量应 > 2500，即相当于含水量应在 9/2500 = 0.36%

以下，这是最起码的要求，实际要求应比这严。一定温度下水在溶剂中的饱和溶解度见表12-3。

表 12-3　水在溶剂中的饱和溶解度（g/100g 溶剂）

溶剂	溶解度	溶剂	溶解度
丙酮	全溶	醋酸乙酯	3.01(20℃)
丁酮	35.6(23℃)	醋酸丁酯	1.37(20℃)
甲基异丁酮	1.9(25℃)	苯	0.06(23℃)
环己酮	8.7(20℃)	甲苯	0.045(22℃)
醋酸溶纤剂	6.5(20℃)	二甲苯	0.028(23.5℃)

可以看出，就含水率而言，芳烃溶剂只要在常温下清澈透明，说明其含水率≤饱和溶解度，就达到了氨酯级的要求，而含氧溶剂即使外观透明，含水率也可能超过氨酯级溶剂。

（2）溶剂的脱水处理

① 蒸馏　一般通过蒸馏截去含有较多水分的共沸物，也就是前馏分，可以降低溶剂的含水率。若溶剂品质不好，还含有其他杂质，或者蒸馏釜本身的材质与洁净程度不符合要求，可能对溶剂造成污染时，则应在切除前馏分后继续蒸出主馏分，蒸余物弃而不用，以尽可能除去杂质。

② 吸收-蒸馏　无水 $CaCl_2$ 等吸收水分，过滤除去固态物，再蒸馏。

③ 分子筛吸附脱水　使溶剂通过已经过活化的分子筛柱层，以分子筛吸附溶剂中的水分。

蒸馏脱水可以结合制造工艺一起进行，如制造预聚物时多元醇需经溶剂回流脱水，这时投入的溶剂是不必经过脱水的，在回流过程中，溶剂、多元醇的水一起脱掉。

（3）溶剂的品质评价与质量管理　优质的溶剂只要经过脱水处理就可符合氨酯级的要求。实际上溶剂的评价指标不只是含水率。聚氨酯树脂制造需采用高品质的溶剂。并且注意聚氨酯树脂贮运过程中是否受到污染。比如注意以槽车运输、大型贮罐贮存的溶剂，在运抵用户时的周转或者大桶分装时，应保证桶的清洁，避免溶剂被污染。如果没有很好的监测溶剂品质的技术手段，可以取样进行预聚物合成小试验，考察溶剂是否对产品品质有不良影响。

2. 溶剂对反应工艺的影响　溶剂对—NCO 反应速度有影响，溶剂极性越强，反应速度越慢。以芳烃为反应溶剂时反应就比以醋酸丁酯为溶剂时快。对反应速度的影响更大的是原料（多元醇、异氰酸酯与溶剂）中的杂质。

在多异氰酸酯预聚物合成中，羟基母体一般需经溶剂回流脱水，溶剂和水形成共沸混合物把水“带出”，并且在冷凝后，水在其中溶解度尽可能小。常用的芳烃、苯的毒性太强，不可取，二甲苯沸点太高，甲苯是最合适的。以甲苯为脱水溶剂，回流温度较低，有利于节能，而且可以减少小分子多元醇随回流蒸出的损失。但甲苯对多元醇的溶解力不强，应综合考虑多元醇的成分、回流温度与溶解度，控制甲苯的用量，或在回流后加入部分强溶剂，以在一定的操作温度下保持脱水液的均相，有利于氨基甲酸酯化工艺的进行。

12.1.4　催化剂与其他助剂

1. 树脂合成催化剂　氨基甲酸酯化反应的催化剂常为有机锡化合物和叔胺类化合物，皆为黄色液体。前者毒性强，后者无毒。

（1）树脂合成催化剂　金属皂类常用二丁基二月桂酸锡（DBTDL）、辛酸亚锡。

$$(H_9C_4)_2Sn[OC(=O)-(CH_2)_{10}CH_3]_2$$

DBTDL

$$Sn[OC(=O)-CH(C_2H_5)CH_2CH_2CH_2CH_3]_2$$

辛酸亚锡

金属盐与皂、胺类、烷基膦催化异氰酸酯环化反应。有机锡对—NCO 与—OH 的反应催化效果好。用量为固体分的0.01% ~0.1%。叔胺类对—NCO 与—OH、H_2O、—NH_2 皆有强催化作用，但对—NCO 与—OH 催化作用要小一些，没有有机锡好。其中三亚乙基二胺（TEDA）最为常用。

$$P(C_4H_9)_3$$

三丁基膦

$$N(CH_2-CH_2)_3N$$

TEDA

（2）漆膜固化催化剂　NCO/OH 型双组分聚氨酯涂料固化催化剂一般是 4 价与 2 价 Sn 的皂类。但在脂肪族多异氰酸酯为固化剂的场合，锌皂（如异辛酸锌）的效果较好。此外，羟基树脂上残余的—COOH（表现为树脂酸值）对双组分脂肪族聚氨酯漆固化有明显的催化作用。在一定的酸值下，不必另加催化剂就有较为满意的固化速度。但是酸值也会使体系黏度较快上升，缩短施工时限。

湿固化型聚氨酯涂料固化催化剂主要是胺类。如前述的 TEDA、DMEA、N403 等。尤其是三亚乙基二胺（TEDA）“笼形”结构，N 原子“裸露”在“笼”的两端，空阻小、活性高，而且气味也比 DMEA 弱得多。DMEA 虽有强的催化能力，也能交联进入漆膜，但太臭。N403 聚醚催化能力较弱，与一些树脂相溶性较差，但它色浅、无味、价格低，又同时可起羟基组分的作用。

上述胺类催化剂都只能在涂料施工时加入，不能与预聚物共一包装。还有一类催化剂其起催化作用的基团被隐蔽而“潜伏”起来，可以与预聚物共一包装，涂料施工后，空气中水气渗入漆膜，使之分解而释放出胺类。如酮亚胺：伯胺与酮反应生成酮亚胺而放出水，在水的作用下又逆反应而放出胺。

2. 其他助剂　包括除水剂、减色剂、流平剂等。

（1）除水剂　对水反应活性比对—N ═C ═O 还要强的化合物，同时，与水反应的产物不影响多异氰酸酯合成与聚氨酯树脂的稳定。除水剂加入体系后迅速反应而除去体系中的微量水，如在多异酸酯预聚物合成时，用于除去羟基液中的微量水，免去回流脱水工艺而达到简化设备、缩短流程、提高效率的目的。在单组分湿固化色漆的制造中，用于除去色浆中的微量水以保证涂料的贮存稳定。除水剂有甲苯磺酸异氰酸酯、原甲酸乙酯及恶唑烷类等。

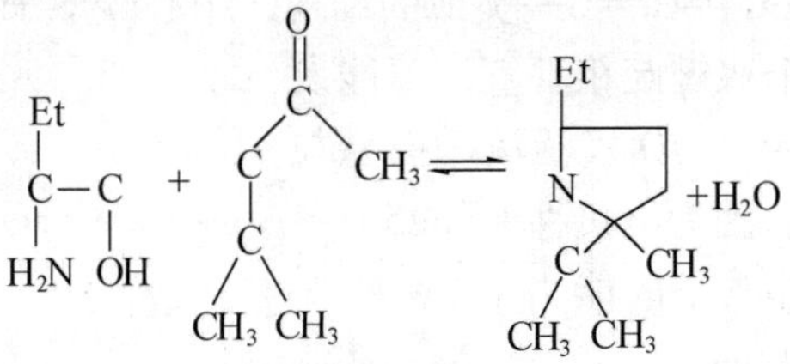

Et, C—C, H$_2$N OH + O, C, C, CH$_3$, C, CH$_3$ CH$_3$ ⇌ Et, N, C, CH$_3$, C, CH$_3$ CH$_3$ +H$_2$O

4-乙基-2-甲基-2-异丁基噁唑烷

噁唑烷类日益受到重视。噁唑烷由醇胺类与醛酮缩合而成，遇水，又发生逆反应而生成醛、酮与醇胺类，同时醇胺类促进—NCO 反应参与交联作用。

（2）减色剂（抗氧剂）　减色剂一般为亚磷酸酯与受阻酚类。在预聚物与羟基树脂合成中，加入抗氧剂可防止由于受热引起产品树脂颜色变深而使品质劣化，抗氧剂又俗称减色剂。

例如，亚磷酸三壬基酚酯。

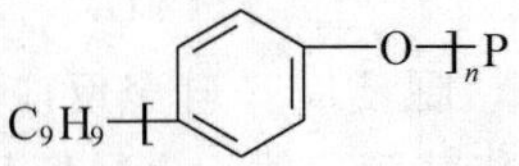

$$\left[C_9H_{19}\text{—}C_6H_4\text{—O} \right]_n P$$

（3）流平剂、消泡剂　改性有机硅型流平剂、消泡剂效果良好。由于聚氨酯树脂体系极性强，内聚力大，施工时容易出现缩孔、缩边或厚边等漆膜病态，又由于—NCO 活泼，一遇水分就会反应产生 CO_2，漆膜也容易产生气泡，所以，需要加入流平剂与消泡剂。流平剂与消泡剂的选用，基本上与其他溶剂型涂料用的消泡剂相同，改性有机硅型的流平剂、消泡剂效果良好。这类助剂在 NCO/OH 双组分涂料中加在羟基组分里，在单组分湿固化聚氨酯涂料中可以直接加入预聚物，不会影响贮存稳定性，但加入量较大时，可能使漆液的透明度有所下降但不会影响漆膜。

12.2　聚氨酯制造原理

聚氨酯树脂（PUR）具有氨基甲酸酯典型结构：

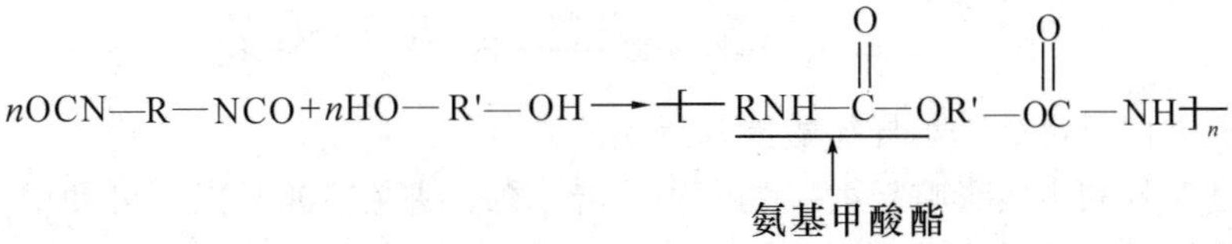

$$n\text{OCN—R—NCO}+n\text{HO—R'—OH} \longrightarrow \left[\underline{\text{RNH—}\overset{\text{O}}{\overset{\|}{\text{C}}}\text{—O}}\text{R'—O}\overset{\text{O}}{\overset{\|}{\text{C}}}\text{—NH} \right]_n$$

氨基甲酸酯

PUR 分子中除了氨基甲酸酯基外，大分子链上还往往含有醚键、酯基、酰胺基等基团，因此大分子间很容易生成氢键。

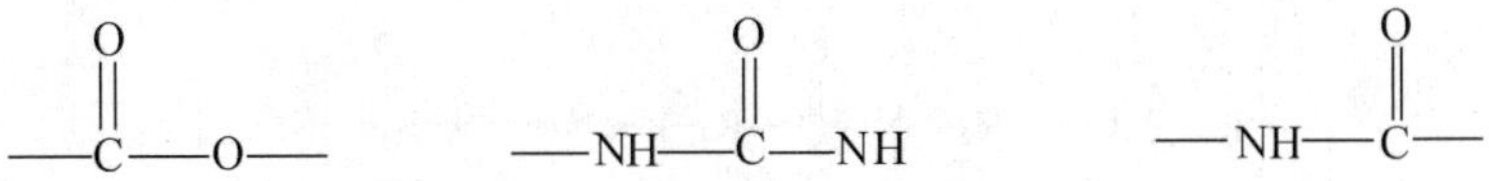

$$\text{—}\overset{\text{O}}{\overset{\|}{\text{C}}}\text{—O—} \qquad \text{—NH—}\overset{\text{O}}{\overset{\|}{\text{C}}}\text{—NH} \qquad \text{—NH—}\overset{\text{O}}{\overset{\|}{\text{C}}}\text{—}$$

12.2.1 异氰酸酯基的活性与聚氨酯制造原理

—N ═C ═O 具有与—C ═C ═C—类似的结构，中心碳原子以 sp 杂化轨道分别与 N、O 形成单键与双键，但两个双键互相垂直，不能发生电子的离域，导致—N ═C ═O 极活泼，极易与含活泼氢的物质发生反应。因为电负性 O(3.5) > N(3.0) > C(2.5)，获得电子的能力 O > N > C。—C ═ O 键能 733kJ/mol，—C ═ N—键能 553kJ/mol，碳氧键比碳氮键稳定。—N ═C ═O 中氧电子云密度最高，N 次之，C 最低。C 形成亲电中心，易受亲核试剂进攻，而 O 形成亲核中心。

$$R—N═C═O \begin{cases} \xrightarrow{H_2O} RNHCOOH \\ \xrightarrow{ROH} RNHCOOR \\ \xrightarrow{RNH_2} RNHCONHR \end{cases}$$

当异氰酸酯与醇、酚、胺等亲核试剂反应，—N ═C ═O 中的 O 接受 H 原子形成羟基，但不饱和碳原子上的羟基不稳定，重排生成氨基甲酸酯基。

$$R_1—N═C═O + H—OR_2 \longrightarrow [R_1—N═C(OR_2)—OH] \longrightarrow R_1—NH—C(═O)—OR_2$$

常见反应有与羟基、水、胺基、脲反应，自聚反应等。同羟基化合物的反应尤为重要。反应条件温和，可用于合成聚氨酯预聚体、多异氰酸酯的加和物以及羟基型树脂的交联固化。

异氰酸酯基和水的反应如下：

$$R—N═C═O + H_2O \longrightarrow R—NH—C(═O)—OH \longrightarrow R—NH_2 + CO_2$$

这个反应是湿固化聚氨酯涂膜的主要反应。

脂肪族异氰酸酯基活性较低，低温下同水反应活性较小。一般在 50 ~ 100℃反应，水相对分子质量小，微量水就会造成体系中—NCO 基团的大量损耗。造成反应官能团物质的量之比发生变化，影响聚合度提高，会导致凝胶。聚氨酯化反应原料、盛器和反应器必须做好干燥处理。

异氰酸酯基和胺的反应生成脲的反应：

$$R—N═C═O + H_2N—R' \longrightarrow R—NH—C(═O)—NH—R'$$

氮原子上活性氢可继续与异氰酸酯基反应成二脲、三脲等。

反应温度对脲的生成影响较大，如芳香族异氰酸酯基在 100℃以上可和聚氨酯化反应所生成的氨基甲酸酯基反应生成脲基甲酸酯。

异氰酸酯基和胺的反应常用于脂肪族水性聚氨酯合成时预聚体在水中的扩链，此时胺基的活性远高于水的活性，通过脲基生成高相对分子质量的聚氨酯。

$$R_1—NCO + R_2—NH—C(═O)—R_3 \longrightarrow R_2—N(C(═O)—NH—R_1)—C(═O)—R_3$$

异氰酸酯还可以发生自聚反应。其中芳香族的异氰酸酯容易生成二聚体-脲二酮：

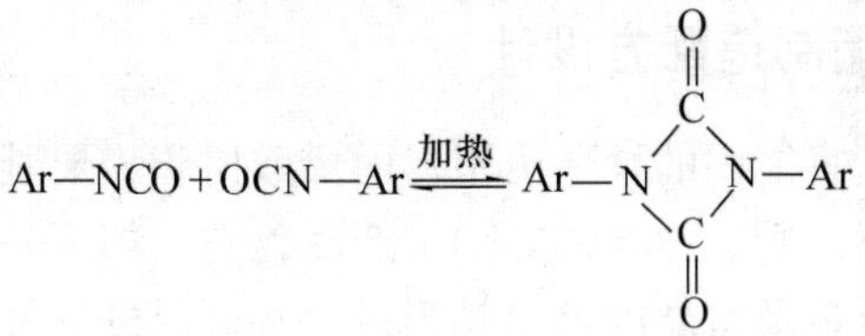

$$Ar—NCO+OCN—Ar \xrightleftharpoons{加热} Ar—N\begin{matrix} \overset{\overset{O}{\|}}{C} \\ \diagup\ \diagdown \\ \diagdown\ \diagup \\ \underset{\underset{O}{\|}}{C} \end{matrix}N—Ar$$

该二聚反应是一个可逆反应，高温时可以分解。

在催化剂存在下，二异氰酸酯会聚合成三聚体。其性质稳定、漆膜干性快，属于高端的双组分聚氨酯涂料的多异氰酸酯固化剂，预计其应用将不断增长。三聚反应是不可逆的。

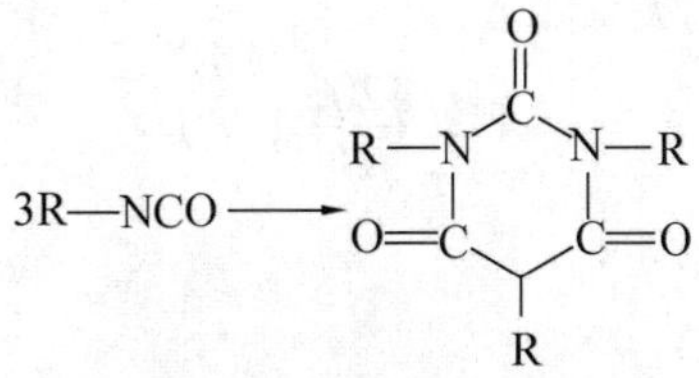

$$3R—NCO \longrightarrow \text{(R—N, C=O, N—R, C=O, C(R), O=C 六元环三聚体)}$$

12.2.2　异氰酸酯基反应活性的影响因素

活性主要受取代基的电子效应和位阻效应的影响。

1. 电子效应的影响　R 若为吸电子基，增强 —N ═C ═O 基中碳原子的正电性，提高其亲电性，更容易同亲核试剂发生反应；R 若为供电性基，会提高—N ═C ═O 基团中碳原子的电子云密度，降低其亲电性，削弱同亲核试剂的反应。异氰酸酯的活性顺序如下：

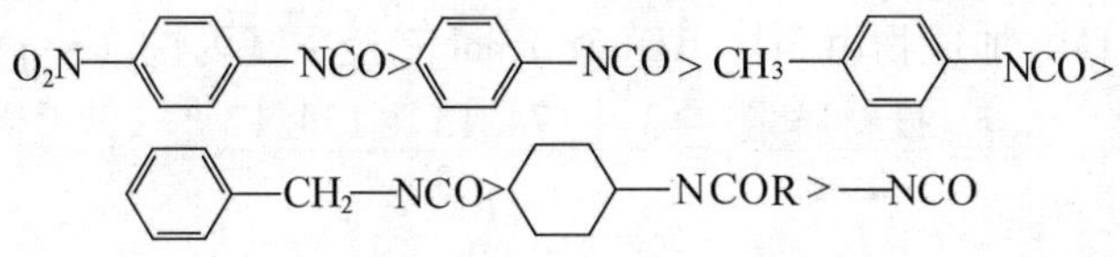

$$O_2N—C_6H_4—NCO > C_6H_5—NCO > CH_3—C_6H_4—NCO >$$
$$C_6H_5—CH_2—NCO > C_6H_{11}—NCO R > —NCO$$

由于电子效应影响，当第一个—N ═C ═O 基团反应后，第二个活性往往降低。如甲苯二异氰酸酯，两个—N ═C ═O 基团活性相差 2 ~ 4 倍。两者距离较远时，活性差别减少。如 MDI 的两个—N ═C ═O 基团活性接近。

2. 位阻效应的影响　甲苯二异氰酸酯（TDI）两个异构体，2,4-TDI 活性大于 2,6-TDI。原因空间位阻效应。2,4 位上的—NCO 活性不同，2,4-TDI，对位—NCO 基团活性大于邻位—NCO 的数倍，反应中，对位—NCO 先反应，然后是邻位—NCO 参与反应。在 2,6-TDI 中，由于结构的对称性，两个—NCO 基团的初始反应活性相同，但当其中一个—NCO 基团反应之后，由于失去诱导效应，再加上空间位阻，剩下的—NCO 基团反应活性大大降低。

12.3　双组分聚氨酯涂料制造

双组分聚氨酯涂料指涂料包装形式为双罐包装。一罐为羟基组分，由羟基树脂、颜料、填料、溶剂和各种助剂组成；另一罐为固化剂组分，为多异氰酸酯溶液。

12.3.1 双组分聚氨酯制造配方设计

羟基组分为含有羟基官能团的聚酯树脂、丙烯酸树脂、聚醚树脂、环氧树脂、多异氰酸酯加成物、预聚物、缩二脲、三聚体等加工产品，它们都不是单纯的化合物，不能简单地通过计算其相对分子质量及官能度求出其当量，必须通过分析测定其活泼基团含量再计算其当量数。

1. 多异氰酸酯产品的—NCO 表示多异氰酸酯产品的—NCO 量可以有两种方式。

A：—NCO 含量的质量百分率；

B：胺当量数，是指含有 1eq—NCO 基（或相当于1eq 的二丁胺）的多异氰酸酯的质量数。

两种表示方式的数值之间的关系如下：

$$A = \frac{4200}{B}(\%)$$

式中 A—— —NCO 百分含量,%；

B——胺当量。

以上公式是通过下列计算得出的：按每 Bg 产品中含有 1eq—NCO 基，即含有—NCO 基 42.02g—NCO(%) $= \frac{42.02}{B} \times 100\% = \frac{4202}{B}\%$

对于加成物或预聚物类型的产品，胺当量数的理论值可按下式计算（不挥发分计算）：

$$B = \frac{\text{投料质量}}{n - n'} \quad \text{或者} \quad A = \frac{(n - n') \times 4200}{\text{投料质量}}(\%)$$

式中 n——投入的—NCO 的总当量数；

n'——投入的—OH 的总当量数。

例 12-1 TDI/TMP 加成物由 3mol TDI 和 1mol 三羟甲基丙烷（3eq）组成。

$$B = \frac{\text{投料质量}}{6 - 3} = \frac{3 \times 174.15 + 134.17}{3} = 219$$

$$A = \frac{(6 - 3) \times 4200}{3 \times 174.15 + 134.17} = 19.19\%$$

若加入溶剂稀释成 75% 溶液，则 $A = 19.19 \times 75\% = 14.39\%$

实际工业产品的—NCO% 比计算值略低。

典型的多异氰酸酯工业产品的—NCO 含量如下，可供计算参考，见表 12-4。

表 12-4 多异氰酸酯工业产品的—NCO 含量

		THD 三聚体（无溶剂）	21.8%
TDI 加成物（75% 溶液）	13% 左右	HDI 三聚体（90% 溶液）	19.4% 左右
TDI 加成物(67% 溶液)	11.6% 左右	IPDI 三聚体（70% 溶液）	11.5% ~12.0%
TDI 加成物（50% 溶液）	8.7% 左右	TDI 三聚体（51% 溶液）	8% 左右
XDI 加成物（75% 溶液）	11.4% 左右	TDI/ HDI 三聚体(60% 溶液)	10.5% 左右
HDI 缩二脲（75% 溶液）	16.5% 左右	苯酚封闭 TDI 加成物（固体）	12% ~13%
HDI 缩二脲（100% 固体分）	22% ~23%	己内酰胺封闭 IPDI 加成物（固体）	15% 左右

2. 羟基组分中的羟基含量　有 3 种羟基含量的表示方法。

C：羟基含量的质量百分率；

D：羟基当量，即指含 1mol（当量）的羟基的试样的质量数；

E：羟值，即表示酰化每克样品中所含羟基所需的羧酸，以其相当量的 KOH 毫克数表示。

按以上定义，则每羟基当量（D）中含有 1mol 羟基，即含有 17g 羟基，则其质量百分率该为

$$C(\%) = \frac{17}{D} \times 100(\%) \qquad C = \frac{1700}{D}$$

按定义，羟值以每克样品相当量之 KOH 毫克数表示，羟值为 1 即表示 1mgKOH（E 值）。

但按 D（羟基当量）应该相当于 1mol 羟基的试样的质量，即相当于 1mol 的 KOH，即 56100mgKOH。

即羟基当量≈56100mgKOH

$$\frac{D}{1} = \frac{56100}{E} \quad 即 \quad D = \frac{56100}{E}$$

从而得到

$$\frac{1700}{C} = \frac{56100}{E}$$

$$C = \frac{E}{33}$$

则　　　　　　　　　　　　或者 $E = C \times 33$

例 12-2　已知某聚酯的羟基含量为 5%，则其羟基当量为 $D = 1700/C = 1700/5 = 340$，或其羟值为 $E = C \times 33 = 5 \times 33 = 165$（mgKOH/g）。

例如：聚醚 N210 的羟值为 100，

则其羟基含量 $C = E/33 = 100/33$

其羟基当量 $D = 56100/E = 56100/100 = 561$。

我国造漆工业生产的聚酯大多用羟基含量（%）表示，而有些聚醚则习惯用羟值表示。它们之间可用上式相互换算。需特别指出的是，我国以往的环氧树脂羟值指标沿用 Shell 公司习惯，有其独特的表示方式，与其他大多数的油脂或树脂不同。它的羟值是指每 100g 树脂所含羟基的摩尔数，常见环氧树脂羟值见表 12-5。

表 12-5　常见环氧树脂羟值　　mol/100g

E-42 环氧树脂羟值	0. 16	E-06 环氧树脂羟值	0. 36
E-20 环氧树脂羟值	0. 32	E-03 环氧树脂羟值	0. 40
E-12 环氧树脂羟值	0. 34		

因此在聚氨酯漆中必须统一换算，以免出现错误。

例 12-3　E-20 环氧树脂，每 100g 树脂含羟基 0. 32eq，即含羟基 0.32×17g。则羟基

百分含量为

$$\frac{0.32 \times 17}{100} \times 100\% = 5.44\%$$

同理：

E-42 环氧树脂含—OH 基　2.72%　E-06 环氧树脂含—OH 基　6.12%

E-12 环氧树脂含—OH 基　5.78%　E-03 环氧树脂含—OH 基　6.8%

聚酯（固体分）的羟基含量的理论值可按下式计算：

$$\frac{(n_{OH} - n'_{COOH}) \times 17}{投料质量 - 出水量} \times 100\%$$

3. 双组分配漆比例的计算　通常聚氨酯漆产品中活泼基团含量大多是采用质量百分数表示的。

例 12-4　甲组分 TDI 加成物(50% 溶液)（含—NCO)8.7%　乙组分聚酯(50% 溶液)（含—OH)2.0%

甲、乙两个组分之间配漆的质量配比可计算如下：

若取—NCO:—OH = 1mol:1mol，则

$$甲/乙质量比 = \frac{1 胺当量(g)}{1 羟基当量(g)} = \frac{B}{D}$$

但 $B = 4200/A$，$D = 1700/C$，

代入上式

$$\frac{\frac{4200}{A}}{\frac{1700}{C}} = \frac{4200}{1700} \times \frac{C}{A} = 2.47 \times \frac{C}{A}$$

因此，上例若取—NCO:—OH = 1:1 时

$$\frac{甲}{乙} = 2.47 \times \frac{2.0}{8.7} = \frac{0.57}{1.00}$$

即每 1kg 乙组分需配 0.57kg 甲组分。

以上仅是示例，实际上—NCO 与—OH 比例会影响涂膜性质，有时—NCO 与—OH 比例显著超过 1:1，有时不足 1:1，必须通过试验确定，以满足对涂膜性能的要求。

12.3.2　多异氰酸酯固化剂的制造实例

甲苯二异氰酸酯等二异氰酸酯单体蒸气压高、易挥发，危害人们健康。将二异氰酸酯单体同多羟基化合物反应制成端异氰酸酯基的加合物或预聚物或者二异氰酸酯单体制备成缩二脲或通过三聚化生成三聚体，使相对分子质量提高，降低挥发性和毒性。异氰酸酯基的加合物以及缩二脲、三聚脲等称为多异氰酸酯固化剂。

1. 多异氰酸酯预聚物固化剂配方设计

(1) 配方设计原则与配方参数的确定　首先需要确定的配方参数是—NCO 与—OH

比。理想状况是—NCO∶—OH＝2∶1，即每个—OH对应两个—NCO。—NCO∶—OH大于2∶1，有剩余的—NCO，部分单体未反应而成为游离单体；—NCO∶—OH小于2∶1，表明部分二异氰酸酯的两个—NCO都参与了反应，固化剂相对分子质量增大，甚至有凝胶危险。所以，配方参数—NCO∶—OH值不会偏离2.0太远。由于—NCO∶—OH的变动对工艺安全性与产品性能有明显影响，因此—NCO∶—OH值的计算，须计算精确小数点以后2~3位。

（2）产品的理论—NCO百分比含量 指产品中所含—NCO基的质量数在整个产品质量中的百分比。根据—NCO∶—OH与固体百分比含量进行计算。反应终了每一个—OH消耗一个—NCO，余下的—NCO（mol）数即产品预聚物中的—NCO的量，乘以—NCO基的质量数42.0，为产品的理论—NCO%。一般产品的实际—NCO%低于理论—NCO%，而一般也把物料反应到—NCO含量降到理论值或理论值之下，作为反应终点。

（3）配方设计确定溶剂的组成 固体含量（%）的确定，同时确定了溶剂的总量。根据溶剂的溶解力、沸点、挥发性、成本以及对环境影响等因素确定溶剂的品种与比例。TMP/TDI预聚物配方计算实例如下。

例12-5 中TMP/TDI预聚物配方计算

已知配方参数，—NCO∶—OH＝2.13，固体分50%，TMP相对分子质量134.2，—OH当量值44.7，TDI相对分子质量174.2，—NCO当量值87.1，进行TMP和TDI配方量的计算：

设TMP配方量为A，TDI配方量B，A与B配方量之和为预聚物固体分，

$$A+B=50,\ \frac{B/87.1}{A/44.7}=2.13$$

解：由A和B的方程得

$$A=9.7;\ B=40.3$$

C：计算产品理论—NCO：$\left(\frac{40.3}{87.1}-\frac{9.7}{44.7}\right)\times 42.0=10.3\%$

所以TMP配方量为9.7%，TDI配方量为40.3%。

（4）配齐溶剂与助剂，构成整个配方 以醋酸丁酯为主要成分的醋酸丁酯-二甲苯混合溶剂，醋酸丁酯对TMP溶解力强，沸点也比二甲苯低，所以以它为回流脱水溶剂。部分醋酸丁酯的作用是冲洗TDI加料管线，防止积存与保证TDI投料量准确。剩余部分溶剂在反应结束后加入可以提高反应釜的利用效率，这部分溶剂是作为稀释剂用的，因此可用溶解力较弱的二甲苯。

以蓖麻油醇解物、醇酸树脂、聚酯、聚醚等多元醇为母体的预聚物的配方计算方法相同。但需注意，这些预聚物组成与结构复杂，必须实测其羟基含量，从而求出它的实际的—OH当量（平均值），作为配方计算的依据。在需要加入助剂，如酸性抑制剂、减色剂等的场合，一般把助剂按其加料操作中的排序列入配方表中的相应位置，因为其加入量很少，一般不计入投料总量，内含物也不计入固体分，不影响配方物料计算。

2. 多异氰酸酯预聚物TMP/TDI预聚物制造 多异氰酸酯加和物是国内产量较大的固化剂品种，主要有TMP-TDI加合物和HDI-TMP加合物。TMP为三羟基甲烷，其性质见

第 10 章醇酸树脂制造中 10.1 醇酸树脂制造原料。TDI 与 TMP 反应机理如下：

$$CH_3CH_2C(CH_2OH)_3 + 3\ CH_3C_6H_3(NCO)_2 \longrightarrow CH_3CH_2C\left[CH_2O-\overset{O}{\overset{\|}{C}}-NH-C_6H_3(CH_3)(NCO)\right]_3$$

1mol TMP 和 3mol TDI 反应，由于 2,4-TDI 中 4 位的—NCO 反应活性强，首先与 TMP 中的—OH 进行反应，最后保留有 3 个 2 位的—NCO 基的多异氰酸酯，称为 TMP-TDI 加成物。实际上由于使用的 T80 规格的 TDI，还含有 20% 的 2,6 体，并且 2,4 体中反应活性差别并不大，因此制造得到的产物是种复杂的混合物，只有在原料配比 TDI∶TMP≈5～6 或者更多时，才能得到相对分子质量分布狭窄的产物。

例 12-6 TMP/TDI 预聚物制造

（1）制造配方（表 12-6）

表 12-6 制造配方

原料名称	规格	用量（%）	原料名称	规格	用量（%）
TMP		9.7	醋酸丁酯 2	无水	10.0
醋酸丁酯 1		30.0	二甲苯	无水	10.0
TDI	T80	40.30			

用量：合计 100%

配方参数：—NCO∶—OH＝2.13∶1（TDI 中—NCO mol 数与 TMP 中—OH 当量数）

理论固体分：50%，理论—NCO 含量 10.32%。

（2）制造工艺

①醋酸丁酯 1 与 TMP 加入配置有回流冷凝器与分水器的脱水釜加热，搅拌，升温到 130℃回流，脱水约半个小时，降温到 60℃，保温，备用。②反应釜中，加入 TDI 与醋酸丁酯 2，搅拌升温 40℃，1h 内把经脱水的 TMP 醋酸丁酯分 4 批加入其中，控制反应温度不超过 70℃。③羟基液加完后，70℃保温 2h，升到 90℃保温 1～2h，取样测定—NCO%，降到＜10.5% 之后，加入二甲苯稀释，降温到＜40℃，出料，过滤包装。

（3）产品技术指标（表 12-7）

表 12-7 产品技术指标

外观	水白到淡黄液体	—NCO 含量（%）	8.5～9.5
色泽（Fe-Co 法）（号）	＜1	黏度（涂-4 杯，25℃）（s）	20～30
固体分	50±2		

制备时首先 TMP 与溶剂醋酸丁酯回流脱水，然后加入 TDI 进行反应。早期使用的环己酮气味大，价格高，回流温度高，且与 TMP 反应而被醋酸丁酯取代。所制得的 TMP/TDI 预聚物作为固化剂性能优良，但游离 TDI 含量较高，须通过高真空薄膜蒸发或分子蒸

馏再回收应用。为了得到水白色的产品，须确保原料的品质。最直接的办法是通过小试来判断所采用的原料对产品颜色是否有影响。再者是设备采用的材质必须不会对产品造成污染。加入减色剂也是确保水白色的有效办法。

例12-7 蓖麻油-季戊四醇醇解物为母体的预聚物固化剂制造

（1）蓖麻油季戊四醇醇解物制造配方（表12-8）

表12-8 制造配方

原料名称	规格	用量（%）
蓖麻油	精漂羟值165mgKOH/g	92.7
季戊四醇	—OH当量35.1	7.3
氢氧化锂	—	0.02
二甲苯	脱水	25.0

（2）制造工艺 蓖麻油加入醇解反应釜，搅拌升温到120℃，加入LiOH，继续升温到240℃，30分钟内分4批加季戊四醇，在204℃保温，加完季戊四醇后约20min，物料达到透明后开始测定容忍度，以样品与乙醇（87%）之比为1∶10（体积比）室温透明为终点。降温，打入稀释釜，继续降温，以二甲苯稀释成固体分80%，备用。

（3）预聚物固化剂制造配方（表12-9）

表12-9 制造配方

原料名称	规格	用量（%）
醇解物液	80%	34.0
二甲苯①	—	33.2
磷酸-醋酸丁酯液	10%	0.1
TDI	T80	22.8
二甲苯②	无水	10.0

配方中磷酸-醋酸丁酯液由试剂磷酸（85%）1份和醋酸丁酯9份配制而成，它的作用是保持体系显一定的酸性，在合成反应过程中，可抑制脲基甲酸酯化、—NCO聚合等引起结构分支化、提高交联倾向的反应，以避免反应后期物料胶化，保证工艺安全。

（4）预聚物固化剂制造工艺 醇解物与二甲苯①投入配置有回流冷凝器与分水器的反应釜，升温，135～140℃回流0.5～1.0h，完成脱水后降温到60℃，加磷酸-醋酸丁酯液，搅拌，加TDI、二甲苯②，控制温度在70℃保持1h，升温到80℃，保持2～3h，取样测定—NCO%，到达理论值（5.5%）以下后降温、出料。

（5）产品技术指标（表12-10）

表12-10 技术指标

外观	—NCO含量（%）	固体分（%）
水白到淡黄液体	5.0～5.5	50±2

该类型预聚物为早期开发的产品，以蓖麻油醇解物为羟基组分，可配制高丰满度的装饰漆，也可与环氧树脂配制防腐漆。若加入甲基二乙醇胺等催化剂，可配制催化固化型聚

氨酯漆。

3. HDI缩二脲制造 HDI缩二脲由3mol HDI与1mol H_2O反应而成，是三官能脂肪族多异氰酸酯固化剂，不泛黄，耐候性优良。以HDI缩二脲与饱和羟基聚酯、羟基丙烯酸树脂配合，是制造大型汽车、火车飞机的优良涂料。

$$3OCN(CH_2)_6NCO + H_2O \longrightarrow OCN(CH_2)_6N\begin{matrix} \diagup CO(CH_2)_6NCO \\ \diagdown CONH(CH_2)_6NCO \end{matrix}$$

HDI缩二脲

例12-8 HDI缩二脲固化剂制造

(1) 合成配方（表12-11）

表12-11 合成配方

原 料	规 格	用量（质量份）
己二异氰酸酯	工业级	1124
水	工业级	18.00
丁酮	聚氨酯级	18.00

(2) 合成工艺

① 将己二异氰酸酯加入反应釜，开动搅拌，升温至98℃，用6h滴加丁酮-水溶液。

② 升温至135℃，保温4h后取样测—NCO含量。合格后降温至80℃，真空过滤，用真空蒸馏或薄膜蒸发回收过量的己二异氰酸酯，得透明、黏稠的缩二脲产品，加入醋酸丁酯将固体分稀释至75%。

该多异氰酸酯固化剂属脂肪族，耐候性好、不变黄，广泛用于高端产品以及户外产品的涂饰。目前我国没有工业规模生产，完全依赖进口。

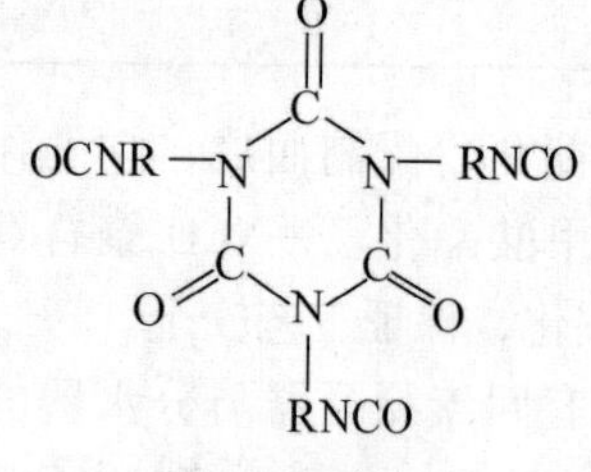

HDI三聚体

4. 异氰酸酯聚合体固化剂制造实例 二异氰酸酯在催化剂作用下，可以自聚成为具有稳定的异氰脲酸酯环结构的具有多个—NCO基的聚合物。工业产品以三聚体为主。HDI三聚体是由3mol HDI三聚反应生成的三官能度多异氰酸酯。三聚体制造的关键在于催化剂。

催化剂对转化率、相对分子质量分布、游离异氰酸酯单体含量与产品品质有决定性影响。由于这是三聚体制造的核心技术，一般虽能大体了解催化剂的类型，但具体品种、用量及配方属于商业秘密。

例12-9 异氰酸酯聚合体固化剂制造

(1) 合成配方（表12-12）

表12-12 合成配方

原 料	规 格	用量（质量份）
己二异氰酸酯	工业级	1000
二甲苯	聚氨酯级	300.0
催化剂（辛酸四甲基铵）	—	0.300

（2）合成工艺

① 将己二异氰酸酯、二甲苯加入反应釜，开动搅拌，升温至60℃，将催化剂分四份，每隔30min加入一份，加完保温4h。

② 取样测—NCO含量。合格后加入0.2g磷酸使反应停止。

③ 升温至90℃，保温1h。冷却至室温使催化剂结晶析出，过滤，经薄膜蒸发回收过量的己二异氰酸酯，得HDI三聚体。

HDI三聚体具有优良性能。同缩二脲相比，HDI三聚体有如下特点：

a. 黏度较低，可以提高施工固体分；b. 储存稳定；c. 耐候、保光性优于缩二脲；d. 施工周期较长；e. 韧性、附着力与缩二脲相当，其硬度稍高。因此自HDI三聚体生产以来，其应用越来越广。工业产品的组成以三聚体为主，但还有一定比率的五聚体、七聚体，甚至更高的聚合体，但习惯统称作三聚体固化剂。

12.3.3　羟基组分的制造

作为羟基组分的醇酸树脂、丙烯酸树脂等与固化剂一样，正在走向大批量、专业化、商品化生产，市购树脂制漆，已是越来越常见的生产方式。蓖麻油醇酸树脂作为羟基组分的聚氨酯涂料，具有良好的综合性能。蓖麻油醇酸树脂配方的多样化，可以满足各种不同性能特点的聚氨酯漆的要求。

例12-10　几种蓖麻油醇酸树脂用于聚氨酯制造的羟基组分

（1）蓖麻油醇酸树脂配方（表12-13）

表12-13　蓖麻油醇酸树脂配方与技术指标

项目	型号607	型号622	型号605	型号639
蓖麻油（精漂）	45.0	28.0	73.2	28.1
甘油（100%计）	15.8	25.0		17.4
季戊四醇（OH当量35.1）	2.5		9.3	
苯甲酸		6.0		
松香				28.1
苯酐	36.7	41.0	17.5	24.2
顺酐				2.2
合计	100.0	100.0	100.0	100.0

配方中只列出构成树脂分的物料的投料百分数，溶剂除了622醇酸的稀释剂为二甲苯醋酸丁酯之外，其余均为二甲苯。607是中油度醇酸树脂，通用性好，适用于一般木器漆与要求力学性能均衡的工业涂料，如机械用的磁漆。622为超短油度醇酸树脂，适用于喷涂施工的快干型木器漆。605为超长油度醇酸树脂，高柔韧性，适用于软质PVC制品的涂料。639为高量松香改性短油度醇酸树脂，成本低，可溶性好，适用于普及型聚氨酯木器漆。

（2）制造工艺　蓖麻油醇酸树脂的合成，除了通用的醇解法之外，还有一次投料的直接酯化法。直接酯化法工艺设备简单，但并不是对任何配方都适用。有一种对以苯酐为多元酸的蓖麻油醇酸树脂普遍适用的新工艺：半酯化法。如用别的工艺难以制造的605醇酸树脂，其工艺如下：蓖麻油加入反应釜，搅拌、抽真空、升温，在100～120℃并减压下保持15～30min，蒸出蓖麻油中少量水分，之后恢复常压，从加料口加入苯酐及相当于蓖麻油量5%的二甲苯，升温到170℃保持1h，使苯酐与蓖麻油的羟基反应，开环、半酯化而连接到蓖麻油分子，成为一种新的齐聚物多元酸。该阶段中加入少量二甲苯，是为了在釜内产生内回流，把升华在釜盖内壁、搅拌轴上的苯酐冲洗下来以充分参与反应。完成半酯化后，投入季戊四醇，升温到200℃，回流反应1h，再升温到220℃，保温回流反应3h后，测酸值，到<6.0mgKOH/g为终点，打入稀释釜，稀释，降温、出料。

（3）技术指标（表12-14）

表12-14 技术指标

固体分（%）	50±2	45±2	58±2	50±2
黏度（涂-4杯，25℃）（s）	100～150	35～60	20～40	30～50
酸值（mgKOH/g）	5	4	3.5	7
羟值（mgKOH/g）（固体树脂，理论值）	148	171	139	115

月桂酸与椰子油酸醇酸树脂色浅，用于制造“聚酯漆”的羟基组分，松香改性豆油酸醇酸树脂成本低，可溶性好，可用于普及型聚氨酯漆。

12.3.4 双组分聚氨酯制造实例

1. 配方计算

A：原料　羟基树脂：固体分60%；固化剂：固体分40%；催化剂：50%醋酸丁酯液；流平剂：40%乙酸丁酯液，溶剂。

B：配方参数　甲∶乙=1∶1.3（固体树脂量比），催化剂用量：全漆基料量之0.3%；流平剂：全漆基料量之0.2%。

C：要求的商品包装形式　两组分平均固体分为45%，商品包装比例：甲∶乙=1∶1。

D：配方计算

设甲乙组分产品各100份为计算基准，根据平均固体分45%计算全漆总固含量为

$$(100+100)\times 45\% = 90.0\ （份）$$

根据甲∶乙=1∶1.3（固体树脂量比）则

甲组分固体树脂量：90/(1+1.3)=39.1，则甲组分固体分39.1%；

乙组分固体树脂量：39.1×1.3=50.9，则乙组分固体分50.9%。

甲组分配制的配方（表12-15）

表12-15 甲组分配方

原料名称	固体量（%）	投料量（%）
原料固化剂（40%）	39.1	97.75
无水溶剂	—	2.25
合计	39.1	100

乙组分配制的配方（表12-16）

表12-16 乙组分配方

原料名称	固体量（%）	投料量（%）
原料羟基树脂（60%）	50.9	84.8
催化剂液（50%）	0.27	0.54
流平剂液（40%）	0.18	0.45
溶剂	—	14.21
合计	51.2	100

一般催化剂应计入固体分，但因数量少，虽计入固体分，并不影响其他计算。

2. 制造实例

例12-11 聚氨酯高光清漆制造

（1）羟基组分配方（表12-17）

表12-17 配 方

原料名称	用量（%）	原料名称	用量（%）
① 羟基丙烯酸树脂(60%）	76.6	⑤ 流平剂 BYK306	0.1
② 环己酮	9.6	⑥ 消泡剂 BYK141	0.2
③ 二甲苯	13.4	合计	100.0
④ DBTDL	0.1		

（2）制造工艺　于配料罐中投入①、③搅拌均匀，再加入②、④、⑤、⑥搅拌混合均匀、过滤包装。

（3）技术指标（表12-18）

表12-18 技术指标

外观	水白液体	黏度（涂-4杯，25℃）（s）	16～50
固体分（%）	46	细度（μm）	≤10

（4）固化剂　选用固体分35%的TMP/TDI预聚物。

（5）配漆比例　羟基组分∶固化剂＝1∶1。

该涂料施工方便，漆膜光亮、丰满、坚硬、抗冲击，用于家具与住房装修、装饰，作为罩光清漆。

12.4 双组分聚氨酯涂料制造

12.4.1 配方设计

1. —NCO/—OH双组分聚氨酯涂料的配方　—NCO/—OH双组分聚氨酯涂料的配方特点是基料树脂分成甲、乙两个组分，颜料、助剂等以基料总量为基准计算。实地配制时又全部加在乙组分中。

甲乙两组分树脂的比例是配方计算的出发点。一般要求理论上固化剂中—NCO当量数与—OH组分中—OH当量数之比大于1.0（1.0～1.5）。—NCO基过量，使—OH充分发生交联反应，产品干性好，交联密度高，坚硬耐磨，耐化学药品性好。但是实际漆膜固化中，—OH 的剩余是不可避免的。这是因为，即使—NCO 过量，因为随着固化反应的进行，黏度增高，分子移动困难，也不能保证—NCO 与—OH 配对反应，同时—NCO 与空气中的水分子发生湿固化反应，消耗—NCO，导致—OH 过量。因此，不必固守—NCO:—OH 为多少的定式，大体上取—NCO:—OH 为 1:1，根据性能是否符合预定目标调整配方。

双组分聚氨酯涂料的配方设计中，颜料、助剂等用量全部以全漆基料为基准计算，但全部加入乙组分中。如一种助剂用量为全漆料的 0.3%，而甲乙组分树脂量比 1:1.5，则乙组分配方中助剂对羟基树脂的比率：

$$\frac{0.3\times(1+1.5)}{1.5}=0.5\ (\%)$$

确定各物料配比之后，还必须考虑包装桶的大小规格如何适应各种用户，以及销售价格等因素，从而确定两个组分的商品规格与商品比例。

2. 高固体分—NCO/—OH 双组分聚氨酯涂料配方设计 高固体分涂料是节省资源、减少污染、保护环境而又相对比较容易实施的重要技术途径，是涂料技术的发展方向之一。

高固体分涂料指的是可以以常规方法施工，具有常规涂料性能，应用领域较为广泛的高固体分、低 VOC 的涂料。“高固体分”的标准，一般是指在可喷涂施工的黏度下（即 25℃下黏度为 50～60mPa·s，相当涂-4 杯，20～25s）固体分能达到 80%。—NCO/—OH 型双组分聚氨酯涂料在实现高固体化方面有其优势：

①双组分聚氨酯涂料，两个组分可以分别做成低相对分子质量高官能度树脂，混合后再通过交联反应迅速增大相对分子质量而成膜；②该涂料可常温固化，一些在烘烤时会挥发的较低相对分子质量齐聚物多元醇，可以作为羟基组分的一部分而交联成膜，这是相对于烘烤固化的聚酯、丙烯酸氨基漆的优势；③—NCO/—OH 型聚氨酯漆组成灵活多变，容易满足不同应用领域的要求。

现在推出的一些高固体分聚氨酯漆品种，往往还只是“较高固体分”。由于成本较高及在一些施工性能与漆膜性能方面尚有待提高，高固体分聚氨酯涂料还未大量使用。

（1）多异氰酸酯固化剂　从分子结构与漆膜性能各方面考虑，HDI 三聚体是最适宜作为高固体固化剂的，它高固体化的关键是使相对分子质量分布更窄，提高三聚体的含量，尽量减少高聚体的含量。

（2）羟基树脂　交联后漆膜性能较好的羟基树脂有羟基丙烯酸树脂与羟基聚酯树脂。相对而言，聚酯树脂由于是通过多元醇、多元酸逐个缩合形成的，不会形成没有—OH 官能团的情性分子。

（3）活性稀释剂　一些黏度低，稀释效果好，含有或者在施工后经潮气作用能释放出不止一个可与—NCO 交联的活性基团的较小相对分子质量化合物，可以作为活性稀释剂而降低黏度，提高固体分。如前文所述的噁唑烷类，已开发出结构中含有两个噁唑烷结构单元的化合物，具有上述的活性稀释剂应有的性能，施工后，在潮气作用下，可以释放出不止一个—OH 与—NH_2 基，参与交联而成为漆膜的组成部分。

12.4.2　双组分聚氨酯涂料制造配方计算

例 12-12　白磁漆制造

A：原料 羟基树脂：固体分 60%；固化剂：固体分 50%；颜料：金红石钛白；催化剂：50%醋酸丁酯液；流平剂：40%乙酸丁酯液，溶剂。

B：配方参数 颜基比 $P:B=30:70$，甲：乙 = 1:1.5（固体树脂比），催化剂用量：全漆基料量之 0.3%；流平剂：全漆基料量之 0.3%。

C：要求的商品包装形式：两组分平均固体分为（50 ± 2）%，商品包装比例（体积比）：

甲：乙 = 1:2

D：配方计算。

解：选钛白量 30 份作为计算基准，颜基比 $P:B=30:70$

则总基料为

甲：乙 = 1:1.5（固体树脂比）

甲组分树脂量为 28.0。

乙组分树脂量：28.0 × 1.5 = 42.0

甲组分所用原料固化剂的量：28.0/50% = 56.0

相应的乙组分组成（表 12-19）。

表 12-19　乙组分组成

原料名称	固体量（%）	投料量（质量份）	含量（%）
羟基树脂（60%）	42.0	70.0	52.08
钛白	30.0	30.0	23.32
催化剂液（50%）	0.21	0.42	0.31
流平剂液（40%）	0.21	0.53	0.39
溶剂		33.5	24.9
合计	72.4	134.4	100

已经计算得到基准量

已知催化液是全基料的 0.3%，0.3% × 70 = 0.21

流平液计算同上。

乙组分配方中加入溶剂量的确定：

甲组分原料固化剂的量是 56 份（包括溶剂）；

要求包装的比例为体积比甲：乙 = 1:2，色漆的密度高，色漆根据累计数据，50% ~ 55% 固体分的钛白羟基组分，相对密度约 1.2，体积比 1:2，则质量比为 1:2.4；

那么相应乙组分的用量应为：56.0 × 2.4 = 134.4；扣去计算出的原料羟基树脂、钛白与助剂的量，溶剂的量 = 134.4 − (70.0 + 30.0 + 0.42 + 0.53) = 33.5

此时，乙组分固体分为 53.6%，与甲组分平均为 51.8%，符合规格要求。

之所以提出甲、乙体积比是为了包装桶的设计；用户配漆时，一般以体积计而不称量。清漆计算中，由于两组分树脂密度相近，不必仔细区分体积比与质量比的差别。

以上两个例子，计算的基准点不同，并不影响计算的进行，说明配方计算只要根据基本原理，抓住几个基本关系，怎么方便就怎么算，无须定一个死程序。

12.4.3 双组分聚氨酯涂料制造实例

例 12-13 聚氨酯木器清底漆制造

(1) 羟基组分制造配方 (表 12-20)

表 12-20 制造配方

原料名称	规格	用量 (%)	原料名称	规格	用量 (%)
① 短油度浅色醇酸树脂	70%	59.1	⑥ 二甲苯	—	5.9
② Bentone SD-1 改性膨润土防沉剂	—	0.6	⑦ DTBDL	—	0.6
③ 超细滑石粉	1250 目	23.6	⑧ 流平剂 BYK306	—	0.2
④ 硬脂酸锌	易分散型	5.9	⑨ 消泡剂 BYK141	—	0.2
⑤ 醋酸丁酯		3.9	合计		100.0

(2) 制造工艺 于配料罐中投入①及1/2⑤、1/2⑥，以中速 (800～1000r/min) 搅拌稀释，投入②、③、④，高速分散 (1200～1500/min) 20～30min，至细度≤60μm，再将1/2 ⑤、1/2⑥及⑦、⑧、⑨投入，搅拌均匀、过滤、包装。

(3) 技术指标 (表 12-21)

表 12-21 技术指标

外观	微黄色黏稠液体	黏度 (25℃) (mPa·s)	1000	固体分 (%)	71.5

(4) 固化剂选用固体分 40% 的 TMP-TDI 预聚物。

(5) 稀释剂 X61 稀释剂，成分：二甲苯: 环己酮: 醋酸丁酯: MPA = 65: 5: 10: 20。

(6) 配漆比例 羟基组分: 固化剂: X61 = 1: 0.5: 1

该涂料可喷涂、刷涂施工，干燥迅速，8h 后可打磨，质地透明，可显现底材纹路，用作木器、竹藤器封底，以提高面漆的丰满度。

例 12-14 双组分聚氨酯涂料制造配方与性能

双组分聚氨酯涂料配方与性能见表 12-22、表 12-23。

表 12-22 双组分聚氨酯涂料配方

组分	白色聚氨酯漆	含量 (质量份)	组分	白色聚氨酯漆	含量 (质量份)
甲组分	50% TDI 加成物 (—NCO 含量为 8.7%)	12.5	甲组分	缩二脲 N75	15-50
乙组分	50% 羟基丙烯酸酯	64	乙组分	50% 羟基丙烯酸酯	75
	钛白粉	17.2		乙二醇醚醋酸酯	11.5
	酞菁蓝	0.1		二甲苯	10
	二甲苯	4		醋酸丁酯	3
	醋酸丁酯	6		消泡剂	0.1
	消泡剂	0.2		二月桂酸二丁基酯	0.5

表 12-23　双组分聚氨酯涂料的性能

项目	白色聚氨酯漆	聚氨酯清漆
固体分（%）	40	50～60
细度（μm）	≤10	≤20
黏度（涂-4 杯）（s）	30～60	60～80
柔韧性（mm）	3	3
硬度（摆杆）	≥0.5	≥0.6
附着力（级）	1	1
冲击强度（N·cm）	450	450
表干时间	常温，≤4h；80℃，15min	常温，≤3h；80℃，10min
实干时间	常温，≤24h；80℃，2h	常温，≤24h；80℃，2h

12.5　单组分湿固化聚氨酯树脂的制造

单组分湿固化（潮气固化）聚氨酯涂料，市场称“水晶地板漆”。其特点漆液清澈水白，漆膜丰满光亮、坚韧耐磨。树脂做出来后加上助剂就成了涂料产品，使用时无须配漆，使用方便，但由于其依靠空气中湿气干燥，干冷的天气下干性较差。

12.5.1　反应原理与配方设计

湿固化聚氨酯树脂也是多元醇-二异氰酸酯的多异氰酸酯基预聚物，合成反应也是氨基甲酸酯化，因此制造工艺与—NCO/—OH 双组分聚氨酯漆固化剂预聚物制备相似。不同的是固化膜中除本来存在的氨基甲酸酯结构外，还有相当多聚脲结构。聚脲结构明显提高了漆膜的强度、耐磨性与抗老化性。

1. 制造机理　湿固化聚氨酯成膜中，首先—NCO 基与 H_2O 反应生成氨基甲酸，进而分解放出 CO_2 而生成胺，生成的胺再与—NCO 反应形成脲。最终的结果生成聚脲：

$$\underset{\text{预聚物}}{n\text{—R—NCO}} \xrightarrow{H_2O} \underset{\text{氨基甲酸}}{n\text{—R—NH—COOH}} \xrightarrow{-CO_2} \underset{\text{胺}}{n\text{—R—NH}_2}$$

$$\xrightarrow[\text{预聚物}]{n\text{—R}'\text{—NCO}} \underset{\text{聚脲}}{\text{—(R—NH—CONH—R}'\text{—)}_n}$$

固化的漆膜中除了预聚物分子中本来存在的氨基甲酸酯外，还有固化中形成的聚脲结构，提高了漆膜的强度、耐磨性与抗化学性。

2. 配方设计　需考虑制造的聚氨酯树脂的平均相对分子质量与—NCO 基含量的平衡。靠自身的分子间交联而固化，湿固化预聚物的相对分子质量应比固化剂预聚物大。若增大预聚物的相对分子质量，依靠小分子多元醇与二异氰酸酯的高低聚合，产品的可溶性降低与成本提高，因此，应当较多地选用相对分子质量较大的多元醇母体。若使用大分子多元醇用量增大，树脂的—NCO 含量降低，交联点太少，也不易固化，所以需要在分子量与—NCO 基含量之间有一个平衡，同时应考虑多元醇母体有一定的分支度，以保证一定的交联密度。

考虑强度与韧性平衡，作为地板漆与防腐漆，不仅是要求坚硬，而且要有强度与韧性，以及弹性，因此，预聚物树脂的结构必须刚柔并济，以求在漆膜中形成既有一个个刚性的高交联密度的区域，各区域之间又有较长的柔性链段相连的一种以刚性结构为节点的大网格网状结构。所以，湿固化预聚物选用多元醇母体，是长链柔性的端—OH 聚醚、聚酯与小分子多元醇，如 TMP 等配合。TMP/TDI 形成刚性区域，长链聚醚、聚酯形成连接刚性区域的柔性链。

12.5.2 单组分聚氨酯制造实例

湿固化预聚物多元醇母体多以相对分子质量较大的蓖麻油醇解物、线形聚酯与聚醚树脂为主，并用小分子多元醇、低相对分子质量环氧树脂等以调节性能。以蓖麻油醇解物为母体的湿固化预聚物干性较慢，耐磨性较差，以线形聚酯为母体的预聚物综合性能优良，但可溶性差，需用强溶剂，一般用作工业用漆与防腐蚀漆。而以聚醚为母体的预聚物，干性、漆膜性能都较好，尤其是耐磨性优良，但耐候性不好，目前大量应用于室内地板漆与家具漆。

例 12-15 蓖麻油醇解物 TDI 预聚物制造

（1）醇解蓖麻油　蓖麻油 93.2 份、甘油（100%）6.8 份、环烷酸钙液（Ca 4%）0.18 份，投入醇解反应釜，搅拌、升温、在 1.5h 内升到 240℃，保温醇解，以样品: 80% 乙醇 = 1∶3 室温下透明为终点，降温、备用。

（2）预聚物制造　醇解物 29.6 份，TDI 121.0 份，二甲苯 50 份，合成工艺同例 2 预聚物，—NCO 含量 4.0% ~4.3%。

（3）技术指标：固体分 50%。该预聚物可作为一般湿固化清漆应用。

例 12-16 7150 聚醚型水晶地板漆树脂

（1）制造配方（表 12-24）

表 12-24　制造配方

原料名称	规格	用量（%）	原料名称	规格	用量（%）
聚醚 N330		20.3	磷酸-醋酸丁酯液②	10%	0.08
TMP		5.7	TDI	T80	24.0
醋酸丁酯①		30.0	二甲苯	无水	20.0

（2）制造工艺　将聚醚、TMP 与醋酸丁酯①投入脱水釜，搅拌，升温到约 130℃，回流脱水约 0.5h，降温到 65℃，保温备用。另外，在反应釜中加入 TDI、二甲苯，搅拌，升温到 35℃，把聚醚脱水液一次性加入 TDI，加入磷酸液。反应放热，控制在 70℃ 保温反应 1h，升温到 80℃ 保温 4h，以—NCO <5.3% 为终点，降温到 <40℃，过滤，出料。

（3）技术指标（表 12-25）

表 12-25　技术指标

外观	近水白色透明液体	—NCO（%）	4.8 ~5.0
色泽（Fe ~ Co 法）（号）	<1	黏度（涂-4 杯，25℃）（s）	15 ~25
固体分（%）	50		

（4）湿固化水晶地板漆配制与性能 7150预聚物加入流平剂BYK306、消泡剂BYK 141各0.1份，即成湿固化地板漆，性能良好，表干不大于1h，实干6~8h，铅笔硬度3H，750g/500r磨耗6~8mg。

12.6 水性聚氨酯

随着人们环保意识以及环保法规的加强，环境友好的水性聚氨酯的研究、开发日益受到重视，正在逐步占领溶剂型聚氨酯的市场。水性聚氨酯原料繁多，配方多变，制备工艺也各不相同。

12.6.1 合成水性聚氨酯的原料

水性聚氨酯合成用聚合物多元醇及小分子多元醇，多异氰酸酯主要选择IPDI、TDI和HDI。此外，要引入亲水单体，其携带着亲水基团。

1. 亲水单体（亲水性扩链剂） 亲水性扩链剂是水性聚氨酯制备中使用的水性化功能单体，它能在水性聚氨酯大分子主链上引入亲水基团。阴离子型扩链剂中带有羧基、磺酸基等亲水基团，结合此类基团的聚氨酯预聚体经碱中和离子化，即呈现水溶性。新水单体常用二羟甲基丙酸（DMPA）、二羟甲基丁酸（DMBA）、1,4-丁二醇-2-磺酸钠。

合成叔胺型阳离子水性聚氨酯时，应在聚氨酯链上引入叔胺基团，再进行季叔胺盐化（中和）。而季胺化工序较为复杂，这是阳离子水性聚氨酯发展落后阴离子水性聚氨酯的原因之一。阳离子型扩链剂有二乙醇胺、三乙醇胺、N-甲基二乙醇胺、N-乙基二乙醇胺、N-丙基二乙醇胺等。水性单体用量越大，水分散体粒径越细，外观越透明，稳定性越好，但对耐水性不利，因此在设计合成配方时，应该在满足稳定性的前提下，尽可能降低水性单体的用量。

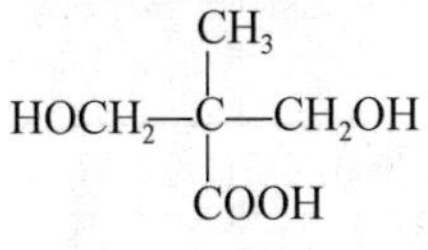

$$\mathrm{HOCH_2{-}\overset{\displaystyle CH_3}{\underset{\displaystyle COOH}{C}}{-}CH_2OH}$$

DMPA

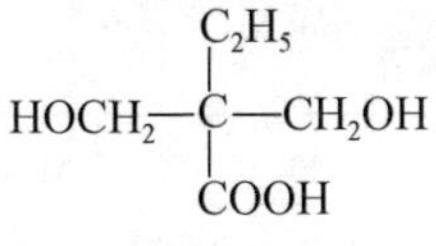

$$\mathrm{HOCH_2{-}\overset{\displaystyle C_2H_5}{\underset{\displaystyle COOH}{C}}{-}CH_2OH}$$

DMBA

$$\mathrm{HOCH_2\underset{\displaystyle SO_3Na}{CH}CH_2CH_2OH}$$

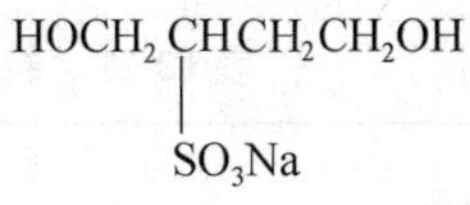

1,4-二羟基-2-丁烷磺酸钠

$$\mathrm{HOH_5C_2N\,(CH_3)\,C_2H_5OH}$$

N-甲基二乙醇胺(MDEA)

2. 中和剂（成盐剂） 中和剂是一种能和羧基、磺酸基或叔胺基成盐的试剂，成盐后使聚氨酯具有在水中的可分散性。阴离子型水性聚氨酯使用的中和剂是三乙胺、二甲基乙醇胺、氨水，一般室温干燥树脂使用三乙胺，烘干树脂使用二甲基乙醇胺，中和度一般为80%~95%，低时影响分散体的稳定性，高时外观变好，但耐水性变差；阳离子型水性聚氨酯使用的中和剂是盐酸、醋酸、硫酸二甲酯、氯代烃等。

12.6.2 水性聚氨酯的合成实例

水性聚氨酯的合成首先由低聚物二醇、扩链剂、水性单体、二异氰酸酯通过溶液（或本体）逐步聚合生成相对分子质量为10^3量级的水性聚氨酯预聚体，其次是中和预聚体在水中的分散和扩链。

例12-17 阴离子型水性聚氨酯的合成

（1）合成配方（表12-26）

表12-26　合成配方

原料	规格	用量（质量份）
聚己二酸新戊二醇酯	工业级，M_n：1000	230.0
二羟甲基丙酸	工业级	30.63
异佛尔酮二异氰酸酯	工业级	112.3
N-甲基吡咯烷酮	聚氨酯级	65.7
丙酮	聚氨酯级	50.00
二丁基二月桂酸锡	工业级	0.0200
三乙胺	工业级	25.12
乙二胺	工业级	5.600
水		481.7

（2）合成工艺

① 预聚体的合成　在氮气保护下，将聚己二酸新戊二醇酯、二羟甲基丙酸、N-甲基吡咯烷酮加入反应釜，升温至60℃，开动搅拌使二羟甲基丙酸溶解，从恒压漏斗滴加IPDI，1h加完，保温1h；然后升温至80℃，保温4h。

② 中和、分散　取样测—NCO含量，当其含量达标后降温至60℃，加入三乙胺中和；反应30min，加入丙酮调整黏度，降温至20℃以下，在快速搅拌下加入冰水、乙二胺；继续高速分散1h，减压脱除丙酮，得带蓝色荧光的半透明状水性聚氨酯分散体。

例12-18　阴离子型水性聚氨酯的合成

（1）制造配方（表12-27）

表12-27　制造配方

原料	规格	用量（质量份）
聚己内酯二醇	工业级，M_n：2000	94.5
聚四氢呋喃二醇	工业级，M_n：2000	283.5
1,4-丁二醇	工业级	27.16
二羟甲基丙酸	工业级	25.4
异佛尔酮二异氰酸酯	工业级	98.9
4,4′-二环己基甲烷二异氰酸酯（H_{12}MDI）	工业级	122.6
N-甲基吡咯烷酮	聚氨酯级	158.3
丙酮	聚氨酯级	50.00
二丁基二月桂酸锡	工业级	0.0200
三乙胺	工业级	17.7
乙二胺	工业级	28.5
水	—	990

（2）合成工艺

① 将聚己内酯二醇、聚四氢呋喃二醇（数均相对分子质量 2000）、二羟甲基丙酸、1,4-丁二醇（BDO）加入 1L 反应瓶，在 N_2 保护下，120℃脱水 0.5h。

② 加入 140.6g N-甲基吡咯烷酮（NMP），降温至 70℃；搅拌下加入异佛尔酮二异氰酸酯和 4,4′-二环己基甲烷二异氰酸酯（$H_{12}MDI$）；升温至 80℃搅拌反应使—NCO 含量降至 2.5%。降温至 60℃，加入三乙胺，继续搅拌 15min，加强搅拌，将 40℃的水加入反应瓶，搅拌 5min，加入乙二胺，强力搅拌 20min，慢速搅拌 2h 得产品。

第 13 章　溶剂型丙烯酸树脂的制造

以丙烯酸酯、甲基丙烯酸酯类及苯乙烯等乙烯基类单体为主要原料合成的共聚物称为丙烯酸树脂，以其为成膜基料的涂料称作丙烯酸树脂涂料。该类涂料有色浅、保色、保光、耐候、耐腐蚀和耐污染等优点，是一种高级装饰性涂料，已广泛应用于汽车、飞机、机械、电子、家具、建筑、工业塑料及日用品涂饰。丙烯酸树脂研究始于 1805 年，1931 年工业化生产，20 世纪 50 年代，用于汽车涂装。近年来丙烯酸烯树脂涂料发展很快，目前已占涂料的 1/3 以上。丙烯酸树脂品种多，按组成分类可分为纯丙、苯丙、硅丙、醋丙、氟丙、叔丙树脂；按溶剂类型分有溶剂型涂料、水性涂料、高固体组分涂料和粉末涂料；按成膜特性分类包括热塑性和热固性丙烯酸树脂。热塑性丙烯酸树脂指成膜靠溶剂或分散介质挥发使大分子或大分子颗粒聚集融合成膜，成膜过程中没有化学反应发生的丙烯酸树脂，为单组分体系，施工方便，但涂膜的耐溶剂性较差。热固性丙烯酸树脂是反应交联型树脂，成膜过程中有可反应基团的交联反应。涂膜具有网状结构，耐溶剂性、耐化学品性好，适合于制备防腐涂料。除水性丙烯酸树脂外，其他类型丙烯酸树脂制造在本章学习。

13.1　丙烯酸树脂合成所用的原料

丙烯酸树脂制造原料有四大类：单体、引发剂、溶剂和链转移剂。

13.1.1　单体分类、结构与性能

1. 单体的分类　丙烯酸树脂制造典型单体分子式如下。

$CH_2{=}C(CH_3){-}C({=}O){-}O{-}CH_3$　　$CH_2{=}C(CH_3){-}C({=}O){-}O{-}CH_2CH_2CH_2CH_3$　　$C_6H_5{-}CH{=}CH_2$　　$CH_2{=}C(H){-}C({=}O){-}O{-}CH_2CH_2CH_2CH_3$

$CH_2{=}C(CH_3){-}C({=}O){-}OH$　　$CH_2{=}C(CH_3){-}C({=}O){-}NH_2$　　$CH_2{=}C(CH_3){-}C({=}O){-}OCH_2CH_2OH$　　$CH_2{=}C(H){-}C({=}O){-}NHCH_2OH$

根据单体在树脂中是否具备特殊功能对单体进行分类，单体类型见表 13-1。

表 13-1　单体类型

非功能性单体	软单体	丙烯酸甲酯、丙烯酸丁酯、丙烯酸-2-乙基乙酯
	硬单体	甲基丙烯酸甲酯、甲基丙烯酸丁酯、苯乙烯、丙烯腈、醋酸乙烯酯、氯乙烯、二乙烯基苯

续表

功能单体	羧基型	丙烯酸、甲基丙烯酸
	羟基型	丙烯酸羟乙酯、甲基丙烯酸羟丙酯
	其他	酰胺基型、缩水甘油基型，氨基型和 N-羟甲基丙烯酰胺型；有机硅单体、叔碳酸酯类单体、氟单体

新单体层出不穷，且价格不断下降，推动了丙烯酸树脂性能的提高和价格降低。非功能性软单体在丙烯酸树脂制造中起到增强树脂柔韧性、降低玻璃化温度的作用。而硬单体起到增强树脂硬度、强度，提高树脂玻璃化温度的作用。软单体及其物理性质见表 13-2。硬单体及其物理性质见表 13-3。

表 13-2　丙烯酸酯单体部分物理性质及均聚物玻璃化温度 T_g

单体名称	相对分子质量	沸点（℃）	相对密度（d^{25}）	折光率（n_D^{25}）	溶解度	T_g（℃）
丙烯酸甲酯	86	80. 5	0. 9574	1. 401	5	8
丙烯酸乙酯	10	100	0. 917	1. 404	1. 5	-22
丙烯酸正丁酯	128	147	0. 894	1. 416	0. 15	-55
丙烯酸异丁酯	128	62	0. 884	1. 412	0. 2	-17
丙烯酸仲丁酯	128	131	0. 887	1. 4110	0. 21	-6
丙烯酸叔丁酯	128	120	0. 879	1. 4080	0. 15	55
丙烯酸正丙酯	114	114	0. 904	1. 4100	1. 5	-25
丙烯酸环己酯	154	75	0. 9766	1. 460①		16
丙烯酸月桂酯	240	129	0. 881	1. 4332	0. 001	-17
丙烯酸-2-乙基己酯	184	213	0. 880	1. 4332	0. 01	-67

表 13-3　甲基丙烯酸酯单体部分物理性质及均聚物玻璃化温度

单体名称	相对分子质量	沸点（℃）	相对密度（d^{25}）	折光率（n_D^{25}）	溶解度	T_g（℃）
甲基丙烯酸甲酯（MMA）	100	115	0. 940	1. 412	1. 59	105
甲基丙烯酸乙酯	114	160	0. 911	1. 4115	0. 08	65
甲基丙烯酸正丁酯（n-BMA）	142	168	0. 889	1. 4215		27
甲基丙烯酸-2-乙基己酯（2-EHMA）	198	101	0. 884	1. 4398	0. 14	-10
甲基丙烯酸异冰片酯（IBOMA）	222	120	0. 976	1. 477	0. 15	155
甲基丙烯酸月桂酯（LMA）	254	160	0. 872	1. 455		-65

乙烯类硬单体与甲基丙烯酸类硬单体作用类似，其均聚物有较高的玻璃化温度，在丙烯酸树脂制造中提高共聚物的硬度以及玻璃化温度。乙烯类硬单体物理性质见表 13-4。

表 13-4 乙烯类单体部分物理性质及均聚物玻璃化温度

单体名称	相对分子质量	沸点	相对密度 d^{25}	折光率 (n_D^{25})	溶解度	T_g (℃)
苯乙烯	104	145.2	0.901	1.5441	0.03	100
丙烯腈	53	77.4	0.806	1.3888	7.35	125
醋酸乙烯酯	86	72.5	0.9342	1.3952	2.5	30
丙烯酰胺	71	熔点：84.5	1.122		215	165
Veova 10	190	193～230	0.883	1.439	0.5	-3
Veova 9	184	185～200	0.870			68

功能性单体分为羧基型、羟基型，以及其他特殊类型丙烯酸单体。功能性单体性质见表 13-5。

表 13-5 功能性单体部分物理性质及均聚物玻璃化温度

单体名称	相对分子质量	沸 点 (℃)	相对密度 (d^{25})	折光率 (n_D^{25})	溶解度	T_g (℃)
丙烯酸	72	141.6	1.051	1.4185	∞	106
甲基丙烯酸（MAA）	86	101	1.051	1.4185	∞	130
丙烯酸-2-羟基乙酯	116	82(655Pa)	1.138	1.427	∞	-15
丙烯酸-2-羟基丙酯	130	77(655Pa)	1.057	1.445	∞	-7
甲基丙烯酸-2-羟基乙酯	130	95（1.33kPa）	1.077	1.451	∞	55
甲基丙烯酸-2-羟基丙酯	144.1	96（1.33kPa）	1.027	1.446	13.4	26
甲基丙烯酸三氟乙酯	168	107	1.181	1.359	0.04	82
甲基丙烯酸缩水甘油酯	142	189	1.073	1.449	2.04	46
N-羟甲基丙烯酰胺	101	熔点：74	1.10		∞	153
N-丁氧基甲基丙烯酰胺	157	125	0.96		0.001	
二乙烯基苯	130	199.5	0.93			
乙烯基三甲氧基硅烷	148	123	0.960	1.392		
γ-甲基丙烯酰氧基丙基三甲氧基硅烷	248	255	1.045	1.430		

常用乙烯基硅氧烷类单体也是一类功能性单体，被广泛研究和应用。这类单体活性较强，易水解和交链，用量要少，且最好在聚合过程的保温阶段加入。

乙烯基三异丙氧基硅烷：异丙基空间位阻效应大，水解活性较低，可合成高硅单体含量（10%）硅丙乳液，且单体可预混，有利于大分子链中硅单元的均匀分布。例如：

$CH_2═CHSi(OR)_3$，R 为—CH_3、—C_2H_5、—C_3H_9—$CH(CH_3)_2$、—$C_2H_5OCH_3$

γ-甲基丙烯酰氧基丙基三甲氧基硅烷：$CH_2=C(CH_3)COO(CH_2)_3$—$Si(OCH_3)_3$

γ-甲基丙烯酰氧基丙基三(β-三甲氧基乙氧基硅烷)：$CH_2=C(CH_3)COO(CH_2)_3$—Si-$(OCH_2CH_2OCH_3)_3$

另外硅偶联剂可作为外加交联剂应用。如，β-(3,4-环氧环己基)乙基三乙氧基硅烷。

2. 单体与树脂性能的关系 单体选用对丙烯酸树脂性能有着重要的影响。比如 MMA

有机玻璃的原料，但做成成膜物太脆，丙烯酸酯（MA）类太软、太黏，可作胶粘剂，同样不适合做涂料，丙烯酸树脂合成所用的原料是其共聚物。单体结构对涂膜性能的影响见表 13-6。

表 13-6　单体对涂膜性能的影响

单体名称	功能
甲基丙烯酸甲酯、甲基丙烯酸乙酯、苯乙烯、丙烯腈	提高硬度
丙烯酸乙酯、丙烯酸正丁酯、丙烯酸月桂酯、丙烯酸-2-乙基己酯、甲基丙烯酸月桂酯、甲基丙烯酸正辛酯	提高柔韧性，促进成膜
丙烯酸-2-羟基乙酯、丙酯、甲基丙烯酸-2-羟基乙酯、甲基丙烯酸缩水甘油酯、丙烯酰胺、N-羟甲基丙烯酰胺、N-丁氧甲基（甲基）丙烯酰胺二丙酮丙烯酰胺、甲基丙烯酸乙酰乙酸乙酯、二乙烯基苯、乙烯基三甲氧基硅烷、乙烯基三乙氧基硅烷、乙烯基三异丙氧基硅烷、γ-甲基丙烯酰氧基丙基三甲氧基硅烷	引入官能团或交联点，提高附着力，称为交联单体
丙烯酸与甲基丙烯酸的低级烷基酯、苯乙烯	抗污染性
甲基丙烯酸甲酯、苯乙烯、甲基丙烯酸月桂酯、丙烯酸-2-乙基己酯	耐水性
丙烯腈、甲基丙烯酸丁酯、甲基丙烯酸月桂酯	耐溶剂性
丙烯酸乙酯、正丁酯、丙烯酸-2-乙基己酯、甲基丙烯酸甲酯	保光，保色
丙烯酸、甲基丙烯酸、苯乙烯磺酸、乙烯基磺酸钠、AMPS	实现水溶性

表 13-7 中比较了硬单体苯乙烯与甲基丙烯酸甲酯的物理性能，表 13-8 中比较了软单体丙烯酸乙酯、丙烯酸丁酯和丙烯酸异丁酯的性能，表 13-9 比较了软硬单体对涂层性能的影响。

表 13-7　苯乙烯与甲基丙烯酸甲酯物理性能比较

物理性能	苯乙烯	甲基丙烯酸甲酯	物理性能	苯乙烯	甲基丙烯酸甲酯
硬度	高	极高	耐光性	低	低
耐湿性	良好	低	保光性	尚好	优
耐污染性	良好	尚好	稀释性	良好	不好

表 13-8　丙烯酸乙酯、丙烯酸丁酯和丙烯酸异丁酯的性能比较

物理性能	性能比较	物理性能	性能比较
硬度	异丁酯 = 乙酯 > 丁酯	伸长率	异丁酯 = 乙酯 < 丁酯
增塑效果	异丁酯 = 乙酯 < 丁酯	耐芳烃性	异丁酯 = 丁酯 < 乙酯
拉伸强度	异丁酯 = 乙酯 > 丁酯	耐碱性	异丁酯 = 丁酯 > 乙酯
耐水性	异丁酯 = 丁酯 > 乙酯		

表 13-9　各种软硬单体对涂层性能影响

物理性能	甲基丙烯酸甲酯	甲基丙烯酸丁酯	丙烯酸乙酯	丙烯酸丁酯	丙烯酸-2-乙基己酯
黏性	没有	微软，有一定	有	很黏	极黏
硬度	硬	塑性	软，无塑性	很软	很软，无塑性

续表

物理性能	甲基丙烯酸甲酯	甲基丙烯酸丁酯	丙烯酸乙酯	丙烯酸丁酯	丙烯酸-2-乙基己酯
拉伸强度	高	低	低	很低	异常低
伸长率	低	高	很高	异常高	—
附着力	低	良好	优良	还好	低
耐溶剂性	耐汽油好	良好	很好	还好	低
耐湿热性	低	优	劣	一般	优
保光性	优	很好	良好	尚可	劣
抗冷冻性	很坏	低	坏	良好	优
抗紫外线	优	很好	尚可	良好	很好

3. 结构与性能 树脂漆膜性能取决于软硬单体的结构。如硬单体甲基丙烯酸酯（MMA）不含叔氢原子，对光和氧作用稳定，耐候性优于软单体丙烯酸酯（MA）类。MMA 和 MA 类单体不含共轭双键，耐候性优于硬单体苯乙烯。而苯乙烯（ST）中，与苯环相连的叔碳原子容易氧化，引起主链断裂，生成发色基团，所以 ST 单体多的树脂容易发黄，其保色性差。ST 赋予漆膜光泽、丰满度和鲜映度、MMA 赋予漆膜耐候性、耐药性和透明性，聚苯乙烯和聚甲基丙烯酸甲酯 T_g 相近，分别为 100℃和 105℃，由于苯乙烯价格相对便宜以及有其他特点，在配方设计时，常用部分苯乙烯单体代替甲基丙烯酸甲酯。

单体均聚物的 T_g 越高，漆膜硬度越高，反之越柔软。具有阻碍碳链旋转的—CH_3，枝化程度高的聚合物 T_g 高。如聚甲基聚丙烯酸酯的 T_g 比相应的丙烯酸酯高。聚丙烯丁酯的四个烷基异构体中正丁酯 T_g 最低，叔丁酯的 T_g 最高，分别为 -45℃和 40℃。

随着碳链增长，树脂拉伸强度下降而伸长率大幅度增长。聚丙烯酸酯的拉伸强度比聚甲基丙烯酸酯小而伸长率高得多。侧链长度对聚合物性能的影响见表 13-10。

表 13-10 侧链长度对聚合物性能的影响

聚合物	拉伸强度（MPa）	断裂伸长率（%）	聚合物	拉伸强度（MPa）	断裂伸长率（%）
聚甲基丙烯酸甲酯	68.9	1	聚丙烯酸甲酯	6.93	750
聚甲基丙烯酸乙酯	37.2	25	聚丙烯酸乙酯	0.23	1800
聚甲基丙烯酸丁酯	3.44	300	聚丙烯酸丁酯	0.02	2000

单体侧链基不同其极性及溶解性不同。侧链基 C 数多少对树脂耐水性有很大影响。丙烯酸酯主链不会被水解，但其侧链上酯基有较强的水解性。酯基碳链长，极性弱，亲水性弱，耐水性好，但耐汽油性差。酯基碳链短，极性强，耐汽油性好，但耐水性差。甲基丙烯酸酯类单体的耐水性比丙烯酸酯类单体好，丙烯酸高碳酯的耐水性比低碳酯好。树脂中引入少量苯乙烯（<20%），不仅能提高树脂的硬度，耐水性也有很大的提高，而且其耐候性不会有明显的下降。

同样，单体功能基结构对树脂性能具有影响。单体侧链上引进功能团，如极性强的羧基、羟基，以至更强的氰基，都可以不同程度地改进树脂附着力、耐汽油及耐溶解性。但是过多羟基或羧基会降低树脂的耐水性。过多的氰基会降低树脂的溶解性。表 13-11 给出了丙烯酸树脂与其他树脂的相溶性。

表 13-11　丙烯酸树脂与其他树脂的相溶性

其他树脂	硬丙烯酸树脂	软丙烯酸树脂	硬丙烯酸树脂	软丙烯酸树脂
醋丁纤维	部分相溶	相溶	部分相溶	相溶
硝化棉	部分相溶	相溶	不相溶	不相溶
乙基纤维	不相溶	不相溶	不相溶	相溶
聚氯乙烯	相溶	相溶		

13.1.2　引发剂

1. 引发剂种类与引发效率　引发剂指自由基引发剂。引发剂是存在弱键、容易受热分解成自由基的化合物，引发烯类单体自由基聚合和共聚合反应。引发剂可分为①过氧化物引发剂，如过氧化二苯甲酰（油溶性）、过硫酸钾（水溶性）等；②偶氮化合物引发剂，如偶氮二异丁腈（油溶性）、V-50 引发剂（水溶性）等；③氧化还原体系引发剂，如过氧化氢-亚铁盐（水溶性）。引发剂的分解反应式表示如下：

偶氮二异丁腈

$$\mathrm{R{-}\overset{R}{\underset{CN}{C}}{-}N{=}N{-}\overset{R}{\underset{CN}{C}}{-}R \longrightarrow 2\,R{-}\overset{R}{\underset{CN}{C}}{\cdot} + N_2}$$

过氧化二苯甲酰

$$\mathrm{C_6H_5{-}\overset{O}{\overset{\|}{C}}{-}O{-}O{-}\overset{O}{\overset{\|}{C}}{-}C_6H_5 \longrightarrow C_6H_5{-}\overset{O}{\overset{\|}{C}}{-}O\cdot}$$

过氧化二叔丁基

$$\mathrm{CH_3{-}\overset{CH_3}{\underset{CH_3}{C}}{-}O{-}O{-}\overset{CH_3}{\underset{CH_3}{C}}{-}CH_3 \longrightarrow 2CH_3{-}\overset{CH_3}{\underset{CH_3}{C}}{-}O\cdot}$$

过氧化叔丁基苯甲酰

$$\mathrm{CH_3{-}\overset{CH_3}{\underset{CH_3}{C}}{-}O{-}O{-}\overset{O}{\overset{\|}{C}}{-}C_6H_5 \longrightarrow CH_3{-}\overset{CH_3}{\underset{CH_3}{C}}{-}O\cdot + C_6H_5{-}\overset{O}{\overset{\|}{C}}{-}O\cdot}$$

叔丁基过氧化氢

$$\mathrm{CH_3{-}\overset{CH_3}{\underset{CH_3}{C}}{-}O{-}OH \longrightarrow CH_3{-}\overset{CH_3}{\underset{CH_3}{C}}{-}O\cdot + OH\cdot}$$

（1）引发剂的半衰期　即引发剂分解到一半时所需要的时间，表示引发剂的引发活性。引发剂分解温度过高或半衰期过长会使聚合时间过长，不利于生产。而引发剂分解温度过低或者半衰期过短，单位时间内产生自由基数量过多，反应速度加快，会导致温度难以控制，产生爆聚或过早停止反应。溶剂型丙烯酸树脂引发剂有过氧类和偶氮类两种，常用的过氧类引发剂的引发活性见表13-12。

表13-12 一些引发剂的半衰期和最佳使用温度

引发剂	温度（℃）	半衰期（min）	最佳温度范围（℃）	引发剂	温度（℃）	半衰期（min）	最佳温度范围（℃）
偶氮二异丁腈	64	10h	75~90	叔丁基过氧化叔戊酰	80	20	70~80
	82	60			90	9	
	100	6		叔丁基过氧化苯甲酰	110	5.5h	115~130
	120	1			120	1.75	
过氧化苯甲酰	80	4h	90~100		130	35	
	90	1.25			140	12	
	100	25			150	4.5	
	110	8.5		过氧化二叔丁基	130	6h	140~150
叔丁基过氧化叔戊酰	60	6h	70~80		140	2h	
	70	1.25h			150	40	
					160	15	

（2）半衰期的特点 ①不同引发剂有不同分解温度和半衰期。②同种引发剂在不同溶剂中有不同的分解速度，在使用量和温度相同的情况下，不同溶剂中半衰期规律：醇>醚>脂肪烃>芳烃>高卤素溶剂。③同种引发剂在不同单体中半衰期也有较大差异。

为了使聚合反应平稳进行，溶液聚合时常采用引发剂同单体混合滴加的工艺，单体滴加完毕，保温数小时后，还需补加一次或几次引发剂，以尽可能提高转化率，每次引发剂用量为前者的10%~30%。

2. 引发剂性能比较 过氧化二苯甲酰（BPO）类引发剂品种较多，最常用的过氧类引发剂，使用温度70~100℃。偶氮类引发剂品种较少，常用的主要有偶氮二异丁腈（AIBN）、偶氮二异庚腈（ABVN）。AIBN最常用，使用温度为60~80℃，一般无诱导分解反应，相对分子质量（*M*）分布较窄，需贮存于干燥、通风、避光和温度10℃以下的库房内。因为室温下缓慢分解，在30℃贮存数月后显著变质。

BPO容易发生诱导分解且初级自由基容易夺取大分子链上的氢、氯等原子或基团，在大分子链上引入支链，因此聚合物分支较多，*M*分布变宽。制备高固体丙烯酸树脂时避免使用。BPO可在树脂中引入苯环。

偶氮类引发效率比BPO高，可在树脂中引入—$(CH_3)_3$，并且ABIN的保光、保色性，耐候性比BPO好。

13.1.3 溶剂和链调节剂

溶剂是丙烯酸树脂的重要组成部分。优良的溶剂可使树脂清澈透明，黏度降低，树脂及其涂料成膜性能好。溶剂对树脂的溶解力可以参考溶剂的溶解力参数，见第6章涂料制造中的溶剂。

1. 溶剂选择 为使聚合温度下体系处于回流状态，常用混合溶剂，如甲苯、二甲苯、醇、酯、酮类的混合溶剂。溶剂中低沸点组分起回流作用。一旦确定了回流溶剂，可据回流温度选择引发剂，对溶液聚合，主引发剂在聚合温度时的半衰期一般为0.5~2h较好。有时可以复合使用一种较低活性的引发剂，其半衰期一般为2~4h。此外，选择溶剂时应考虑溶剂成本、挥发速度、毒性等。

2. 链调节剂 也称相对分子质量调节剂（黏度调节剂、链转移剂）。为了得到较高固体分和低黏度树脂，常常使用链转移剂。链转移剂被长链自由基夺取原子或基团，长链自由基失活的同时再生出一个具有引发、增长活性的自由基。链转移剂降低了聚合度或相对分子质量，但对聚合速率无影响。其用量可以用平均聚合度方程进行计算，但参数很难查到，其用量只能通过试验确定。

常用链调节剂的品种有正十二烷基硫醇、仲十二烷基硫醇、巯基乙醇等。巯基乙醇在转移后再引发时可在大分子链上引入羟基，减少羟基型丙烯酸树脂合成中羟基单体用量。随碳链的增长，链调节功能增强，到12碳时最强。其一般有臭味，残余将影响感官评价，因此用量要很好地控制。目前，也有一些低气味转移剂可以选择，如甲基苯乙烯的二聚体。另外，根据聚合度控制原理，通过提高引发剂用量也可以对相对分子质量起到一定的调控作用。

13.2 溶剂型丙烯酸制造原理

丙烯酸类树脂制造是通过自由基引发的链加成聚合反应完成。油基清漆和基料的制造和醇酸树脂的氧化固化机理也是按照自由基机理进行，注意区别和比较。

13.2.1 自由基聚合反应

聚合物生成主要反应包括链引发、增长与终止。在链增长被终止之前，各种各样的链转移反应都是可能发生的。自由基型反应得到的是混合物。制造机理如图13-1所示：

引发剂断裂 $I:I \longrightarrow I\cdot + I\cdot$

引发与链增长 $I\cdot + M_n \longrightarrow I(M)_n\cdot$

终止 $I(M)_n\cdot + \cdot(M)_m I \rightarrow I(M)_{m+n} I$

$I(M)_n\cdot + \cdot(M)_m \longrightarrow I(M)_{n-1}(M-H) + I(M)_{m-1}(M+H)$

转移 $I(M)_n\cdot +$ 聚合物 $\longrightarrow I(M)_n H +$ 聚合物$\cdot$

$I(M)_n\cdot + RSH \longrightarrow I(M)_n H + RS\cdot$

$I(M)_n\cdot +$ 溶剂 $\longrightarrow I(M)_n H +$ 溶剂$\cdot$

图13-1 自由基链加成聚合主要反应

链转移剂的引进是为了控制相对分子质量，它们通常是低相对分子质量的硫醇，如伯辛硫醇。溶剂有时可以起到链转移剂的作用，如高固体分应用的聚合系统设计以醇为溶剂，此时它的链终止效应能够帮助控制相对分子质量。

13.2.2 单体的自聚与共聚

1. 自聚 聚甲基丙烯酸甲酯有耐汽油性、抗紫外线性与保光性的作用，因此用于面漆的共聚物中，特别是用于汽车漆。聚甲基丙烯酸丁酯是软单体，有极好的低温固化耐湿性，良好的涂层间附着力、耐溶剂性、卓越的抗紫外线性与保光性，但增塑作用有限。聚丙烯酸乙酯有良好的增塑性，但作为单体，它的蒸气非常难闻而且有毒性；它的共聚物有相当好的抗紫外线性，有良好的保光性。

2. 共聚 实用的涂料聚合物极少是自聚物，而是硬单体与软单体的共聚物。聚合物硬度由玻璃化温度 T_g 表征，对于任何给定的共聚物，T_g 可由 Fox 方程计算。

共聚时单体能够结合成为各种各样的构型（无规则的、交错的、嵌段的或接枝的），绝大多数用于涂料的丙烯酸类聚合物是无规则的。共聚时各种单体与其他单体起反应的方式取决于两个方面，即它们的本身结构与其他单体的性质。相似结构的单体通常容易无规则地共聚。因此，所有的丙烯酸酯与甲基丙烯酸酯能够以几乎任意的组合共聚，虽然长链的单体共聚较慢，难以达到完全的转化。苯乙烯可以在某种程度上加到丙烯酸聚合物中以降低成本、提高硬度，但难以在较高浓度转化。

3. 竞聚率 两种单体共聚，其速率通常低于任一种单独聚合。聚合物自由基有可能对某种单体比对另一种单体更容易起反应。例如：二元共聚单体体系中，两种单体存在四种形式：

$$M_1 + M_2 = M_1M_1 \longrightarrow 速率\ R_{11}$$

$$M_1 + M_2 = M_1M_2 \longrightarrow 速率\ R_{12}$$

$$M_2 + M_1 = M_2M_1 \longrightarrow 速率\ R_{21}$$

$$M_2 + M_2 = M_2M_2 \longrightarrow 速率\ R_{22}$$

两种单体的相对速率：

$$r_1 = \frac{R_{11}}{R_{12}} \qquad r_2 = \frac{R_{22}}{R_{21}}$$

r_1 表示以 M_1 单体为端基的自由基与 M_1、M_2 两种单体反应的速率比。

r_2 表示以 M_2 单体为端基的自由基与 M_2、M_1 两种单体反应的速率比。

$r_1>1$、$r_2>1$ 时，说明在这两种单体共聚体系中，有利于单体自聚反应，不能得到共聚产物，是不希望发生的反应。

$r_1<1$，$r_2<1$ 时，说明在这两种单体共聚体系中，有利于共聚反应，r 越小，共聚得越好。

$r_1=r_2=1$，说明在这两种单体共聚体系中，自聚、共聚机会相等，同样是不希望的反应。

当 $r_1=r_2=0$，说明在这两种单体共聚体系中，只发生共聚反应，是一种理想状态，制造的树脂相对分子质量分布窄，性能稳定。

常见单体的相对反应活性见表 13-13。

表 13-13　常见单体的相对反应活性

M_1	M_2 单体	r_1	r_2	M_1	M_2 单体	r_1	r_2
苯乙烯	丙烯酸丁酯	0.4574	0.0797	甲基丙烯酸甲酯	甲基丙烯酸丁酯	0.9914	0.9965
	甲基丙烯酸甲酯	0.5174	0.4579		丙烯酸羟乙酯	0.9853	0.39383
	甲基丙烯酸丁酯	0.4495	0.3999		丙烯酸	0.7461	1.1688
	丙烯酸羟乙酯	0.3643	0.3070		甲基丙烯酸	0.3495	2.6879
	丙烯酸	0.2476	0.3433	甲基丙烯酸丁酯	丙烯酸羟乙酯	1.0127	0.9594
	甲基丙烯酸	0.1340	0.9118		丙烯酸	0.7744	1.2069
丙烯酸丁酯	甲基丙烯酸甲酯	0.3662	1.894		甲基丙烯酸	0.3580	2.7091
	甲基丙烯酸丁酯	0.3886	1.9837	丙烯酸羟乙酯	丙烯酸	0.7765	1.2774
	丙烯酸羟乙酯	0.8588	2.0755		甲基丙烯酸	0.3517	2.8406
	丙烯酸	0.3437	2.7336	丙烯酸	甲基丙烯酸	0.4481	2.1998
	甲基丙烯酸	0.1494	5.8357				

从表 13-13 中看到，单体苯乙烯活性强，不论端基是哪种单体，都能与之共聚。而丙烯酸丁酯有选择地共聚，只有当端基自由基为本身时，才能与其他单体共聚，而本身难以与其他单体形成自由基共聚。在甲基丙烯酸甲酯、甲基丙烯酸丁酯、丙烯酸羟乙酯共聚体系中，同样是有选择地共聚。特别是当甲基丙烯酸丁酯与丙烯酸经乙酯共聚时，只能是甲基丙烯酸丁酯共聚到丙烯酸羟乙酯上，反过来则不能发生共聚反应。而丙烯酸或甲基丙烯酸容易与其他单体共聚，也容易发生自聚反应。

4. 聚合物链结构控制　为使共聚反应顺利进行，混合单体的竞聚率不要相差太大。如苯乙烯同醋酸乙烯、氯乙烯、丙烯腈难以共聚。必须用活性相差较大的单体共聚时，可以补充一种单体进行过渡，即加入一种单体，而该单体同其他单体的竞聚率比较接近、共聚性好。苯乙烯同丙烯腈难以共聚，加入丙烯酸酯类单体就可以改善它们的共聚性。

提高聚合反应的温度可控制反应活性不同的单体共聚。竞聚率是两个单体与同一种自由基的反应速率常数的比值，反应速率慢的往往反应的活化能高，根据阿累尼乌斯方程式，活化能越高，反应速率受温度的影响越大。通常单体的活性比是在 50～60℃测定的，如果将反应温度提高到 140℃以上，低活性单体的反应速率常数增加更快，高低活性单体的活性相差减小，聚合单元的分布变得均匀，这种效应也可称为聚合反应的“温度拉平效应”。醋酸乙烯在 60℃时几乎不能与丙烯酸酯单体共聚，但当将反应温度提高到 160℃以上时，叔碳酸乙烯酯也有可能与丙烯酸酯单体共聚合，只是需要将它与溶剂一起先加入反应器，而后滴加丙烯酸酯单体，可制得均一、透明的丙烯酸酯树脂。在高温条件下聚合，叔碳酸乙烯酯与其他丙烯酸酯单体的活性更接近。

采用单体的饥饿滴加方式控制结构。如果每一个反应速率常数相近，则单体进行无规共聚，分子结构为无规分布，如果相差大，则开始形成的分子链含较多活泼单体单元，后期含有活性差的单体单元较多。但是如果聚合反应快，单体供应不上，那么活性低的单体也会及时聚合到聚合物的链段之中，这样也就强迫活性低的单体与活性高的单体可以均匀地聚合在聚合物长链之中。实际工作时一般采用单体混合物“饥饿态”加料法（即单体投料速率＜共聚速率）控制共聚物的组成。

加入不能均聚的单体，即加入 r_1 或者 r_2 等于0的单体。如果一种单体不能均聚，那么它就可以很好地与其他单体共聚从而可以得到需要的共聚产物。

13.3 溶剂型丙烯酸树脂配方设计

13.3.1 配方设计原则

1. 根据涂料应用对象与性能要求进行设计 丙烯酸树脂及其涂料应用范围很广，如可用于金属、塑料、木材以及石材等基材表面涂装。应用对象包括飞机、火车、汽车、工程机械、家用电器、五金制品、玩具、家具等表面装饰，各种涂装对涂料性能要求不同。因此，在设计配方时首先要考虑树脂的应用基材和对象。

2. 确定制造的树脂类型是热固性还是热塑性树脂 热塑性丙烯酸树脂的树脂相对分子质量大，但相对分子质量大，会降低固体分。一般制造的树脂平均相对分子质量为75000~12000，其物化性能和施工性能比较平衡。在施工黏度下，其施工固体分一般为10%~25%。为了保持漆膜的性能，树脂的相对分子质量分布要尽可能窄，一般 M_w/M_n 控制为2.1~2.3，若大于或等于4~5时，便不能使用。

热固性丙烯酸树脂热固性丙烯酸树脂是指在树脂中带有一定的官能团，在制漆时通过和加入的三聚腈胺树脂、环氧树脂、聚氨酯等中的官能团反应形成网状结构，也称为交联型或反应型丙烯酸树脂，可以克服热塑性丙烯酸树脂的缺点，使涂膜机械性能、耐化学品性提高。如热固性丙烯酸涂料有优越的丰满度、光泽、硬度、耐溶剂性、耐候性，在高温烘烤时不变色、不泛黄。其原因在于成膜过程伴有交联反应发生，最终形成网络结构，不熔不溶。热固性树脂的相对分子质量一般低于30000，为10000~20000，M_w/M_n 控制为2.3~3.3。通过高固体树脂的合成工艺，树脂的相对分子质量可低至2000，因此在施工黏度下，涂料的固体分可达30% ~70%。

3. 根据设计的树脂应达到的主要技术指标选择单体设计 明确在一定条件下，该树脂所呈现的耐候性、光泽、丰满度、硬度、附着力、干性以及各种耐介质等性能以及它的施工性能。根据产品特性选择单体并判断是否能够满足要求。需要根据单体对产品性能的影响进行选择。如制造的树脂相对分子质量高，则聚合物的拉伸强度、弹性、延伸率等力学性能好，但是相对分子质量太高时，聚合物溶解性差，施工性能差，施工固体分低。

4. 单体反应性论证 丙烯酸类树脂配方中，单体组成决定了膜性能，包括膜硬度、柔韧性、耐光老化性能、耐化学品性能等，但是单体并非简单的物理共混，需选择有利于共聚反应的单体，能够实现膜性能的单体。

5. 选择树脂的聚合方法 丙烯酸类单体的聚合有本体、悬浮、乳液、分散或溶液聚合等方法。对于表面涂料施工，最常用的是溶液、乳液以及分散聚合等方法。溶液聚合有许多可能方式，最简单的是一步法，即溶剂、单体和催化剂一起加热直至转化完成。但乙烯基单体聚合是高放热的（50~70kJ/mol），此热量一般在回流系统中被冷凝器除去。一步法可能引起危险的放热高峰。因此采取单体、引发剂或仅仅引发剂进料到其他的回流反应物中达1~5h之久的工艺，以减慢反应与产生热量的速率，使得热量以更易受控制的方式除去。单体和引发剂也可混合进料，或者分别从不同的容器进料。要能够实现反应后稀释，聚合总是在至少有30%溶剂存在的情况下进行，使得聚合混合物的黏度足够低，以便于良好地混合与传热。

6. 配方设计计算，评价配方设计的树脂　树脂评价一般包括固体分、黏度、酸值、羟基含量、平均相对分子质量以及相对分子质量分布 M_w/M_n 等，可以通过选用原料的理化性质对配方设计的树脂进行评价。

7. 确定聚合工艺条件　选择引发剂加入及单体加入方式、引发剂及单体浓度，如果链转移剂存在，还要确定它的浓度。正常聚合是在有50%以上溶剂存在以及回流的情况下进行，温度受所用溶剂的限制。引发剂含量为0.1%～5%，热引发的聚合温度为90～150℃。

8. 模拟配比、合成　根据评价调整配比，最后确定树脂合成工艺流程，包括聚合方法、配方、工艺、树脂质量指标。

13.3.2　树脂基本特征计算与应用

丙烯酸树脂的特征值包括树脂的相对分子质量，力学性能，树脂的极性，羧基、羟基含量等。树脂极性的判断可以用于稀释溶剂选择及拼用树脂的选择，亚甲基含量用来评价树脂侧链酯基含量，而羧基、羟基含量等活性官能团用于热固性树脂制造中配方的计算。由于丙烯酸树脂在聚合反应过程中，反应只在乙烯基双键上进行，而单体侧链基无论是非极性还是极性都不参与反应。因此可根据树脂单体组成，在合成树脂前计算出有关树脂的某些特征值，便于修改树脂配方指导实验，确定树脂性能指标。其中除树脂相对分子质量难以用简单的计算方法外，其余通过简单计算得到的结果与实验测定基本符合。

已知树脂单体组成、均聚体玻璃化温度，均聚体极性和亚甲基含量，计算共聚物的 T_g、极性SP、亚甲基含量、酸值、羟基含量（表13-14）。

表13-14　树脂单体物理性质

单体	组成		均聚体		亚甲基含量
	W（%）	mol	T_g（K）	极性 δ	%
苯乙烯	20	0.1923	373	9.3	0
丙烯酸丁酯	5	0.0391	219	8.7	32.8
甲基丙烯酸甲酯	20	0.2000	378	9.5	0
甲基丙烯酸丁酯	40	0.2817	295	8.7	29.5
丙烯酸羟乙酯	10	0.0862	258	10.6	12.1
甲基丙烯酸	5	0.0581	458	13.1	0
合计	100	0.8574			

（1）T_g 设计与计算　不同用途的涂料，其树脂的 T_g 相差很大。外墙漆用的弹性乳液其一般低于-10℃，北方应更低一些；而热塑性塑料漆用树脂的一般高于60℃。交联型丙烯酸树脂的一般为-20～400℃。均聚物的玻璃化温度可查表。根据FOX公式：

T_g 为玻璃化温度，W_i 为不同单体质量分数

T_{gi} 为单体均聚物的 T_g

$$\frac{1}{T_g}=\frac{0.2}{373}+\frac{0.05}{219}+\frac{0.2}{378}+\frac{0.4}{295}+\frac{0.1}{258}+\frac{0.05}{458}=3.144\times10^{-3}$$

求得改配方共聚物的 $T_g=318K=45℃$

根据计算，可预测设计的配方树脂的玻璃化温度，评价树脂的机械强度。T_g 升高时其力学性能好；T_g 较低时，其力学性能较差，但弹性好。

（2）极性（SP）的计算

$$SP=\sum\delta_iW_i$$

式中，SP 为树脂的极性；δ_i、W_i 分别为树脂组成中单体均聚物的极性及单体的百分含量。

由上式计算出该合成树脂的 SP 值为 9.39。利用上述计算，可预测所设计配方 SP 值，初步了解树脂的极性。在进行树脂稀释或与其他树脂拼用时可根据此计算，按极性相似者互溶的原理选择各种稀释用溶剂及拼用树脂。

（3）亚甲基（CH_2）含量的计算　计算公式为 $CH_2\%=\sum(m_i/100)(CH_2\%)_i$

式中，m_i 为树脂组成中单体均聚物的含量；$(CH_2\%)_i$ 为树脂组成单体均聚物亚甲基的含量。

$$CH_2\%=(0.05\times32.8+0.4\times29.5+0.1\times12.1)\%$$
$$=(1.64+11.8+1.21)\%=14.65\%$$

利用上述计算，可分析评价树脂中侧链酯基含量。可用此方法剖析某一树脂中单体的组成。

（4）酸值计算　在合成涂料用丙烯酸或甲基丙烯酸的主要目的是增加树脂的极性，其本身并不参与聚合反应。因此树脂合成前后，在其组成中总的含酸平均量是一定的。这样我们可通过计算事先确定出所设计配方的含酸量。酸值的表示方法：

$$酸值(mgKOH/g\ 树脂)=(N\times M_{KOH}/100)\times1000$$

式中，N 为羧酸的摩尔分数；M_{KOH} 为氢氧化钾的相对分子质量。

该树脂酸值计算式为：

$$酸值=(0.0581\times56.1/100)\times1000=32.59(mgKOH/g)$$

树脂合成前后，含酸平均量一定

$$酸值(mgKOH/g\ 树脂)=(N\times M_{KOH}/100)\times1000$$

N 为羧酸的百分含量

$$酸值=(0.0581\times56.1/100)\times1000=32.59(mgKOH/g)$$

（5）羟基含量（—OH%）计算　在合成丙烯酸树脂时，引进羟基的主要目的是为固化成膜提供交联基团，羟基本身并不参与聚合反应。在树脂合成前后，其组成中羟基含量是不变的。通过计算，我们可事先确定所设计配方的羟基含量。羟基含量计算方法如下：

式中，
$$—OH\%=N\times M_{OH}$$

N 为树脂配方中羟基摩尔数；M_{OH} 为羟基的相对分子质量。

该树脂的羟基含量为—OH% $=0.0862\times17=1.46\%$

树脂相对分子质量分布也是树脂的评价指标之一，是制造中需要考虑的因素。树脂相对分子质量分布一般用重均相对分子质量 M_w 和数均相对分子质量 M_n 的比值 M_w/M_n 来表示。M_w/M_n 值大，相对分子质量分布宽，M_w/M_n 值小，相对分子质量分布窄。从涂料性能来看，相对分子质量分布窄，性能稳定。对于常规的热固性丙烯酸树脂，由于在成膜过程中树脂将进一步交联，对 M_w/M_n 值要求低一些，但对于热塑性丙烯酸树脂以及高固体分丙烯酸树脂，M_w/M_n 值大，会明显地影响漆膜的硬度、耐候性，耐水、酸碱、溶剂等性能。

13.3.3　热固性丙烯酸树脂的交联反应

丙烯酸树脂中羧基与氨基树脂、环氧树脂，以及异氰酸酯预聚体中的异氰酸酯基进行反应，制造热固性丙烯酸树脂。部分反应如下：

1. 丙烯酸树脂中羧基与氨基树脂的交联

$$>N-CH_2OR + HO-\overset{\displaystyle O}{\overset{\|}{C}}-\sim \longrightarrow >N-CH_2O-O-\overset{\displaystyle O}{\overset{\|}{C}}-\sim$$

2. 丙烯酸树脂中羧基与环氧树脂交联

$$\sim CH_2-\underset{\diagdown O \diagup}{CH-CH_2} + HO-\overset{\displaystyle O}{\overset{\|}{C}}-\sim \longrightarrow \sim CH_2-CH(OH)-CH_2-O-\overset{\displaystyle O}{\overset{\|}{C}}-\sim$$

碱催化，150℃，涂膜丰满光亮，硬度高，耐污染，耐磨，附着力好，保色性稍差。

3. 丙烯酸树脂中羟基与氨基树脂的交联

$$>N-CH_2OR + HO-\sim \longrightarrow >N-CH_2O-O-\sim$$

4. 丙烯酸树脂中羟基与环氧树脂交联

$$\sim CH_2-\underset{\diagdown O \diagup}{CH-CH_2} + HO-\sim \longrightarrow \sim CH_2-CH(OH)-CH_2-O-\sim$$

5. 丙烯酸树脂中羟基与异氰酸酯交联

$$\sim CH_2-N=C=O + HO-\sim \longrightarrow \sim CH_2-\overset{\displaystyle H}{\overset{|}{N}}-\overset{\displaystyle O}{\overset{\|}{C}}-O-\sim$$

可以在室温下反应，涂膜丰满光亮，耐磨耐刮伤性好，耐水耐溶剂和耐化学药品性好。

13.4　影响丙烯酸树脂制造的因素

从聚合反应的机理可以看出，原料单体、引发剂、溶剂和链转移剂，反应工艺包括反应温度、单体及引发剂加入方式及杂质等对丙烯酸树脂制造均有影响。据自由基聚合动力学研究结果，制造的树脂数均聚合度 X_n 按下式变化：

$$X_n = \frac{K_P}{2(fK_dK_e)^{1/2}} \frac{[M]}{[I]^{1/2}}$$

$$K = Ae^{-E/RT}$$

K_p为增长速率常数；K_d为引发速率常数；K_e为终止速率常数；f为引发效率；［M］为单体浓度；［I］为引发剂浓度；A为频率因子；E为活化能；R为摩尔气体常数；T为热力学温度。

树脂的平均相对分子质量以及相对分子质量分布同样对树脂性能具有重要的影响。

13.4.1 单体以及单体加入方式的影响

1. 单体 其品种和用量可根据合成树脂性能要求决定。长链丙烯酸及甲基丙烯酸酯有较好的耐醇性和耐水性。羟基功能性单体可为溶剂型树脂提供与聚氨酯固化剂、氨基树脂交联用的官能团。功能单体（如乙烯基三异丙氧基硅烷单体）由于异丙基的位阻效应，Si—O 键水解较慢，乳液聚合中其用量可提高到 10%，有利于提高漆膜耐水、耐候等性能，但其价格较高，用量一般控制为 1% ~6%，太多会影响树脂或成漆贮存。羧基可以改善树脂对颜、填料的润湿性及对基材的附着力，且同环氧基团有反应性，对氨基树脂固化有催化活性。

单体用量一般为 40% ~75%。从树脂数均聚合度公式中看到，树脂的平均相对分子质量与单体浓度［M］成正比。单体浓度高，合成出的树脂相对分子质量大，反之则小。在溶液聚合中，往往通过调节单体浓度来控制树脂的相对分子质量。一般来说，反应体系中溶剂用量少时，单体浓度高，合成出树脂的相对分子质量大。溶剂用量多时，单体浓度低，合成出树脂的相对分子质量小。在实际工作中，为了得到具有较高相对分子质量的树脂，往往采取单体先在少量溶剂中聚合，完毕后，再补加溶剂的方法。采取上述方法不仅可得到较理想的树脂，还可缩短聚合反应时间。

2. 单体加入方式的影响 为了控制树脂的相对分子质量以及树脂结构，单体加入时常常采用滴加方式。滴加方式与滴加速度决定了树脂 M 的大小及树脂的结构。匀速滴加单体可使树脂相对分子质量分布较均匀。滴加时间长，树脂 M 降低，分子结构趋于均匀。滴加时间短，树脂 M 增大，分子结构均匀度较差。一般控制滴加时间以 2 ~4h 为宜。

3. 单体的分子结构 对聚合度也有影响。随着取代烷基碳原子数的增加，聚合会趋困难，聚合度相应降低。除了聚合度外，单体的结构还影响其反应能力及聚合速度，这和单体是否对称及共轭程度等问题有关。一些常用单体聚合速率的顺序如下：

氯乙烯 > 醋酸乙烯 > 丙烯腈 > 甲基丙烯酸甲酯 > 苯乙烯 > 丁二烯

单体的纯度对聚合有很大的影响，因为许多杂质的作用与相对分子质量调节剂、缓聚剂、阻聚剂差不多，对聚合速度和相对分子质量均有影响。一般来说，单体纯度越高越有利于聚合反应。

13.4.2 引发剂用量与加入方式的影响

1. 引发剂用量的影响 引发剂的用量对树脂的反应速率、相对分子质量、黏度及转化率产生影响。许多情况下，聚合速率与引发剂浓度平方根成正比，树脂的相对分子质量与引发剂用量的平方根成反比，并且引发剂的用量越高，树脂的相对分子质量及黏度会越低。因此，要得到较高相对分子质量的树脂，引发剂用量一般可控制为 0.2% ~0.5%。要得到较低相对分子质量树脂，引发剂用量可控制为0.6% ~2%，最高时可达4%。引发剂用量过大会在生产过程中涉及热量的排除问题以及会影响聚合物的机械性能、化学性能、热稳定性以及抗老化性能等。表 13-15 给出在聚合聚丙烯酸甲酯和聚丙烯酸乙酯时，BPO 用量对收率和黏度的影响。

表 13-15 引发剂量对聚合物收率和黏度的影响

BPO（%）	聚合物收率（%）		聚合物黏度（s）	
	聚丙烯酸甲酯	聚丙烯酸乙酯	聚丙烯酸甲酯	聚丙烯酸乙酯
0.01	83.5	87.8	180	1500
0.03			104	250
0.06	89.0	95.1	40	65
	90.0		23	17
0.12	100.0	100.0	7.2	16
0.5	100.0	100.0	1.4	2
1.0	100.0	100.0	1.2	2
2.0	100.0	100.0	1.0	1.0

2. 引发剂的加入方式 加入方式对树脂相对分子质量也有很大的影响。一般均采用滴加方法加入引发剂。一种是引发剂和反应单体先混合均匀，一起匀速滴加到反应体系；另一种是引发剂和单体以不同滴加速度分别滴加到反应体系。两种滴加方法各有利弊。前种工业生产较为方便。但可能有部分引发剂在未来得及引发单体时就消失，降低了引发剂引发单体的效率。后种可通过调节引发剂滴加速度充分引发单体聚合，但生产装置较复杂，操作也有一定的难度。因此，应视生产条件而定。

13.4.3 温度的影响

从丙烯酸树脂均聚合度 X_n 以及阿伦尼乌斯计算公式中看到，聚合反应温度不仅影响反应速度，而且对树脂的相对分子质量有直接的影响。可采用控制温度来调节树脂的相对分子质量。在恒定其他条件下，反应温度越高，引发剂分解越快，单位时间内生成的自由基越多，聚合速率越快，同时双基终止速率也加快，导致树脂聚合度降低，相应的树脂相对分子量也越低。反之，反应温度越低，合成得到的丙烯酸树脂的相对分子质量越大。

如从反应温度的角度来选择引发剂，在一次投料的情况下，一般选择半衰期为反应总时间的 1/3 的引发剂为好。此时，单体转化率比较高，而且树脂中残留的引发剂量较少。如果引发剂与单体同时滴加，聚合反应温度一般选择在引发剂半衰期为 10 ~60min 时的温度为好，单体转化率可达 98% 以上，树脂中残留的引发剂量一般可低于引发剂加入量的 1%。

从生产的角度考虑，温度升得过高会使聚合热不易排出，生产难控制。聚合物枝化，交联度增高，导致树脂中出现不溶性颗粒。温度过低会导致诱导期延长，聚合反应初期转化率低，但进入中期后聚合加快，放热激烈，温度迅速升高，溶剂气化，容易导致充锅溢料。从表 13-12 中看到，常用引发剂的使用温度控制在 80 ~ 150℃范围内。考虑到反应使用的溶剂，如果在混合溶剂的共沸点反应，则反应容易控制。

13.4.4 其他影响因素

1. 投料方式的影响 在树脂合成中投料方式是一个影响因素，在制备大相对分子质量的热塑性丙烯酸树脂时，溶剂、单体和引发剂等一次投入反应并在反应温度下，引发剂分解半衰期为 1h 以上，使引发剂缓慢分解，制备较高相对分子质量的聚合物。而合成热固性丙烯酸树脂时，多数情况是采用单体和引发剂同时滴加的工艺，使整个聚合过程中单体和引发剂的浓度能基本保持稳定。

利用引发剂进行聚合反应，在反应经过一段时间后，活性自由基浓度已降低到极点，部分单体未被引发聚合，如果此时终止聚合反应，所得到的树脂转化率较低，仅为70% ~ 80%，自由单体含量较高。为了提高产品转化率，降低自由单体含量，往往在单体滴加完毕后的 1 ~2h 后再补加 0.1% ~0.2% 的引发剂。补加引发剂也采取滴加方法。一般是将引发剂与反应用溶剂混合在一起。用 1 ~2h 匀速补加，补加完毕后再经过 1 ~2h 即可终止聚合反应。利用补加引发剂的方法，产品的转化率可达到 96% 以上，如果反应控制得好，转化率可达到 100%。补加的引发剂种类可与反应主体用引发剂是同一种，也可不同。这可根据引发剂性质决定。如果是用过氧化物，两种引发剂可以是同一种。但如果使用偶氮二异丁腈这样的引发剂，由于在溶剂中的溶解性较差，就不能做补加引发剂。考虑到产品的稳定性，一般都是用偶氮二异丁腈做主体反应用引发剂，补加引发剂选用过氧化物。但此时应考虑到过氧化物引发剂的分解温度较高，因此在补加过程中应适当提高补加时的反应温度。

2. 阻聚剂和氧气的影响 为避免烯类单体在贮藏、运输等过程中发生聚合，单体中往往加入少量阻聚剂，在使用前除去。阻聚剂为固体物质，挥发性小，在蒸馏单体时即可将它除去。如对苯二酚可用 5% ~10% NaOH 溶液洗涤除去。CuCl 和 $FeCl_3$ 等无机阻聚剂也可用酸洗除去。使用前未处理阻聚剂或未处理干净，会延长聚合反应的诱导期。而目前市购原料大多使用对甲氧基苯酚类阻聚剂，该阻聚剂受热分解，使用时可不必除去，只是延长了聚合反应的诱导期，对整个聚合反应影响不大。活性较小的阻聚剂称为缓聚剂，表 13-15列出了添加剂对聚合反应和聚合度的影响。

表 13-16 添加剂对聚合反应和聚合度的影响

添加剂	对聚合速率的影响	对聚合度的影响	添加剂	对聚合速率的影响	对聚合度的影响
一般溶剂或链调节剂	没有	降低	缓聚剂	降低	降低
调节剂	没有	降低	阻聚剂	剧降	剧降

空气中氧的阻聚作用在聚合反应温度较低时比较明显。氧气的存在，会出现聚合物的相对分子质量小，黏度低，反应诱导期延长，反应速度减慢，转化率低等现象。反应机理为

$$R\cdot + O_2 \longrightarrow R—O—O\cdot \xrightarrow{R\cdot} R—O—O—R$$

即反应生成的活性自由基很容易与空气中的氧结合生成一种新的过氧化物，降低了反应体系中自由基的浓度。在高温下有时氧的阻聚作用表现不出来，这可能是因为生成的过

氧化物在高温下分解产生新的自由基，仍可使单体聚合：ROOR ——→2RO·。

为了防止在聚合反应过程中氧的阻聚作用发生，尤其是聚合温度低于溶剂沸点的情况下，在生产过程中应吹入氮气用以隔绝空气。但应注意，吹氮气后树脂相对分子质量会增大，此时可适当增加引发剂用量来平衡树脂的相对分子质量。例如，在苯乙烯合成时，常温下，在空气介质中，苯乙烯的聚合度为 2000；在氮气的保护下，其聚合度为 6000。吹氮气还有一个优点是合成出的树脂颜色很浅，呈水白色。如果在生产过程中现有设备不具备吹氮气条件，进行溶液聚合时，反应温度应控制在溶剂介质回流温度内。

3. 溶剂和链调节剂的影响

（1）溶剂　溶剂的溶解能力的大小要与合成的树脂相一致。不同溶剂中聚合物分子形态不同。在良溶剂中，聚合物链呈舒展状，溶液清澈透明；反之，紧缩而卷曲，溶液浑浊甚至析出。溶剂的选择对树脂的相对分子质量和黏度有一定的影响。一定的溶剂有一定的链转移常数。溶剂的链转移常数越大，树脂的相对分子质量及黏度就越低；反之，越高，它们的相关式可表示如下：

$$\frac{1}{X_n} = \frac{1}{(X_n)_0} + C_s\frac{[S]}{[M]}$$

式中，X_n 为聚合度；$(X_n)_0$ 为无溶剂时聚合度；C_s 为溶剂转移常数；$[S]$ 为溶剂浓度；$[M]$ 为单体浓度。

从式中可以看出溶剂的选择对树脂的相对分子质量和黏度有影响。溶剂链转移常数越大，相对分子质量及黏度越低。溶剂的链转移常数与其结构有关，对于芳烃，C_s 一般有下列关系：

$$C_6H_5\text{-}CH(CH_3)_2 > C_6H_5\text{-}C_2H_5 > C_6H_5\text{-}CH_3 > C_6H_5\text{-}C(CH_3)_3 > C_6H_6$$

对于醇类，C_s 一般有下列关系：$R_2CHCOH > RCH_2OH > CH_3OH$。

溶剂型丙烯酸树脂制造常用的溶剂为甲苯、二甲苯，可以适当加些乙酸乙酯、乙酸丁酯。

（2）链调节剂　链调节剂（如十二烷基硫醇、巯基乙醇等）有较大的链转移常数，可以终止正在增长的链反应。链调节剂用量越多，相对分子质量越小，黏度越低。表 13-17 列出了部分溶剂在 60℃ 的链转移常数。不同溶剂对聚合物的转化率和黏度的影响见表 13-18。

表 13-17　一些溶剂对甲基丙烯酸甲酯和苯乙烯的链转移常数

溶剂	甲基丙烯酸甲酯	苯乙烯	溶剂	甲基丙烯酸甲酯	苯乙烯
丙酮	0.00036	0.023	四氯化碳	0.0043	0.57
苯胺	0.0075	0.011	三氯甲烷	0.00089	0.00345
苯	0.0014	0.00017	醋酸乙酯	0.00027	0.0091
丁酮	0.00089	0.028			

表 13-18 不同溶剂对聚合物转化率和黏度的影响

溶剂	转化率（%）		聚合物在醋酸乙酯中的黏度（加氏管）(s)	
	丙烯酸甲酯	甲基丙烯酸乙酯	丙烯酸甲酯	甲基丙烯酸乙酯
苯	90	91	220	2.7
醋酸乙酯	88	88	122	2.6
二氯乙烷	88	99	90	2.2
醋酸丁酯	86	96	1.4	1.2
甲基异丁基酮	84	98	1.0	1.1
甲苯	82	93	1.0	1.0

溶剂的选择还要考虑到树脂的制漆过程和涂料的施工工艺。

13.5 丙烯酸树脂制造工艺、质量评价与安全生产

13.5.1 丙烯酸树脂生产工艺

溶剂型丙烯酸树脂溶液为浅黄色或水白色的透明性黏稠液体。合成主要采用溶液聚合，如果选择恰当的溶剂，如溶解性好、挥发速度满足施工要求、安全、低毒等，聚合物溶液可以直接用作涂料基料进行涂料配制，使用非常方便。丙烯酸类单体的溶液共聚合多采用釜式间歇法生产。反应釜夹套可通蒸汽和冷却水外，还有盘管，以便迅速带走反应热，大釜还具有防爆安全膜。设有 2 个高位槽的溶剂型丙烯酸树脂制造工艺流程见图 13-2。

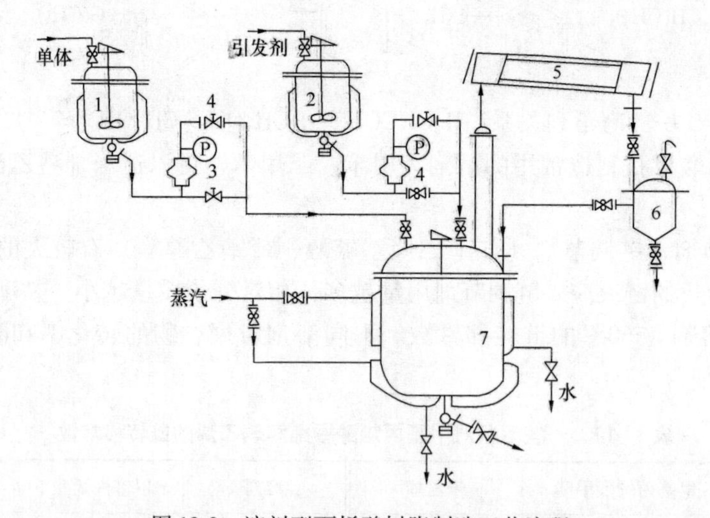

图 13-2 溶剂型丙烯酸树脂制造工艺流程

1、2—引发剂与单体高位槽；3、4—计量器；5—冷凝器；6—分水器；7—反应釜

1. 丙烯酸树脂生产工艺

（1）共聚单体混合　单体过滤后加入配置器，混合均匀待用。

（2）引发剂用少量溶剂溶解，过滤；计量；引发剂等最好精确到 0.2% 以内。现配

现用。

(3) 空釜通入惰性气体驱赶 O_2 (O_2 作用与醇酸树脂制造不同)；加釜底料。将配方量的（混合）溶剂加入反应釜。

(4) 逐步升温至规定反应温度（回流温度）前20～30℃停止，使其自行升温到反应温度。

(5) 滴加单体和引发剂混合溶液。滴加速度均匀，一般2～4h完成，若体系升温过快，降低滴料速度。

(6) 单体滴完后，保温1.5～2h，单体进一步聚合。可分两次或多次间隔补加引发剂，提高转化率，继续保温至转化率和黏度达到规定指标。整个时间在6～15h内完成。

(7) 反应后可蒸出部分溶剂借以脱除自由单体，补加部分溶剂，减少成品中单体气味。

(8) 取样分析。测外观、固含量和黏度等指标。调整指标。

(9) 过滤、包装、质检、入库。

2. 注意事项

(1) 单体和引发剂加入速度不可太快，以免引起冲料；

(2) 反应温度要控制好，如由于单体的加入而使温度下降过多时，要停止加入单体，慢慢地小心升温到反应温度再继续加料；否则，会造成未反应的单体在反应釜中积累，紧接而来的就是剧烈聚合和冲料。

13.5.2 质量控制

一般的溶剂型丙烯酸树脂可测定下列项目来进行质量控制。

1. 固体含量 称取一定数量的树脂，于规定的适当温度下（视溶剂品种而定），烘烤一定的时间，再称量，即可计算出固体分。如用二甲苯、丁醇为聚合溶剂，可于120℃，烘2h测定。严格地说，测定固体含量应烘到恒量为止。

2. 黏度 一般用涂1黏度计和涂4黏度计测定。如果黏度很高，可用落球法测定，也可使用加氏管测定。树脂的黏度对漆膜的物理性能及光泽、丰满度等都会带来很大影响，要小心控制。

3. 色泽 采用常见的铁钴比色或铂钴比色都可以，一般丙烯酸树脂色泽都很浅，呈水白色或微黄色。

4. 酸值 一般采用氢氧化钾乙醇溶液滴定，用酚酞作指示剂。

5. 凝胶渗透色谱 如具备仪器条件，或对要求较高的产品，可以做一下凝胶渗透色谱分析，它的相对分子质量分布可以很快测定出来，通过与标准样对比，可以了解聚合反应进行的情况。

13.5.3 安全生产

1. 防火、防爆 低级丙烯酸酯及甲基丙烯酸酯类的闪点较低，属易燃液体，有些单体与空气在一定比例下形成爆炸混合物，遇火可能引起爆炸。有些单体如丙烯酸丁酯及丙烯酸虽然在标准状态下，其饱和蒸气压浓度低于爆炸极限的下限值，但在温度足够高或压力降低时，还会形成爆炸混合物。因此在贮运及操作过程中要排除一切可能产生火花、明火的因素。阻火器、避雷针、接地装置、防止静电的贮槽中的浸深管等装置都是必要的，并应定期检查其可靠性。

2. 防毒性

①防单体的毒性。丙烯酸酯类单体属微毒至中毒类，其急性中毒数据可参考其他有关书籍。关于慢性口服毒性，用狗和兔做长期非致死量的给药试验证明无积累作用。在吞入、与眼黏膜接触或通过皮肤吸入时，丙烯酸甲酯及丙烯酸乙酯属中毒类，眼角膜特别敏感、易受损伤，较高级酯的毒性较温和，甲基丙烯酸甲酯属低毒类，但皮肤对其敏感性较强。

② 防止引发剂爆炸与引发剂的毒性。引发剂大多为易爆易燃物品，遇热、还原剂、强碱强酸和金属杂质时都可能加速分解，产生爆炸等现象，因此在贮存和使用时要特别注意。引发剂的生产厂家常在产品（如 BPO 引发剂）中加入 30% 左右的水分以确保贮存和运输的安全。使用时应将水分除去，但不可烘烤，较方便可行的方法是称量后溶于二甲苯，静置澄清后分出水分，再计算出溶液中引发剂的实际用量。对于偶氮二异丁腈，如贮存温度太高或时间太久会产生少量不溶物，如遇此现象，使用前可用乙醇溶解，重结晶净化后使用。

③ 防止单体中的阻聚剂的毒性。单体中需要加入阻聚剂防止其在贮存及运输中，受到光照射及受热自聚。过去对苯二酚最常用。目前是对甲氧基苯酚或对羟基苯甲醚，用量比对苯二酚大为减少，无明显诱导期，会很快被消耗，无特殊需要，不必除去，用量为 10 ~ 300mg/kg。对甲氧基苯酚为淡色固体，有焦饴糖和酚的气味，对眼睛、皮肤、黏膜和上呼吸道有刺激作用。长时间接触对眼有损害，有强烈的刺激作用或可引起灼伤，可燃。皮肤接触立即脱去污染的衣着，用大量流动清水冲洗至少 15min，然后就医。

3. 单体的贮存 丙烯酸酯常用铁桶装运，避光，酸类单体试剂用铁桶内部衬以聚乙烯，防酸腐蚀。贮存中应防爆、防聚合。桶装单体应该避免阳光直接照射，户外存放应有凉棚遮阳。苯乙烯存放时间短，容易聚合，其次是甲基丙烯酸甲酯。特别注意的是，丙烯酸及甲基丙烯酸应在 16 ~24℃ 存放以防止结晶。结晶体中不含阻聚剂和氧气，容易引起聚合。丙烯酸酯单体的贮槽可用低碳钢或铝制造。贮槽应安装温度报警、通风装置、干燥器，以及装配各种工艺管道及装置以保持空气流通。

4. 安全教育与严格生产管理（略）。

13.6 溶剂型丙烯酸树脂制造实例

13.6.1 热塑性丙烯酸树脂制造实例

热塑性丙烯酸树脂具有良好的保光、保色性能和耐水、耐化学品性能，干燥快，施工方便，易于重涂和返工。和热固性丙烯酸树脂相比，漆膜的厚度及丰满度较差。对温度的敏感性较差，树脂的玻璃化温度高时，漆膜易开裂；玻璃化温度低时树脂遇热易软化及发黏。由于目前涂料助剂较多，树脂的许多不足之处如颜料的分散性，喷涂时溶剂的释放性，漆膜的流展性可以通过助剂加以调整。

通过配方设计或拼用树脂可以解决热塑性丙烯酸树脂，固体分低（高时，η 大，喷涂时易出现拉丝），涂膜丰满度差，低温易脆裂、高温易发黏，溶剂释放性差，实干较慢，耐溶剂性不好等缺点。如不同基材涂层 T_g 不同，金属用漆树脂 T_g 在 30～60℃，塑料漆用 T_g 高些（80～100℃），溶剂型建筑涂料用 T_g 一般高于 50℃；引入甲基丙烯酸正丁酯(-异丁酯、-叔丁酯、-月桂酯、-十八醇酯、丙烯腈改善耐乙醇性；引入丙烯酸或甲基丙烯酸及羟基丙烯酸酯等极性单体改善树脂对颜填料的润湿性，防止涂膜覆色发花；冷拼适量的硝酸酯纤维素或醋酸丁酸酯纤维素改善成漆的溶剂释放性、流平性或金属闪光漆的铝粉定向性。金属闪光漆的树脂酸值应小于 3mgKOH/g（树脂）。

例 13-1　塑料漆用热塑性丙烯酸树脂制造

（1）合成配方

表 13-19　合成配方

序号	原料名称	用量（质量份）	序号	原料名称	用量（质量份）
01	甲基丙烯酸甲酯	27.00	06	二甲苯	40.00
02	甲基丙烯酸正丁酯	6.000	07	S-100	5.000
03	丙烯酸	0.4000	08	二叔丁基过氧化物	0.4000
04	苯乙烯	9.000	09	二叔丁基过氧化物	0.1000
05	丙烯酸正丁酯	7.100	10	二甲苯	5.000

（2）合成工艺

先将 06、07 投入反应釜，通 N_2 置换反应釜中空气，加热到 125℃，将 01、02、03、04、08 于 4～4.5h 内滴入反应釜，保温 2h，将 09、10 加入反应釜中，再保温 2～3h，降温，出料。

该树脂固含量：50% ±2%，黏度：4000～6000（25℃下的旋转黏度），主要性能是耐候性与耐化学性好。

13.6.2　热固性丙烯酸树脂制造实例

热固性丙烯酸树脂的一个重要应用是和三聚氰胺树脂拼用形成丙烯酸氨基烘漆，目前在汽车、摩托车、自行车、卷钢等产品上应用十分广泛。这类烘漆的主要交联反应有以下几种。

（1）丙烯酸树脂中的羟基与氨基树脂中的烷氧基反应

$$2R_1COOCH_2CH_2OH + C_3N_3[N(CH_2OR_2)_2]_3 \longrightarrow$$

$$C_3N_3[N(CH_2OR_2)_2][N(CH_2OR_2)(CH_2OCH_2CH_2OCOR_1)]_2 + 2R_2OH$$

酯交换反应

式中，R_1 为羟基丙烯酸树脂的分子链骨架；R_2 为氢或烷基。

（2）丙烯酸树脂中的羧基与氨基树脂的烷氧基反应

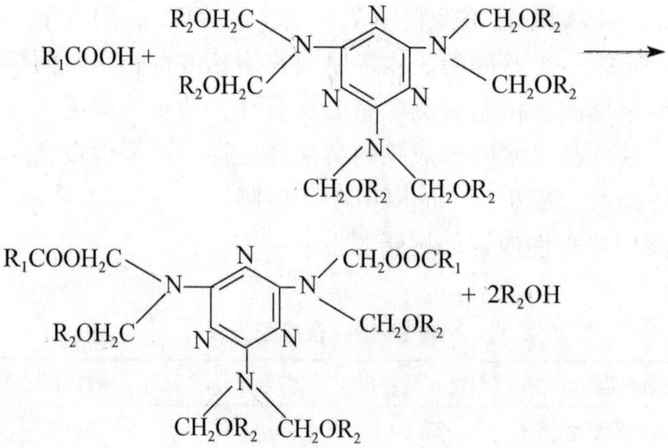

$$R_1COOH + \begin{matrix} R_2OH_2C & & N & & CH_2OR_2 \\ & N & & N & \\ R_2OH_2C & N & & N & CH_2OR_2 \\ & & N & & \\ & CH_2OR_2 & & CH_2OR_2 & \end{matrix} \longrightarrow$$

$$\begin{matrix} R_1COOH_2C & & N & & CH_2OOCR_1 \\ & N & & N & \\ R_2OH_2C & N & & N & CH_2OR_2 \\ & & N & & \\ & CH_2OR_2 & & CH_2OR_2 & \end{matrix} + 2R_2OH$$

反应温度一般为 100～140℃。丙烯酸树脂中提供的交联基团主要是羟基（—OH），其类型有伯羟基和仲羟基两类。热固性丙烯酸树脂中经常带有一定数量的羧基，它能与氨基树脂交联，具有一定的催化作用，也能减少涂料中颜料的絮凝。

氨基树脂的品种与用量对烘漆的性能、固化速度等有明显的影响。其中，羟甲基与丙烯酸树脂中的羟基反应最活泼，其次为烷氧甲基。此外，氨基树脂醚化程度的高低对干性和漆膜性能也有较大影响。醚化程度高，羟甲基含量低，反应较慢，漆膜硬度较低但柔韧性、附着力、冲击强度等性能较好。在制漆时，可适当添加酸性催化剂或在施工时提高烘烤温度。氨基树脂的含量会明显地影响漆膜的交联程度。

在配制丙烯酸氨基烘漆时，为了加速固化速度或降低烘烤温度，常采用酸性催化剂如对苯磺酸、十二烷基苯磺酸等。用于与氨基树脂交联的丙烯酸树脂的玻璃化温度较低，一般为 -1.0～30℃，视氨基树脂的不同而不同。

（3）羟基丙酸酯与多异氰酸酯交联　该交联得到的漆膜丰满、光泽度高。

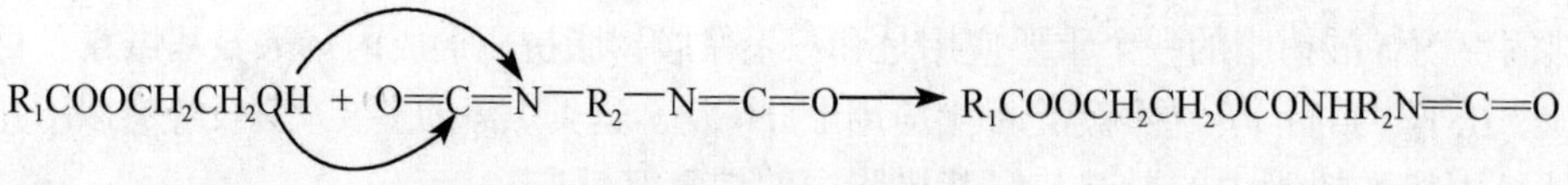

$$R_1COOCH_2CH_2OH + O{=}C{=}N{-}R_2{-}N{=}C{=}O \longrightarrow R_1COOCH_2CH_2OCONHR_2N{=}C{=}O$$

异氰酸酯固化剂为芳香族异氰酸酯、脂肪族异氰酸酯固化剂。催干剂为叔胺类、有机锌化合物和有机锡化合物。丙烯酸-氨基烘漆用于汽车原厂漆、摩托车、金属卷材、家电、轻工产品及其他金属制品涂饰。羧基丙烯酸树脂和环氧基丙烯酸树脂分别用于环氧树脂及羧基聚酯树脂配制粉末涂料（表 13-20）。

表 13-20　丙烯酸树脂官能团种类、功能单体及交联反应物质

丙烯酸树脂官能团种类	功能单体	交联反应物质
羟基	（甲基）丙烯酸羟基烷基酯	与烷氧基氨基树脂热交联 与多异氰酸酯室温交联
羧基	（甲基）丙烯酸、衣康酸或马来酸酐	与环氧树脂环氧基热交联
环氧基	（甲基）丙烯酸缩水甘油酯	与羧基聚酯或羧基丙烯酸树脂热交联
N-羟甲基或甲氧基酰胺基	N-羟甲基（甲基）丙烯酰胺、N-甲氧基甲基（甲基）丙烯酰胺	加热自交联，与环氧树脂或烷氧基氨基树脂热交联

例 13-2 羧基丙烯酸树脂制造

(1) 制造配方(表 13-21)

表 13-21 制造配方

原料名称	用量(%)	原料名称	用量(%)
甲基丙烯酸羟丙酯	18	甲基丙烯酸	2
甲基丙烯酸甲酯	22	BPO	2
苯乙烯	10	二甲苯	38
丙烯酸丁酯	8		

(2) 合成工艺

①将配方中二甲苯总量的 75%,投入装有滴液漏斗、球形冷凝器、分水器和温度计的四口反应瓶中,升温至回流。②全部单体混匀后,置于滴液漏斗中,同时,将配方中 90% 的引发剂 BPO 和 20% 的二甲苯溶解并均匀混合。③当反应瓶回流后,开始同时滴加混合单体和引发剂,在 4h 左右滴完。④回流保温 1h,补加剩余的 10% 引发剂和 5% 的溶剂混合液。⑤继续回流保温 2h,测定树脂技术控制指标,合格后降温、过滤、出料。

(3) 树脂的技术指标(表 13-22)

表 13-22 技术指标

外观	无色或微黄透明液体	固体分(%)	59~61
颜色(Fe-Co 法)(号)	≤2	酸值(mgKOH/g)	8~13
黏度(加氏管,25℃)(s)	25~50		

该树脂与丁醇改性三聚氰胺甲醛树脂,以质量比 3.5:1 混合,加入流平剂、溶剂等后制成丙烯酸烘干清漆,或加入颜料、分散剂、丁醇改性三聚氰胺甲醛树脂交联剂、流平剂、润湿剂和溶剂制成色漆。

13.6.3 高固体分丙烯酸树脂制造

高固体分涂料可以节省涂料生产与使用中的溶剂,具有降低污染,漆膜厚、丰满度高、装饰效果好的特点,受到人们的重视。在固定的浓度下,溶液的黏度随聚合物的相对分子质量的降低而降低,其数均相对分子质量需低至 2000~6000 时,才能使树脂固体分达到 70% 左右而黏度不太高。

1. 引发剂选用 ①选择夺氢能力小引发剂,以降低树脂黏度。如选用偶氮腈引发剂使羟基丙烯酸树脂获得窄相对分子质量分布。叔丁基过氧化物不宜用于高固分丙烯酸树脂的合成。叔丁基过氧化物分解产生的自由基活性高,并且产生夺氢反应,使相对分子质量分布趋宽。叔戊基过氧化物分解产生的自由基能量低、夺氢能力弱,可以使树脂相对分子质量的分布趋窄,降低树脂黏度,适用于高固体分树脂的合成,但这类引发剂(如叔戊基过氧化氢)的价格较高。②提高引发剂的浓度,降低树脂黏度。引发剂的浓度越高,树脂的黏度越低。一般引发剂浓度可达 4% 或更高。在聚合反应中,高用量的引发剂在严格的温度和浓度的控制下,可使树脂的多分散性降至最低。但引发剂的浓度过高会提高成本,导致分解产物量增多,从而影响产品的耐久性及气味。③使用带羟基的功能引发剂如过氧化二羟甲基异丁酰。

2. 单体选择与设计

（1）引入 Cardura E 组分（叔碳酸缩水甘油酯） 利用丙烯酸共聚物分子上的基与 Cardura E 上环氧基开环反应，连接上 Cardura E 同时释放出羟基：Cardura E 结构式如下：

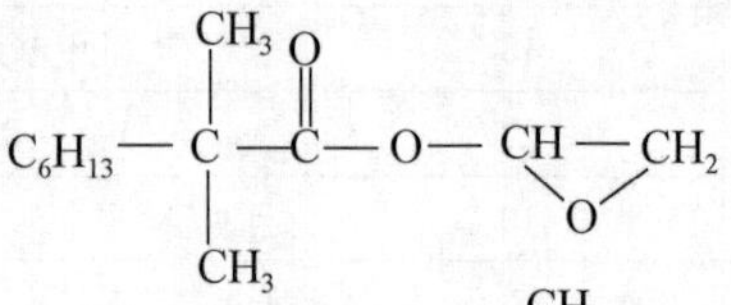

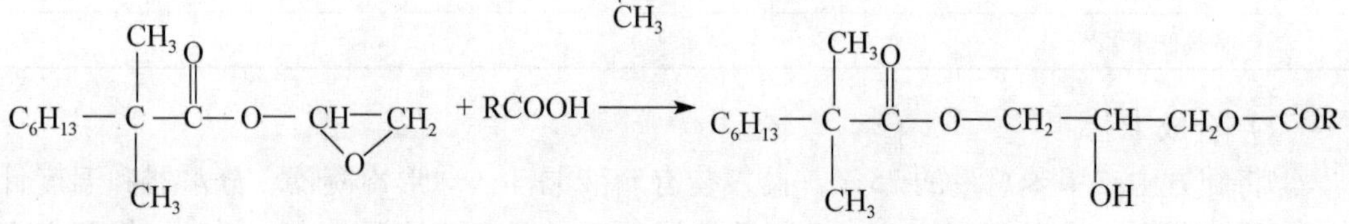

$$C_6H_{13}-C(CH_3)_2-C(=O)-O-CH-CH_2 \text{（环氧基，}CH-CH_2\text{ 经 O 相连）}$$

$$C_6H_{13}-C(CH_3)_2-C(=O)-O-CH-CH_2(O) + RCOOH \longrightarrow C_6H_{13}-C(CH_3)_2-C(=O)-O-CH_2-CH(OH)-CH_2O-COR$$

在共聚物组分中引入 Cardura E 可获得低相对分子质量和窄相对分子质量分布，增强树脂在有机溶测中的溶解性，降低黏度。叔碳基对水解的屏蔽作用可提高涂料的耐光性。为了引进 Cardura E，丙烯酸共聚物配方中必须包含（甲基）丙烯酸单体。

例 13-3 叔碳酸缩水甘油酯制造

① 组分（表 13-23）

表 13-23 组 分

原料名称	用量（%）	原料名称	用量（%）
二甲苯	20	醋酸丁酯	20

② 组分（表 13-24）

表 13-24 组 分

原料名称	用量（%）	原料名称	用量（%）
甲基丙烯酸甲酯	15	甲基丙烯酸羟乙酯	8
甲基丙烯酸丁酯	11	甲基丙烯酸	4
丙烯酸丁酯	10	BPO	1.5

③ 组分 Cardura E 10

将处理好的单体、部分引发剂投入高位槽。将配方中溶剂①的 90% 投入反应釜，升温至回流温度。滴加混合单体②。控制滴加速度，使其在 3h 内将高温槽中的混合单体滴完。保温 60min 后，滴加剩余的引发剂（先将引发剂溶于留下的 10% 溶剂中），控制在 30min 左右滴完。再保温 2h，然后加入③ Cardura E，继续反应 2h 直到酸值小于 5mgKOH/g，至黏度、固体分合格后，降温至 70℃，过滤、包装。

树脂的技术指标（表 13-25）

表 13-25 技术指标

外观	无色或微黄透明液体	固体分（%）	60
颜色（Fe-Co 法）（号）	≤1	酸值（mgKOH/g）	3～6
黏度（加氏管，25℃）	25～50		

—COOH 与 Cardura E 环氧基开环反应，释出—OH，可获得低和窄的 M 分布。

（2）使用含有两个双键的丙烯酸特殊单体　在合成高固体分丙烯酸树脂时，引入适量的双键的丙烯酸酯特殊单体，增加树脂的支化度，可明显降低高固体分树脂的黏度，且不影响相应漆膜的性能。有实验表明：在固体分为 70% 的丙烯酸树脂中，不含此类特殊单体时树脂黏度为 160s（加氏管，25℃），但是，当树脂中含此类特殊单体含量为 12%、25%、50% 时，树脂黏度分别为 91s、53s 和 6s。

（3）降低树脂的 T_g　树脂的玻璃化温度低，分子链的流动性越高，溶液的黏度也越低。降低聚合物的 T_g 可提高丙烯酸树脂的 10% 的体积固体分。然而，双组分丙烯酸聚氨酯涂料大多是在室温或低温固化的，丙烯酸树脂成分对于干燥速度、固化速度和最终硬度所起的作用是关键性的。所以较低的 T_g 势必会影响漆膜的上述性质。有一类单体具有 4 个或更多个碳原子的支化烷基（特别是叔烷基），见表 13-26，和甲基丙烯酸甲酯或苯乙烯类似具有很高的玻璃化温度，但极性弱，耐久性较好。

表 13-26　带支化烷基或环烷基的单体

单体名称	烷基	均聚物的 T_g（℃）
甲基烯环己基（HMA）	C_8	83
甲基丙烯酸三甲环己基酯（TMCHMA）	C_9	98
甲基丙烯酸叔丁基环己基酯（T BCHMA）	C_{10}	98
甲基丙烯酸异冰片酯（IBOMA）	C_{10}	100

试验表明，在恒定的 T_g、M_w、官能团和固含量下，使用表 13-26 中的单体能降低树脂的黏度但不降低性能，并且黏度随着单体添加量的增加而下降。

3. 采用自由基链转移剂以及溶剂

（1）链转移剂　可以有效降低树脂的平均相对分子质量，使相对分子质量的分布趋于狭窄（表 13-27）。使用羟基硫醇链转移剂不仅能降低相对分子质量及使相对分子质量分布狭窄，还能为聚合物的端基提供羟基，如 2-巯基乙醇、3-巯基丙醇、3-巯基丙酸-2-羟乙酯等。这类含羟基硫醇合成出来的树脂的每一个分子链上至少有一个羟基，从而降低交联固化后自由基链末端的数量。使得漆膜性能更好。用氨基树脂交联的试验表明，含巯基硫醇对漆膜的硬度及耐溶剂性明显优于使用不含羟基的硫醇的漆膜。但硫醇用量大会使得漆膜的耐水性、耐候性等变差，且单体转化率低，残余硫醇气味不佳。

表 13-27　以 3-巯基丙醇为链转移剂制成的聚合物相对分子质量及溶液黏度

巯基丙醇用量	M_w	M_n	M_w/M_n	溶液黏度（23.9℃）（mPa·s）
0	20900	11400	1.9	19400
1.3	10800	6000	1.8	3850
2.6	7200	4300	1.7	1875
3.9	5700	3500	1.6	1300
5.2	4400	3000	1.5	720
6.6	3600	2400	1.5	460
7.9	3100	2200	1.4	300

采用链自由基转移来调节平均 M，并使 M 分布趋于狭窄。

（2）溶剂　高固体分丙烯酸树脂合成温度一般较高，要求溶剂有较高的沸点。由于随着聚合温度的升高，链转移剂的能力减弱，溶剂的链转移能力增强，选择溶剂时应考虑其链转移系数。研究表明，溶剂分子中含有活泼氢原子数或卤素原子数越多（如烷基芳烃、高沸点醚及苄醇），转移反应越易发生。

溶剂对高分子成膜物质的溶解能力和溶液中氢键的形成情况对黏度有明显的影响。当溶剂的溶解参数和聚合物的溶解参数相等或相近时，溶剂的溶解能力最强。良溶剂使得聚合物的链段充分舒展，聚合物分子的自由度增大，从而使得溶液的黏度降低。表 13-28 为一个固体分为 89.5% 的丙烯酸树脂（溶剂为二甲苯）用不同溶剂稀释到固体分为 55% 时的黏度。此外，聚合物溶液含有大量的羧基和羟基，易形成氢键，黏度可能很高，因此加些酮类溶剂可使溶剂黏度明显下降。因为酮类溶剂不提供氢键，是氢键的受体，能转移聚合物链之间氢键作用力。表 13-29 给出了高固体分丙烯酸树脂在不同溶剂中的黏度。

表 13-28　溶剂对树脂的溶解能力

溶剂	黏度（25℃）（Pa·s）	溶剂	黏度（25℃）（Pa·s）
丁酮	0.08	乙二醇乙醚醋酸酯	0.92
醋酸乙酯	0.25	四甲苯	3.48
甲苯	0.43	异丙醇	1.65
醋酸丁酯	0.31	乙二醇单丁醚	2.25

表 13-29　高固体分丙烯酸树脂溶液黏度

溶剂①	挥发速率（醋酸丁酯 =1）	溶液黏度（25℃）（10^{-3}Pa·s）	溶剂	挥发速率（醋酸丁酯 =1）	溶液黏度（25℃）（10^{-3}Pa·s）
醋酸乙酯	4.1	121	醋酸丁酯	1.0	202
甲基正丙酮	2.3	80	二甲苯	0.6	387
甲苯	1.9	290	甲戊酮	0.4	147
甲基异丁基酮	1.6	110			

① 溶液浓度为 0.32kg/L。

4. 提高合成温度　提高温度可降低树脂的平均相对分子质量。但树脂合成温度应和引发剂的半衰期相匹配。不同温度下丙烯酸单体在某一溶剂中聚合的链转移常数不同；在同温度下，不同的溶剂也有不同的链转移常数。有些溶剂（如 CCl_4 等）在较高温度下控制相对分子质量的能力较强，但温度较高时，会使反应难以控制，且聚合中会出现链支化反应。

第 14 章　丙烯酸树脂乳液与乳胶漆制造

水作为溶剂或者作为分散介质的涂料称为水性涂料。水性涂料具有价格低、安全，节省资源和能源，低有机挥发物（VOC）含量，环境友好的特点，是目前涂料发展方向之一。但是水性涂料水挥发难、表面张力大，对颜料分散和涂料涂布不利、对金属基体腐蚀、需加助剂却影响性能、配制复杂等问题也需要解决。水性涂料分为水溶性涂料、水稀释涂料以及水分散涂料。水溶性涂料中树脂粒径在0.001μm（1nm）以下，粒径小可以溶于水，如水溶性醇酸树脂，水溶性环氧树脂以及水性聚氨酯树脂等。水稀释涂料又称后乳化乳液，树脂粒径在0.1μm以上，是指溶剂型树脂溶在有机溶剂中，在乳化剂和搅拌作用下，树脂分散在水中作为涂料基料。而水分散涂料中树脂粒径在1～100nm，称为合成树脂乳液，在我国，习惯上把以合成树脂乳液为基料、水为分散介质，加入颜填料、助剂制成的涂料称为乳胶涂料，简称乳胶漆。不含颜填料的为乳胶清漆，而有光乳胶漆往往仅含颜料而不含填料。

本章重点讲述水性丙烯酸树脂合成乳液及以丙烯酸树脂乳液为基料的乳胶漆制造。在机械搅拌作用下，通过乳化剂使单体在水中分散，并由水溶性引发剂引发的自由基加成聚合方法，叫作乳液聚合。乳液聚合是最广泛采用的合成聚合物的方法之一。水性丙烯酸烯树脂涂料研制和应用始于20世纪50年代，20世纪70年代初得到了迅速发展。

乳液聚合法与其他的聚合法比较，具有如下优点：①以水为分散介质，无毒无味，有利于降低有机挥发物含量（VOC），能得到环境友好型产品；②不仅比本体聚合容易散热，而且比溶液聚合和悬浮聚合更容易散热；③既可制得高相对分子质量的聚合物，又有高的聚合反应速率；④聚合物乳液可直接利用；⑤生产灵活性强，还能进行粒子设计。缺点是在进行乳液聚合时，为了形成乳胶粒和使乳液体系稳定，需加入乳化剂。但乳液聚合完成后，乳液中的乳化剂会影响最终产品的电性能、透明度、耐水性和表面光泽等。另外，由于乳液聚合仅在增溶胶束和乳胶粒中进行，所以有效反应容积缩小。乳液聚合被广泛地应用于涂料、油墨、胶粘剂和橡胶等工业领域，而且在不断地扩大应用范围。

乳胶漆具有环境友好，施工方便，涂膜干燥快的特点，在合适的条件下，一般4h可重涂，一天可施涂2～3道。同时涂膜透气性好，对基材含水率的要求没有溶剂型严格，能够避免因不透气造成的漆膜气泡和脱落，同时干膜具有很好的耐水性。缺点是最低成膜温度高，较冷的冬季不能施工，成膜过程中受环境影响大，实干时间长，完全成膜需要几周，光泽度较低。

14.1 丙烯酸树脂乳液制造用原料

14.1.1 单体

1. 单体与聚合物性能 单体是构成乳液聚合物的基础，一般在乳液配方中约占50%。单体品种和组成对乳胶漆膜的物理、化学及机械性能有着决定性的影响。能进行乳液聚合的单体数量很多，乳液聚合中常用单体主要性质见表14-1。

表14-1 乳液聚合中常用单体主要性质

单体	沸点（℃）	冰点（℃）	密度（g/cm³）	在水中溶解度（%）
MMA	100.5	48.2	0.989	1.59
MAA	8	15.5	1.0153	
甲基丙烯酸丁酯	180		0.893	
甲基丙烯酸乙酯	15	-75	0.909	
ST	142.5	-30.6	0.906	0.028（20℃）
AA	141.3	14	1.0511	
MA	80	-76.5	0.9535	5.2
EA	99.6	-72	0.9234	1.5
BA	148.8	-84	0.8998	0.2
EHA	213	0.861	0.032	
丙烯酸羟乙酯	82		1.1038	5.5
丙烯酸羟丙酯	77		1.053	
偏二氯乙烯	31.7	122.5	1.2517	0.8
乙烯	-103.8	-169.3	0.9852	1.3
丁二烯	-4.5	-4.5	0.6274	0.081（25℃）
氯丁二烯	59.4		0.9586	0.11（25℃）
丙烯醛	52.7	-87	0.8410	20

与溶剂型丙烯酸树脂制造一样，不同单体赋予膜性能不同，并且，相同单体在溶剂型丙烯酸树脂制造和乳胶漆制造，赋予涂膜的性能相同。单体与聚合物性能见表14-2。乳胶漆常用单体的优缺点比较见表14-3。值得注意的是，水性丙烯酸树脂制造单体的水溶性，单体在水中溶解度不同，会导致成膜机理不同。

表14-2 单体与聚合物性能

单体	赋予聚合物的主要性能
甲基丙烯酸甲酯、苯乙烯、丙烯腈、（甲基）丙烯酸	硬度、附着力
丙烯腈、（甲基）丙烯酰胺、（甲基）丙烯酸	耐溶剂性、耐油性
丙烯酸乙酯、丙烯酸丁酯、丙烯酸-2-乙基己酯	柔韧性
（甲基）丙烯酸的高级酯、苯乙烯	耐水性
甲基丙烯酰胺、丙烯腈	耐磨性、抗划伤
（甲基）丙烯酸酯	耐候性、耐久性、透明性
低级丙烯酸酯、甲基丙烯酸酯、苯乙烯	抗玷污性
各种交联单体	耐水性、耐磨性、硬度、拉伸强度、附着强度、耐溶剂性、耐油性等

表 14-3　乳胶漆常用单体的优缺点

单体	优点	缺点
甲基丙烯酸甲酯	户外耐久性、硬度、耐玷污	脆，需增塑
苯乙烯	硬度、耐沾污、降低成本	耐 UV 性差、质脆、耐冲击性差
丙烯酸丁酯	柔韧性、耐水性	易玷污
醋酸乙烯酯	硬度、降低成本	耐水性和耐碱性较差，耐 UV 性差
乙烯	柔韧性、降低成本	聚合需高压、聚合时间长
C_{10}叔碳酸乙烯酯	良好的耐碱和耐 UV 性	价格较高
丙烯酸、甲基丙烯酸	功能团、硬度、附着力、稳定性	影响耐水性和耐碱性

2. 单体的溶解度　乳胶漆制造中重视单体在水中的溶解度，溶解度大的单体，在水中按低聚物成核机理生成的乳胶粒数目增多见表 14-4。

表 14-4　单体在 20℃水中的溶解度

单体	溶解度（%）	单体	溶解度（%）
丙烯腈	7.1	苯乙烯	0.03
丙烯酸甲酯	5.2	丙烯酸-2-乙基己酯	0.01
醋酸乙烯酯	2.5	C_5 叔碳酸乙烯酯	<0.01
丙烯酸乙酯	1.8	2-乙基己酸乙烯酯	<0.001
甲基丙烯酸甲酯	1.5	C_9 叔碳酸乙烯酯	<0.001
乙烯	1.1	C_{10}叔碳酸乙烯酯	<0.001

如醋酸乙烯酯在水中溶解度较大（2.5%），以其为单体的乳液聚合中，主要是由低聚物机理成核。

14.1.2　乳化剂

乳化剂也称表面活性剂，可以降低液体表面张力，使互不相溶的油水两相借助搅拌作用转变为能够稳定存在、久置也难以分层的白色乳液。乳化剂具有亲水端和亲油端的双亲结构，以“胶束”的形式分散在水中。乳化剂在乳液聚合中起着提供反应场所，稳定生成的乳胶粒的重要作用。

1. 乳化剂的分类　按其亲水基团性质的不同可将乳化剂分成四类，即阴离子型乳化剂、阳离子型乳化剂、非离子型乳化剂及两性乳化剂，见表 14-5。

表 14-5　乳化剂分类

根据离子类型分类	根据亲水基种类的分类	根据离子类型分类	根据亲水基种类的分类
阴离子乳化剂	羧酸盐 ROOM	两性乳化剂	氨基酸型 $RNHCH_2CH_2COOH$
	硫酸盐 $ROSO_3M$		丙胺盐型
	磺酸盐 RSO_3M	非离子乳化剂	聚乙二醇型 $RO(CH_2CH_2O)_nH$
	磷酸盐 $ROPO(OM)_2$		多元醇型
阳离子乳化剂	伯胺盐 $RNH_2 \cdot HCl$		
	仲胺盐 $R_2NH \cdot HCl$		
	叔胺盐 $R_3N \cdot HCl$		
	季铵盐 $R_4N \cdot Cl$		

阴离子型乳化剂通常在 pH > 7 条件下使用，在乳液聚合中应用最广泛。用它生产的乳胶粒子外层具有静电荷，能够防止离子聚集，因此乳液的机械稳定性好，但化学稳定性差，对电解质，包括水的硬度非常敏感。与非离子型乳化剂相比，其产品乳胶粒子粒径较小，涂膜光泽好。

阳离子型乳化剂在 pH < 7，最好低于 5.5 条件下使用。由于胺类化合物具有阻聚作用，且易被过氧化物引发剂氧化而发生副反应，因此阳离子乳化剂的应用较少。阳离子型乳化剂不怕硬水，可在酸性条件下应用。

非离子型 pH 值很宽，且不怕硬水，化学稳定性好。可以方便地调节分子中亲水基和亲油基的比例，以满足不同的需要。但是，单纯的非离子乳化剂进行乳液聚合反应，反应速率低于阴离子乳化剂参加的反应，且生产出的胶乳粒子粒径较大，涂膜光泽差。

两性乳化剂同时含有碱性、酸性基团，任何 pH 值下都有效。该类乳化剂具有低毒性、低生物刺激性和杀菌抑霉性，但其价格很高，尚未能在乳液聚合工业上体现其独特的性能优势，如良好的乳化分散性、与绝大多数类型乳化剂的配伍性、极好的耐硬水性、耐高浓度电解质性、良好的生物降解性等。

2. 乳化剂在丙烯酸树脂乳液制造中的作用 乳化剂在搅拌下，使油性单体相以细小液滴(d < 1000nm)分散于水相中，形成乳液；且乳化剂的亲水基团与水接触，亲油基团与油接触使形成的乳液稳定。同时表面活性剂分子在浓度超过 CMC 时形成胶束，胶束增溶单体后的增溶胶束为丙烯酸树脂乳液制造提供场所。

(1) 临界胶束浓度 (CMC) 值 乳化剂的基本特征参数为 CMC 值。为当乳化剂浓度 < CMC，乳化剂以单个分子溶于水，形成真溶液；乳化剂浓度 > CMC，则乳化剂分子聚集成胶束，亲水基指向水相，亲油基指向胶束内核，每个胶束由 50 ~ 100 个乳化剂分子组成。乳液聚合反应时，乳化剂浓度必须 > CMC。

各种乳化剂 CMC 值可查手册。CMC 值通常较低，乳化剂浓度达到 CMC 值以后，再提高乳化剂浓度，只能增加胶束的数量而不能改变乳液中界面的性质。从乳化剂结构而言，疏水基团越大，则 CMC 值越小。乳化剂浓度 < CMC 时，溶液的表面张力随乳化剂浓度的增高而降低；乳化剂浓度等于 CMC 时，乳化剂浓度增高，其表面张力和界面张力变化相对较小。

(2) 乳化剂的性能指标 乳液聚合用表面活性剂要求其有很好的乳化性。阴离子型以双电层结构分散、稳定乳液，乳化能力强；非离子型以屏蔽效应分散、稳定乳液，其特点是可增强乳液对 pH 值、盐和冻溶的稳定性。因此乳液聚合时常将阴离子型和非离子型表面活性剂复合使用，提高乳液综合性能。阴离子型乳化剂的用量一般占单体的 1% ~ 2%，非离子型乳化剂占单体的 2% ~ 4%。

阴离子乳化剂的三相平衡点——即阴离子乳化剂处于分子溶解状态、胶束、凝胶三相平衡时的温度，也称为克拉夫特点。高于三相平衡点，凝胶消失，仅以分子、胶束状态存在，但当低于三相平衡点时乳化剂分子以凝胶析出，失去乳化能力。非离子型表面活性剂无三相平衡点。

非离子型表面活性剂的浊点指其水溶液加热时，溶液由透明变浑浊的温度。这是因为非离子表面活性剂分子通过氢键和水缔合，使乳化剂溶于水形成透明溶液，温度升高，分子运动能力提高，缔合水层变薄，表面活性剂的溶解性降低，即从水中析出。因此，乳液聚合温度设计得应低于非离子型表面活性剂的浊点。

(3) 乳化剂的副作用　乳化剂的存在使乳液调漆时容易起泡，影响涂料调制、输送和施工以及漆膜质量。其次，乳化剂是亲水物质，乳胶漆成膜后，它们仍残留在漆膜中，会影响漆膜的耐水性和吸水性，被雨水冲淋后，会在涂膜表面造成凹凸不平，影响漆膜光泽。并且乳化剂对温度敏感，成膜后留在涂膜中，会影响涂膜耐玷污性。

14.1.3　引发剂

1. 热分解引发剂　水溶性较好的热引发剂一般为无机过氧化合物。如过氧化氢，但过氧化氢需要很高的活化能(约 220kJ/mol)才能发生均裂分解反应，因此，一般不单独用作引发剂。

过硫酸盐是最常用的引发剂如 $K_2S_2O_8$ 和 $(NH_4)_2S_2O_8$。过硫酸盐均溶于水，加热过氧化键均裂，生成硫酸根自由基，该体系的特点是一个分子的过氧化物生成两个自由基，引发效率较高。生成的初级自由基易受氧的破坏。聚合反应必须用惰性气体隔氧，尤其在反应初期。

$$K_2S_2O_8 \longrightarrow 2K^+ + 2SO_4^- \cdot$$

酸对过硫酸盐的分解有催化作用，分解速率随 pH 值下降而加快，当 pH < 3 后，分解速度增加更快。生成的过硫酸根自由基，在水中能进一步反应：

$$2SO_4^- \cdot + H_2O \longrightarrow HSO_4^- + HO \cdot$$

$$4HO \cdot \longrightarrow 2H_2O + O_2$$

在单体存在下，SO_4 · 和 HO · 自由基均可引发单体聚合反应，也可放出氧气使自由基消失。反应生成的 HSO_4 · 使体系 pH 值下降，所以，在无缓冲剂存在下，有自动加速分解现象。

温度越高，pH 值对过硫酸盐分解速率影响越小。温度和 pH 值对过硫酸盐分解速度的影响见表 14-6。

表 14-6　过硫酸盐引发剂分解半衰期

pH 值	半衰期 (h)			
	100℃	80℃	60℃	40℃
>4.5	0.17	2.10	38.5	1030
3	0.14	1.62	25.0	335
2		0.55	6.1	88

一般乳液聚合介质的 pH 值均大于 4.5，60℃半衰期为 38.5h，大于聚合时间，所以一般聚合反应在 60 ~ 80℃进行。当体系中存在乳化剂和硫醇等有还原作用成分时，能加速过硫酸盐分解。

2. 氧化还原引发剂体系　是利用还原剂和氧化剂之间的电子转移生成的自由基引发的聚合反应。特点是该体系分解活化能很低，常用于低温聚合反应。

过氧化氢和亚铁盐组合是最早发现的氧化还原引发体系，经电子转移形成氢氧自由基，如式所示：

$$H_2O_2 + Fe^{2+} \longrightarrow Fe(OH)^+ + HO\cdot$$

分解速度常数 $K_a = 4.45 \times 10^8 \exp(-9400/RT)$，比 H_2O_2 均裂分解速率快得多，生成的 HO·引发单体聚合反应。但是引入的亚铁离子不易除去，会污染树脂，实际应用受到限制。

用得比较多的是过硫酸盐组成的氧化还原体系。常用的还原剂有亚硫酸盐、甲醛化亚硫酸氢盐（雕白粉）、硫代硫酸盐、连二亚硫酸盐、亚硝酸盐和硫醇等。它们与过硫酸盐之间的氧化还原反应举例如下：

$$S_2O_8^{2-} + HSO_3^- \longrightarrow SO_4^{2-} + SO_4^- + HSO_3^-$$

$$S_2O_8^{2-} + S_2O_3^- \longrightarrow SO_4^{2-} + SO_4^- + S_2O_3^-$$

$$S_2O_8^{2-} + RSH \longrightarrow HSO_4^- + SO_4^- + RS$$

随着乳液聚合的进行，体系的 pH 值将不断下降，影响引发剂的活性。该组合常用于醋酸乙烯酯、丙烯酸酯和苯乙烯的乳液聚合反应中，例如醋酸乙烯酯的乳液聚合，用 0.1% 过硫酸钾和 0.15% 甲醛化亚硫酸氢盐引发，可在 50℃下完成聚合。另一种用得比较多的氧化还原体系是由过氧化物或过硫酸盐，水溶性金属盐和辅助还原剂组成。以过硫酸盐、硫酸亚铁和亚硫酸盐组合为例，说明它们之间的反应：

$$S_2O_8^{2-} + Fe^{2+} \rightarrow SO_2^{2-} + SO_4^-\cdot + Fe^{3+}$$

$$2Fe^{3+} + HSO_3^- + H_2O \rightarrow 2Fe^{2+} + HSO_4^- + 2H^+$$

铁离子留在聚合物中，影响树脂的颜色和耐老化性。实际上，由于该体系中亚铁离子可以再生，Fe^{2+} 的加入量极少，有时自来水中痕量铁离子已能满足要求，对树脂性能影响不大。

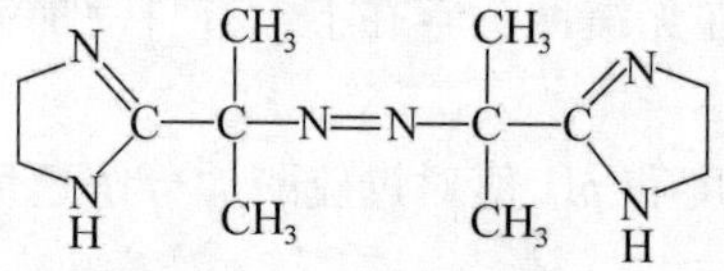

V-50 引发剂（偶氮二异丁脒盐酸盐）是白色或类白色结晶粉末，溶于水、甲醇、酸的水溶液，不溶于甲苯，半衰期 10h，分解温度 56℃（在水中）。V-50 是在偶氮腈类引发剂上引入亲水性基团得到，水溶性好。其引发效率高，产品相对分子质量比较高，且残留体少。与无机过硫酸盐和其他水溶性引发剂相比较，V-50 引发剂能进行平稳、可控的分解反应，产生高线性和高相对分子质量的聚合物。而且不含腈基，分解产物无毒，转化率高，聚合过程不出现残渣和结块；在低温、低浓度下能够高效引发聚合，生成高线性和高相对分子质量聚合物。

14.1.4 分散介质水及分子量调节剂

1. 水 乳液聚合以水为分散介质。水便宜，易得，没有燃烧、爆炸和中毒的危险，也不会造成环境污染，引起公害。进行乳液聚合对水要求很苛刻，天然水和自来水均不能满足要求，水中所含的金属离子，尤其是钙、镁、铁、铅等的高价金属离子会严重地影响聚合物乳液的稳定性，并对聚合过程有阻聚作用，故需要严格地控制其含量。所以进行乳液聚合应当用蒸馏水或去离子水。

水的冰点是 0℃，而某些乳液聚合反应要求在 -10℃，甚至 -18℃的低温下进行。这时水中需要加入抗冻剂，将分散介质的冰点降低到反应温度以下。最常用的非电解质抗冻剂为甲醇，也可以采用乙醇、乙二醇、丙酮、甲酰胺、甘油、乙二醇单烷基醚、异丙醇、乙腈、二氧六环等。其用量视抗冻剂种类及反应温度而定，例如对于在 -18℃下进行的乳液聚合来讲，甲醇用量要高达水量的 25% 之多。所用的非离子型的抗冻剂一般都有不同程度的阻聚作用，并会显著地提高乳化剂的临界胶束浓度，故需认真筛选。常用的电解质抗冻剂多为 NaCl、KCl 和 K_2SO_4。和非电解质抗冻剂相比，电解质抗冻剂便宜、易得，用量适当时可以降低乳化剂的临界胶束浓度，并提高聚合反应速率和乳液体系的稳定性。这样可以使那些因临界胶束浓度高而不宜做乳化剂的表面活性剂来做乳液聚合乳化剂。另外，加入电解质可以改善聚合物乳液的流动性。但电解质用量不能太大，否则就会使乳液失去稳定性，因此加入电解质只能在较小范围内来降低介质的冰点，要想降低到很低的温度还需要采用非离子型抗冻剂。

2. 分子量调节剂　分子量调节剂是一类高活性物质，如常用的硫醇及其衍生物，5～14 个碳原子的伯、仲、叔硫醇，硫醇酯和硫醇醚，容易和自由基发生链转移反应，使活性终止，而调节剂分子本身则形成一个新的自由基。这种自由基，仍然有引发活性，故加入调节剂可降低聚合物分子量，而不影响聚合反应速率。对乳液聚合来说，极容易得到分子量很高的聚合物，高分子量易于提高聚合物的性能，但同时其加工性能变差。另外，黄原酸衍生物、仲醇和叔醇等都可以用作乳液聚合的调节剂。

14.1.5　成膜助剂

1. 保护胶体　在某些乳液聚合体系中，为了有效地控制乳胶粒尺寸、尺寸分布及使乳液稳定，常常需要加入一定量水溶性高聚物，如聚乙烯醇、聚丙烯酸钠、阿拉伯树胶及羟甲基纤维素等，这些物质称为保护胶体。保护胶体一部分被吸附在乳胶粒表面上，另一部分溶解在水相中。被吸附的保护胶体在乳胶粒表面形成一定厚度的水化层，可阻碍乳胶粒发生碰撞和聚并；溶解在水相中的保护胶体可提高聚合物乳液的黏度，增加乳胶粒撞合和沉淀的阻力。因此，加入保护胶体可以提高乳液体系的稳定性。

2. 螯合剂　乳液聚合体系中，常常会由于所加入物料含有或由于某些偶然的原因（如检修、清釜过程中）带入一些金属离子，如钙、镁、铁、钴、钒、锡等离子，对聚合反应有阻聚作用，轻则延长反应时间，降低产品质量，重则使生产不能正常进行。向乳液聚合体系中加入少量螯合剂，同重金属离子形成螯合物，靠笼蔽效应把重金属离子包埋起来，降低其有效浓度，如最常用的螯合剂是 EDTA（乙二胺四乙酸二钠盐），可把绝大部分重金属离子封闭在络合物中而使其失去阻聚活性和凝聚作用。

3. pH 值调节剂和 pH 值缓冲剂　因为引发剂的分解速率和介质的 pH 值有关，引发剂在特定的引发体系、特定的 pH 值范围内使用更有效；同时因为乳化剂使用也存在有效的 pH 值范围，所以应当把乳液聚合体系的 pH 值调节到适宜的范围内。常用的 pH 调节剂有氢氧化钠、氢氧化钾、氨水和盐酸。

由于乳液聚合反应中 pH 值会发生变化影响乳液体系的稳定性，常常需要加入 pH 值缓冲剂。常用的 pH 值缓冲剂有磷酸氢二钠、碳酸氢钠、醋酸钠、柠檬酸等。

14.2　乳胶漆制造用原料

1. 合成树脂乳液　乳液是乳胶漆的核心，涂料用树脂乳液具有良好的成膜性能，干燥后成膜，使涂料中各组分附着在基材表面。用于乳胶漆的乳胶粒径一般为0.05～0.5μm，呈乳白色，乳胶粒不溶于水，只是分散在水中，并借助乳化剂而处于稳定状态。乳液树脂的分子量为10^5～10^7，同时固含量高，一般为50%左右，而黏度较低，赋予涂料优良的涂装性能以及涂膜性能。目前绝大多数乳液聚合物都是线形热塑性聚合物，干燥成膜后，涂膜会受热变软，遇冷变硬。

乳胶漆用热塑性聚合物乳液，通常是按其单体分类：①醋酸乙烯系聚合物乳液，简称醋丙乳液，或乙丙乳液；醋酸乙烯-叔碳酸乙烯共聚物乳液，简称醋叔乳液；醋酸乙烯乙烯共聚物乳液，简称EVA乳液等。这类乳液基本上用于生产室内乳胶漆。②丙烯酸系共聚物乳液。苯乙烯丙烯酸酯共聚物乳液，简称苯丙乳液；纯（甲基）丙烯酸酯共聚物乳液，简称纯丙乳液；有机硅改性丙烯酸乳液，简称硅丙乳液等，该类乳液都可用于外用乳胶漆的生产，但苯丙乳液也大量用于内用乳胶漆生产。③其他乳液。比如聚氨酯乳液、含氟聚合物乳液等。

常用合成树脂乳液制造见本章其他章节。

2. 颜料和填料　颜料和填料是乳胶漆的四大组分之一，在亚光漆中，是用量最大的组分。

（1）颜填料的水浆化　颜料和填料不再以粉态出现在制漆工艺中。钛白粉、碳酸钙等颜料或填料品种实现水浆化，它们以70%左右的固含量进入乳胶漆生产流程。

（2）表面处理和超细化　颜料有没有表面处理，这不仅涉及颜料的性能，也涉及颜料分散的难易和分散体系稳定性。涂料用颜料填料需要有针对性的表面处理超细化是如今许多颜料填料制造工艺的组成部分。超细化使乳胶漆制造摒弃了高能耗的研磨机。但是，一般的乳胶漆不会像工业用漆那样要求极高细度，因为细度越细，吸油量越高，乳液需用量越大，所以应综合考虑。

（3）色浆　色浆的专业生产使乳胶漆制造简化，而产品质量得到提高。色浆行业在国外已经存在半个世纪，而我国应用时间较短。为了适应自动调色的需要，发展了颜色、着色力、流变性等都经过严格控制的通用色浆，具有较高的稳定性和批次之间的一致性。通用色浆的存在，使零售商仅需库存12～16种色浆和2～3种待着色的基础漆，就能为客户提供上千种颜色。

（4）快速分散颜料　颜料一般是通过研磨分散和搅拌混合后，加入涂料配色的。最近，开发了仅通过搅拌混合即可配色的快速分散颜料粉。这种颜料粉颗粒外有包裹层，极易分散。

乳胶漆制造用使用的原料还包括分散介质水和助剂。在溶剂和助剂等其他章节进行了详细学习，本章不再一一赘述。

14.3　丙烯酸酯乳液聚合机理与乳液稳定性

乳液聚合过程可分为四个阶段，即分散阶段、成核阶段、乳胶粒长大阶段和聚合反应完成阶段。

14.3.1　丙烯酸酯乳液聚合机理

1. 分散阶段　将乳化剂和去离子水加入反应釜，乳化剂在达到饱和浓度（CMC）后，再加入的乳化剂，乳化剂浓度高于 *CMC*。此时，若干个乳化剂分子的亲油端并靠到一起，形成聚集体，称作胶束。在一定温度下，特定的乳化剂其 CMC 为一定值。一个胶束中平均的乳化剂分子数叫聚集数，一般乳化剂的聚集数为 50 ~ 200。一个胶束的直径为 5 ~ 10nm。在正常乳液聚合体系中胶束浓度的数量级约为 10^8 个胶束/cm^3 水。

定量单体在搅拌下加入，单体被分散形成珠滴，乳化剂分子亲油端吸附在单体珠滴表面，亲水端指向水溶液，使单体珠滴稳定。单体珠滴平均直径一般为 1 ~ 10μm。单体在水中的溶解度一般很小，会有少量的单体分子溶解在水中，称作自由单体。一部分单体被吸收到胶束内部，称为乳化剂的增溶作用，这部分胶束称作增溶胶束。增溶作用可使单体在水中的表观溶解度增大，在增溶胶束中单体的量可达单体总量的 1% 。

2. 成核阶段　水溶性引发剂加入反应体系，一定温度下，在水相中分解出初始自由基。

自由基扩散到增溶胶束中，在其中引发聚合，生成聚合物链，增溶胶束逐步转化成乳胶粒，该机理被称作胶束成核机理，又叫第一成核机理。自由基在水相中引发聚合。随着水相中自由基链的长大，在水中的溶解度降低，达到临界链长时，这些低聚物会从水相中沉析出来，形成了一个新的乳胶粒。这种机理被称为低聚物沉淀成核机理，又叫均相成核机理或第二成核机理。自由基由水相中扩散到单体珠滴中，在单体珠滴中生成乳胶粒，称作第三成核机理，又叫单体珠滴成核机理。在正常乳液聚合情况下，单体珠滴和胶束的数量比为 $10^{12}:10^{18}=1:10^6$，所以自由基向胶束扩散成核的概率要比向单体珠滴中扩散概率大得多。单体珠滴成核机理可以忽略不计。低聚物沉淀成核机理则视单体溶解度而定。

随着成核的进行，越来越多的胶束转化成乳胶粒。形成一个乳胶粒大约要破坏 100 个胶束，胶束越来越少，直至胶束耗尽，成核阶段结束。乳化剂用量越大，成核阶段持续时间则越长。

3. 乳胶粒长大阶段　成核阶段结束，乳胶粒长大阶段开始。引发剂继续分解并扩散到乳胶粒中，和扩散到乳胶粒中的单体反应，乳胶粒长大，单体珠滴减小。单体珠滴消失，乳胶粒长大阶段结束。

成核阶段结束，胶束已消失，此时除了少量的乳化剂溶解在水中和被吸附在单体珠滴表面上之外，其余的乳化剂全部被吸附在乳胶粒表面上，并且刚好把乳胶粒表面盖满，即此时乳化剂在乳胶粒表面上的覆盖率为 100% 。

乳胶粒长大，其表面积增大，单体珠滴变小。假设乳胶粒为球形，则表面积约将增加 22 倍。有可能没有足够的乳化剂覆盖在乳胶粒表面上，出现了“秃顶”现象，即一部分乳胶粒表面没有被乳化剂所覆盖，导致乳液稳定性下降。在乳胶粒长大末期，是乳液聚合过程中最容易破乳的时期。在制造中，乳胶粒长大阶段常常需要补加适量的乳化剂，以确保乳液稳定。

乳胶粒长大，单体液滴仍起供应单体的仓库的作用。只要单体液滴存在，乳胶粒中的单体浓度基本保持不变，这一阶段聚合速率基本不变。乳胶粒长大阶段结束的标志：① 单体液滴全部消失；② 转化率约 50% ；③ 单体-聚合物乳胶粒中单体和聚合物各占一半；乳胶粒中单体浓度基本保持不变，乳胶粒数目恒定，聚合速率恒定，单体-聚合物乳胶粒直径最大为 50 ~ 150nm。

4. 聚合反应完成　单体珠滴消失，体系只剩下水相和单体-聚合物乳胶粒两相。乳胶粒中的聚合反应只能消耗自身贮存单体而得不到补充，故在乳胶粒中单体浓度不再保持常数，而是随转化率的提高而降低，直至聚合反应完成。

聚合速率随单体-聚合物乳胶粒中单体浓度的下降而下降，最后单体完全转变成聚合物。单体-聚合物乳胶粒称为聚合物乳胶粒。聚合反应完成阶段的标志：①转化率从50%增至100%；②单体已无补充来源，链引发、链增长只能消耗单体-聚合物乳胶粒中的单体。

聚合速率随单体-聚合物乳胶粒中单体浓度的下降而下降，最后单体完全转变成聚合物。乳液聚合阶段示意图如图14-1所示。

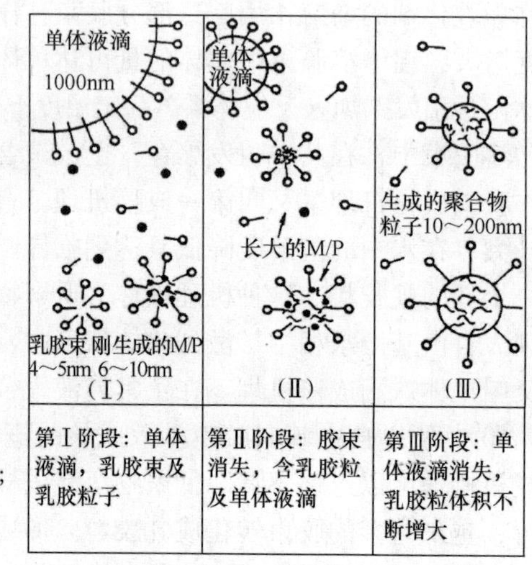

图14-1　乳液聚合阶段示意图

14.3.2　丙烯酸酯乳液的稳定性

适当电解质和乳化剂可以阻碍制造的乳胶粒间碰撞合并，形成稳定的乳状液。丙烯酸酯乳液的稳定性影响因素简述如下。

1. 乳胶粒表面的双电层结构　乳化剂使分散相和分散介质的界面张力降低，使液滴和乳胶粒的自然聚集的能力大大降低，体系稳定性提高。当使用离子型乳化剂时，在一定条件下离子型乳化剂以离子的形式存在，乳胶粒表面带上一层电荷，这层电荷称为固定层。在固定层周围，由于静电引力会吸附一层异性离子，称为吸附层，吸附层中的一部分带电离子将扩散到周围介质，使乳胶粒表面带上与固定层离子符号相同的电荷，而在乳胶粒周围的介质中则带上异号电荷。这样的结构称为双电层结构。双电层重叠时的静电斥力和粒子间的长程范德华吸引力之间建立平衡，从而使聚合物乳液具有稳定性。双电层建立了静电力和扩散力之间的平衡。由于乳胶粒表面带有电荷，故彼此之间存在静电排斥力，而且距离越近排斥力越大，使乳胶粒难以接近而不发生聚集，从而使乳状液具有稳定性。

2. 空间位阻的保护作用　对于非离子型乳化剂和水溶性聚合物稳定的乳液而言，乳胶粒表面上吸附或接枝的大分子链的几何构型使得乳胶粒周围形成了有一定厚度和强度的吸附层，这种空间位阻的保护作用阻碍了乳胶粒之同产生聚结而使乳液稳定。

乳胶粒周围的双电层静电排斥作用使乳液具有较强的机械稳定性，但抗电解质性很差；而空间位阻的保护作用则使乳液体系具有较强的电解质稳定性，而机械稳定性差。

3. 电解质用量对乳液稳定性的影响　少量电解质存在有利于增强乳液的稳定性，提高反应速率，改善流动性，可以增加抗冻性。但是随着离子浓度的增高，在吸附层中异性离子增多，电中和的结果是使动电位下降，双电层被压缩。当电解质高达到足够高时，乳胶粒动电位降至临界点以下，排斥力消失，乳胶粒之间的吸引力使体系破乳和凝聚。在相同浓度时，电解质离子价数越多，对乳液的凝聚作用越强。离子型乳化剂形成的乳状液其电解质稳定性差，应辅以非离子乳化剂或聚合物用来保护胶体。

4. 机械作用的影响　在乳液的聚合、贮存、运输和应用过程中，会受到各种形式如搅拌、振荡、混合等的机械作用，使乳胶粒子具有相当高的能量，当这个能量超过了聚集活化能时，乳胶粒就会彼此产生凝聚。

5. 冻结的影响　多数乳胶经冷冻后产生破乳现象，其原因在于水结冰后要发生膨胀，对聚集在冰晶之内的乳胶粒产生巨大的压力迫使其相互接近，直至接触融合，乳胶粒长大，同时，水冻结成冰析出，使乳状液体系内电解质浓度升高，两种原因最后造成乳胶漆破乳。最常用的防冻措施是向乳液中加入丙二醇、乙二醇及甘油等防冻剂，以降低乳液冻结温度。

6. 长期存放的影响　布朗运动导致凝聚，或重力导致分层，或化学反应。不论乳液稳定性有多高，这种不可逆的凝聚破乳终将发生。因此任何聚合物乳液都有一定的存放期限。另外，放置过程中也会发生一些化学变化，如聚醋酸乙烯酯水解以及聚合物粒子内和粗粒子间的活性基团自动交联等，均会影响聚合物乳液的贮存稳定性。

14.4　丙烯酸酯乳液制造配方设计

乳液配方设计：①根据性能要求和资源确定技术路线或乳液系统；②根据需要选择单体用量和品种，单体用量占 50% 左右，硬单体提高硬度，软单体提供韧性，同时起到内增塑作用，提高膜附着力的作用，根据 T_g、MFT 需要计算单体组成；③乳化剂一般选用阴离子，非离子型 OP、Tween、span 等复配。乳化剂用量一般为基料的 1% ~3%，选择乳化剂或者保护胶体，并通过试验确定；④引发剂一般选用过硫酸盐或者氧化还原引发剂，用量为 0.25% ~0.75%；⑤pH 值调节剂可选用碳酸氢钠、磷酸氢二钠做缓冲溶液，用量基本确定为 0.35% ~0.5%；⑥通过试验确定工艺参数及工艺操作。

14.4.1　根据性能要求确定单体、单体用量以及比例

1. 单体的选择　单体的选择由乳液聚合反应制造的聚合物的力学性能、化学性能和加工性能决定，因此需要通过设计，正确选择单体及各种单体的用量。此外单体选择还需要考虑：①单体可以增溶溶解但不能全部溶解于乳化剂的水溶液；②单体可以在增溶溶解温度下进行聚合反应；③单体与水和乳化剂无任何反应；④对单体的纯度要求达到 99% 以上；⑤在乳液聚合中，单体的含量一般控制为 30% ~60%。

2. 单体 T_g、MFT 设计　制造的聚合物有时需要高机械性能（如高硬度、高拉伸强度）和高最低成膜温度；有时需要具有韧性或弹性；有时聚合物乳液需在室温下进行施工，如在常温下使用的乳液涂料和胶粘剂等，需要制备最低成膜温度低于室温的乳液共聚

物。一种单体的均聚物很难满足乳胶漆的性能要求，通过单体的共聚达到目标。共聚物的玻璃化温度 T_g 可粗略地通过 Fox 方程进行计算。

（1）乳液的最低成膜温度（MFT）与 T_g　某种聚合物乳液低温度下干燥，随着水分挥发变为干态后，其乳胶粒为分散的颗粒，即不成膜，或不能形成连续的薄膜而出现粉化、龟裂或白垩状。而在较高温度下，乳胶粒互相融合、互相渗透，互相缠绕，聚结为一体而形成连续透明的薄膜。这个能够成膜的温度下限值叫聚合物乳液的最低成膜温度，通常用 MFT 表示。MFT 为聚合物乳液的一个重要技术指标，对于聚合物乳液的生产和应用均具有很大的指导意义。生产者可根据所要求的 MFT 来进行配方设计，而用户则可以根据聚合物乳液的 MFT 来确定其应用的条件和工艺。乳液的 MFT 与乳液聚合物的玻璃化温度 T_g 有关。在某些情况下乳液的 MFT 略低于环境温度 T，而在另一些情况下 MFT 略高于 T_g，但一般比较接近。涂料用聚合物乳液的玻璃化温度一般为 15~25℃。

（2）涂膜的力学性质与 T_g　涂膜的软硬程度以及耐玷污性与 T_g 有关。当涂膜使用的环境温度为 T 时，$(T-T_g)$ 就是一个影响涂膜性能的重要参数，当 $(T-T_g)>0$ 时，即低于使用温度，涂膜处在橡态区或接近橡态区的玻璃转化温度区工作，这时涂膜软而有弹性，但较易回黏和玷污，如弹性乳胶漆漆膜，有些普通乳胶漆膜在夏天时也属该情况，在这时情况下，T_g 越低，涂膜越软，越易玷污。当 $(T-T_g)<0$ 时，即漆膜的 T_g 高于使用温度，漆膜在玻璃态区，接近玻璃态区内工作，这时涂膜硬而耐玷污，但是相对较脆。这种情况下，T_g 越高，涂膜越硬，耐玷污和抗回黏性越好。涂膜采用多种软硬单体共聚解决其热黏冷脆的问题。单体共聚需考虑各种单体的竞聚率，乳液聚合物常用单体的竞聚率见表 14-7。

表 14-7　乳液聚合物常用单体竞聚率

单体 1	单体 2	γ_1	γ_2
乙烯	丙烯酸丁酯	0.80	0.15
	丙烯酸乙酯	0.01	0.16
	丙烯酸甲酯	0.68	0.14
	丙烯酸-2-乙基己酯	0.94	0.26
	醋酸乙烯酯	48.00	0.05
丙烯酸丁酯	甲基丙烯酸甲酯	0.43	1.88
	丙烯酸	1.02	0.91
	醋酸乙烯酯	3.48	0.02
	氯乙烯	4.40	0.07
醋酸乙烯酯	氯乙烯	0.25	1.64
	C_{10} 叔碳酸乙烯酯	0.99	0.92
	C_9 叔碳酸乙烯酯	0.93	0.90
	乙烯	1.02	0.97
丙烯酸乙酯	C_9 叔碳酸乙烯酯	6.00	0.10

竞聚率是共聚反应的重要参数。它是共聚反应单体相对活性的度量，并与共聚物的组成，结构和共聚速率紧密相关。它还是乳液聚合的投料方式决定因素之一。

3. 单体用量——相比设计　相比为乳液聚合体系中初始加入的单体和水的质量比，表示初始配方中单体用量。相比影响乳胶粒粒径、反应时间与单体的转化率。

① 相比与乳胶粒数目　乳胶粒在成核阶段生成，成核阶段终点处的单体转化率很小（2%～5%），绝大部分单体仍然在单体珠滴中，故单体加入量对成核影响不大，乳胶粒数目几乎不随相比而发生变化。

② 相比与树脂乳胶粒大小　在乳胶粒数目不变的前提下，单体加入量大时，单体在乳胶粒上继续反应，乳胶粒体积增大，乳胶粒的平均直径随相比的增大而增大。

③ 相比与反应时间　在乳化剂浓度、引发剂浓度和反应温度一定时，若单体加入量大，单体由单体珠滴通过水相扩散到乳胶粒，在乳胶粒中进行聚合反应所需要的时间就会延长。

④ 相比与单体转化率　相比越大时，单体转化速率就越低。

14.4.2　乳化剂选择与配方用量

选择合理的乳化剂，优化其用量，并确定适宜加入方式，是获得优质乳液的前提条件之一。

1. 所选乳化剂的 HLB 值与乳液聚合体系相匹配　乳液共聚体系，HLB 值可通过将各组分的 HLB 值，按质量分数进行加权平均求取。常用乳化剂基本性质见表 14-8。

$$\mathrm{OLB} = \mathrm{HLB}_1 \times W_1 + \mathrm{HLB}_2 \times W_2$$

式中，HLB_1、HLB_2 共聚组分 1，2 的均聚物要求的 HLB；

W_1、W_2：共聚物 1，2 的质量分数。

表 14-8　常用乳化剂及其参数

名　称	CMC（%）	胶束面积（nm^2）	HLB	聚集数	浊点（℃）	三相点（℃）
月桂酸钾	0.0125	0.32	22.9	50		19
十六烷基三甲基溴化铵	0.001	0.25	9.3	35		
十二烷基硫酸钠（SDS）	0.02	0.35	40	82		
十二烷基磺酸钠	0.1		13	54		37.5/48
十二烷基苯磺酸钠（SDBS）	0.0072	0.35	11	24		
琥珀酸二辛酯磺酸钠油酸钠	0.03		18.0			
对壬基酚聚氧化乙烯（$n=9$）醚	0.005		13.0			
对壬基酚聚氧化乙烯（$n=10$）醚	0.005		13.2			
对壬基酚聚氧化乙烯（$n=30$）醚	0.02		17.2			
对壬基酚聚氧化乙烯（$n=40$）醚	0.04		17.8			
对壬基酚聚氧化乙烯（$n=100$）醚	0.1		19.0			
对辛基酚聚氧化乙烯（$n=9$）醚	0.005		13.0			
对辛基酚聚氧化乙烯（$n=30$）醚	0.03		17.4			
OP-10	8.35×10^{-8}	0.26	14.5		80	
OP-80	0.00026	1.01	17.1		109	
Span20	0.002	0.38	8.8			

不同乳液聚合体系制备要求的乳化剂 HLB 值见表 14-9。

表14-9 不同乳液聚合体系所要求乳化剂HLB值

乳液聚合体系	温度（℃）	HLB值
聚苯乙烯		13.0～16.0
聚醋酸乙烯		14.5～17.5
聚醋酸乙烯	70	15～18
聚甲基丙烯酸甲酯		12.1～13.7
聚丙烯酸乙酯		11.8～12.4
聚丙烯酸乙酯	40	13.7
聚丙烯酸乙酯	60	15.5
聚丙烯腈		13.3～13.7
聚甲基丙烯酸甲酯/丙烯酸乙酯（50/50）		12.0～13.1
聚丙烯酸丁酯	40	14.5
聚丙烯酸丁酯	60	15.5
聚丙烯酸-2-乙基己酯	30	12.2～13.7

① 可以通过乳化剂复配使乳化剂HLB值与乳液聚合体系的HLB值匹配，常为阴离子型催化剂和非离子型复配。所选离子型乳化剂三相点应低于反应温度，所选非离子型乳化剂浊点应高于反应温度。②对于离子型乳化剂，应选择乳化剂分子覆盖面积A_s尽量小的离子型乳化剂，因为一个乳化剂分子覆盖面积A_s越大，乳胶粒表面电荷密度低，乳液就不稳定。对于非离子型乳化剂，应选择乳化剂分子覆盖面积A_s尽量大的非离子型乳化剂，因为A_s越大，水化作用越强，对乳液稳定作用增强。③应选用临界胶束浓度尽量低的乳化剂，增溶度大的乳化剂且乳化剂不应干扰聚合反应。④选择乳化性能好的乳化剂。按配方量在试管中分别加入水、乳化剂、单体，上下剧烈摇动1min，放置3min，若不分层，说明乳化剂乳化性能优良。

2. 乳化剂用量 配方设计中应考虑到乳化剂用量和浓度。乳化剂用量和浓度对乳胶粒直径D_p、数目N_p，聚合物相对分子质量M_n、聚合反应速度R_p和乳液性能均有影响。

（1）乳化剂浓度[s]的影响 [s]越大，胶束数目越多，乳胶粒数目（即N_p）越多，D_p越小。N_p越大，自由基在乳胶粒中的平均寿命越长，链充分增长，链终止的机会小，乳液聚合得到的相对分子质量很大。N_p越大，反应中心数目越多，聚合速率R_p越大。

$$N_p \propto [s]^{0.6},\ M_n \propto [s]^{0.6},\ R_p \propto [s]^{0.6}$$

（2）乳化剂种类的影响 乳化剂种类对乳胶束稳定机理，临界胶束浓度CMC、胶束大小及对单体的增溶度也不同，从而会对乳胶粒的稳定性、直径、聚合反应速度和聚合物相对分子质量产生不同影响。

乳化剂用量和其他条件相同时，CMC越小，聚集数越大的乳化剂成核概率大，生成的乳胶粒数N_p大，乳胶粒直径D_p越小，聚合速率R_p大，聚合物相对分子质量高；其他条件相同时，增溶度大的乳化剂生成的增溶胶束多，成核效率高，生成更多的乳胶粒。

14.4.3 引发剂的选择与配方用量

1. 引发剂的选择 在乳液聚合中，应用最广泛的引发剂是水溶性过硫酸盐类。例如，过硫酸铵、过硫酸钾。使用温度为 60 ~ 90℃。在过硫酸盐中，以过硫酸铵为引发剂，所得乳液耐水性较好，使用最广泛。过硫酸钾在水中溶解度最小（2% ~4%），价格较低。目前大多数丙烯酸、苯乙烯和醋酸乙烯酯等单体的乳液聚合反应采用过硫酸盐为引发剂。在乳液聚合反应中，也经常使用有机过氧化物，特别是有机过氧化氢做引发剂。它生成的自由基比无机过氧化物自由基有较大的亲油性，易进入胶束。在聚合反应后期，水相中单体浓度很低时，可补加叔丁基过氧化物类引发剂，提高乳液粒子中单体转化率。

低温聚合反应通常用氧化还原引发体系。它在 −50 ~ 50℃温度范围内产生自由基，引发聚合反应。该引发体系对低沸点单体，如醋酸乙烯酯、丁二烯等单体的乳液聚合特别适合。

在氧化还原引发体系中，有机过氧化物，如叔丁基过氧化氢、过氧酸酯等，比过硫酸盐和过氧化氢，能更有效地降低乳液中残余单体含量。在乳液聚合中，引发剂的用量一般为单体量的 0.2% ~0.7%。

2. 引发剂的用量 引发剂浓度 $[I]$ 增大，自由基生成速度快，终止速率亦增大，聚合物的平均相对分子质量 M_n 降低。$M_n \propto [I]^{0.6}$。当 $[I]$ 增大，水中自由基浓度增加时，水中自由基浓度增大，导致自由基向胶束扩散速率增大，成核速率增大；同时水相中低聚物成核速率增大。这两种情况都导致乳胶粒数目 N_p 增大，乳胶粒直径 D_p 减小，聚合反应速率 R_p 增大。$N_p \propto [I]^{0.4}$，$R_p \propto [I]^{0.4}$。

14.4.4 制造工艺设计

1. 反应温度（T） 乳液聚合反应温度升高，使乳胶粒的数目增多，粒径减小，从而导致聚合物平均相对分子质量降低。①T 升高，聚合物平均相对分子质量降低，速率提高；②T 升高，乳胶粒数目增大，平均直径减小；③T 升高，乳胶粒布朗运动加剧，乳胶粒间发生撞合而聚结的速率增大，所以乳胶稳定性下降；同时，温度升高时，乳胶粒表面的水化层减薄，这也会导致乳液稳定性下降。反应温度应与选用的引发剂与乳化剂匹配。

2. 搅拌强度 在乳液聚合中，搅拌把乳胶粒、（增溶）胶束、单体液滴等分散体分散，并有利于传热、传质。搅拌转速太高时，会使乳胶粒直径增大，聚合速率降低，同时会产生凝胶。对于机械稳定性差的乳化剂，搅拌产生的高剪切会使乳液产生凝胶，甚至导致破乳。因此，对乳液聚合来说，搅拌在保证分散、传热、传质的情况下，搅拌强度不宜过高。

3. 乳液聚合工艺 各种操作的加料方式、加料次序和加料速度的不同，会影响到乳液聚合产品的微观性能，如粒子的形态、粒径及其分布、相对分子质量及其分布、凝聚含量、支化度等。从而导致乳液的宏观物性，如乳液黏度、增稠效果、胶膜的物理机械性能等存在很大差异。

14.5 乳液聚合工艺与丙烯酸乳液制造

14.5.1 常用乳液聚合工艺

聚合物乳液的合成要通过一定的工艺来进行。根据聚合反应的工艺特点，乳液聚合工艺通常可分为间歇法、半连续法、连续法、种子乳液聚合等。

1. 间歇法乳液聚合 聚合釜间歇操作，即聚合原料一次加入反应釜，在规定的温度、压力下反应一定时间，单体达到一定的转化率，停止聚合。经脱除单体、降温、过滤等后处理，得到聚合物乳液产品。反应釜出料后，再进行下一批次的操作。

该法主要用于均聚物乳液和涉及气态单体的共聚物乳液的合成。优点是体系中所有乳胶粒同时成长、年龄相同，粒径分布窄，乳液成膜性好，而且生产设备简单，操作方便，生产柔性大，非常适合小批量、多品种精细高分子乳液的合成。缺点是：聚合中前期过快，后期过慢。严重时出现冲料、爆聚现象；共聚物组成同共聚单体混合物的组成不同；乳胶粒的粒度分布宽，乳液易凝聚，稳定性差，且通常只能得到单相乳胶粒。

2. 半连续法乳液聚合与连续乳液聚合

（1）半连续法乳液聚合 半连续法工艺：打底→升温引发→滴加→保温→清净。打底即将全部或大部分水、乳化剂、缓冲剂、少部分单体（5%～20%）及部分引发剂投入反应釜；升温引发即使打底单体聚合，并使之基本完成，生成种子液，此时放热达到高峰，且体系产生蓝光；滴加即在一定温度下以一定的程序滴加单体和引发剂；保温即进一步提高转化率；清净即补加少量引发剂或提高反应温度，进一步降低残留单体含量。该法同间歇法相比有不少优点：

控制投料速率可以控制聚合速率和放热速率，使反应能够比较平稳地进行，无放热高峰出现。若控制单体加入速率等于或小于聚合反应速率，即单体处于饥饿状态，单体一旦加入体系即行聚合，此时瞬间单体转化率很高，单体滴加阶段转化率可达90%以上，共聚物在整个过程中的组成几乎是一样的，取决于单体混合物的组成。饥饿型半连续法乳液聚合可有效地控制共聚物的组成。

单体的添加方式对乳液性质有显著的影响，例如，VAC的乳液聚合中，单体的加入条件对乳胶粒大小的影响见表14-10。显而易见，反应初期单体的添加比率大时，乳胶粒的颗粒变大。在聚合过程中分批加入单体，分批的次数越多，粒径越小，见表14-11。

表14-10 VAC在半连续聚合中预先加入部分单体的数量与胶粒的关系

预先加入单体的质量分数（%）	5	10	15	20
A_e 连续加入时间（h）	5	4.75	4.25	3.75
粒径（μm）	<0.5	<0.5	<1.0	1～1.5

表14-11 VAC的分批添加次数与乳液粒径的关系

乳　液	单体的分批次数			
	12	6	4	1
粒径（μm）	1.2	2	2～2.5	3
黏度（Pa·s）	18	10	3	1

半连续乳液聚合体系中单体液滴浓度低，乳胶粒粒度小而均匀。为了进一步提高乳液聚合及乳液产品的稳定性，可在聚合过程中间断或连续补加一部分乳化剂，有利于提高乳液固含量。半连续法乳液聚合工艺设备与间歇法基本相同，比连续法简单，设备资金投入较低。目前许多聚合物乳液都是通过半连续法乳液聚合工艺生产的。在工艺路线选择时应优先考虑该工艺。

(2) 连续法乳液聚合　连续乳液聚合可以实现生产过程自动化，制造条件较稳定，因此具有产品质量稳定和生产效率高的特点。大吨位产品经济效益好。对小吨位高附加值的精细化工产品一般不采用该法生产。这是因为连续化需要解决粘釜或挂胶问题。粘釜或挂胶后必须停车进行清理，使操作周期延长，因此易粘釜或挂胶的体系不宜采用连续乳液聚合，而应采用间歇或半连续乳液聚合。

3. 预乳化聚合工艺　先将去离子水投入预乳化罐，然后加入乳化剂，搅拌溶解，再将单体缓缓加入，充分搅拌，使单体以单体珠滴的形式分散在水中，得到稳定的单体乳化液；再将乳化液加入聚合反应釜进行聚合。预乳化工艺有如下优点：

(1) 单体直接加入，在搅拌作用下，形成单体珠滴，它们或从水相中吸附乳化剂，或从附近的乳胶粒上夺取乳化剂，甚至把部分乳胶粒吸收并溶解在单体珠滴中，降低乳液的稳定性，易产生凝胶。但是若加入预乳化单体，这些单体珠滴不再从周围吸附乳化剂，可以使体系稳定，减少凝胶生成。

(2) 除了反应初期加入部分乳化剂外，其他乳化剂在反应中随着预乳化单体带入，这样起始时胶束数量少，生成的乳胶粒数目少，故采用预乳化工艺可以有效地控制乳胶粒尺寸。

(3) 预乳化可使单体混合均匀，有利于乳液聚合正常进行和使共聚组成均匀。

单体的预乳化在预乳化釜中进行，为使单体预乳化液保持稳定，预乳化釜应给予连续或间歇搅拌。总之，预乳化聚合工艺避免了直接滴加单体对体系的冲击，使乳液聚合保持稳定，粒度分布更加均匀。

4. 种子乳液聚合　种子釜中加入水、乳化剂、单体和水溶性引发剂等进行乳液聚合反应，生成数目足够多、粒径足够小的乳胶粒，这样的乳液称作种子乳液。取一定量的种子乳液投入聚合釜，加入剩余物料，以种子乳液的乳胶粒为核心，在其表面继续进行聚合反应，使乳胶粒不断长大。采用种子乳液聚合法可有效地控制乳胶粒直径及其分布。在单体量不变的情况下，增加种子乳液，可使粒径减小；减少种子乳液，则可使粒径增大。种子乳液聚合法所得最终乳胶粒尺寸分布窄，有利于改善乳液的流变性。为得到良好的乳液，种子乳液的粒径应尽量小而均匀，浓度高。种子乳液聚合具有以下特点：

① 种子乳液中的乳胶粒即种子，在单体的加料过程中，单体通过扩散进入种子胶粒，经引发、增长、转移或终止生成死的大分子，因此胶粒不断增大，如乳化剂的补加正好满足需要，就不会有新的胶束和乳胶粒形成，胶粒的粒度分布、年龄分布都很窄，容易合成大粒径、粒度分布均匀的乳液。

② 种子乳液聚合可以对粒子结构进行设计，制造具有非均相或称异相结构以及具有互穿网络结构的聚合物乳液，赋予乳液聚合物以特殊功能。如核-壳结构型乳液，组成具有梯度变化的乳液，互穿网络结构型乳液等。利用种子乳液聚合，是乳液聚合研究的热点之一。

5. 核-壳乳液聚合　核-壳型乳液聚合可以认为是种子乳液聚合的发展。核-壳型乳胶粒由于其独特的结构，同常规乳胶粒相比即使组成相同也往往具有优秀的性能，有多种分类方法。根据“核-壳”的玻璃化温度不同，可以将核-壳型乳胶粒分为硬核-软壳型和软核-硬壳型；从乳胶粒的结构形态看，分为正常型、手镯型、夹心型及反常型等，其中反常型以亲水树脂部分为核。核-壳型乳胶粒的结构形态受许多因素的影响。

（1）单体性质　乳胶粒的核-壳结构常常是由羧基、酰胺基、磺酸基等水溶性单体形成的。因其水溶性强而易于扩散到胶粒表面，在乳胶粒-水的界面处富集和聚合。当粒子继续生长时，其水性基团仍留在界面区，从而产生核-壳结构。具有一定水溶性的单体，特别是当其或其共聚物玻璃化温度 T_g 较低而聚合温度较高时，有较强的朝水相自发定向排列的倾向。因此用疏水性单体聚合做核层、亲水性单体聚合做壳层，可得到正常结构形态的乳胶粒；相反，若用亲水性单体聚合做核层，则疏水性单体加入后将向原种子乳胶粒内部扩散，经聚合往往生成异型核-壳结构乳胶粒。

（2）加料方式　常用的加料方法有平衡溶胀法、分段加料法等。平衡溶胀法用单体溶胀种子粒子再引发聚合，控制溶胀时间和溶胀温度，从而可以控制粒子的溶胀状态和胶粒结构。分段加料并在“饥饿”条件下进行聚合，是制备各种核-壳结构乳胶粒的最常用的方法。特别是在第一阶段加疏水性较强的单体、第二阶段加亲水性较强的单体更是如此。通常第一阶段加的单体组成粒子的核，第二阶段加的单体形成壳。

（3）其他因素　如反应温度低，大分子整体和链段的活动性低，聚合物分子、链段间的混溶性变差，有利于生成核-壳结构粒子。水溶性引发剂自由基只在水相引发，并以齐聚物自由基的形式接近粒子表面，使聚合在粒子表面进行。当然，其效能还与其浓度和聚合温度等因素有关。离子型乳化剂由于其静电屏蔽效应，使带同性电荷的自由基难以进入粒子内部，有利于在聚合物粒子-水相界面处进行聚合。控制聚合过程中的黏度以控制增长中的活自由基的扩散性，从而可以影响粒子的结构、形态。

14.5.2　乳胶漆常用乳液的制造

1. 聚醋酸乙烯酯乳液　聚醋酸乙烯酯乳液用量大，除了用于涂料外，还大量用于胶粘剂。该种乳胶漆制造中常常将保护胶体和表面活性剂配合使用。单独使用保护胶体时，制得的乳液颗粒较大，乳胶粒直径一般为0.5～2μm，乳液黏度高，不适用于乳胶漆。聚醋酸乙烯酯乳液固含量为50%左右，涂膜柔软，与颜料填料结合力大，颜料分散性好，价格也较低。缺点是醋酸酯基容易水解转换成羟基，而生成的羟基又通过邻近基团效应，而进一步促进其邻近的醋酸酯水解，因而耐水性和耐碱性差。所以其制成的乳胶漆，不宜用于室外和潮气很大的地方。

例14-1　通用型聚醋酸乙烯酯乳液的制造

（1）制造配方（表14-12）

表14-12　制造配方

组分		用量（质量份）	组分		用量（质量份）
单体	醋酸乙烯酯	100	引发剂	过硫酸钾	0.2
稳定剂	聚乙烯醇（1788）	5.4	pH值缓冲剂	碳酸氢钠	0.3
乳化剂	OP-1.0	1.1	介质	去离子水	100
增塑剂	邻苯二甲酸二丁酯	10.9			

（2）生产工艺　通用型聚醋酸乙烯酯乳液常用半连续乳液聚合法进行生产。

①去离子水计量后放入聚乙烯醇溶解釜，同时投入计量聚乙烯醇；加热聚乙烯醇溶解釜至80℃，同时搅拌4～6h，聚乙烯醇溶解；②将定量醋酸乙烯酯投入单体计量槽，将邻

苯二甲酸二丁酯投入增塑剂计量槽，将 10% 过硫酸钾，10% $NaHCO_3$ 分别投入引发剂和缓冲溶液计量槽；③聚乙烯醇溶解釜内的聚乙烯醇溶液通过过滤器用隔膜泵输送到聚合釜，同时在聚合釜中加入规定量 OP-1.0，搅拌溶解；④聚合釜内分别由单体计量槽加入 15 份单体醋酸乙烯酯，引发剂计量槽加入占总量 40% 的过硫酸钾溶液，搅拌 30min；⑤聚合釜继续加热，将釜中物料升温至 60～65℃，聚合反应开始，因为是放热反应，故釜内温度自行升高，可达 80～83℃，在这期间，釜顶回流冷凝器中将有回流出现。⑥回流减少时，向釜中通过单体计量槽滴加醋酸乙烯酯，并通过引发剂计量槽滴加过硫酸钾溶液。通过滴加速度控制聚合反应，温度为 78～80℃，大约 8h 滴完。单体滴加完后加入全部过硫酸钾溶液，通过 pH 值缓冲剂计量槽加入规定量的碳酸氢钠溶液调整 pH 值；⑦加完全部物料后，通蒸汽升温至 90～95℃，并在该温度下保温 30min 后，向聚合釜夹套内通冷水冷却至 50℃，通过增塑剂计量槽加入规定量的邻苯二甲酸丁酯，然后充分搅拌使其混合均匀。⑧出料，通过过滤器过滤后，进入乳液贮槽。

例 14-2　目前市场 25% 固含量的聚醋酸乙烯酯乳液仍有很大的销售量，其参考配方见表 14-13。

表 14-13　参考配方

组分		质量份	组分		质量份
单体	醋酸乙烯酯	100	增黏剂	胶粘剂增黏粉	2.0
功能单体	丙烯酸	2.0	络合剂	EDTA	0.07
稳定剂	聚乙烯醇 1788	30.0	消泡剂	磷酸三丁酯	0.06
乳化剂	OP-1.0	0.5	介质	去离子水	407
增白剂	萤光增白剂	0.03	pH 值调节剂	碳酸氢钠	0.3

总计 541.96。

2. 醋酸乙烯-乙烯共聚乳液　简称 EVA 乳液。EVA 乳液成膜温度低，成膜性能好，漆膜质软，但在高温下不会回黏。乙烯链段的引入，提高了涂膜耐水性、耐碱性和耐玷污性。聚乙烯 T_g 为 -68℃，具有很强的内增塑性能。由于乙烯和醋酸乙烯的竞聚率很相近，所以能按加料的物质的量之比进行共聚，共聚物组成变动余地大。EVA 乳液在欧洲主导着无溶剂乳胶漆市场。所谓无溶剂乳胶漆，即无成膜助剂、无助溶剂，真正实现了零 VOC。据对德国、法国和美国的 26 种无溶剂涂料进行调查发现，其中 18 种是 EVA 乳液。

例 14-3　醋酸乙烯-乙烯共聚乳液制造

（1）制造配方（表 14-14）

表 14-14　制造配方

组分		用量（质量份）	组分		用量（质量份）
介质	去离子水	800	pH 值缓冲剂	磷酸氢二钠	1
乳化剂	聚氧乙烯($n=35$)壬酚醚	25	单体	醋酸乙烯	700
乳化剂	聚氧乙烯($n=10$)壬酚醚	15		乙烯	156
稳定剂	乙烯磺酸钠	5	引发剂	过硫酸钾	12
乳化剂	月桂基硫酸钠	5	还原剂	甲醛化亚硫酸氢钠（4% 水溶液）	60
pH 值调节剂	柠檬酸	2			

（2）生产工艺　乙烯的乳液聚合和均相自由基聚合一样，需要高压（达 30.4MPa）。但是当同醋酸乙烯酯共聚时，由于醋酸乙烯酯的活性和乙烯接近，就可以在较低压力下进行。因为乙烯是处在高压下，无法称量投量，所以只能将它保持恒压通入反应釜，以通入时间来确定投入量。另外，乙烯在水中溶解度小，从水相扩散进入乳胶粒的速度很慢，反应时间一般较长。因此，其生产工艺如下：

①除过硫酸钾、甲醛化亚硫酸氢钠溶液和乙烯外，将其他所有组分全部投入高压反应釜；②通氮气置换后，加入过硫酸钾；③升温至 50℃，将乙烯通入反应釜，至 3.55MPa，并维持此压力；④约花 4h 将甲醛化亚硫酸氢钠溶液加完。加完后，停止通乙烯，冷却、释压，过筛出料。该乳液聚合物乙烯含量约 18%。配方中的乙烯磺酸钠在聚合过程中大部分形成保护胶体，少量参加共聚，提高乳胶粒的分散稳定作用。

3. 醋酸乙烯-丙烯酸酯共聚乳液　简称醋丙乳液或乙丙乳液。可提高耐水、耐碱性和改善附着力等。在北美，因为醋丙乳液便宜，颜料结合力好，在内用建筑乳胶漆中应用最多。

例 14-4　醋丙乳液制造

（1）制造配方（质量分数）（表 14-15）

表 14-15　制造配方

组分		用量（质量比）			
		1	2	3	4
单体	醋酸乙烯酯	81	90	85	75
	丙烯酸丁酯	10			23
	丙烯酸异辛酯		10	13	
	甲基丙烯酸	0.6			2
	丙烯酸		0.5	2	
	甲基丙烯酸甲酯	8.4		11	
乳化剂	OP-10	1.0	2	1	3
	K12		0.5		1
	MS-1	2.0		2	
保护胶体	聚甲基丙烯酸钠				1
	聚丙烯酸钠		3		
分散介质	水	120	120	120	120
引发剂	过硫酸铵，过硫酸钾	0.5	0.4	0.4	0.4
pH 值缓冲剂	小苏打，磷酸氢二钠	0.4	0.3	0.3	0.3

（2）生产工艺

①将定量去离子水和乳化剂加入反应釜，升温至 65℃；②将甲基丙烯酸一次投入釜中，然后将其他单体的 15% 加入反应釜，充分乳化；③将 25% 引发剂和 pH 值缓冲剂加入反应釜。升温至 75℃聚合；④当冷凝管中无明显回流时，将剩余的混合单体，引发剂和 pH 值缓冲剂溶液在 4～4.5h 内滴加完毕。⑤保温 30min，物料冷却至 45℃，过滤、出料。

4. 苯乙烯-丙烯酸酯共聚乳液　简称苯丙乳液。苯乙烯自聚得到的聚苯乙烯吸水性差，价格低，但受紫外线照射易变黄、质脆、耐冲击性差，与丙烯酸酯单体共聚可以改善其性能。苯丙乳液价格适中，性能较好，在我国和欧洲建筑乳胶漆中，是目前使用最多的乳液之一，既可以用于内墙涂料，也可以用于外墙乳胶漆。但在北美用得较少。采用保护胶体与乳化剂结合稳定。

例 14-5　苯丙乳液制造

（1）制造配方（表 14-16）

表 14-16　制造配方

组分		用量（质量比）			
		1	2	3	4
单体	苯乙烯	23	23	35	30
	丙烯酸		1	1	
	丙烯酸丁酯	23	23		10
	丙烯酸异辛酯			11	7
	甲基丙烯酸	0.5			0.5
	甲基丙烯酸甲酯	2			
乳化剂	OP-10		2.5	1.5	2.0
	K12		1	1	1
	MS-1	2.4			
保护胶体	聚甲基丙烯酸钠	1.4			
	聚丙烯酸钠		1	1.5	
	聚苯乙烯-顺丁烯二酸酐共聚钠盐				1.5
分散介质	水	48.8	49.5	49	49
引发剂	过硫酸铵	0.24	0.24	0.24	0.24
pH 值缓冲剂	碳酸氢钠	0.22	0.22	0.22	0.22

介质：去离子水 48.3%。

（2）生产工艺

①将乳化剂溶于水中，在激烈搅拌下，加入混合单体，以制备体预乳化液。②把 20% 单体乳化液加入反应釜，同时加入 50% 的引发剂，升至 70～72℃。③保温至物料呈蓝色，此时会出现一个放热高峰、温度可升至 80℃以上。④待温度下降后开始滴加剩余单体乳化液，滴加速度以控制反应釜内温度稳定为准。⑤单体乳化液加完后，升温至 95℃，保温 30min。⑥抽真空以除去未反应单体。再冷却，加氨水调节 pH 值至 8～9 。

14.6　乳胶漆性能评价

14.6.1　乳液基础性能评价

在进行数据对比时，应注意采用相同的检验方法。

1. 外观　置乳液于玻璃管，如比色管中，目测乳液颜色、均一性、透明度等。

2. 凝胶粒子或凝块　目测或用手触摸进行定性分析，过滤、洗涤、干燥、称量可得定量结果。

3. 固含量　将大约 2g 聚合物乳液试样放入直径 4cm 的铝盘，盖上铝盖，称量，然后将其置于设有通风装置的烘箱中，在115℃下干燥20min，再称量，即可计算得乳液的固含量。对于像聚丙烯酸酯那样容易起皮的聚合物乳液来说，应采用较高的干燥温度，如120℃；对于含有增塑剂的聚合物乳液来说，应采用较低的温度，如105℃，和较长的干燥时间，如2h。

4. pH值 一般测量采用精密试纸即可。精密测量，可用以缓冲溶液标定的玻璃甘汞电极和pH计测定。

5. 黏度 乳液黏度越高，稳定性越高。在乳液聚合及其后的运输、贮存和应用过程中要求乳液稳定，所以要求乳液有足够的黏度。对其后的应用来说，要求适度的黏度，黏度太高，处理困难。乳液黏度一般用旋转黏度计来测定，如Brookfield黏度计。

6. 密度 可以采用密度计检测，十分方便。也可以用标准韦氏相对密度天平、比重计等进行测定。

7. 残余单体 乳液中残余单体有3类测试方法，即物理性能法、化学法和仪器分析法，其中应用最多的是化学法和仪器分析法。

8. 相容性 乳胶漆配方中颜料填料和多种助剂与乳液相容。测试重点是一些溶剂、表面活性剂等。测试方法与测电解质的方法相同。观察方法既包括对乳液稳定性的观察，也要制成薄膜与不加测试对象的乳液平行对比进行观察：膜是否维持透明；是否失光；是否影响成膜；是否影响膜的平整性等。

14.6.2 乳液稳定性

1. 机械稳定性 测定前，先把聚合物乳液试样用100目筛过滤然后装入特制的搅拌装置中，以浆端线速度为600m/min，搅拌10min，然后用100目筛网过滤。若不出现凝胶，则乳液的机械稳定性好；若有凝胶，将滤出的凝胶块在105℃的烘箱中干燥至恒量、称量。干态凝聚物越多，则机械稳定性越差。

2. 贮存稳定性和热稳定性 乳液如稳定性不好，则在贮存中会分层，会沉淀，运输中会起过多的泡沫。常温贮存稳定性：将乳液装满暗色瓶（结皮试验装2/3或1/2），严密加盖，定期测黏度。以黏度变化不大（或轻度提高）为好。热稳定性：试验方法与常温贮存稳定性相同。只是将瓶子放在一定温度（如40℃或50℃）的烘箱中。可以在较短的时间内取得贮存稳定性的结果。

3. 冻融稳定性 为了乳液偶然受冻不致使乳液报废，要求乳液具有一定的耐冻融稳定性。冻融稳定性测定方法是，将10g聚合物乳液试样置于15mL的塑料瓶子中。在(-20±1)℃的冰箱中冷冻18h，再于23℃下融化6h，为一个循环。一般认为通过5个循环不破乳，则其冻融性合格。

4. 钙离子稳定性 又称化学稳定性。其测定方法是：在20mL的刻度试管中，加入16mL聚合物乳液试样，再加4mL 0.5%的$CaCl_2$溶液，摇匀，静置48h，若不出现凝胶，且无分层现象，则钙离子稳定性合格。若有分层现象，量取上层（或下层）清液高度，清液高度越高，则钙离子稳定性越差。

5. 稀释稳定性 将待测聚合物乳液稀释到固含量为3%，把30mL稀释后的乳液置入试管中，液柱高度约为20cm，放置72h。若无分层现象，则说明被测乳液稀释稳定性好，若有分层现象，测量上部（或下部）清液高度，清液高度越高，则其稀释稳定性越差。

14.6.3　乳液聚合物的检验

1. 最低成膜温度测定　聚合物乳液的 MFT 值用最低成膜温度测定仪测定。这种仪器的主要部件是一块温度梯度板，温度由冷端到热端均匀地分布。若把待测乳液均匀地涂在梯度板上，乳液慢慢干燥后，将在梯度板上某一位置出现一条清晰的分界线，在高温一侧形成透明薄膜，而在低温侧则出现粉化、白垩或龟裂。这条分界线对应的温度即该乳液的最低成膜温度。

2. 乳胶粒径及粒径分布　聚合物乳液的性质、乳液聚合物的性能等与乳胶粒径及其粒径分布相关。商品聚合物乳液都是由不同粒径的粒子构成的，叫作多分散性乳液。多分散性对成膜的致密度有利。作为涂料，膜致密度自然是极为重要的性质。

3. 相对分子质量及其分布　测定乳液聚合物的相对分子质量都首先要把乳液凝聚，然后洗涤所得聚合物，再使之溶解在适当的极性不太强的溶剂中。测定黏均相对分子质量时，使用 Brookfield 黏度计、格氏管等均可。测定数均相对分子质量时，使用渗透压力计。测定重均相对分子质量时，使用光散射法光度计。

4. 玻璃化温度（T_g）　测定 T_g 的方法主要是膨胀测定法。使用示差热分析仪或者叫热谱仪，是比较昂贵的仪器。手册上均聚物 T_g 值大致是可靠的。以此计算所得共聚物的 T_g 值也与实测值相近。

参考文献

[1] 倪玉德. 涂料制造技术[M]. 北京：化学工业出版社，2003.
[2] 刘登良. 涂料工艺[M]. 北京：化学工业出版社，2009.
[3] 张传凯. 涂料工业手册[M]. 北京：化学工业出版社，2011.
[4] 刘国杰. 涂料树脂合成工艺[M]. 北京：化学工业出版社，2012.
[5] 郑顺兴. 涂料与涂装科学技术基础[M]. 北京：化学工业出版社，2007.
[6] 林宣益，倪玉德. 涂料用溶剂与助剂[M]. 北京：化学工业出版社，2012.
[7] 杨渊德，林宣益，桂泰汇，等. 涂料制造及应用[M]. 北京：化学工业出版社，2012.
[8] 温绍国，刘宏波，周树学，等. 涂料及原材料质量评价[M]. 北京：化学工业出版社，2013.
[9] 高延敏，李为立，王凤平. 涂料配方设计与剖析[M]. 北京：化学工业出版社，2008.
[10] 李荣俊. 重防腐涂料与涂装[M]. 北京：化学工业出版社，2013.
[11] 王海庆. 涂料与涂装技术[M]. 北京：化学工业出版社，2012.
[12] 陈平. 环氧树脂及其应用[M]. 北京：化学工业出版社，2015.
[13] 耿耀宗. 现代水性涂料[M]. 北京：中国石化出版社，2005.
[14] 洪啸吟. 涂料化学[M]. 北京：科学出版社，2005.
[15] 官仕龙. 涂料化学与工艺学[M]. 北京：科学出版社，2015.
[16] 孙道兴. 涂料调制与配色技术[M]. 北京：中国纺织出版社，2008.
[17] 兰伯恩，斯特里维. 涂料与表面涂层技术[M]. 苏聚汉，李敉功，汪聪慧，等，译. 北京：中国纺织出版社，2008.
[18] 刘安华. 涂料技术导论[M]. 北京：科学出版社，2005.